4판

안전문화

이론과 실천

SAFETY CULTURE

THEORY AND PRACTICE

4판

안전문화

이론과 실천

정진우 지음

교문사

4판 머리말 •••

안전과 관련하여 우리 사회에서 안전문화라는 말만큼 오용되고 있는 것도 없는 것 같다. 안전문화라는 말이 많이 사용되고 있지만, 안전의식의 향상 정도로 협소하게 생각되고 있고, 심지어는 정부를 중심으로 캠페인 정도로 생각되고 있기까지 하다.

그렇다 보니 안전문화를 별다른 준비 없이도 아무나 쉽게 조성할 수 있는 것으로 생각하는 사람들이 많다. 안전에 관한 실무경험만 있으면 안전문화 전문가가 쉽게 될 수 있다고 착각하는 사람들도 적지 않다.

안전 관련 업무를 하고 있는 사람들조차 안전문화에 대해 제대로 된 지식을 가지고 있지 못하고, 안전학계에 있는 분들부터가 안전문화에 대한 기본적인 인식조차 가지고 있지 못하다. 우리나라 안전이론 수준의 민낯을 드러내고 있는 부분이라고 할 수 있다.

우리나라에서 안전문화 이론이 전반적으로 척박한 것은 무엇보다 안전학계의 책임이 크다고 하지 않을 수 없다. 숫적으로는 안전학자들이 어느 나라보다도 많지만, 안전학자 대부분이 안전문화에 관한 기초이론도 학습되어 있지 않고 체계적으로 학습하려고도 하지 않는 것이 부정할 수 없는 현실이다. 그렇다 보니 사회적으로 안전에 대한 높아진 관심을 배경으로 무늬만 안전학자인 자들이 넘쳐나고 있다. 안전문화의 핵심인 '학습하는 문화' 조성에 모범을 보여야 할 안전학자들이 안전문화 조성에 찬물을 끼얹고 있는 아이러니한 현실은 결코 가볍게 넘길 일이 아니다.

이러한 녹록치 않은 환경에서 안전관계자들이 가져야 할

가장 중요한 자세는 안전의 궁극적 목표라고 할 수 있는 안전문화에 대해 제대로 학습하고 정확한 이해를 하는 것이다.

본서는 안전관계자들의 안전문화에 대한 이해를 도울 목적으로 안전문화의 개념, 원리, 접근방법, 구성요소, 학문 동향 등 안전문화에 관한 기본적이고 핵심적인 내용을 전체적으로 소개하는 기본서 형태로 집필되었다.

이번 판에서는 이러한 집필 의도를 좀 더 충실하게 반영하기 위하여 독자들이 안전문화와 관련하여 깊이 있게까지 알고 있을 필요가 있는 중요사항을 새롭게 추가하는 한편, 본서를 이해하는 데 어려움이 있을 것으로 생각되는 부분을 중심으로 보충설명과 각주를 상세하게 달아 놓았다.

책은 독자들의 관심과 사랑에 의해 성장하고 발전하는 법이다. 이 책을 읽으면서 의문점이 있거나 건의 또는 비판할 것이 있으면 언제든지 기탄없이 말씀해 주시기 바란다(jjjw35@hanmail.net). 어떠한 의견이라도 이 책의 소중한 밑거름이 될 것이다.

마지막으로, 이 책의 원고를 꼼꼼하게 읽고 오탈자와 문맥을 바로잡아 준 세종사이버대학교 산업안전공학과 최재광 교수와 방대한 내용을 탁월한 편집능력을 바탕으로 정성들여 솜씨 좋게 편집해 준 성혜진 편집팀장께 감사의 말씀을 전한다.

2023년 12월

불암산 기슭 자택에서

정 진 우

3판 머리말 •••

이 책 2판이 나온 지 약 1년 6개월이 흘렀다. 그 사이 이 책이 대한민국학술원 우수학술도서로 선정되는 영광을 안았다. 세간으로부터도 안전문화를 체계적이고 종합적으로 잘 정리·소개한 책이라는 호평을 많이 받고 있다. 연구자로서 책을 쓴 보람을 느낀다. 그리고 안전문화에 학문적 관심을 가지고 있는 독자들에게 마음속 깊이 감사드린다. 다른 한편으론 앞으로 이 책을 더욱 좋은 책으로 발전시켜 나가야겠다는 사명감을 갖게 된다.

이번 3판은 대학원과 기업체에서 안전문화를 강의하면서 2판에서 내용적으로 부족하다고 느낀 부분을 전체적으로 보완하고 안전문화의 중요한 이론을 추가하였다. 책의 체계가 바뀌거나 내용이 크게 달라진 것은 없지만, 책의 내용을 좀 더 충실하고 풍부하게 하면서 독자들의 입장에서 알기 쉽게 다듬는 데 주안점을 두었다.

우리나라에서는 안전문화를 근로자들의 안전의식을 높이거나 불안전행동을 줄이는 캠페인 정도로 협소하게 생각하는 분들이 적지 않은 것 같다. 이런 가운데에서도 일부 대기업을 중심으로 부족하나마 안전문화 수준을 높이기 위해 자율적으로 노력해 온 점은 긍정적으로 평가할 만하다. 그런데 중대재해처벌법 제정으로 그러한 움직임이 위축된 면이 없지 않다. 중대재해처벌법이라는 당장 발등에 떨어진 급한 불을 끄는 데 여념이 없어 안전문화를 강조하는 기업이 줄어든 모양새이다. 안전역량이 충분히 갖춰지지 못한 상태에서 중대재해처벌법이라는 돌풍에 기존의 자율안전관리가 좌초되어 버린 형국이라고 할 수 있다.

우리나라 정치권과 행정기관은 기업의 안전문화 조성에 도움이 되기는커녕 오히려 걸림돌이 되고 있다는 느낌마저 든다. 정부부터 안전문화를 조성하기 위해 노력할 필요가 있다. 정부 스스로부터 안전문화에 대한 지식이 부족한 상태에서 기업을 대상으로 안전을 지도·감독한다는 것은 난센스이다.

안전문화를 둘러싸고 이처럼 혼란스러운 상황에서, 이 책이 우리 사회 전반적으로 안전문화에 대한 이해를 높이고 안전문화를 올바른 방향으로 조성해 나가는 데 조금이라도 도움이 되었으면 하는 바람이다. 안전관계자들에게는 이 책이 안전문화를 학습하는 데 길잡이가 될 수 있을 것으로 기대한다.

이 개정판이 나오기까지 아내의 많은 희생이 있었다. 고3 수험생이 있는데도 연구한다는 이유로 매일 밤 늦은 시간에 귀가한 필자를 양해해 준 아내에게 이 자리를 빌려 고마움을 표하고 싶다. 그리고 이번 3판을 정성들여 깔끔하게 편집해준 교문사 편집부에게도 감사의 마음을 전한다.

2023년 1월

정 진 우

2판 머리말 •••

이 책 초판이 출간된 지 8개월 남짓 지났다. 안전분야 책이 유난히 잘 팔리지 않는 편인데, 짧은 기간에 2판을 낼 수 있게 되어 기쁘게 생각한다. 본서를 높이 평가해 주고 저자에게 아낌없는 격려를 보내준 많은 독자들께 지면을 빌려 감사드린다. 학문하는 사람에게는 글을 읽어주는 독자들로부터 사랑을 받는 것만큼 가슴 벅찬 일은 없는 것 같다.

특히 독자들로부터 "안전문화의 실체가 손에 잡히는 것 같다", "안전문화에 대해 잘못 알고 있던 것을 제대로 알 수 있게 되었다", "안전에 대해 자만심을 가지고 있던 내 자신이 부끄럽게 느껴졌다", "안전에 대한 독서의 중요성을 새삼 깨닫게 되었다"와 같은 말을 들었을 때, 책을 쓴 뿌듯함과 학자의 길을 걷는 보람을 폐부 깊숙이 느낄 수 있었다.

2판에서는 독자들이 책을 좀 더 쉽게 이해할 수 있도록 난해하다고 여겨지는 내용을 자세하게 풀어쓰고, 헷갈리거나 오독될 수 있는 표현을 다듬는 데 주안점을 두었다. 그리고 많은 내용은 아니지만, 책 전반적으로 안전문화에 대해 새롭거나 중요하다고 생각되는 개념과 설명을 곳곳에 추가하였다.

2판에 대해서도 독자 여러분의 변함없는 호응과 질정(叱正)을 기대한다. 그리고 앞으로도 책의 내용을 양적, 질적으로 계속 발전시켜 나갈 것을 약속한다.

끝으로, 이번 개정판에서도 여러모로 도움을 준 세종사이버대학교 산업안전공학과 최재광 교수에게 고마움을 전한다.

2021년 5월

북한산 인수봉이 보이는 연구실에서

정 진 우

머리말 •••

현재 국제적으로 안전을 둘러싸고 가장 많이 이야기되고 있는 주제는 단연코 안전문화인 것 같다. 그러나 아쉽게도 우리 사회에서는 안전문화에 대한 논의가 추상적이거나 사변적인 내용에서 크게 벗어나지 못하고 있는 것이 엄연한 현실이다.

게다가 우리나라에서는 안전문화를 안전관리·활동과 별개의 것으로 접근하는 경향이 강하고, 그러다 보니 안전문화를 안전의식의 고양(高揚) 정도로 좁게 생각하는 편견이 적지 않은 상태이다.

이 책은 이러한 문제의식에서 출발하여 안전문화에 대한 올바른 이해와 접근을 위하여 쓰였다. 그간 대학원에서 강의했던 내용, 기업체를 대상으로 실시한 컨설팅 경험을 기반으로 하여 안전문화에 관한 다양한 이론과 이슈들을 소개하되 철저히 실사구시의 관점에서 접근하고자 하였다.

그리고 이 책은 안전문화에 관한 거시적인 조망을 할 수 있는 내용만이 아니라 안전문화의 미시적 실천방안까지를 포괄하고 있다. 안전문화에 대한 단편적인 지식이 아니라 체계적이고 종합적인 지식을 가질 수 있도록 안전문화에 관한 중요한 내용을 다각적으로 다루었다.

이 책을 쓴 목적은 크게 두 가지이다. 첫 번째는 안전문화에 관한 기본서가 한 권 정도는 있어야 하지 않겠는가라는 생각에서 비롯되었다. 기본서가 없이는 학문 발전과 저변 확산에 큰 걸림돌이 될 것이기 때문이다. 두 번째는 필자 스스로부터 안전문화에 대한 지식을 체계적으로 정리하고 싶은 생각이 강하였다. 가르치는 것이 학습에 많은 도움을 주는 것처럼, 책을 쓰는 것 또한 학습에 많은 도움을 주기 때문이다. 과연 이 책을 쓰는 과정은 고통스러운 인내의 과정이기도 하였지만 '학이시습지 불역열호(學而時習之 不亦說乎)'를 실감하는 연속이기도 하였다.

우리나라에서 안전문화에 관한 책이 이미 몇 권 나와 있지만, 이 책은 안전을 전공하고 있는 학자가 쓴 책으로는 처음이고, 교과서에 해당하는 책으로서도 최초의 책이라는 점에서 보람을 느낀다. 이 책을 계기로 우리나라에서도 안전문화에 관한 많은 학술서적과 논문이 나오기를 기대해 본다. 현재는 그 중요성치고는 너무 빈약한 상태이다.

책을 하루라도 빨리 세상에 내놓아야겠다는 생각에 저자의 입장에서는 내용검토와 윤문을 흡족하게 하지 못했다. 아마도 숙성되지 않거나 불충분한 내용이 적지 않을 것으로 생각된다. 책의 내용 중 부족하거나 미흡한 부분은 앞으로 계속 보완하기로 독자들에게 약속드린다. 독자 여러분의 아낌없는 지적과 코멘트를 적극 환영한다(jjjw35@hanmail.net).

이 책이 우리나라에서 안전문화에 대한 논의가 좀 더 활성화되고 성숙되는 데 자양분 역할을 했으면 하는 마음 간절하다. 나아가 이 책이 안전문화에 지적 갈증이 있었던 분들에게 청량제의 기능을 했으면 하는 바람이다. 물론 안전문화에 별다른 관심이 없었던 분들에게 지적 자극을 주기까지 한다면 더없는 기쁨이 될 것 같다.

이 책이 나오기까지는 많은 분들의 도움이 있었다. 먼저 필자의 대학원 지도교수였던 고려대학교 박종희 교수님과 일본 교토대학교의 무라나까(村中孝史) 교수님의 크나큰 학은이 없었다면 이 책이 나오지 못했을 것이다. 항상 존경하고 감사하는 마음이다. 그리고 세종사이버대학교 산업안전공학과 최재광 교수는 원고 전체를 읽고 문맥과 오탈자에 대해 많은 코멘트를 해주었다. 앞으로 많은 학문 발전이 있기를 바란다. 또한 이 자리를 빌려 어머님과 고인이 되신 아버님께 다시 한 번 죄송함과 존경하는 마음을 표하지 않을 수 없다. 우여

곡절이 많았던 필자의 대학 시절에 부모님의 큰 포용력과 인내심이 없었더라면 학자로서의 현재의 필자는 존재하지 못했을 것이다. 끝으로 원고를 정성들여 꼼꼼하게 읽고 솜씨 있게 편집해 준 편집부에 감사의 말씀을 드린다.

2020년 6월
북한산이 보이는 연구실에서
정 진 우

차례 •••

4판 머리말 • 4
3판 머리말 • 6
2판 머리말 • 8
머리말 • 9

제1장 안전문화의 전제적 논의 ······ 21

Ⅰ. 생산과 안전 ······ 22
1. 생산과 안전의 보편적 특성 _ 22
2. 생산 향상을 위해 희생된 추가 안전 _ 26
3. 평온무사에 잠재하는 위험 _ 27
Ⅱ. 안전이란 ······ 27
1. 안전과 건강 _ 27
2. 안전을 준수하기 위한 준비는 충분한가? _ 31
3. 문화적 요인 _ 32

제2장 안전문화의 위상과 중요성 ······ 35

Ⅰ. 조직문화 ······ 36
1. 문화의 핵심 _ 36
2. 조직문화란 _ 38
3. 조직문화의 창출 _ 43
Ⅱ. 안전문화의 위상과 내용 ······ 46
1. 안전에 대한 접근방법의 발달과정 _ 46
2. 안전문화란 _ 48
3. 안전문화의 특성 _ 53
4. 안전문화가 왜 중요한가? _ 58
5. 더욱 안전한 문화는 구축될 수 있는가? _ 61
Ⅲ. 안전문화의 역사와 실체 ······ 63
1. 안전문화의 역사 _ 63

2. 안전문화의 실체 _ 67
가. 보고하는 문화 • 68
나. 공정의 문화 • 69
다. 유연한 문화 • 70
라. 학습하는 문화 • 71
Ⅳ. 안전문화 정의의 해제 ······ 71
1. IAEA _ 72
2. 미국 원자력규제위원회 _ 74
3. 미국 원자력발전안전협회 _ 75
4. 영국 원자력시설안전자문위원회 _ 75
5. 일본 원자력안전추진협의회 _ 76
6. 일본 후생노동성 _ 77
7. 유럽 민간항공안전팀 _ 77

제3장 안전문화를 둘러싼 문제 ······ 81

Ⅰ. 안전문화의 열화 ······ 82
1. 안전문화의 발전단계와 열화 _ 82
가. 안전문화의 발전단계 • 82
나. 안전문화의 열화란 • 86
2. 안전문화 열화 진행과 방지 _ 88
Ⅱ. 사고원인으로 본 안전문화의 문제점 ······ 90
1. 조직 내부의 문제 _ 90
2. 외부환경의 문제 _ 90
3. 노력과 시간이 걸리는 문제 _ 94
4. 규제방식과 규제자의 역할 _ 95
가. 규제의 접근방식 • 95
나. 규제자의 역할 • 96
5. 안전문화와 조직풍토 _ 98
6. 속인적 조직과 그 문제점 _ 99
7. 조직과 개인의 문제 _ 99

제4장 고신뢰조직과 안전문화 ········· 101

Ⅰ. 고신뢰조직과 전제적 논의 ········· 102
1. 고신뢰조직이란 _ 102
2. 예견, 예상 및 확신 추구 _ 106
3. 예상치 못한 사건의 성격 _ 108
4. 주의 깊음의 아이디어 _ 111

Ⅱ. 고신뢰조직의 원칙과 핵심 ········· 116
1. 제1원칙: 실패에 대한 몰두 _ 116
2. 제2원칙: 단순화에 대한 거부 _ 120
3. 제3원칙: 운영상황에 대한 민감성 _ 123
4. 예견을 가진 행동 _ 127
5. 예견과 계획에 의해 초래되는 문제 _ 129
6. 제4원칙: 회복탄력성에 대한 의지 _ 132
7. 제5원칙: 전문성의 존중 _ 137
8. 억제를 위한 행동 _ 140
9. 주의 깊은 관리의 개념 _ 142
10. 고신뢰조직으로부터 배울 수 있는 점 _ 143

제5장 안전문화의 요소 ········· 147

Ⅰ. 안전문화의 요소 ········· 148
1. 안전문화 요소란 _ 148
2. 안전문화의 보편적 요소와 특수한 요소 _ 151
3. 안전문화의 공통적 요소 _ 152

Ⅱ. 안전문화의 핵심 요소의 고찰 ········· 153
1. 보고하는 문화 _ 154
가. 보고문화의 중요성 • 154
나. 보고문화의 구축방법 • 159
2. 공정의 문화 _ 165
가. 공정문화의 중요성 • 165
나. 공정문화의 구축방법 • 179
3. 유연한 문화 _ 188
가. 유연한 문화란 • 188

나. 유연한 문화가 조성된 조직의 특성 • 191
다. 현장력의 중요성 • 195
4. 학습하는 문화 _ 197
가. 학습문화의 중요성 • 197
나. 학습문화의 구축방법 • 199
5. 안전문화: 부분의 합보다 훨씬 더 큰 _ 202

제6장 안전문화의 모델 ……… 205

Ⅰ. 안전문화의 발전과 유형 ……… 206
1. 행동양식의 발전단계와 특징 _ 206
2. 듀폰사의 안전문화 발전모델 _ 208
3. 안전문화의 수준 _ 210
4. 안전문화와 조직의 특성 _ 215
가. 안전문화 수준이 낮은 조직의 특성 • 215
나. 안전문화 수준이 높은 조직의 특성 • 215
Ⅱ. 안전문화 조성 추진방향 ……… 216

제7장 안전문화 조성을 위한 포인트 ……… 221

1. 행동으로 나타내는 것 _ 222
2. 항상 생각하는 사람이 있을 것 _ 223
3. 끈기 있는 지속적 추진 _ 224
4. 의사소통의 원활화 _ 225
5. 속인적 속성의 개혁 _ 227
6. 감시와 자율 _ 227
7. 실패는 개선의 호기 _ 228
8. 항상 묻는 자세 _ 229
9. 과거에 얽매이지 않기(전례주의로부터의 결별) _ 230
10. 팔로워십의 중요성 _ 231
11. 프로의식과 사명감 _ 235
12. 안전에서의 개인·조직·사회의 관계 _ 236

제8장 **안전문화의 항목** 239

1. 가치관과 리더십 분야 _ 240
   가. 비전, 안전방침, 안전원칙 • 240
   나. 경영진 · 관리자의 의욕과 리더십 • 244
2. 직무별 역할과 능력 분야 _ 246
   가. 라인직제의 역할과 관리감독능력 • 247
   나. 안전보건스태프의 역할과 전문능력 • 251
   다. 종업원의 안전의식과 직무규율 • 253
3. 안전기술정보와 종업원 육성 분야 _ 256
   가. 안전기술정보와 종업원의 육성 • 256
   나. 안전교육훈련 • 260
4. 업무운영 분야 _ 266
   가. 안전보건관리체제와 산업안전보건위원회 • 266
   나. 안전활동과 사고 · 재해의 예방 • 266
   다. 커뮤니케이션 • 270
   라. 사고 · 재해의 보고 · 조사와 재발방지 • 273
   마. 행동감사(안전패트롤)와 조직감사(안전진단) • 275
5. 협력사 안전관리 분야 _ 277

제9장 **안전대책과 안전문화** 281

Ⅰ. 안전대책의 기본 282
1. 안전대책의 관점 _ 282
   가. 관리기반대책만으로는 안전의 확보에 한계가 있다 • 282
   나. 인간행동에 초점을 맞춘 대응에 착목한다 • 283
2. 안전대책의 포인트 _ 284
   가. 관리시스템이나 작업절차는 사용하지 않으면 기능하지 않는다 • 284
   나. 안전대책은 현장력에 의해 기능한다 • 286
3. 안전문화 조성과 관리시스템 _ 288

Ⅱ. 안전대책의 접근방법 289
1. 많은 작업리스크는 ALARP 영역에 있다 _ 289
2. 안전대책의 우선순위와 재해방지효과 _ 292
   가. 본질안전화(위험원의 제거 · 대체 등) • 294

나. 공학적 대책(위험원의 격리: 하드웨어대책) • 296
다. 관리적 대책(위험원의 제어: 소프트웨어 대책) • 297
라. 개인보호구의 사용(위험원과의 접촉방지) • 300
3. 심각성이 높은 리스크에의 대응방법 _ 300
4. 작업절차서는 실천되지 않으면 재해방지효과 제로 _ 301

제10장 리질리언스와 안전문화 303

Ⅰ. 리질리언스란 304
1. 개설 _ 304
2. 리질리언스 능력 _ 306
3. 보완적 요건 _ 310
가. 자원배분의 적절성 • 310
나. 미묘한 변화의 인지 • 310
다. 선제적 행동의 중시 • 311
라. 성공사례의 착안 • 311
4. 리질리언스의 행동 _ 313
가. 간파력을 높이는 지식 • 313
나. 대응하는 스킬·지식 • 314
다. 선제적인 태도 • 315
5. 리질리언스와 그 효과 _ 316

Ⅱ. 안전의 추구와 리질리언스를 갖춘 시스템 319
1. 서설 _ 319
2. 안전이라는 말의 의미 _ 320
3. 안전의 2가지 얼굴 _ 322
4. 안전공간 모델 _ 323
5. 고무밴드 모델 _ 332
가. 연속적 제어 프로세스에 적용되는 모델 • 332
나. 생산자원과 안전자원 간의 긴장관계에 적용되는 모델 • 335
다. 대처능력의 저하에 적용되는 모델 • 336
6. 적극적인 안전의 특성 정의하기 _ 337
가. 안전공간 모델의 주요 특징 요약 • 337
나. 결절 있는 고무밴드 모델의 주요 특징 요약 • 339

7. 4P와 3C의 매핑(mapping) _ 341
가. 원칙과 의지 • 342
나. 원칙과 인식 • 343
다. 원칙과 역량 • 343
라. 방침과 의지 • 343
마. 방침과 인식 • 344
바. 방침과 역량 • 344
사. 절차와 의지 • 344
아. 절차와 인식 • 345
자. 절차와 역량 • 345
차. 실천과 의지 • 345
카. 실천과 인식 • 346
타. 실천과 역량 • 346

제11장 Safety Ⅱ와 안전문화 347

Ⅰ. Safety Ⅱ와 리질리언스 엔지니어링 348
1. Safety Ⅱ 등장배경 _ 348
2. 리질리언스 엔지니어링의 기본적 관점 _ 350
가. 개설 • 350
나. 대상 시스템의 이해방법 • 351
다. 일이 잘되어 가는 이유 • 354
라. 평가지표의 역할 • 355
Ⅱ. Safety Ⅰ과 Safety Ⅱ 359
1. Safety Ⅰ _ 359
2. Safety Ⅱ _ 362
3. Safety Ⅱ의 안전에 대한 투자관 _ 368

제12장 안전문화의 평가 및 평가지표 371

Ⅰ. 안전문화의 평가 372
1. 안전문화 평가의 의의 _ 372
2. 안전문화의 평가에 이용하는 기법 _ 374
가. 설문조사/인터뷰 • 374
나. 평가지표 • 376

다. 부적합 평가 • 378
라. 관찰 • 379
3. 안전문화의 간접적 평가 _ 381
4. 안전문화의 열화 징후의 파악 _ 382
5. 안전문화 조성활동의 평가 _ 382
6. 안전문화의 종합평가 _ 383
Ⅱ. 안전문화의 평가지표 385
1. 평가지표의 특성 _ 385
2. 평가지표 선정 시 고려사항 _ 388
3. 평가지표의 유형과 바람직한 모습 _ 392
가. 평가지표의 유형 • 392
나. 평가지표의 바람직한 모습 • 392

제13장 안전문화 조성방안 395

Ⅰ. 안전문화 조성의 추진방향 396
1. 정의를 하다 _ 397
2. 요소를 설정한다 _ 398
3. 목표를 설정한다 _ 399
4. 의지표명과 피드백 _ 399
5. 계획의 수립 _ 401
6. 활동사례 _ 403
가. 토론 • 403
나. 강연회 • 404
다. 안전문화의 연수·교육 • 404
라. 경영진과 현장의 토론 활성화 • 405
마. 커뮤니케이션 향상 • 405
바. 방침의 이해촉진과 의식고양 • 406
사. 기술의 향상 • 407
아. 실패의 풍화 방지 • 408
자. 실패를 보고하는 문화 • 408
차. 항상 묻는 자세 • 409
카. 주인의식 • 409
타. 우려사항의 추출 • 410

파. 의욕의 향상 • 411
하. 규정 준수 • 412
Ⅱ. 안전문화 조성을 위한 실천방안 413
1. 관리기반대책과 행동기반대책의 병행 _ 413
2. 작업의 4요소와 안전보건관리시스템의 효과적인 운용 _ 414
가. 안전한 작업설비와 도공구의 제공 • 415
나. 안전한 작업환경의 제공 • 415
다. 안전한 작업방법의 제공 • 416
라. 안전한 작업행동을 위한 여건 조성 • 416
3. 안전하게 행동하는 사람과 직장을 만든다 _ 416
가. 불안전한 상황에 타협하지 않는 사람과 직장 만들기 • 416
나. 인적 요인에 대한 대책 • 422
다. 개인의 행동을 변화시키는 대책 • 430
Ⅲ. 안전문화 조성을 위한 관리감독자의 자세 466
1. 라인 중심의 안전관리 _ 466
2. 관리자의 솔선수범 _ 467
3. 재해사례의 적극적인 활용 _ 467
4. Know-Why 교육·지도 강화 _ 468
5. 안전의 전제적 지식 _ 469
6. 안전의식 체감의 법칙과 최소 노력의 법칙 _ 469
7. 안전의 기본 방정식 _ 471
8. 자율안전활동의 추진 _ 472
9. 안전관리의 포인트 - 개인관리 _ 473
10. 기본의 철저로 안전의식을 변화시켜야 _ 475
11. 무재해 추진의 기본 _ 475
12. 상냥함과 엄격함의 구분 사용 _ 477
13. 꾸짖는 것과 화내는 것의 차이 _ 478

참고문헌 479

찾아보기 487

제 1 장

안전문화의 전제적 논의

Ⅰ. 생산과 안전

Ⅱ. 안전이란

I. 생산과 안전

1. 생산과 안전의 보편적 특성

방호수단(defence)이 어떻게 해서 뚫리거나 파괴되는지가 모든 사고조사에서 중심적인 질문이다. 세 종류의 요인을 생각할 수 있다. 즉, 인적 요인, 기술적 요인, 조직적 요인이다. 이들 세 종류의 요인은 모든 조직에 공통된 두 개의 과정, 즉 생산과 안전[1]에 의해 지배된다.

[그림 1-1] 잠재적 위험과 방호수단 및 손실 사이의 관계

모든 조직은 제품을 만들거나 사람들을 운송하거나 금융서비스, 기타 서비스를 제공하거나 원재료를 채취하는 등 무언가의 생산활동을 한다. 그러나 생산활동이 사람들과 자산을 위험에 노출시키는 정도에 따라, 모든 조직(그리고 조직들로 구성되는 보다 큰 시스템을 포함한다)은 현장의 잠재적 위험과 그것에 의

1) 안전(safety)이라는 말은 보건(health)과 대비되는 좁은 의미로 사용되기도 하지만, 보건을 포함하는 넓은 의미로도 사용된다. 이 책에서는 관행화되거나 인용되는 표현, 이해하는 데 문제가 있을 수 있는 경우가 아닌 한 후자의 의미로 사용되고 있다. 즉, 이 책에서 사용되는 '안전'이라는 표현은 특별한 경우를 제외하고는 '안전보건'을 의미한다.

2) 잠재적 위험은 hazard의 번역어로서 위험원, 유해위험요인, 위험요인으로 번역되기도 한다. 이 책에서는 글의 맥락에 따라 이 4가지 표현을 혼용하여 사용하기로 한다.

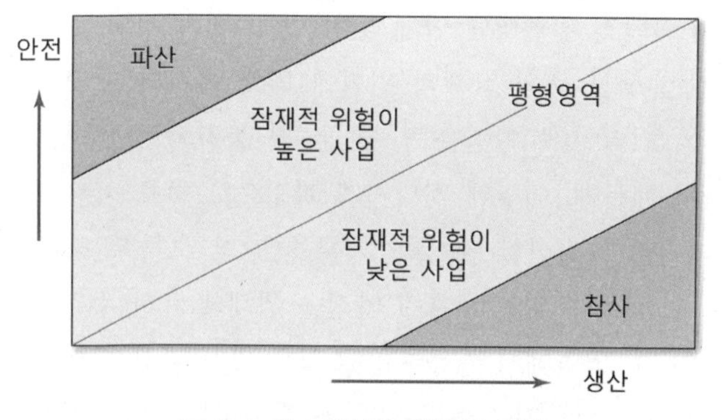

[그림 1-2] 생산과 안전의 관계

한 인적·물적 손실가능성 사이에 개입하기 위하여 다양한 형태의 방호수단을 필요로 한다.

조직의 생산 측면은 꽤 잘 이해되고 그것들의 연관된 프로세스도 비교적 명확한 반면, 안전 측면은 보다 다양하고 포착하기 어렵다. 그림 1-2는 생산과 안전 사이의 복잡한 관계와 관련된 몇 가지 논점을 제시한다. 안전의 수준은 이상적으로는 생산활동의 잠재적 위험과 조화를 이루어야 한다(그림 1-2의 평형영역).[3] 생산활동이 확대될수록 잠재적 위험에의 노출이 더욱 증대되기 때문에, 상응하는 안전이 필요하다. 그러나 조직들의 운영상의 잠재적 위험의 중대성(심각성)은 생산유형에 따라, 즉 조직에 따라 다양하다. 따라서 잠재적 위험이 낮은 기업은 잠재적 위험이 높은 기업보다 단위생산당 적은 안전투자를 필요로 한다. 달리 말하면, 전자는 평형영역 아래에서 운영할 수 있는 반면에, 후자는 평형영역 위에서 운영해야 한다.

이렇게 넓은 운영영역(그림 1-2에서 옅게 음영 처리된 부분)은

3) 상대적으로 단순한 기술에서는 생산적 요소와 안전적 요소가 다른 구조인 경우가 종종 있다. 그러나 복잡한 기술에서는 조종사와 제어실 운전원의 경우처럼 동일한 존재가 생산적 기능과 안전적 기능을 모두 수행할 수 있다.

두 개의 극단적 위험영역 안에 놓여 있다. 왼쪽 상단 모서리 지역은 안전이 생산 측의 잠재적 위험에 의해 야기되는 위험을 훨씬 초과하는 지역이다. 안전은 인력, 돈 및 물자와 같은 생산자원을 소비하기 때문에, 이렇게 지나치게 과잉으로 보호되는 조직은 대개는 머지않아 파산할 것이다. 다른 극단인 오른쪽 하단 모서리 지역은 이용할 수 있는 보호가 안전을 위해 필요한 수준보다 훨씬 부족하여, 이 영역에서 활동하는 조직은 필시 파산을 의미하는 참사적 재해를 당할 매우 높은 위험에 직면하게 된다. 이렇게 명백하게 위험한 영역은 규제자와 주주 모두에게 수용될 수 없을 것이기 때문에 일반적으로 회피된다. 우리의 주된 관심사는 조직이 이 양극단 안에 놓여 있는 공간을 어떻게 항해할 것인가에 있다.

반대 주장이 자주 제기되고 있지만 생산과 안전 간의 관계가 대등한 경우는 거의 없고, 현장 여건에 따라 이들 과정 중 어느 한쪽이 지배적이 될 것이다. 생산을 통해 비로소 안전 확보를 위한 자원이 창출되므로, 조직 생애의 대부분의 기간 동안 일반적으로 생산이 안전보다 우선될 것이다. 이러한 현상은 한편으로는 조직을 관리하는 자들이 안전에 관한 노하우보다는 기술에 관한 노하우를 소유하고 있기 때문이고, 다른 한편으로는 생산에 관련된 정보가 직접적이고 연속적이며 쉽게 이해할 수 있기 때문이다. 이것과는 대조적으로, 성공적인 안전은 부정적인 결과가 발생하지 않는 것에 의해 나타난다. 안전과 관련된 정보는 간접적이고 연속적이지 않다. 안전과 관련된 측정은 해석이 어렵고 종종 오해를 초래하는 경우도 다반사다. 조직을 관리하는 자들이 안전에 강한 관심을 보이는 것은 나쁜 재해가 발생하거나 깜짝 놀랄 만한 아차사고(near miss)를 겪은 후뿐이고 그것도 잠시 동안이다.

합리적인 관리자라면 누구나 어느 정도의 안전 확보의 필요성을 인정한다. 생산과 안전이 장기적으로 반드시 함께 가야 한다는 생

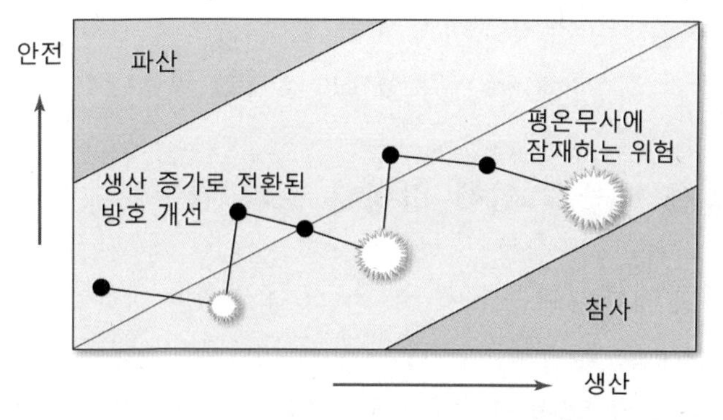

[그림 1-3] 생산-안전공간에서의 가상조직의 변화

각을 명확히 가지고 있는 관리자들도 많다. 단기적으로는 충돌이 발생한다. 거의 매일 현장의 관리감독자는 납기일이나 다른 운영상의 요구를 충족시키기 위해 안전절차(규정)를 무시(생략)할지 여부를 선택해야 한다. 대부분의 경우 그렇게 손쉬운 방법으로 하는 것(안전 경시, shortcut)이 바로 나쁜 결과를 초래하는 것은 아니므로, 일상적인 작업관행의 습관적인 부분이 될 수 있다. 불행하게도 시스템의 안전 여유(허용범위)가 이렇게 조금씩 감소하게 되면, 시스템은 재해를 유발하는 요인들의 특정한 조합에 점점 취약하게 된다.

그림 1-3은 다음에 설명하려고 하는 조직 생애의 두 가지 중요한 특징을 소개하는 데 주된 목적이 있다. 어떤 가상적인 조직이 생산-안전공간을 나쁜 방향으로 진행해 가는 과정을 나타내고 있다. 진행과정의 시작은 공간의 왼쪽 하단 모서리 부근으로서 그곳에서 조직은 적절한 안전 여유를 가지고 생산을 시작한다(사건 간의 진행과정을 검은 점으로 나타내고 있다). 시간이 경과함에 따라, 적은 비용이 초래되는 재해가 발생할 때까지 안전 여유는 점점 감소된다. 사건은 안전의 개선으로 이어지지만, 좀 더 심각한 다른 사고가 발생할 때까지 개선된 안전은 생산 이익 때문에 상쇄된다. 이 사고를 계기로 안전수준은 향상되지

만, 이것도 사고가 발생하지 않는 동안 서서히 쇠퇴한다. 그리고 참사가 발생하고 조직의 생애는 종말을 맞는다.[4)]

2. 생산 향상을 위해 희생된 추가 안전

안전의 개선은 나쁜 사건(bad event)이 발생한 직후에 이루어지는 경우가 많다. 재해의 재발을 방지하는 것이 이것의 목적이지만, 개선된 방호수단이 생산에도 이익이 된다는 것을 곧 인식하게 된다. 예를 들면, 19세기 초기의 광산 소유주는 안전등의 발명에 의해, 이전에는 가연성 가스의 존재 때문에 매우 위험하다고 생각되었던 장소에서도 석탄을 채굴할 수 있다는 것을 금방 알게 되었다. 선박 소유주의 경우에는 해상 레이더에 의해 그들의 무역선이 혼잡하거나 좁은 바닷길을 좀 더 빠른 속도로 항해할 수 있다는 것을 곧 알게 되었다. 요컨대, 안전의 이득이 종종 생산의 이익으로 전환되기 때문에, 조직의 안전은 사건 전에 만연한 상태와 동일한 불충분한 안전수준이 되거나 더욱 나쁜 안전수준이 되기도 한다. 탄광의 폭발사고는 안전등을 도입한 다음 해에 극적으로 증가하였고, 해상 재해의 역사는 레이더의 도입으로 인한 충돌로 얼룩져 있다. 이것은 생산의 이익을 위하여 안전의 이점을 희생함으로써 초래된 많은 재해사례 중 두 가지 사례에 불과하다.[5)] 이러한 프로세스는 '리스크(위험) 보상(risk compensation)' 또는 '리스크(위험) 항상성(risk homeostasis)'이라고 한다.[6)]

---

4) J. Reason, *Managing the Risks of Organizational Accidents*, Ashgate, 1997, pp. 1-5.

5) Ibid., p. 6.

6) E. Hollnagel, *Human Reliability Analysis: Context and Control, academic Press*, 1993, pp. 8-11; G. J. S. Wilde, "The theory of risk homeostasis: implication for safety and health", Risk Analysis, 2, 1982, pp. 209-255 참조.

3. 평온무사에 잠재하는 위험

오랫동안 심각한 재해가 없으면, 이미 대등하지 않은 생산과 안전의 관계에서 생산의 요구가 우위를 차지함에 따라, 안전이 서서히 침식될 수 있다는 많은 증거가 있다. 특히 성장, 이익 및 시장점유율과 같은 생산성 과제(productive imperatives)에 직면한 경우에는, 거의 일어나지 않는 일에 대한 두려움은 잊어버리기 십상이다. 그렇게 되면 좀 더 효과적인 안전을 위한 투자는 줄어들고 현재의 방호수단을 제대로 유지하거나 돌보는 데 소홀하게 된다. 게다가 대부분의 조직은 생산의 증대를 영리 측면에서의 본질로 생각한다. 생산을 단순히 증대시키기만 해도, 그에 걸맞은 새롭고 확대된 방호수단을 제공하지 않는다면, 가용한 안전 여유는 감소하게 된다. 두 개의 프로세스 – 현재의 방호수단을 소홀히 하는 것, 새로운 방호수단을 마련하지 않는 것 – 의 결과는 비극적인 그리고 가끔은 치명적인 재해의 위험을 한층 더 증가시킨다.[7]

Ⅱ. 안전이란

1. 안전과 건강

안전이란, 도대체 무엇일까. 안전의 반대어는 '위험'이다. '위험'에 대해 표준국어대사전에서는 "해로움이나 손실이 생길 우려가 있음. 또는 그런 상태"라고 표기되어 있다. '안전'이라는 말은 "위험이 생기거나 사고가 날 염려가 없음. 또는 그런 상태"라고

7) J. Reason, *Managing the Risks of Organizational Accidents*, Ashgate, 1997, pp. 6-7.

표기되어 있다. 즉, '안전'이라는 말은 '위험'이라는 말을 매개로 해서만 정의할 수 있게 된다.

안전이라는 말을 느끼려면 무언가와 비교하는 것이 좋다. 예를 들면, '안심'이라는 말은 '마음이 편안하고 걱정·불안이 없는 상태'이고 반대말은 '걱정'이다. 안심과 안전을 비교하여 보면 안심은 정신적인 것이고 안전은 현실적인 것, 또는 안심은 주관적인 것이고 안전은 객관적인 것이라고 할 수 있다.

문화라는 말은 영어의 'culture'를 번역한 것이다. culture의 기원은 '마음을 경작하다'이다. 교육, 경험에 의해 얻어진 인간의 행동으로 연결되는 정신활동이 집적한 것이라고 해석된다.

'문화'라는 말은 매우 많이 사용되고 있지만, 예컨대 "한국문화는 무엇인가?"라고 질문을 받으면 그 예는 얼마든지 들 수 있지만 한국문화 자체에 대하여 말로 설명하는 것은 어렵다. 원래 문화라는 것은 눈에 보이지 않는 것이고, 그것이 인간의 여러 활동에 작용하여 눈에 보이는 것이 되고 있다고 생각할 수 있다. 눈에 보이지 않는 것을 말로 표현하는 것은 어렵다.

문화란 보이지 않는 손이지만 무거운 손이기도 하다. '지금 우리가 여기서 하고 있는 것' 그리고 '지금 우리가 여기서 기대하는 것'을 통제하는 규범들은 사람들에게 구속력이 있다. 왜냐하면 그들은 유사한 전문가 집단에 소속되기를 원하고 그런 전문가들에 의해 존중받기를 원하기 때문이다.

확실히 문화는 적응과 학습에 닻을 내리고 있다. 그러나 문화는 적응에 대한 구체적인 것들을 다루는 것이 아니다. 그리고 문화는 일이 돌아가는 관행들을 중심으로 형성된다. 그 관행들이 외부인들이 혐오하는 것이더라도, 그러한 관행들은 여전히 시스템을 함께 묶어준다. 그것이 관행들이 변화하기 어려운 이유이다.

안전문화라는 말은 손에 잡히지 않는 것투성이이다. 따라서 무언가의 이미지를 만들지 않으면 제대로 이해하지 못한 채 끝나버릴 수 있기 때문에, 밀접한 관련이 있고 친근한 '건강'에 대하여 생각해 보기로 한다.

'건강'이라는 말을 표준국어대사전에서 찾아보면, "몸이나 정신에 아무 탈이 없이 튼튼함"이다. '탈(부상, 질병)'이라는 말을 사용하지 않으면 '건강'이라는 말을 설명할 수 없다.

평상시 우리들은 건강이라는 말을 상당히 막연하게 사용하고 있다. "운동은 건강에 좋다.", "담배는 건강에 나쁘다." 등이다. 그러나 어느 정도 자신의 건강을 의식하고 있는 사람은 매일 건강을 위하여(건강을 유지·증진하기 위하여) 여러 활동을 하곤 한다. 당장의 질병, 부상을 치료하는 것은 물론이지만, 예를 들면 식사에 주의하거나 운동을 하거나 나쁜 습관(과음, 흡연 등)을 개선하는 것 등을 한다. 그리고 가족도 건강하기를 바란다. 가족, 자신의 건강을 위해서라면 다소의 비용투자도 마다하지 않는다.

이와 같이 사람은 누구라도 건강하기를 바라고 있지만, 건강에 대한 의식, 태도는 사람에 따라 다르다. 개인의 건강에 대한 의식, 자세는 '건강마인드'라는 말로 표현할 수 있다. 여기에서 어떤 집단, 예컨대 가족에서 공유되어 있는 건강에 대한 의식, 태도를 그 가족의 '건강문화'라고 부르기로 한다. 가족이라는 집단의 건강상태를 좋게 해 나가기 위해서는 개개인의 건강마인드뿐만 아니라 가족의 '건강문화'가 중요하다. 좋은 문화에서 자란 사람은 아마도 성인이 되어도 좋은 건강마인드를 계속 가질 수 있을 것이다. 그리고 건강문화를 높임으로써 가족 모두가 건강하게 지낼 수 있고 의료비도 절약할 수 있는 큰 장점이 있다.

그렇다면 그 가족의 '건강상태'는 어떻게 측정하면 좋을까. 병에 걸리거나 다치는 것은 의사의 진단에 의해 어느 정도 알 수 있다. 그것은 치료하여야 한다. 눈에 띄는 증상이 없는 경우에는 어떻게 해야 할까. 외견, 검사로 측정할 수 있는 경우도 있지만,

완벽하지는 않다. 뚱뚱한 사람보다 그렇지 않은 사람 쪽이 또는 흡연을 하는 사람보다 흡연하지 않는 사람 쪽이 건강하다고 말할 수 있지만, 이것은 일반적인 비교론밖에 되지 않는다. 검사에서도 위장, 간장과 같은 장기 등에 눈에 띄는 질병이 없는 것은 확인할 수 있지만, 그것 이상은 아니다. 건강수준 그 자체는 용이하게는 측정할 수 없고, 눈으로 보는 것은 불가능하다. 그러나 동작, 외견으로 무언가 알 수 있는 것도 사실이다. 알 것 같기도 하고 알 수 없을 것 같기도 하는 어중간한 느낌이다.

그렇다면 가족의 '건강문화'의 상태는 어떻게 알 수 있을까. 이것도 수치로 표현하는 것은 어렵다. 평상시부터 가족들 간에 건강에 대하여 어느 정도 이야기되고 있는가, 어떤 행동을 하고 있는가 등으로 어느 정도 알 수 있을 것이다. 그러나 질병이 있다고 하여 건강문화가 낮은가 하면 꼭 그런 것도 아니다. 건강문화는 건강보다도 파악하기 어렵고 측정하기 어려운 것이다.

건강문화가 높아도 질병에 걸리기도 하고 다치기도 한다. 질병, 부상에는 여러 가지 원인이 있기 때문이다. 그러나 평상시에 건강에 주의하고 있는 사람은 면역력이 높고 질병에 저항하는 힘이 크므로 질병에 쉽게 걸리지 않고, 걸리더라도 가볍게 끝날 것이다. 마찬가지로 평상시에 주의를 하면 쉽게 다치지 않을 것이고, 다치더라도 부상의 정도도 작게 끝날 것이다.

중요한 것은 항상 의식하고 노력을 하지 않으면 건강은 유지할 수 없다는 것이다. 그리고 건강을 지키는 요령은 올바른 행동을 습관화하고 정기적으로 나쁜 곳은 없는지 체크하는 것이다.

이렇게 생각해 보면 안전과 건강은 많이 유사하다. 건강에 대하여 설명하였지만, 대부분 안전에도 적용된다.

2. 안전을 준수하기 위한 준비는 충분한가?

"안전을 준수하기 위한 준비는 충분한가?"라고 물으면 다음과 같이 대답하는 경영자가 많다. "우리 회사의 방침은 안전제일이다. 안전은 최우선사항이고, 입에 신물이 나도록 안전제일이라고 말하고 있다. 모든 구성원이 충분히 알고 있을 것이다."

아마 그럴 것이다. 그러나 현실의 상황에서는 선언대로 작동되지 않는 경우가 많다. 그 이유는 다음과 같다.

- 경제성/비용: 그렇게 돈을 들일 수 없다. → 이익이 되지 않는다. → 경쟁에 뒤진다고 생각한다.
- 인간관계: 상사(사장, 임원 등)가 지시했으니 어떻게 할 수가 없다. → 안전을 무시할 수밖에 없다고 생각한다.
- 사람이 충분하지 않다: 우수한 인재가 없다. → 이 숫자로 할 수 있는 일에 한계가 있다.
- 시간이 충분하지 않다: 충분히 검토할 시간이 없다. → 날림으로 일을 한다.
- 지식이 충분하지 않다: 잘 알지 못한다. → 배운 적이 없다.
- 경험이 충분하지 않다: 처음 하는 일이다. → 남이 하는 것을 보고 흉내 내는 데 급급하다.
- 정보가 부족하다: 그런 것은 몰랐다. → 그런 것이 발생할 리가 없다고 생각한다.
- 커뮤니케이션이 부족하다: 그런 것에 대해 들은 적이 없다.
- 논의가 부족하다: 혼자서 결정하고 있다. → 누구도 의견을 말하지 않는다.
- 귀찮다/복잡하고 알기 어렵다: 그런 복잡한 것은 할 수 없다고 생각한다.

- 무책임: 누군가가 할 거라고 생각한다. → 상사의 지시가 없으니 나는 책임이 없다고 생각한다.
- 무관심: 그것은 내 일이 아니라고 생각한다.
- 직장의 분위기: 모두가 그렇게 하고 있다. → 누구도 지적하지 않는다. → 보고도 보지 않은 체 한다.

요컨대, 총론으로서 안전제일이 중요한 것은 누구나가 충분히 이해하고 있지만, 개개의 상황에서는 좀처럼 그렇게 되지 않는다. 우직하게 안전규칙(룰)을 지키고 있으면 "융통성이 없다."라고 험담을 듣고, 안전규칙(룰)을 종종 어기는 요령 좋은 사람이 이익을 얻는 것처럼 보인다. 이런 직장은 수없이 존재한다. 왜냐하면 이러한 풍조는 간단하게 직장에 확산되기 때문이다. 이것을 방지하기 위하여 어떻게 하면 좋을 것인지를 강구하는 것이 안전문화 조성을 위한 노력의 일환이다.

3. 문화적 요인

명백한 것은 철저한 사고분석을 통하여 안전목표와 생산목표 간에 적어도 단기간에 존재하는 피하기 어려운 갈등을 불만족하게 해결하면 이것이 국소적(local) 함정에 빠뜨리게 하는 강력한 힘의 일부가 된다는 점이다. 안전목표와 생산목표 간의 문화적 조정은 정교한 균형을 이루어야 한다. 즉, 생산목표의 추구에 편중되어서는 안 되고, 안전목표의 추구에 편중되어서도 안 된다. 한편, 우리는 안전한 것만을 사업으로 하고 있는 조직은 없다는 사실을 직시하여야 한다. 모든 조직은 'ALARP의 원칙'(keep the risk as low as reasonably practicable)과 'ASSIB의 원칙'(and still stay in business) 쌍방을 모두 따라야 한다. 다른 한편, 비참한 조직사고에서 살아남을 수 있는 조직은 거의 없다는 것이 점점 명백해지고 있다. 그러나 사업활동에는 더욱 감지하기 어려운 많은 경제적 요인들 또한 존재한다.

네덜란드의 안전심리학자 허드슨(Patrick Hudson)이 지적했듯이, 감수된 리스크의 양과 수익성 간에는 밀접한 관계가 있을 수 있다. 위험한 작업에서는, 운동을 통한 다이어트와 마찬가지로, 고통(또는 적어도 고통이 증가될 가능성) 없이는 얻는 것이 거의 없다. 예를 들면, 석유탐사 · 개발에서 허드슨은 3가지의 리스크를 확인하였다.

① 매우 낮은 리스크: 투자에 대한 수익은 고작 8% 이하일 것으로 예상된다. 은행예금으로부터 기대되는 것보다 많을 가능성은 거의 없다.
② 중정도의 또는 관리할 수 있는 리스크: 수익은 12% 정도이다.
③ 높은 리스크: 수익은 15%까지 증가할 수 있지만, 이 리스크와 전혀 받아들일 수 없는 리스크 간의 차이는 매우 적다.

경쟁력을 유지하기 위하여, 많은 회사는 때때로 높은 리스크 영역에 들어가면서 주로 중정도의 리스크 영역에서 사업활동을 해야 한다. '경계'까지의 거리가 줄어듦에 따라 국소적인 함정의 수는 증가한다.

요컨대, 시간압력, 비용절감, 유해위험요인에의 무관심, 상업적 이익의 편협한 추구, 두려워하는 것[8)]의 망각 등의 문화적 요인이 작용하여, 많은 사람들은 동일한 에러 유발상황에 몰리고, 결국 동일한 종류의 재해를 입게 된다. 각 조직은 반복된 재해를 입는다. 이들 문화적 요인이 변하지 않고 국소적인 함정이 제거되지 않는 한, 동일한 사고가 계속하여 발생할

8) 안전에서 '두려워하는 것'을 대하는 자세에 대해서는 다음의 명언을 참조할 필요가 있다. "두려움이 없는 것이 용기가 아니라 두려움을 이기는 것이 용기이다."(괴테), "용기란 두려워하지 않는 것이 아니라 두려움에 대항하고 두려움을 정복하는 것이다."(마크 트웨인).

것이다.[9]

한편, 인간의 오류가능성의 가장 중요한 특징의 하나는 유사한 상황이 여러 사람들에게 유사한 유형의 에러와 되풀이되는(recurrent) 재해 패턴을 유발한다는 점이다. 사고보고시스템의 주된 기능의 하나는 이들 재발 패턴을 확인하고 개선노력이 어디로 향해져야 하는지를 제시하는 것이다. 재해의 재발 패턴은 어느 한 영역에 국한되는 것이 아니라, 유사한 반복 패턴을 철도, 항공, 해상운송, 원자력발전, 그리고 의료에서도 확인할 수 있다.

9) J. Reason, *The Human Contribution – Unsafe Acts, Accidents and Heroic Recoveries*, Routledge, 2008, pp. 126-127.

제 2 장

안전문화의 위상과 중요성

Ⅰ. 조직문화

Ⅱ. 안전문화의 위상과 내용

Ⅲ. 안전문화의 역사와 실체

Ⅳ. 안전문화 정의의 해제

I. 조직문화

1. 문화의 핵심

국제원자력기구(International Atomic Energy Agency: IAEA)는 안전문화에 관한 문서에서 문화에 대한 핵심을 이하에서와 같이 상세히 설명하고 있다.[1)]

설령 당신이 당신의 조직에서 문화를 관리하는 데 진지하더라도 이때 직면하는 최대의 위험은 문화의 깊이와 힘에 대하여 충분히 인식하지 않는 것이다. 문화는 깊고 광범위하며 안정적이다. 당신이 문화를 관리하지 못하면, 역으로 문화가 당신을 관리하고, 나아가 당신은 어느 정도 관리되고 있는지조차 모를 수 있다. 문화 및 문화 변화의 실제는 다음 사항으로 요약될 수 있다.

① 문화는 어떤 집단이 외부로부터의 요구에 대응하면서 그리고 집단 내부관계를 다루면서 학습한 집단의 공유되는 암묵적인 전제인식이다. 문화는 사회적 학습의 산물이다. 공유되고 유효하게 작용하는 사고방식과 행동방식은 문화의 요소가 된다.

② 사람들은 대체로 새로운 문화를 창출하기보다는 문화의 변화를 촉진한다. 새로운 사고방식과 일하는 방식을 요구하거나 장려하고, 그것이 확실히 이뤄지고 있는지를 모니터링할 수는 있지만, 시간이 경과하면서 실제로 보다 잘 작동하지 않으면, 조직의 구성원들은 그것을 내부화하거나 새로운 문화의 일부로 삼지 않을 것이다.

③ 문화는 조직의 유동적 환경과 함께 진화한다. 조직의 외

1) IAEA, Safety culture in nuclear installations - Guidance for use in the enhancement of safety culture(IAEA-TECDOC-1329), 2002, pp. 72-73.

부적, 내부적 조건이 변화함에 따라 문화상의 전제인식의 정당성도 변화한다. 올바른 문화의 기준은 '무엇이 조직을 주된 임무에서 성공으로 이끌 수 있는가'라는 실용적인 것이다.

④ 문화는 조직기능의 모든 측면에 영향을 준다. 사명, 전략, 사용수단, 평가시스템, 규범, 보상시스템, 인간의 본성에 대한 관점, 시간, 이것들은 모두 문화에 반영되어 있다.

⑤ 당신의 문화적 경향을 보다 잘 이해하기 위하여, 다른 조직(문화)의 사람들과 함께 일을 하는 것이 도움이 된다. 스스로가 당연하다고 생각하고 있는 전제인식을 깊이 생각할 수 있게 된다.

⑥ 모든 문화적 변화는 새로운 것을 배우기 전에 오래된 것을 버릴 필요가 있기 때문에 변혁적이다. 변화에 대한 불안과 저항을 초래하는 것은 버리는 것이다. 오래된 것을 버리고 새로운 것을 배우는 동기부여(motivation)는 지금의 방식으로 계속하면 목표를 달성하지 못할 것이라는 인식에서 나온다. 즉, '생존 불안'을 느끼는 것이다. 새로운 것을 학습해야 한다는 인식은 '학습 불안'을 일으킨다. 변화가 발생하려면, 생존 불안이 학습 불안보다 커야 한다. 이것은 학습자에 대한 심리적 안전(psychological safety)[2)]을 조성하여 학습 불안을 낮춤으로써 가장 잘 달성된다.

⑦ 문화를 바꾸려는 생각으로 시작해서는 안 된다. 조직이 직면하고 있는 과제를 가지고 시작하여야 한다. 문제를

2) 심리적 안전이란, 자신의 이미지, 지위 또는 경력에 대한 부정적인 결과를 걱정하지 않고 자기 자신을 보여주고 업무를 수행할 수 있다는 느낌을 갖는 것이다(William A. Kahn). 이것은 대인관계와 관련된 리스크 수용(risk taking)에 대해 팀이 안전하다고 하는 공유된 신념이라고 정의될 수도 있다(Amy Edmondson). 심리적으로 안전한 팀에서는 팀 구성원들이 받아들여지고 존중받고 있다고 느낀다(Wikipedia).

명확하게 한 후에 지금의 문화가 문제의 해결에 도움이 되는지 방해가 되는지를 생각한다.

⑧ 문화는 강함의 원천이다. 그것은 과거의 성공의 유산이다. 문화의 일부 요소들이 제 기능을 다하지 못하는 것으로 보이더라도, 그것들은 아마도 여전히 강력한 많은 다른 요소들에 비하면 일부에 지나지 않는다는 점을 잊지 말아야 한다. 변화가 필요하다면, 약할 수 있는 요소들을 변화시키는 데 집중하기보다는 현재 존재하는 문화적 강점을 발판으로 삼도록 노력해야 한다.

⑨ 문화에 대한 학습은 노력을 필요로 한다. 인식을 확대하고 생각의 프로세스를 재음미하여야 한다. 생각하고 일을 하는 데 있어 다른 방법이 있다는 것을 받아들여야 한다.

2. 조직문화란

안전문화는 조직문화 중 안전에 관한 문화이다. 따라서 안전문화를 파악하기 위해서는 조직문화가 무엇인지를 이해할 필요가 있다.

조직문화에 대한 가장 초기의 논의들 중의 하나는 조직사회학자인 터너(Barry Turner)의 연구이다. 그의 연구는 문화의 의미와 문화가 조직에서 갖는 중요성을 가장 명료하게 설명한 것 중의 하나이다. 터너의 설명은 다음과 같다.

> 조직의 유효성 부분은 그것이 많은 사람들을 결합시킬 수 있는 방식과 그들에게 충분한 시간을 들여 접근방법, 견해 및 우선순위 등의 충분한 유사성을 불어넣는 방식에 있다. 그런 유사성에 의해, 조직화되지 않은 개인들의 그룹이 동일한 문제에 직면하게 될 때 결코 일어날 수 없는 집단적이고 지속적인 반응을 얻는 것이 가능하게 된다. 그러나 바로 이런 특징이 중요한 이슈에 대한 집단적

무지(collective blindness)의 위험과 어떤 필수적인 요인들이 조직의 인식범위 밖에 방치될 수 있는 위험을 가져오기도 한다.[3]

달리 말하면, 문화는 비용합리적인, 강력한 '접근방법의 유사성'의 근원이다. 이 유사성은 문화의 원료인 공유된 가치, 규범, 인식에서 생겨난다. 이 원료들이 공통되면, 그 결과로서 "조직집단 내의 역할들과 연관된 공유된 예상(기대)이 그 집단의 구성원들로 하여금 조직 내의 의사결정업무에 대해 어떤 전제(가정)를 갖도록 촉진하는 경향과 유사한 합리성의 관점을 가지고 일을 하도록 촉진하는 경향이 생긴다."[4] 통합된 문화를 구성하는 공유된 예상과 전제 및 합리성에 대한 유사한 관점은 주의 깊음(mindfulness)[5]을 촉진하기도 하고 억제할 수도 있다. 문화는 맹점을 장려할 수도 있다.

한편, 문화란 조직 '자체'와 관련된 것으로 이해되어야 하는가(조직의 신념, 태도, 가치), 조직이 '가지고 있는' 어떤 것으로 이해되어야 하는가(조직의 관행, 통제)에 대한 문제에 대해서는 여전히 분석가에 따라 의견이 다르다. 두 가정 모두 약간의 진실을 담고 있다. 따라서 문화는 궁극적으로 조직 자체가 되는, 조직이 가지고 있는 어떤 것이라는 입장을 취하는 것도 가능할 것이다.

리즌(James Reason)과 그 외 학자들에 의하면, 신념과 태도를 직접 변화시키는 것은 행동(acting)과 실천(doing)을 변화시키는 것보다 어렵다고 주장한다. 그런데 행동과 실천은 생각과 믿음의

3) B. A. Turner and N. F. Pidgeon, *Man-Made Disasters*, 2nd ed., Butterworth-Heinemann, 1997, p. 47.
4) Ibid., p. 102.
5) 'mindfulness'는 'mindfulness의 어머니'라고 불릴 정도로 mindfulness의 발전에 기여한 미국 하버드대 심리학과 교수 랭거(Ellen Ranger)의 책 제목이기도 하다. 우리나라 심리학 서적에서는 'mindfulness'를 통상 '마음챙김'으로 번역하고 있다.

변화를 일으킬 수 있다.[6] 그리고 행동과 실천은 오랜 시간 동안 그리고 집단 소속의 상황에서 태도와 신념을 형성하는 방침과 규범인 관행의 영향을 받는다.[7]

조직문화의 핵심속성을 파악하려고 시도하는 최근의 많은 설명 중에서 아마도 미국의 조직문화 연구자인 샤인(Edgar H. Schein)의 설명이 가장 유명할 것이다. 샤인은 조직문화의 분석을 위한 3가지의 주요한 레벨을 다음과 같이 제시하고 있다.[8]

[표 2-1] 조직문화의 3가지 레벨

1. 인공의 산물(artifact)
   - 가시적이고 접촉할 수 있는 구조와 프로세스
   - 관찰된 행동
     - 분석·해석하는 것은 어렵다.
2. 신봉되는 신조와 가치(espoused belief and values)
   - 이상상(理想像), 목표, 가치관, 원망(願望)
   - 이데올로기(이념)
   - 합리화(rationalization)
     - 행동, 기타 인공의 산물과 합치하는 경우도, 그렇지 않은 경우도 있다.
3. 깊은 곳에 보전되어 있는(바닥을 흐르는) 기본적 전제인식(assumption)
   - 의식되지 않고 당연한 것으로 품고 있는 신조, 가치관
     - 행동, 인지, 사고, 감정을 통제한다.

여기에서 사용되고 있는 '레벨'이라는 말은 문화적 현상이 관찰자에게 어느 정도 보이는지의 정도를 가리킨다. 문화가 도대

6) J. Reason, *Managing the Risks of Organizational Accidents*, Ashgate, 1997, p. 294.

7) K. E. Weick, "Sensemaking in Organizations: Small Structures with Large Consequences", in J. K. Murnighan(ed.), *Social Psychology in Organizations: Advances in Theory and Research*, Prentice Hall, 1993, pp. 10-37.

8) E. H. Schein, *Organizational Culture and Leadership*, John Wiley & Sons, 5th ed., 2017, p. 18.

체 어떤 것인가를 정의할 때에 생기는 혼란의 일부는, 문화가 그 모습을 나타내는 여러 레벨을 확실히 판별하지 않는 데에서 생기고 있다. 이들 레벨에는 당신이 실제로 보고, 느끼며, 실태가 아주 확실히 드러난 레벨에서부터, 깊은 곳에 정착하여 의식으로 올라오지 않고(무의식적인) 대개 암묵의(tacit) 기본적 전제 인식의 레벨(문화의 에센스)이 포함된다. 이들 두 레벨의 중간에는 여러 '신봉되는 가치, 규범, 행동의 룰', 즉 그 문화에 속하는 구성원들이 그들 자신을 향하여 또는 다른 사람들에 대하여 그 문화를 설명하는 방법으로 사용되는 부분이 있다.[9)]

그리고 샤인에 따르면, 문화는 다음과 같은 6가지의 공식적 특성들로 정의된다. (1) 문화는 공유된 기본적 전제인식이다. (2) 기본적 전제인식은 해당 집단에 의해서 창안되고 발견되며 개발된다. (3) 이러한 현상은 집단이 외적 적응과 내적 통합의 문제에 대처하는 법을 학습하면서 일어난다. (4) 대처방식은 타당성이 있다고 생각하기에 충분할 정도로 잘 작동해 온 방식에 의한다. 따라서 (5) 그 방식은 집단의 새로운 구성원에게 다음 방식으로서 전수될 수 있다. (6) 외적 적응과 내적 통합의 문제에 관하여 인식하고 생각하며 느낄 때의 적절한 방식. 위 6가지 사항에 하나를 추가한다면, 마음가짐(mind-set)과 같은 정도로 관행과 행동을 고려하는 것이다. 따라서 문화에 대해 이야기할 때, 다음과 같은 것이라고 이야기할 수 있다.[10)]

- 조직의 내부와 외부에 대처하는 가운데 학습한 교훈들을 보존하는 전제인식들(예: 어떤 것에도 사인해서는 안 된다)
- 조직이 어떻게 행동해야 할지를 정하는 이들 전제인식에서

9) Ibid., p. 27.

10) K. E. Weick and K. M. Sutcliffe, *Managing the Unexpected: Sustained Performance in a complex World*, 3rd ed., John Wiley & Sons, 2015, p. 134.

도출된 가치(예: 출구가 없는 곳에 들어가서는 안 된다)

- 신봉되는 가치를 구현하고 실체를 부여하는 인공의 산물이나 가시적 표시물(예: 가치를 일람한 카드를 포켓에 넣고 생활한다)
- 일을 하는 관행 또는 방식(예: 한낮에는 계속된 소화활동을 해서는 안 된다)

인공의 산물은 변화시키기가 가장 쉽지만, 전제인식은 변화시키기가 가장 어렵다.

샤인이 세심하고 자세히 설명한 것을 사람들은 종종 보다 압축적으로 요약한다. 즉, 문화는 "우리가 여기에서 일하는 방법이다." 우리는 우리의 목적을 위하여 그 정의를 조금 수정하여 "문화란 우리가 여기에서 예상하는 것이다."라고도 주장한다. 문화는 두 가지에 영향을 미치는데, 내부적으로는 사람들이 서로에게서 예상하는 것에 영향을 미치고, 외부적으로는 사람들이 고객, 경쟁자, 공급자, 주주 및 다른 이해관계자 등의 환경을 취급하는 것에서 예상하는 것에 영향을 미친다.[11)] 어느 경우에서건 예상은 적절한 태도와 행동에 대해서 합의의 형태를 띤다.

문화는 예상(상정)에서 벗어난 일들이 감지되는 방식, 해석되는 방식, 관리되는 방식, 학습의 근거로 사용되는 방식 등에 영향을 미친다. 집단에 따른 차이점은 '무엇이 적절한 것인가'에 대해 동의하는 정도와 태도·행동의 적절성에 대해 사람들이 '얼마나 강하게 느끼는가'에 대해 동의하는 정도이다. 만약 누구나 행동의 중요성에 대해 강하게 느끼고 있으면, 이탈의 여지는 적고,

---

11) 문화를 예상과 긴밀하게 조화시키는 것은 여러 문화 연구자들에 의해서 주목받아 왔다. 이들은 문화를 규범과 가치에 입각한 사회통제시스템으로 설명하는데, 이들에 의하면 이 규범과 가치가 집단 구성원들에게 적절한 태도와 행동에 대한 예상을 설정한다.

규범에서 조금만 벗어나도 신속하고 가혹하게 취급된다. 예컨대 일단의 비행기 조종사들이 운행점검용 체크리스트를 유약한 사람들이 사용하는 것이라고 강하게 믿는다면, 체크리스트를 묵묵히 사용하는 사람들은 조롱거리가 되기 쉽다. 만일 구성원들 사이에 동의가 거의 되어 있지 않고 사람들이 그 문제에 대해 관심이 적으면, 체크리스트 사용을 둘러싼 규범은 보다 약해지고 이탈은 다반사로 일어날 것이며, 이 예상(상정)은 집단을 뭉치게 하는 역할을 거의 하지 못할 것이다.

3. 조직문화의 창출

가치, 문화 및 예상에 대하여 기억해야 할 핵심 포인트는 피터스(Tomas Peters)와 워터만(Robert Waterman)의 '초우량 기업을 찾아서(In Search of Excellence)'에서 처음 언급된 부분이다. 그들의 주장에 의하면, 조직에서 사람들이 불과 서너 개의 핵심가치들에 몰입하고 이 가치들을 내재화하고 공유하면, 그들이 유사한 선호되는 방법으로 의사결정에 프레임을 끼울 것이기 때문에 최고경영진(top management)은 이 몰입된 사람들에게 의사결정에 대한 광범위한 재량권을 줄 수 있다. 몇 가지 핵심가치가 사람들이 어떻게 문제를 인식하고 행동할 것인지를 구체화할 것이다.

따라서 구성원들이 소수의 핵심가치에 따라 집중화되고 그 밖의 일들에 대해서는 구성원들에게 자율권이 주어지면, 조직은 집권화와 분권화의 장점을 모두 얻을 수 있다. 피터스와 워터만은 다음과 같이 강조하였다. "자율성은 규율의 산물이다. 몇 가지의 공유가치에 의해 형성되는 규율이 골격(framework)을 제공한다. 그 골격은 실제 중요한 것에 대한 안정적 예상에서 비롯되는 자신감을 사람들에게 제공해 준다. … 적은 수의 공유가치를 바탕으로 한 규율이 조직 전체적으로 실질적인 자율성과 실험의욕을 불러일으킨다."[12] 적절한 행동을 위한 규범으로 전환된 서너 개의 핵심가치를 가진 문화는 조정이 이루어지고 리질리언스[13](resilience, 강인력[14])를 갖출 것이다.

따라서 문화는 예상치 못한 사건을 주의 깊게 관리하려는 노력에서 핵심적인 요소이다. 이 주장은 간단하면서도 복잡하다. 간단하다는 의미는 문화에 대한 개념 그 자체가 간단하다는 것이다. "기업문화에 대한 마술이나 이해하기 어려운 것이란 없다. 바람직한 구체적 태도와 행동을 알고, 그 다음에 그것들을 촉진하거나 억제할 수 있는 규범이나 예상을 파악하기만 하면 된다."[15] 그러나 문화는 또한 아주 복잡한 것이기도 하다. 그림 2-1은 문화가 발전함에 따라, 그것이 존속하기 위해서는 갖추어져야 할 많은 조건들이 있음을 보여준다. 특히 적절한 행동규범에 의해 결합된 문화는 아래와 같은 조건이 갖추어지지 않으면 지속되지 않을 것이다.

• 최고경영진이 신념, 가치 및 행동에서 확실한 선호(preference)

---

12) T. J. Peters and R. H. Waterman Jr., *In Search of Excellence: Lessons from America's Best-Run Companies*, HarperCollins, 1982, p. 322.

13) resilience는 우리나라에서 관행적으로 '레질리언스'라고 표기하는 경우가 많지만, 국립국어연구원에서 '리질리언스'로 표기하도록 공식적으로 심의되었기 때문에, '리질리언스'로 표기하는 것이 올바르다. 리질리언스에 대해서는 제10장에서 자세히 설명하기로 한다.

14) 우리나라에서는 resilience를 회복력이라고 번역하는 경우가 많은데, 후술하는 resilience engineering에서의 resilience가 학습능력, 예견능력, 감시능력, 대응능력을 모두 포함하는 개념이라는 점을 감안하면, '회복력'이라고 번역하는 것은 resilience가 의도하는 원래의 의미를 일부밖에 담지 못하는 한계가 있다. Resilience가 담고 있는 의미를 보다 온전하게 나타내기 위해서는 '강인력'이라고 번역하는 것이 타당하다고 생각한다.

15) C. O'Reilly, "Corporations, Culture, and Commitment: Motivation and Social Control in Organizations", *California Management Review* 31, 1989, pp. 9-25.

를 나타낸다.

- 최고경영진의 행동과 말이 확실하게 그리고 일관성 있게 전달되고 모든 사람에게 주목을 끈다.
- 전달된 가치들이 위선적이지 않고 일관된 것으로 보이고 대다수의 사람들에 의해 강력하게 느껴진다.
- 보너스, 승급, 승진, 인정 등이 주의 깊게 행동하는 사람들에게 돌아가고 그렇지 않은 사람들에게는 돌아가지 않는다.

이 리스트는 강하고 주의 깊은 문화를 조성하려는 리더의 노

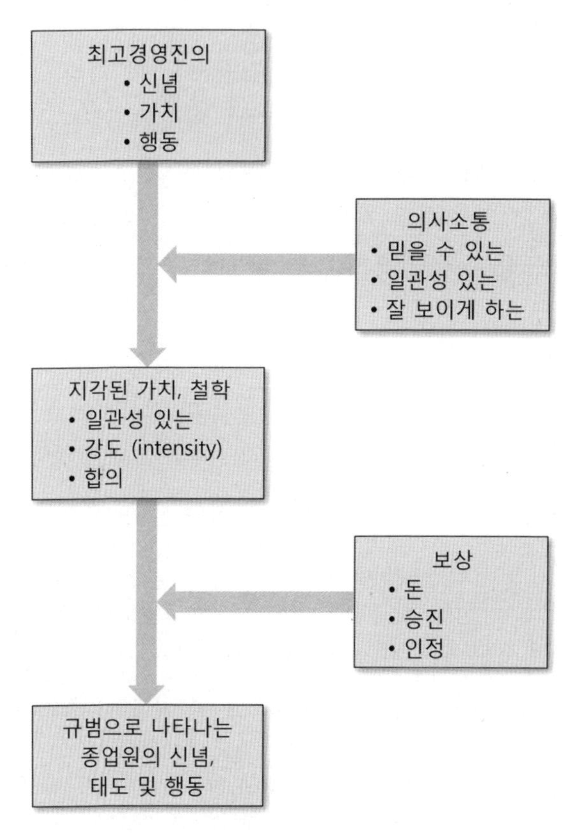

[그림 2-1] 조직문화를 창출하는 조건

력이 곁길로 샐 수 있는(실패할 수 있는) 많은 지점들을 포함하고 있다.[16)]

Ⅱ. 안전문화의 위상과 내용

1. 안전에 대한 접근방법의 발달과정

문화라는 말은 표준국어대사전에서 "인간이 자연 상태에서 벗어나 일정한 목적 또는 생활 이상을 실현하고자 사회 구성원에 의하여 습득, 공유, 전달되는 행동양식이나 생활양식의 과정 및 그 과정에서 이룩하여 낸 물질적·정신적 소득"이라고 표기되어 있지만, 문화에는 이외에 여러 정의가 있고, 학문분야마다 다른 정의가 있다고 해도 과언이 아니다.

기본적으로 문화라는 것은 눈에 보이지 않는 것이고, 그것이 인간의 여러 활동에 작용하여 눈에 보이는 것으로 된다고 생각한다.

안전문화란 간단하게 말하면, '안전을 최우선하는 문화'이지만, 일은 그렇게 간단하지 않다. 안전을 최우선한다고 하더라도, 여러 인간이 여러 가지 활동을 하는 중에 여러 가지 측면이 있어, 그것을 간단하게 정리하거나 표현하는 것은 불가능하기 때문이다.

최종적으로 안전을 확보하는 것은 관리(경영)시스템(management system)에 근거한 안전을 위한 활동이다. 그러나 안전활동의 질은 인간(조직)이 개재(介在)하는 한, 그 인간(조직)이 가지는 잠재

16) K. E. Weick and K. M. Sutcliffe, *Managing the Unexpected: Sustained Performance in a complex World*, 3rd ed., John Wiley & Sons, 2015, p. 136 참조.

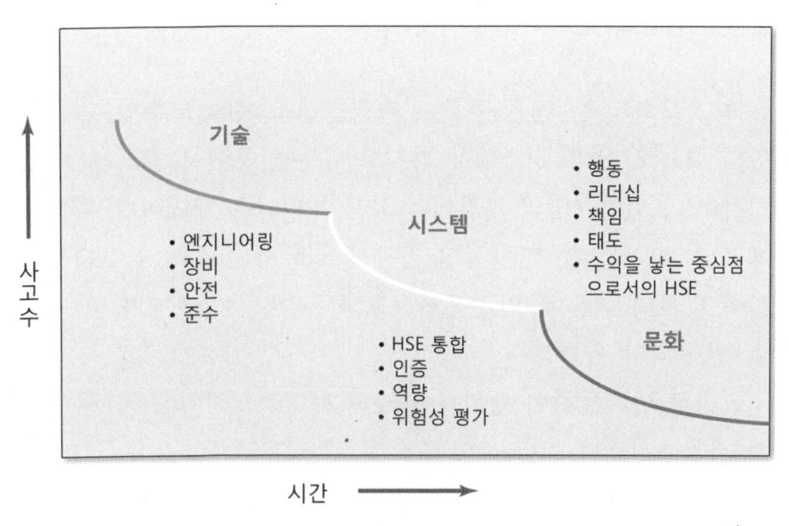

[그림 2-2] 안전에 대한 접근방법의 발달선(developmental line)[17)]

적인 의식, 생각, 심리적 상태, 지식·경험, 그리고 외적 요인에 좌우된다. 이것들 중 외적 요인을 제외한 인간(조직) 고유의 안전과 관련되는 심적 요인(지식·경험도 그 인간의 심적 상태의 형성에 관련되어 있다)이 안전문화라고 말할 수 있다. 즉, 관리시스템은 안전활동을 실시하기 위한 수단이고, 안전문화는 그것을 떠받치는 인간(조직)의 행동에 관여하고 있다.

한편, 안전에 대한 접근방법의 발달과정을 시기별로 살펴보면, 1980년대 전반까지는 '기술적 접근'이 중심을 이루었고, 1980년대 후반에는 시스템 접근이 그 뒤를 이었으며, '시스템 접근'이 한계에 다다르자 1990년대 후반부터는 '안전문화 접근'이 큰 흐름으로 등장하여 현재에 이르고 있다.

17) P. Hudson, "Implementing a safety culture in a major multi-national", *Safety Science,* 45, 2007, p. 700.

2. 안전문화란

'안전문화'라는 말은 주로 원자력발전소, 항공운수업, 철도업 등의 대규모 설비, 시스템을 가지고 있는 업종에서 발생하는 '조직사고'의 원인규명의 과정에서 화제가 되어온 개념이다. 따라서 제조업, 건설업 등 일반적인 업종에서는 사업규모, 업무내용이 많이 다르기 때문에, 안전문화라고 하는 개념이 관계가 먼 것처럼 인식되어 왔다.

그러한 안전문화의 정의를 조사해 보면, 그 기업(조직)에서 일하는 경영진부터 일반 종업원에 이르는 모든 사람들이 '일의 안전을 어떻게 생각하고 어떻게 행동하는가'라는 조직, 구성원의 행동양식으로 설명되고 있다. 따라서 안전문화란 원자력발전소 등의 특정 업종에만 존재하는 것이 아니라 사업의 종류, 규모에 관계없이 각 기업에 고유의 특징을 가지고 존재하는 것이라고 말할 수 있다.

기업 등 목적을 공유하면서 일하고 있는 사람들의 집단(조직)에는 이른바 기업문화라고 불리는 것이 존재한다. 이것을 체계적으로 표현한 것이 행동양식이고, 기업에서의 행동양식의 총체를 '조직문화'라고 하면, 그것의 안전 측면이 '안전문화'라고 할 수 있다. 즉, '안전문화'는 기업 속에서 단독으로 존재하는 것은 아니고, 기업문화의 총체를 의미하는 '조직문화'의 안전에 관한(안전의 관점에서 정리한) 측면이다.

조직에는 각각의 문화가 있고, 조직 한 사람 한 사람의 판단, 행동에 영향을 주고 있다. 조직문화가 조직의 한 사람 한 사람의 판단에 영향을 주는 것은 안전에 관해서도 마찬가지이다. 조직문화는 안전에 플러스가 되는 영향을 주는 경우가 있는가 하면, 안전을 저해하는 경우도 있다. 따라서 '안전문화를 조성한다'는 것은 현재의 조직문화를 보다 안전에 기여하는 방향으로 바꾸어 가는 것이다.

조직이론가들은 많은 부정적이고 역기능적인 문화를 고찰하여 왔다. 이와 같은 '나쁜 문화'의 하나의 전형은 심리학자들이 '학습된 무력감(learned helplessness)[18]'이라고 부르는 것이다. '학습된 무력감'이란, 상황을 변화시키려는 노력이 결실을 맺지 못하는 것을 학습하고, 그 결과 시도하는 것을 간단히 포기해 버리는 상태이다. 즉, 문제를 해결하고 목표를 달성하려고 하는 에너지와 의지가 서서히 고갈되어 사라져 버리는 경우를 가리킨다.[19] 또 하나의 역효과를 낳는 조직전략은 '불안 회피(anxiety-avoidance)'이다. 만약 이런 조직이 집단적 불안을 감소시키기 위한 기법을 발견하면, 그 실제의 효과와는 무관하게 몇 번이고 그 기법을 반복하여 적용할 가능성이 있다.

'학습된 무력감'과 반복되는 '불안 회피', 이 두 가지는 '비난 사이클(blame cycle)'[20]의 작동을 강화시키는 경향이 있다.

---

18) 피할 수 없는 힘든 상황을 반복적으로 겪게 되면 그 상황을 피할 수 있는 상황이 와도 극복하려는 시도조차 없이 자포자기하는 현상을 가리킨다. 1967년 미국의 심리학자 셀리그먼(Matin Seligman)과 마이어(Stever Maier)가 24마리의 개를 대상으로 한 우울증 실험에서 발견한 증상이다.

19) P. Bate, "The impact of organizational culture on approaches to organizational problem-solving", in G. Salaman(ed.), *Human Resource Strategies*, Sage, 1992, p. 229.

20) 사람은 자유로운 행위자로 간주되기 때문에, 적어도 부분적으로는 그들의 에러는 자발적인 행위로 여겨진다. 의도적인 나쁜 행위는 재차 그것을 일으키지 않도록 하기 위하여 경고, 제재, 위협, 권고를 받지만, 이것들은 에러를 유발하는 요인에는 거의 또는 아무런 영향을 주지 못한다. 이 때문에 에러는 계속해서 여러 사고들과 재해들에 연루된다. 그리고 조직의 상관들은 두 배로 분개한다. 사람들은 경고와 제재를 받지만, 에러를 계속적으로 저지른다. 이제 그들은 관리자의 권위를 일부러 무시하는 것처럼 보이고, 그 다음의 에러를 범한 사람들은 훨씬 강한 경고와 좀 더 무거운 제재를 받게 된다. 이처럼 '비난 사이클'은 계속 진행된다(J. Reason, *Managing the Risks of Organizational Accidents*, Ashgate, 1997, pp. 127-128 참조).

사람들은 항상적으로 존재하는 위험에 직면하여 무력감을 느낀다. 그리고 사고와 사건에 대한 잘 알려져 있는 대응, 예컨대 '다른 절차서를 작성한다', '비난과 교육'은 장래의 조직사고에 대한 시스템의 저항력을 실제로는 강화시키지 못할 수 있지만, 뭔가 하고 있는 것으로 보임으로써 최소한 불안을 경감시키는 역할을 한다. 또한 제일선에서 일하는 사람들을 비난함으로써 조직 전체가 비난받는 것에서 벗어난다.[21)]

한편 전술한 바와 같이, 사회과학자들 사이에는 문화가 조직이 '가지는' 어떤 것인지, 아니면 조직 '그 자체'인지에 대해 논쟁이 있다. 전자의 견해는 새로운 대책과 관행을 도입함으로써 문화를 바꾸어 가는 관리력을 강조하는 반면에, 후자의 견해는 문화를 조직 구성원 전체의 가치관, 신념 및 이념에서 나오는 전체적인 특성으로 본다. 전자의 접근방식은 관리자와 경영컨설턴트가 선호하는 것이고, 후자의 접근방식은 사회과학자가 선호하는 것이다. 이 책에서는 관리자의 입장에 서서 네덜란드의 심리학자이자 문화연구자인 호프스테더(Geert Hofstede)의 주장에 찬성한다. 그는 다음과 같이 주장하고 있다.[22)]

> 우리가 수행한 연구프로젝트에 기반하여 관행은 조직이 '가지고 있는' 특성이라고 제안한다. 조직문화에서 관행은 중요한 역할을 담당하기 때문에, 조직이 문화를 '가지고 있다는 접근방식'은 이것을 얼마간 관리할 수 있는 것으로 이해된다. 성인의 집단적 가치관을 의도한 방향으로 변화시키는 것은 불가능하지는 않아도 매우 어렵다. 가치관은 확실히 변화하지만, 누군가의 종합적인 기본계획에 따라 변화하는 것은 아니다. 그러나 집단

21) J. Reason, *Managing the Risks of Organizational Accidents*, Ashgate, 1997, p. 193.

22) G. Hofstede, *Cultures and Organization: Intercultural Cooperation and its Importance for Survival*, Harper Collins, 1994, p. 199.

적 관행은 구조, 시스템과 같은 조직적 특성에 의존하고, 그래서 집단적 관행은 이것(조직적 특성)을 변화시킴으로써 다소 예상할 수 있는 방식으로 영향을 받을 수 있다.

그리고 안전에 관한 '가치관'은 좁은 의미의 안전 분야에 한정적으로 적용되는 것이 아니다. 다른 업무분야에도 모순 없이 반영되어야 하는 것이다. 즉, 안전은 다른 업무 분야에서도 분리해서는 생각할 수 없는 것이다. 예를 들면, 구매관리 분야에서 가격을 중시하는 나머지 안전성이 낮은 설비·기기를 구입하거나, 인사관리 분야에서 수익을 중시하는 나머지 안전투자를 억제하는 등 안전을 소홀히 하는 관리자가 인사관리상 좋은 평가를 받게 되면, 종업원들은 회사의 안전에 대한 의지를 신뢰하지 않게 된다.

종업원의 행동에 강한 영향을 미치는 것으로 '공식적인 것'과 '비공식적인 것'이 있다. '공식적인 것'이란, 회사의 방침, 업무절차, 관리절차 등 이른바 표준류 등에서 회사가 결정한 것을 말하고, '비공식적인 것'이란, 회사·작업장에서 어떤 행동이 받아들여지는 프로세스와 자연발생적으로 종업원과 직장에 자리 잡고 있는 가치관, 관례 등을 말한다.

안전문화는 비공식적인 요소가 많기 때문에, 안전문화는 지금까지 회사·작업장의 일로 인지되지 않고 방치되거나 관리자의 임의에 맡겨지는 경우가 많다. 공식적인 것을 이행하지 않거나 이행하기 위해 노력하지 않더라도 누구로부터도 불평을 듣지 않는 경우도 많다. 회사·작업장의 비공식적인 습관, 관례, 암묵적 합의, 전통 속에 들어와 있기 때문이다.

비공식적인 가치관, 관례 등은 품질, 기술과 같이 갱신하거나 개선하는 구조가 없었기 때문에, 안전에 대한 사내외의 요구는 현격히 엄격해졌음에도 불구하고, 비공식적인 가치관, 관례 등에 근거한 실제의 행동은 구태의연한 사고방식에 따라 행해져 지금에 이르고 있다.

안전에 대한 높은 가치관을 회사 차원에서 결정하고 공식적인 것으로 하는 한편, 오래되고 나쁜 가치관을 발견하여 시정해 가고, 공식적인 업무절차, 관리절차 등을 높은 안전의 가치관을 토대로 체크하여 시정해 갈 필요가 있다.

사고·재해가 발생하면, 안전담당부서로부터 방침, 규칙(룰)은 이미 정해져 있는데 지켜지지 않았다는 이야기를 듣는 경우가 많다. 과연 그 이유는 무엇일까? 그 하나로 '무언(無言)의 지시'가 있다. '안전을 위해 이 방법을 준수하자'라는 규칙(룰)은 제정되어 있다. 그런데 안전절차를 지키다가 납기를 못 맞추면 상사로부터 꾸지람을 듣거나 알게 모르게 불이익을 받는다.

안전절차를 준수하지 않고 생산성이 높은 자가 표창을 받거나 먼저 승진을 한다든지, 안전담당부서의 위상이 조직도와 달리 실질적으로는 낮고 담당자의 수도 적은 등 '무언의 지시'는 조직의 곳곳에 많이 있을 수 있다. 정해져 있는 안전규칙(룰)이 지켜지지 않는 경우, 그것과 다른 '무언의 지시'가 침투되어 있을 가능성이 높다.

현장에 나와 있는 자들은 상사, 회사가 어떻게 행동하는지, 즉 '무언의 지시'를 눈여겨보고 있다. 따라서 상사는 공식적으로 표방하는 것과 다른 메시지를 내서는 안 되고, 회사는 '말하고 있는 것과 하고 있는 것', '이념과 실행표준' 간에 정합성이 갖추어지도록 노력해야 한다. 안전문화의 관점에서 생각하면, 회사와 작업장 스스로의 결점이 하나하나 명확해지고, 그렇게 되면 과제가 보이고 구체적으로 해야 할 것이 보이게 된다.

참고 **안전문화와 안전풍토**

안전풍토(safety climate)는 안전문화(safety culture)와 그 경계가 희미하고 상호교환적으로 사용되고 있지만, 둘 사이에는 중요한 개념적 차이가 있다.

문화는 일반적으로 뿌리 깊고 많은 경우 당연하다고 여겨지는 의미와 믿음을 언급하는 것으로 받아들여지고, 풍토는 문화의 표면적인(겉으로 드러나는) 현상으로 간주된다.[23] 콕스(Susan Cox)와 플린(Rhona Flin)은, 두 개념 간의 관계를 명확히 하기 위한 시도로, 문화는 조직의 특성으로, 풍토는 조직의 분위기로 각각 설명하고 있다.[24] 데커(Sidney Dekker) 역시 "안전풍토는 단기적이고, 변할 수 있으며, 경영진의 바로 눈앞의 행동과 최근의 사고와 같은 위기로 인해 생길 수 있는 개방성과 학습의 분위기를 의미하고, 안전문화는 좀 더 지속적이고 장기간에 걸쳐 조직에서 생기는 특징을 나타내는 것이다."고 설명하고 있다.[25] 문화는 오랜 시간 동안 상당히 안정적인 특성을 의미하는 보다 높은 수준의 추상적 개념인 반면, 풍토는 문화보다 가시적이고 변화하기 쉬운 좀 더 일시적인 특성을 나타낸다.

이런 차이에도 불구하고, 연구와 관련하여 안전문화 연구와 안전풍토 연구 간에 명백한 경계는 없고, 이 연구를 분명하게 구분하는 것은 어려운 상태이다.

3. 안전문화의 특성

안전문화라는 말은 거의 모든 사람이 사용하지만, 정확한 의미 또는 그것이 어떻게 측정될 수 있는지에 대해서는 합의가 거의

---

23) A. E. Reichers and B. Schneider, "Climate and culture: An evolution of constructs," in B. Schneider(ed.), *Organizational Climate and Culture*, Pfeiffer, 1990, pp. 5-39; E. H. Schein, *Organizational Culture and Leadership*, John Wiley & Sons, 5th ed., 2017, p. 17.

24) S. Cox and R. Flin, "Safety Culture: Philosopher's stone or man of straw?", *Work Stress*, 12, 1998, pp. 189-201.

25) S. Dekker, *The Field Guide to Understanding Human Error*, Ashgate, 2006, p. 171.

이루어지고 있지 않다. 사회과학의 문헌에서는, 특별히 도움이 되지 않는 매우 많은 정의가 내려지고 있지만, 그것들을 종합하면 안전문화의 요소는 두 부분으로 구분될 수 있다고 제안한다. 하나는, 안전의 추구에 관한 조직 구성원의 신념, 태도, 가치관(많은 경우 암묵적이다)으로 구성되어 있다. 또 하나는, 보다 구체적인 것으로서 조직이 보다 강화된 안전을 확보하기 위하여 소유하거나 이용하는 조직, 관행, 관리 및 방침을 포함하고 있다.

안전문화의 단일하고 포괄적인 정의를 위하여 무익하게 노력하는 것보다는 이하에 설명하는 안전문화의 중요한 특성들을 강조하는 것이 유용하고 바람직하다.[26)]

- 안전문화란 현재의 영리적인 압력 또는 누가 최고경영자의 자리를 차지하고 있는지에 관계없이 달성 가능한 안전을 목표로 하여 조직을 계속해서 경영해 가는 '엔진'이다. 즉, 안전문화는 경영진의 특성, 현재의 영리적인 관심에 관계없이 최고의 안전상태(safety health)를 목표로 하여 시스템을 지속적으로 나아가게 하는 엔진이다. 이러한 이상을 현실 세계에서 달성하는 것은 어렵지만, 노력할 가치가 있는 목표이다. 그리고 최고경영자와 그의 직속 경영자들의 의지(commitment)는 회사의 안전에 대한 가치 및 관행에 강력한 영향력을 행사하지만, 최고경영진은 교체되는 것이고, 진정한 안전문화라고 하는 것은 이러한 변화(교체)에도 불구하고 지속되어야 한다.
- 이 엔진의 힘은 방호수단을 관통하여 파괴시킬(깨뜨릴) 수 있는 많은 것들에 대한 계속적인 관심 여하에 달려 있

26) J. Reason, *Managing Maintenance Error*, Ashgate, 2003, p. 145 이하; J. Reason, *Managing the Risks of Organizational Accidents*, Ashgate, 1997, p. 195 참조.

다. 요컨대, 엔진의 힘은 두려워하는 것[27]을 망각하지 않는 것(not forgetting to be afraid)으로부터 나온다. 두려움은 나쁘거나 회피해야 할 대상이 아니다. 오히려 두려움은 안전수준 향상의 전조이자 에너지일 수 있다.[28] 조직에 두려워하는 의식이 없으면 초일류 안전조직은 불가능하다. 위기를 깨달았을 때는 되돌릴 수 없을 가능성이 높다. 최고경영자를 위시해서 구성원 모두가 조직이 평안하고 모든 것이 잘 되어 가는 것을 도리어 걱정할 수 있는 거안사위(居安思危) 정신으로 무장한 조직만이 높은 수준의 안전문화를 조성할 수 있다.

- 안전문화는 조직 구성원이 운영상의 유해위험요인을 고려하거나 인간의 실패, 설비의 고장을 예측하도록 상기시킨다. 안전문화는 그와 같은 실패, 고장을 일반적인 것으로 수용하고, 방호수단과 실패, 고장에 대처하기 위한 비상대책을 마련하는 것이다. 안전문화는 경계하는＝방심하지 않는(wary) 문화이고, 잘못될 수 있는 것에 대한 '집단적인 주의 깊음'을 포함하는 것이다.[29]

---

27) 두려워하는 마음이 없다면 매사에 조심성 없고 무모하게 행동할 것이다. 그리고 두려워하는 것은 우리가 새로운 것을 깨닫고 가능성을 한 단계 끌어올릴 수 있도록 우주가 보내오는 신호이다. 따라서 두려움을 존중하고 이에 대응하는 것이 현명한 자의 모습이라고 할 수 있다.

28) 마크 트웨인(Mark Twain)의 명언인 "용기는 두려움을 느끼지 않는 것이 아니라 두려움에 대한 저항이자 극복이다(Courage is resistance to fear, mastery of fear – not absence of fear)."라는 말도 두려움에 대해 우리가 가져야 할 자세를 함축적으로 잘 표현하고 있다.

29) 안전문화의 이러한 속성은 다음과 같은 안전 자체의 특성을 반영하는 것이다. "자유의 대가는 끊임없는 경계(vigilance)이다."라고 말해지듯이, "안전의 대가는 디테일에 대한 끊임없는 주의이다[특정 디테일에 대한 체계(조직)적(structured)이고 관리된(managed) 주의여야 한다]."

- 안전문화는 정보에 입각한 문화(informed culture)이고, '위기(edge)'에 걸려 넘어지는 일 없이 위기가 어디에 있는지를 아는 것이다. 이것은 상대적으로 나쁜 사건이 거의 발생하지 않는 업종에서는 쉬운 일은 아니다.
- 정보에 입각한 문화는 사람들이 에러와 아차사고를 자진해서 고백할 수 있는 신뢰의 분위기를 조성하는 것에 의해서만 달성된다. 이것에 의해 비로소 시스템은 에러를 유발하는 상황을 식별할 수 있다. 과거의 사건, 아차사고를 수집·분석하고 보급하는 것에 의해서만, 조직은 안전한 활동과 불안전한 활동의 경계가 어디에 존재하는지를 알아낼 수 있다. 조직의 그러한 '기억력'이 없이는 시스템은 학습할 수 없다.
- 정보에 입각한 문화는 비난받아서는 안 되는 행위와 비난받을 만한 행위의 구별에 동의하고 이해한 공정의 문화이다. 어떤 불안전행위는 제재조치가 정당할 것이다. 이것은 매우 적은 빈도일 것이지만 무시할 수 없다. 공정의 문화 없이는, 효과적인 보고하는 문화를 확립하는 것은 불가능하지는 않을지라도 어렵다.
- 안전문화란 단순한 국소적인 해결책보다는 지속적이고 광범한 시스템 개선을 지원하기 위하여 재발방지(사후대응) 대책과 선제적 대책 둘 다 이용되는 학습문화이다. 학습하는 문화는 그것의 기본적인 전제에 이의를 제기하기 위하여 의도하는 것과 실제로 일어나는 것 사이에 불가피하게 생기는 불일치(간극)를 이용하는 것이고, 부적합이 있다고 인정되는 경우에는 그것을 개선할 의지를 가지는 것이다.
- 아무리 안전성을 높이는 노력을 하더라도 재해가 빈발하는 경우도 있고, 별다른 노력을 하지 않고 있어도 재해가 전혀 발생하지 않는 경우도 있다. 재해가 발생하지 않는 시기를 '흔들리지 않는 배'라고 말할 수 있다. 흔들리지 않는 기간은

안전담당자를 포함하여 조직 구성원의 안전에 대한 관심, 자원의 투입량이 줄어들 가능성이 높아진다. 재해의 아픈 경험을 떠올리고 싶지 않은 것은 인지상정이고, 재해가 발생하지 않으면 잘 운영되고 있다고 생각하는 경향이 있기 때문이다. 그러나 배의 흔들리지 않는 상태는 길게 지속되지는 않는다. 이것은 역사가 증명하고 있다. 갑자기 재해가 다발하고 손을 쓸 수 없을 정도로 안전이 열화(劣化)되어 있는 것을 깨닫고 나서 깜짝 놀란다. 따라서 안전문화에서는 '두려워하는 것(재해의 기억)을 잊지 않고 노력을 계속하는 것'이야말로 항상 유념해야 할 점이다. 즉, 결과(재해율)에 크게 연연하지 않고 충실하고 끈기 있게 안전관리(활동)의 노력을 해나가는 '프로세스(과정)'을 실행하는 것이 매우 중요하다.

- 안전은 같은 것을 반복하여 우직하게 실시하는 것도 물론 중요하지만, 세상의 환경·기술은 급변하고 사람의 의식도 크게 변화하고 있는 점을 고려해야 한다. 혁신을 일으키기 위해서는 어떤 것에도 의문을 갖고, "어떻게 하면 좋아질까?", "지금까지의 방법으로 충분할까?", "지금까지는 괜찮았지만, 앞으로도 괜찮을까?"라는 관점이 중요하듯이, 안전문화를 위해서도 지금까지 해오던 방법에 의문을 품고 한 번 더 재확인하는 자세가 중요하다. 거기에서 안전에 대한 흥미와 동기부여가 생긴다. 이러한 것이 없으면, 어떠한 안전활동도 형해화되고 효과는커녕 실시에 따른 부담이 커지고 역효과가 발생할 위험이 크다.
- 안전문화는 달성된 것이라기보다는 달성하기 위하여 끊임없이 노력해야 하는 목표이다. 중요한 것은 도착보다는 여정이다.[30] 안전은 필시 패배할 게릴라전과 같은 것이지만

30) Offshore Helicoper Safety Inquiry, "Overview of best practice in Organizational & Safety Culture", Aerosafe Risk Management, 2010, p. 21.

[결국 예측불허(불확실성)가 우리 모두를 괴롭힐 것이기 때문이다], 우리들은 여전히 할 수 있는 최선의 노력을 다 할 수 있다.

이상에서 소개한 여러 특성들은 안전문화가 연동된 부분들을 많이 가지고 있다는 점을 명확히 보여주고 있다. 즉, 안전문화는 단일의 요소가 앞에서 살펴본 바와 같이 여러 가지 요소로 구성되어 있다. 그리고 위 특성들은 안전문화의 조성이 어디서 뚝 떨어지는 것이 아니라 저 멀리서 지난(至難)한 과정을 거쳐 찾아오는 것이라는 것을 시사한다. 과연 안전문화의 세계에서 일발역전과 같은 것은 존재하지 않는다.

4. 안전문화가 왜 중요한가?

위험한 기술에 대한 논의에서 '안전문화'라는 말보다 빈번하게 나오는 단어는 없는 것 같다. 이 정도로 인기가 많은 것은 거의 찾아볼 수 없지만, 아직까지 충분히 이해되고 있다고는 결코 말할 수 없다. 그러나 현재의 안전문화에 대한 이와 같은 많은 관심은, 다음 사실을 고려할 때, 단지 일시적인 유행으로 생각해서는 안 된다. 민간항공산업은 특이할 정도로 세계적인 규모에서 동질성을 가지는 산업이다. 전 세계적으로 항공사는 유사한 상황에서 거의 동형의 비행기를 운행한다. 항공기 조종사나 항공관제사, 정비사는 매우 유사한 표준으로 교육을 받고 허가를 받는다. 그런데 1995년에 승객에 대한 리스크(사망자가 한 명 이상 발생할 사고에 포함될 확률)는 세계적으로 항공사에 따라 42배의 차이를 보이는데, 최악의 경우에는 260,000 대 1이고, 최선의 경우에는 11,000,000 대 1이다. 국가와 회사의 자원과 같은 요인이 일정한 역할을 할 것이지만, 안전문화의 차이가 이렇게 엄청난 차이를 보이는 데 가장 큰

몫을 차지할 것이라는 점에는 이견이 없을 것이다.[31)]

안전문화에서 중요한 것은 경계심(wariness)에 집중하는 것이다. 최악의 사태를 예견하고 조직의 모든 계층에서 그에 대처할 채비를 하려고 노력하는 것이 필요하다. 그런데 사람들이 늘 불안한 상태로 있는 것은 어려운 일이고 매우 부자연스럽다. 그러기에 조직의 문화가 깊은 의미를 갖는다. 개인들은 두려워하는 것을 잊어버릴 수 있지만, 수준 높은 안전문화는 그들에게 잊지 않도록 하는 것과 기억하는 것을 돕는 수단을 제공한다. 만일 사람들이 자기만족[32)]에 빠지고 두려워하는 것을 잊어버리면, 경계심을 불어넣는 하나의 방법은 올바른 종류의 정보를 모으는 것이다.[33)]

한편, 지금까지 안전은 규칙(룰)을 만들고 그것을 지키게 함으로써 달성될 수 있다고 생각하여 왔다. 어떤 것에도 규칙(룰)을 만든다. 규칙(룰)이라고 하는 것은 획일화이다. 누구에게도 동일하게 적용된다. 작년에 들어온 신입사원에게도 10년간 같은 일을 하고 있는 베테랑에게도 동일하게 적용된다.

---

31) J. Reason, *Managing the Risks of Organizational Accidents*, Ashgate, 1997, p. 191.

32) 행운에는 능력이라고 하는 치명적인 유혹이 따르게 마련이다. 길을 가다 돈을 주웠을 때, 자신의 역량이라고 생각하는 사람은 없다. 반면 안전의 세계에서 행운이 찾아오면, 사람들은 상당 부분 행운이 따라줘서 무재해를 달성한 게 아니라, 순전히 뛰어난 역량 덕택에 자신의 조직이 무재해를 이룰 수 있었다고 믿는다. 행운과 역량을 혼동하는 순간 조직은 자기만족(complacency)과 태만의 길로 들어선다. 오랜 기간의 무재해를 상당 부분 운의 영향으로도 돌리느냐, 아니면 순전히 자신의 역량으로만 돌리느냐 하는 것이 무재해의 지속 여부를 가른다. 무재해를 상당 부분 행운의 영향으로 돌리는 조직은 계속적으로 행운이 찾아오는 것을 기대하는 대신 철저한 준비를 한다. 반면 이를 자신의 역량으로만 돌리는 조직의 자만심은 반드시 큰 재해를 불러오게 된다.

33) K. E. Weick and K. M. Sutcliffe, *Managing the Unexpected: Resilient Performance in an Age of Uncertainty*, 2nd ed., John Wiley & Sons, 2007, p. 125.

그러나 신입사원과 베테랑은 직면하는 위험의 양상이 상당히 다르다. 신입사원의 사고양상은 규칙(룰)을 잘 모르는 것, 이해하고 있지 않은 것, 규칙(룰)을 지키는 것에 신경을 너무 써 자신이 놓인 상황을 제대로 파악하지 못하고 있는 경우가 있을 수 있다. 베테랑은 규칙(룰)에 너무 익숙하여 제멋대로 해석하거나, 잘 한다고 생각하여 필요 이상의 것을 하거나, 상황을 가볍게 보아 스스로 나쁜 상황을 만들어내는 경우가 있다. 이것들에 규칙(룰)으로 대처하려고 하면, 규칙(룰)을 한없이 세분화해 갈 필요가 있지만, 지나치게 복잡하게 되어 오히려 미스가 많아질 수 있다. 규칙(룰)을 통한 안전의 확보에도 한계가 있다는 것을 알 수 있다.

한편, 과학이 발달함에 따라 많은 기계를 포함한 위험하고 거대하며 복잡한 시스템을 잘 컨트롤하면서 운용하여야 하는 시대가 되고 있다. 이 시스템은 한 번 큰 사고가 일어나면 매우 심각한 영향을 사회에 미친다. 컴퓨터의 발달에 의해 제어기술은 많이 진보하였지만, 원래 기계는 완벽하지 않다. 기계를 보완하기 위한 인간의 작용이 중요해진다.

'인간 – 시스템 인터페이스'라는 말이 있다. 일찍이 기계 편중주의에서는 우수한 기계를 만들면 좋은 결과를 얻을 수 있다고 생각되었다. 그러나 기계, 그 집합체인 시스템이 복잡하게 되면, 그것을 취급하는 인간의 인지력, 능력을 초과하게 되어 트러블의 원인이 된다. 따라서 기계와 인간을 잘 조화시키려는 시도가 진척되어 조작미스, (상황)판단미스는 줄어들어 왔다.

그렇지만 기계, 시스템을 설계하고 제작하고 점검하며 조작하는 것은 인간이고, 그 어딘가에서 간과, 착각(착오)이 이루어지면 큰 사고로 연결될 가능성이 있다. 인간은 물론 만능은 아니다. 간과, 잘못을 최대한 줄이는 동시에, 발생한다고 하더라도 안전을 확보할 수 있으려면, 기계의 도움을 빌릴 뿐만 아니라 인간 자체를 그러한 상황에 대처할 수 있도록 해나가야 한다.

기계적인 안전장치를 다중으로 설치한 중요한 설비에 대해서는 인간이 안심하고 방심해 버리는 경우도 있다. 세 개의 독립된 안전장치가 있고 그 신뢰도가 각각 99%라고 가정하면, 공통요인 이외에서는 모든 것이 동시에 작동하지 않을 가능성은 이론상 100만분의 1이 된다. 하나가 망가지더라도 괜찮을 것이라는 생각이 드는 것은 인지상정이다. 그러나 사물은 이론대로 움직이지 않는다. 안전대책은 충분히 시행되고 있는데도 항상 사고는 일어날 수 있다는 마음을 유지해 가는 것이 중요하다. 이 때문에, 개인의 안전마인드와 조직의 안전문화를 높여갈 필요가 있다.

안전의 위협에 대응할 때 최후로 의지하게 되는 것은 인간이다. 인간과 그 집합체인 조직의 안전에 대한 적극적인 자세야말로 안전문화를 조성하는 데 있어 매우 중요하다.

5. 더욱 안전한 문화는 구축될 수 있는가?

이 질문에 대한 답은 어느 정도까지는 예(yes)이지만, 그것은 전적으로 문화의 어떤 부분을 변화시키려고 하는지에 달려 있다. 전술한 바와 같이, 현 시점에서의 학술적인 정의는 2개의 측면을 가진다. 즉, 조직이란 무엇인가(신념, 태도, 가치관) 및 조직이 무엇을 하는가(조직, 관행, 방침 및 관리)이다. 선택에 직면하여, 대부분의 조직은 여러 동기부여 조치에 호소하는 수단을 사용하여 전자(신념, 태도, 가치관)를 변화시키려고 한다. 즉, 공포에 호소하는 당근과 채찍(대부분 제재), 불안전행동을 저지르는 사람을 본보기로 처벌하는 것, 이름 공개, 비난, 모욕, 재훈련과 오래된 관리적인 반사(knee jerk)반응인 추가적인 절차서 작성 등이다. 이것은 광범위하게 퍼져 있는 '인간적 모델(Person Model)'과 일치한다. 인간적 모델은 에러와 위반은 오로지 인간의 비뚤어지고 신뢰할 수 없는 성격에 의해서 발생한다는 사고방식이다.

호프스테더(Geert Hofstede)는 "성인들의 집단적인 가치관을 일정한 방향으로 변화시키는 것은 불가능하지는 않더라도 매우 어렵다."고 정확한 지적을 하고 있다.[34] 가치관, 신념 또는 태도가 변화될 수는 있지만, 이를 위해 직접적인 대응을 할 필요는 없다. 많은 경우 조직의 실천을 변화시키려는 시도를 통해 간접적으로 문제에 접근하는 방식이 효과적이다. 그러나 태도와 신념과 같은 정신적 상태가 행동을 컨트롤한다는 일반적인 견해가 있지만, 다른 방법이 통할 수도 있다. 즉, 효과적으로 작용할 것으로 생각되는 실천과 조직을 도입하는 것이 사람들의 가치관을 그것들(실천과 조직)에 일치시키는 경향이 있다.

예를 들면, 흡연을 생각해 보자. 담배를 피우는 것이 다반사였던 1960년대에, 흡연과 폐암/심장병의 높은 이환율 간의 강한 상관관계를 제시하는 의학적 증거가 있었다. 그러나 그 시점에서 그들의 행동을 변화시킨 거의 유일한 사람은 X선 사진에서 폐의 종양을 발견한 의사 또는 심장혈관병을 치료해야 했던 의사뿐이었다. 그러나 지금 많은 나라에서 흡연은 매우 적은 소수의 습관이다. 무엇이 흡연자의 인식을 바꾸었는가? 흡연을 그만둔 사람들은 흡연을 그만두지 않으면 생명이 단축될 수 있을 것 같다고 믿었을까? 그들 중 일부는 그랬을 것이다. 그러나 대부분이 사람은 흡연습관을 조장할 수 있는 흡연장소를 제한하는 사회적 실천에 의해 자신들의 사회적 입지가 점점 좁아지게 된 것을 인식하였기 때문일 것이다. 아직 담배에 불을 붙이는 것은 가능하지만, 대부분이 매우 불쾌한 곳, 예를 들면 오피스 문 밖 빗속에서 선 채로 또는 공항 등의 공공시설의 구석에 따로 마련된 연기로 가득 찬 박스 안에서 웅크리고 앉은 채로만 흡연할 수 있다. 즉

34) G. Hofstede, *Cultures and Organizations: Intercultural Cooperation and its Importance for Survival*, Harper Collins, 1994, p. 199.

흡연자에게 사회적 추방자, 최하층민과 같은 기분을 느끼게 함으로써 효과를 거둔 것이다. 결국 흡연의 기쁨은 확실히 사회적 비용과 균형을 이루지 못한다. 흡연을 그만둔 사람들의 지당한 강연을 듣거나 흡연이 허용되어 있는 소수의 불쾌한 장소에서 참는 것보다 금연하는 것이 더 쉬워졌다. 실천의 변경과 사회적 압력의 증가가 변화의 주된 도구가 된 것이다.[35]

Ⅲ. 안전문화의 역사와 실체

1. 안전문화의 역사

안전문화에 관한 아이디어는 1980년부터 존재하여 왔지만, 안전문화라는 개념을 공식적으로 사용한 것은 1986년에 발생한 체르노빌 원자력발전소 사고[36]가 그 계기였다. 이 사고의 원인조사를 담당했던 IAEA의 국제원자력안전자문그룹(International Nuclear Safety Group: INSAG)은 1986년에 작성한 '체르노빌 사고의 사고 후 검토회의의 개요보고서'에서 이 사고의 근본적인 원인으로 현장 작업자, 원자력발전소의 운전을 담당하고 있었던 회사, 그리고 국가 차원에서도 원자력의 '안전'에 대한 사고방식, 의식에 문제가 있었고, 그것은 '문화'라고 부를 수 있을 만큼의 깊이와 폭을 가지고 개인, 조직, 사회의 의식, 행동을 좌우하고 있었다고 진단하였다(No. 75-INSAG-1).[37] 즉, INSAG 보고서에서 체르노빌

35) J. Reason, *Managing the Risks of Organizational Accidents*, Ashgate, 1997, pp. 147-148.

36) 1986년 4월 구(舊) 소련(현 우크라이나)의 체르노빌 원자력발전소에서 휴지(休止) 중에 있던 4호로(爐)에서 원자로가 정지한 것을 상정한 실험 중에 제어불능에 빠지고, 노심이 용해하여 폭발하는 중대사고가 발생하였다.

37) INSAG, Safety Culture(Safety Series No. 75-INSAG-1), IAEA, 1986.

원자력발전소 사고의 근본원인이 '안전문화'의 결여에 있다고 지적되면서 안전문화라는 용어가 처음으로 언급되었다.

이러한 사고방식에 기초하여 INSAG는 1988년에 발행된 보고서(No. 75-INSAG-3)[38]에서 안전문화에 대한 용어를 확대하여 사용하였다. 그리고 안전문화에 대한 지침과 해석을 제공하기 위하여 발행된 1991년 보고서(No. 75-INSAG-4)[39]에서 안전문화에 대한 정의와 개념을 제시하였는데, 이 정의와 개념이 지금까지 국제적으로 널리 사용되고 있다.

나아가, IAEA는 안전문화의 구축·유지를 위해 유용한 방안을 설명하는 형태로 75-INSAG-4를 보충하기 위해 1998년에 안전보고서 11호(Safety Reports Series No. 11)[40]를 발행하였다.

INSAG의 정의는 이상적인 모습을 설명하는(즉, 구체적인 실현계획이 없는) 슬로건적 성격을 지니고 있고, 그 달성방법을 설명하고 있는 것은 아니다. 전문을 인용할 만한 유용한 정의는 영국의 보건안전위원회(HSC)[41]에서 1993년에 발표한 것이다.

"조직의 안전문화란, 조직의 보건안전프로그램[42](health and safety programme)에 대한 헌신, 보건안전프로그램의 스타일 및 수준을 결정하는 개인과 그룹의 가치관, 태도, 역량 및 행동 패턴의 산물이다. 긍정적인 안전문화를 가진 조직은 상호신뢰에 입각한 커뮤니케이션, 안전의 중요성에 관한 공통된 인식, 예방대책의 유효성에 대한 확신에 의해 특징지어진다."라고 정의하고 있다.[43]

38) INSAG, Safety Culture(Safety Series No. 75-INSAG-3), IAEA, 1988.
39) INSAG, Safety Culture(Safety Series No. 75-INSAG-4), IAEA, 1991.
40) IAEA, Safety Reports(Series No. 11), 1998 참조.
41) 보건안전위원회(HSC)는 2008년에 폐지되고 보건안전청(HSE)의 위원회로 그 권한과 기능이 이관되었다.
42) '보건안전관리(health and safety management)'라고 표현된 경우도 있다.
43) Cited by R. Booth, "Safety culture: concept, measurement and training implications", *Proceedings of British and Safety Society Spring Conference: Safety Culture and the Management of Risk*, 19-20 April, 1993, p. 5.

그 후에도 많은 연구자와 연구기관에서 안전문화에 대해 정의하여 왔는데, 그중 대표적인 것을 소개하면 다음과 같다.

영국의 항공감독관청(United Kingdom Civil Aviation Authority: UKCAA)의 하부조직인 국제항공안전지원(ASSI)이라는 비영리 단체에서는 "안전문화란 조직의 전원이 안전이라고 하는 것을 특별히 의식하지 않는 상태에서도 안전한 행동을 할 수 있고 안전에 대해 배려할 수 있는 풍토이다."라고 정의하고 있다.

안전문화가 정착한 결과의 이미지를 국제민간항공기구(ICAO)에서는 "누구도 보고 있지 않은 때에 사람들이 안전과 리스크에 관하여 어떻게 행동하는가이다(Safety culture is how people behave in relation to safety and risk when no one is watching)."로, 미국 화학공학회 화학공정안전센터(AIChE CCPS)에서도 "누구도 보고 있지 않은 때에 조직이 어떻게 행동하는가이다(Safety culture is how the organization behaves when no one is watching)."로 각각 표현하고 있다. 이를 알기 쉽게 환언하면, "안전문화란 누구도 보고 있지 않은 때에도 최고경영자 이하 종업원 한 사람 한 사람이 안전하게 행동하는 것이다."라고 설명할 수 있다.

안전문화에 관한 정의는 이상에서 제시한 바와 같이 여러 관점이 있다는 것을 알 수 있다. 이 관점들에 공통되는 점은, IAEA의 정의를 기초로 하여 경영진으로부터 일반종업원에 이르는 전원이 안전을 중요하게 여기는 공통적인 행동양식을 가리키는 것으로 표현되어 있다는 것이다.

지금까지 설명한 대략적인 안전문화의 개념은 원자력산업, 항공운수, 철도수송 등 그 사고의 영향이 막대한 산업에서 출현한 것으로서, 제조업, 건설업, 나아가 서비스산업에 속하는 사람들의 입장에서 보면 이해하기 어렵게 느껴질지도 모른다. 그러나 안전문화는 안전한 행동을 자연스럽게 취할 수 있는 사람의 행동양식에 관한 개념이고, 사업규모, 설비의 규모에 관계없이 사람이 일하는 사업장에는 반드시 존재하는 것이라고 생각하면, 구체적인 이미지를 쉽게 이해할 수 있을 것이다.

안전문화를 너무 엄밀하게 생각하지 않고 가장 평이한 위 AIChE CCPS와 ICAO의 정의를 채용하여 "안전문화란, 누구도 보고 있지 않더라도 최고경영자 이하 종업원 한 사람 한 사람이 안전하게 행동하는 것이다."라고 생각하면, 작업현장을 가지고 있는 일반기업의 경영진, 라인관리감독자, 안전관리자 등에게도 받아들여지기 쉬운 개념이 되지 않을까 싶다.

안전문화의 정의에 대해서는 국제적으로 널리 알려져 있는 기관의 정의를 중심으로 뒤에서 별도로 자세히 살펴보기로 한다.

안전문화에 기인하는 원자력사고의 예:
JCO 우라늄 가공공장 임계사고(1999년 9월 30일)

이 사고는 일본의 원자력 관련 시설에서 방사선에 의해 종업원이 직접적으로 사망한 최초의 사고였다. 안전에 대한 접근 측면에서도 국제적으로 많은 영향을 미친 사고였다.

우라늄 가공공장은 우라늄을 원자로에서 사용할 수 있는 핵연료로 가공하기 위한 시설이다. 고농도의 우라늄이 1개소에 집적되면 핵반응이 급격하게 촉진되는 '임계상태'가 된다. 사고가 발생한 이 공장에서는 고농도의 액체상의 우라늄이 사용되고 있었다. 액체는 외관만으로는 어느 정도의 농도인지를 알 수 없고, 형태가 항상 변화하므로 취급에는 세심한 주의가 필요하다. 이 시설에서는 한 번에 집적되는 우라늄의 양을 제한하기 위해 탱크의 크기, 형상을 궁리하여 임계가 되지 않도록 관리하고 있었다. 그런데 작업효율성을 지향한 나머지, 사용해서는 안 되는 탱크를 사용하는 등 절차서를 일탈하는 행위가 이루어진 결과, 임계사고가 발생하였다.

원자력안전위원회의 우라늄 가공공장 임계사고 조사위원회(1999년 12월 24일)에 의하면, 안전문화상의 문제로서는 임계사고에 대한 위험인식의 결여와 풍화(風化)가 있었고, 공정관리 및 작업관리에 의한 안전 확보의 철저를 도모하는 시스템의 확립, 리스크 예측, 리스크 관리를 사업주의 책임으로 하여 일상적이고 적절하게 행하는 것이 요구되었다. 그리고 원자력에 종사하는 모든 조직과 개인이 정확한 위험인식을 그 역할에 따라 계속적으로 유지하는 것의 중요성, 기술자 각자의 자각과 윤리의 확립, 일하는 사람이 사고를 일으키기 쉬운 상황, 요인 등에의 보다 많은 배려 및 원자력 안전문화의 정착화를 위한 노력이 필요하다고 제안되었다.[44]

2. 안전문화의 실체

리즌은 본인의 저서 《The Human Contribution - Unsafe Acts, Accidents and Heroic Recoveries》에서 효과적인 안전정보시스템은 리질리언스를 갖춘 시스템의 전제조건이라고 설명하면서 정보의 중요성을 강조하고 있다.[45] 그리고 리즌은 또 다른 저서 《Managing the Risks of Organizational Accidents》에서 "안전문화는 조직이 붕괴될 고비에 놓여 있는 상황에서 기성품으로 갑자기 출현하는 것이 아니다. 정확히 말하자면, 그것은 실질적이고 철저한 조치를 지속적이고 성공적으로 적용함으로써 점진적으로 나타나는 것이다."[46]라고 역설하고 있다. 또한 리즌은 안전문화

44) 原子力安全委員会, ウラン加工工場臨界事故調査委員会報告, 1999. 12. 24.
45) J. Reason, *The Human Contribution - Unsafe Acts, Accidents and Heroic Recoveries*, Routledge, 2008, p. 274.
46) J. Reason, *Managing the Risks of Organizational Accidents*, Ashgate, 1997, p. 192.

의 조성은 집단학습의 한 과정이고, 안전문화는 '정보에 입각한 문화'라고 보면서, 안전문화를 구성하는 4종류의 세부문화로 i) 보고하는 문화, ii) 공정의 문화, iii) 유연한 문화, iv) 학습하는 문화를 제시하고 있다.[47]

리즌은 "나쁜 결과가 발생하고 있지 않은 상태에서 올바른 종류의 데이터를 수집하는 것이 지능적이고(intelligent) 신중한(respectful) 경계상태를 지속하여 가는 최선의(아마도 유일한) 방법이다. 이것은 시스템의 중대한 징조에 대한 정기적이고 선제적인(proactive) 점검으로부터뿐만 아니라 사고(incident), 아차사고로부터 얻어지는 정보를 수집하고 분석하며 배포하는 안전정보시스템을 구축하는 것을 의미한다. 이들 활동 모두가 '정보에 입각한 문화'를 구성한다고 말할 수 있다. 정보에 입각한 문화에서는 시스템을 관리·운영하는 사람들은 시스템 전체로서의 안전을 결정하는 인적, 기술적, 조직적, 환경적 요인들에 대한 최신 지식을 갖추고 있다. 가장 중요한 점은 정보에 입각한 문화가 바로 안전문화라는 점이다."라고 설명하고 있다.[48]

따라서 회사 내부의 안전정보뿐만 아니라 사외의 안전정보도 수집하고 수집한 안전정보를 분석하는 한편, 이 분석한 안전정보를 사내에 발신하여 사고·재해예방, 재발방지에 적극적으로 활용하여 가는 것이 매우 중요하다고 주장하고 있다.

가. 보고하는 문화

리즌은 보고하는 문화(Reporting Culture)에 대해 "모든 안전정

47) Ibid., pp. 195-196 참조.

48) J. Reason, *Managing the Risks of Organizational Accidents*, Ashgate, 1997, p. 195.

보시스템은 유해위험요인과 직접 접촉하는 작업자들의 적극적인 참가에 결정적으로 의지한다. 이것을 달성하기 위해서는 종업원들이 자신들의 에러, 아차사고를 보고하려는 조직적 분위기, 즉 '보고하는 문화'를 구축하는 것이 필요하다."고 설명하고 있다.[49)]

그리고 이 보고하는 문화가 기능하기 위해서는 종업원이 징계처분을 걱정하지 않고 스스로의 에러, 아차사고를 용이하게 보고할 수 있는 분위기를 조성하는 한편, 보고자의 비밀성 또는 익명성을 확보하고, 보고에 의해 회사가 무언가의 조치를 취하는 것을 보고자에게 신속하게 피드백할 필요가 있다고도 설명하고 있다.

나. 공정의 문화

리즌은 "비난하지 않는 문화(no blame culture)는 가능하지도 않고 바람직하지도 않다. 인간의 불안전행동의 일부분은 언어도단적 행위(예컨대, 약물 오용, 터무니없는 불복종, 사보타지 등)이고 제재를 정당화한다. 때로는 엄한 제재가 필요하다. 모든 불안전행동을 무턱대고 허용하는 것은 종업원의 눈에는 신뢰성이 부족한 것으로 비친다. 보다 중요한 것은 정의에 반하는 것처럼 보일 것이다. 필요한 것은 '공정의 문화(Just Culture)'이고, 그것은 안전에 관련된 필수적인 정보의 제공이 장려되고, 때로는 보상되는 신뢰 분위기이다. 그러나 허용할 수 있는 것과 허용할 수 없는 행동의 경계가 어디에 있는지에 대해서도 사람들은 명확히 이해하여야 한다."고 설명하고 있다.[50)]

바꿔 말하면, 공정의 문화는 의도하지 않은 에러와 그것에 근

49) Ibid.

50) J. Reason, *Managing the Risks of Organizational Accidents*, Ashgate, 1997, p. 195.

거한 불안전한 행동은 징계하지 않고, 금지사항으로 주지되어 있음에도 불구하고 의도적인 위반행위, 중과실에 의한 에러를 저지르는 것은 징계대상으로 하는 한편, 그 판단이 흔들림 없이 실행되는 것을 요구한다.

다. 유연한 문화

유연한 문화(Flexible Culture)와 관련하여, 리즌은 "건강·안전·환경문제에서 선두를 달리고 있는 HRO는 빠른 템포의 활동(상황) 또는 어떤 종류의 위험에 직면하였을 때 스스로의 조직을 재구축하는 능력을 가지고 있다. 유연한 문화는 여러 형태를 취하지만, 많은 경우 긴급 시에는 종래의 계층적 형태에서 수평적인 전문직 형태로 이행하고, 이 전문직 형태에서는 일시적으로 통제가 현장의 직무전문가로 위임되었다가 긴급사태가 해소되면 전통적인 관료적 형태로 돌아간다. 이러한 적응력은 위기에 준비가 되어 있는 조직의 불가결한 특징이고, 작업자, 특히 제일선 감독자의 기량, 경험, 능력을 존중(respect)하는 것에 결정적으로 의존한다. 배려는 얻어져야 하는 것이고, 이것은 조직 차원에서의 교육훈련에 대한 다대한 투자를 필요로 한다."고 설명하고 있다.[51)]

기업에서의 일상업무를 대상으로 생각해 보면, 현장작업과 같이 시시각각 변화하는 외적 요인에 대하여 종업원이 임기응변[52)]으로 그 일을 무난하게 해내는 능력을 갖추는 것도 유연한 문화와 일맥상통한다. 그리고 유연한 문화는 교육훈련 등의 사전준비(투자)를 중요한 내용으로 하는 점에서 "군사를 기르는 것은 1,000일이고 군사를 쓰는 것은 한순간이다."라는

---

51) Ibid., p. 196.

52) 그때그때 처한 형편, 변화에 따라 알맞게 대응하여 일을 처리한다는 의미이다.

말과 통한다고 생각한다.

홀나겔(EriK Hollnagel) 등이 제안하는 리질리언스라는 개념에는 재난 발생 시 긴급대응(임기응변적 대응)도 포함하고 있는데, 이것 역시 유연한 문화와 밀접한 관련이 있다.

라. 학습하는 문화

리즌은 학습하는 문화(Learning Culture)에 대해 "안전정보시스템으로부터 올바른 결론을 기꺼이 도출하려는 의사(willingness)와 도출할 역량(competence), 그리고 중요한 개혁이 시사될 때 이를 수행할 의지(will)"라고 설명하고 있다.

학습하는 문화는 회사가 사내외의 사고·재해사례로부터 배우고 유사·동종사고·재해가 발생하지 않도록 예방대책을 강구하는 한편, 종업원은 회사의 규칙(룰), 작업기준을 배우고 바른 작업행동으로 살려가는 것을 요구하는 것이다.[53)]

Ⅳ. 안전문화 정의의 해제

안전문화의 정의에 대해서는 앞에서 개략적으로 살펴보았는데, 여기에서는 국제적으로 권위 있는 단체의 안전문화에 대한 공식적인 정의를 중심으로 안전문화의 정의에 대해 구체적으로 살펴보기로 한다.

53) 이상의 네 가지 문화에 대한 상세한 설명은 제5장 'Ⅱ. 안전문화의 핵심 요소의 고찰'에서 하기로 한다.

1. IAEA

안전문화에 대한 권위 있는 정의는 안전문화라는 개념을 최초로 만들어낸 원자력 분야에서 많이 내려져 왔다. 그중에서도 가장 유명한 것은 IAEA가 내린 정의이다. 1992년에 IAEA에 설치된 INSAG은 안전문화를 다음과 같이 정의하였다.[54)]

> 원자력의 안전문제에 대해서는 그 중요성에 걸맞은 주의가 최우선(순위)으로 기울여지도록 하여야 한다. 안전문화란 그러한 조직과 개인의 특성과 태도의 총체이다.
> Safety Culture is that assembly of characteristics and attitudes in organizations and individuals which establishes that, as an overriding priority, nuclear plant safety issues receive the attention warranted by their significance.

이 정의는 원자력의 운전자뿐만 아니라 국가, 규제기관, 원자력관계산업 등 광범위하게 통용될 수 있는 것으로 생각된다. 따라서 매우 추상적인 것으로 되어 있다. 표현도 어렵게 되어 있다. 이것만으로는 안전문화가 무엇인지 알 수 있는 사람은 거의 없을 것이다. 필자 나름의 해설을 하면 다음과 같다.

먼저, "원자력의 안전문제에 대해서는"이라는 것은 여기에서 대상으로 하고 있는 사항이 산업안전, 환경안전이 아니라 원자력안전이라는 것을 나타내고 있다. 원자력안전이란, 원자로의 운전에 의해 생기는 에너지, 방사능으로부터 공중을 지킨다는 것이고, 구체적으로는 대규모의 방사능물질의 방출을 방지한다고 하는 것이다.

"그 중요성에 걸맞은 주의"라고 하는 것은 원자력사고가 사회에 큰 영향을 준다는 것을 충분히 이해하고 그 영향력에 부합하는

---

54) INSAG, Safety Culture(Safety Series No. 75-INSAG-4), IAEA, 1991.

주의력을 요구하고 있다. "주의가 최우선으로 기울여져야 한다."란 원자력안전 문제는 매우 중요한 사항이기 때문에 다른 어떤 것보다도 우선적으로 안전에 관한 문제에 충분히 주의를 기울여야 한다는 것을 의미한다.

이것은 '안전최우선'과는 다르다. 안전최우선이란, 무언가를 판단할 때에 '어떠한 경우에도 안전을 최우선시하자'라고 하는 것이고, 이것을 실행하려고 하면, 안전에 대해 무제한으로 자원을 충당해야 한다. 그러나 자원에는 당연히 제한이 있고, 안전에만 모든 것을 배분할 수는 없다. 현실적으로 우리들은 안전, 효율성, 경제성 등 여러 가지 사항의 균형 속에서 판단을 하고 있다. 이 때문에 '안전최우선'은 현실적으로는 실현 가능한 목표가 아니라 실질을 수반하지 않는 슬로건(이념)처럼 취급되는 경향이 있다. 반면, IAEA가 제시한 안전문화의 정의는 '안전에 관한 문제에 최우선으로 주의를 기울이는 것'이라고 되어 있다. 이것은 실현 가능한 것이다.

"조직과 개인의 특성과 태도의 총체이다."라는 부분이 어렵다. 개개인이 그러한 사고방식을 가지고 행동한다는 것은 물론 중요하지만, 조직이 되면 개인이 억제되고 대다수의 개인이 생각하고 있는 방향과는 다른 방향으로도 움직일지 모르는 위험성을 가지고 있다.

"특성"이란, 그 개인, 조직이 가지고 있는 경험, 관습에 근거한 능력, 적성, 성격, 특징으로서, 행동으로 나타나는 것이라고 이해된다. "태도"는 그 개인(조직)의 행동의 기본이 되는 사고방식이라고 이해된다. 따라서 "조직과 개인의 특성과 자세의 총체"란 조직, 개인의 행동에 영향을 미치는 능력·적성·성격·사고방식 등의 집합체라고 말할 수 있다.

2. 미국 원자력규제위원회

미국 원자력규제위원회(Nuclear Regulatory Commission: NRC)는 2011년 6월에 발표한 '안전문화방침선언' 중에서 안전문화를 다음과 같이 정의하고 있다.[55]

> 원자력안전문화란 인간과 환경을 보호하기 위하여 안전이 다른 경합하는 목표보다도 중요하다고 하는 리더와 개인에 의한 집합적인 의지표명으로부터 생기는 핵심이 되는 가치관, 행동이다.

이것은 규제기관의 정의이고, 먼저 목적으로 "인간과 환경을 보호하기 위하여"라고 표기되어 있다. 이것은 원자력을 규제하는 목적과도 합치하고 있다.

그리고 IAEA가 "그 중요성에 걸맞은 주의가 최우선으로 기울여져야 한다."고 한 부분을 "다른 경합하는 목표보다도 중요하다고 하는"이라고 구체적으로 기술하고 있다. 여기에서 "다른 경합하는 목표"란 발전비용, 운전정지기간의 단축이라고 하는 조직의 이해에 관한 사항뿐만 아니라 인간관계, 작업절차 등 개인의 이해에 관한 사항도 포함된다.

"리더"라고 하는 말이 사용되고 있는데, 여기에서 말하는 리더에는 경영진뿐만 아니라, 조직의 각 계층에서 집단을 통할하여 견인해 가는 자도 포함된다. 거기에는 관리직뿐만 아니라 소집단을 통솔하는 자도 포함된다.

"의지표명"은 스스로 적극적으로 표현한 약속으로서, 의지표명을 하는 것에 의해 그것을 지키려고 하는 가치관, 규범이 생겨난다고 이해된다.

---

55) US NRC, Safety Culture Policy Statement, 2011.

3. 미국 원자력발전안전협회

미국 원자력발전안전협회(Institute of Nuclear Power Operations: INPO)는 민간의 원자력산업에 의해 설립된 조직으로서 자주적으로 원자력의 안전성을 유지·향상시켜 나가는 것을 목적으로 하고 있다. 이 조직은 2004년에 발표한 '강고한 안전문화를 위한 원칙' 중에서 안전문화를 다음과 같이 정의하고 있다.[56)]

> 안전문화란 원자력안전이 무엇보다 앞서는 최우선사항이라고 하는 조직의 가치관과 행동이고, 리더에 의해 모델화되고 구성원에 의해 내부화된다.

이 정의의 특징은 안전문화를 전개하기 위한 프로세스에 대해 기술한 점이다. 특히, "구성원에 의해 내부화된다."고 하는 프로세스는 안전을 최우선사항으로 하는 것을 단순한 슬로건으로 여기거나 표면적으로 이해하는 것이 아니라, 자신의 신념, 생각이 되고 이것에 근거한 행동이 정착되는 것이 중요하다는 것을 강조하고 있다.

4. 영국 원자력시설안전자문위원회

영국의 원자력 규제기관인 원자력시설안전자문위원회(Advisory Committee on Safety of Nuclear Installation: ACSNI)는 1993년에 작성한 보고서 중에서 안전문화를 다음과 같이 정의하고 있다.[57)] 여기에서는 안전문화가 어떻게 조성되는지와 높은 안전문화를 가지고 있는 조직의 특징이 기술되어 있다. 앞의 3가지의 정의보다도 구체성은 있지만, 여전히 추상적인 메시지가 강하다.

---

56) INPO, Principle for a Strong Nuclear Safety Culture, 2004.
57) ACSNI, Organizing for Safety, 1993.

조직의 안전문화란 조직의 건전성과 안전관리에의 적극적 참가, 그리고 그 양식과 향상을 결정하는 개인 및 집단의 가치관, 태도, 인식, 능력, 행동양식의 산물이다. 적극적인 안전문화를 가지는 조직은 상호신뢰에 근거한 커뮤니케이션, 안전의 중요성에 관한 공통적인 인식, 예방대책의 유효성을 확신하는 것에 의해 특징지어진다.

5. 일본 원자력안전추진협의회

일본 원자력안전추진협의회(Japan Nuclear Safety Institute: JANSI)에서는 안전문화의 구체적 활동이 용이하게 추진될 수 있도록 안전문화가 조성된 이상적인 상태를 정의하고 이를 현실과의 갭을 파악할 때 이용하고 있다. 이를 위하여 안전문화가 조성된 상태를 다음과 같이 정의하고 있다.[58]

안전문화가 조성된 상태란, 안전최우선이라는 가치관을 조직 구성원 전원이 가지고 있고, 그 가치관이 조직 중에 공통인식으로 정착되어 있으며, 그 공통인식에 기초하여 행동이 이루어지는 상태를 말한다.

이상에서 원자력 분야에서의 안전문화에 대한 정의를 확인하였다. 원자력에서의 안전, 즉 '원자력안전'이라고 하는 것이 잘 보이지 않기 때문에 어떻게 해도 추상적인 기술에 빠지는 경향이 있다고 하는 문제가 있다. 그 점에서 산업안전, 항공안전의 안전 등은 비교적 이해하기 쉽다는 장점이 있으므로, 이하에서는 이들 정의에 대하여 확인하고자 한다.

58) http://www.genanshin.jp/news/data/docu_20140422.pdf.

6. 일본 후생노동성

일본 후생노동성(Ministry of Health, Labor and Welfare: MHLW)은 홈페이지 안전사이트에서 안전문화에 대하여 다음과 같이 정의하고 있다.[59)]

> 안전문화란, 노동재해를 한층 감소시키기 위하여 위험성평가 등의 실시에 의해 직장에서 기계·설비, 작업 등에 의한 위험을 없애 가는 것, 직장생활 전반을 통한 각 단계에서의 안전교육의 철저를 도모하는 것 등에 의해 노동자의 안전과 건강을 최우선으로 하는 기업문화이다.

안전문화의 목적으로 산업안전의 일반적인 목적에 해당하는 "노동재해를 한층 감소시키기 위하여"를 내걸고 있고, 그 수단으로는 종래부터 안전관리의 초석으로 평가받는 '위험성평가'와 '안전교육'을 대표적으로 제시하고 있다. 그리고 궁극적으로는 "노동자의 안전과 건강을 최우선으로 하는"이라는 표현을 통해, 안전에 대하여 항상 생각하고 두루 마음을 쓰며 개선을 해나가기 위한 자세, 습관을 몸에 익히게 하는 것이 중요하다는 것을 강조하고 있다. 또한 '…기업문화'라는 표현은 조직(기업)문화의 안전에 관한 부분이 안전문화임을 제시한 것이라고 해석된다.

7. 유럽 민간항공안전팀

유럽 민간항공안전팀(European Commercial Aviation Safety Team: ECAST)은 안전문화를 다음과 같이 구체적으로 정의하고 있다.[60)]

---

59) http://anzeninfo.mhlw.go.jp/yougo/yougo43_1.html.

60) http://easa.europa.eu/essi/ecast/main-page-2/sms.

안전문화는 조직의 모든 레벨의 모든 구성원에 의해 공유되는, 안전문제에 관한 항구적인 가치관과 태도의 집합이다. 안전문화란 조직의 모든 개인과 그룹에서 '활동에 의해 초래되는 리스크, 미지의 위험을 알아차리고 있다', '안전을 유지하고 증진하기 위하여 계속적으로 행동하고 있다', '안전문제에 직면한 경우에 적극적으로 대응하려 하고 대응할 능력이 있다', '끊임없이 안전에 관계하는 행동을 평가하고 있다'는 것이 실행되고 있는 정도라고 간주된다.

여기에서 열거되어 있는 4가지의 구체적인 기술은 조직의 안전문화를 평가한다고 하는 관점에서 적절하기도 하고, 안전문화라고 하는 넓은 개념의 커다란 부분을 커버하고 있다고 할 수 있다. 이것만으로는 충분하다고는 할 수 없지만, 안전문화라고 하는 것을 파악하는 데 있어서는 참고가 될 것이라고 생각한다.

상술한 일련의 정의를 통해서 안전문화는 다음과 같이 정리될 수 있지 않을까 싶다.

안전과 관련되는 활동을 계획, 실시, 평가할 때에, 안전을 최우선 사항으로 고려하는 것에 대한 조직, 그것을 구성하는 개인의 가치관, 자세, 사고방식과 같은 정신적 활동의 모든 것이고, 그것이 안전을 지키려고 하는 행동으로 결실을 맺어야 하는 것이다.

원자력산업, 화학산업, 철도·항공산업과 같이 거대하고 위험도가 높은 설비를 설계·건설·운영·폐지할 때에는, 조직의 경영층, 관리자층뿐만 아니라 현장작업자를 포함하는 모든 구성원에게 높은 안전문화가 요구된다. 그리고 의료, 생물유전자조작 등과 같은 직접적으로 또는 장기에 걸쳐 인간의 생명에 영향을 미치는 행위를 하는 조직에서도 (개인의 책임이 강하게 요구되지만) 조직 차원에서 안전을 확보해 가는 시스템을 구축하고 효과적으로 기능하도록 하기 위해 안전문화를 적극적으로 활용하여야 한다. 일반산업 또한 산업재해를 감소시키는 것에 안전문화의 개념을 효과적으로 활용해야 한다.

안전문화의 개념은 '이상적인 상태'로 파악되는 경우(안전문화가 있다/없다)와 강하다/약하다와 같은 '정도'로 이해되는 경우가 있다. 그리고 이상적인 안전문화의 상태를 '강력한(강한) 안전문화'라고 정의한다. '안전문화를 조성한다'와 같은 표현이 일반적으로 사용되지만, 이것은 '안전문화를 강화한다'와 동의어이다. 단, '조성'에는 시간의 요소가 크게 기여하고 있고, 시간을 들여 바람직한 것으로 해 간다는 의미가 강하며, 안전문화에 사용하기에는 적절한 단어라고 판단된다.

한편, 안전문화를 조성하거나 높은 안전문화를 유지하는 목적은 트러블을 없애는 것은 아니다. 리즌(James Reason)은 《The Human Contribution－Unsafe Acts, Accidents and Heroic Recoveries》이라는 책에서 안전문화와 관련하여 다음과 같이 말하고 있다.

> 안전은 절대적인 상태는 아니므로, 달성 가능한 안전목표는 무재해(zero accident)는 아니다. 오히려 시스템의 잠재적인 위험에 대해 최대한의 내재적 저항력을 갖추고 유지하는 것이다.[61] 저항력을 최대한 높이는 것이 한정된 자원과 최신의 기술이라는 제약 속에서 조직이 합리적으로 할 수 있는 유일한 최선의 대책이다.[62]

61) J. Reason, *The Human Contribution － Unsafe Acts, Accidents and Heroic Recoveries*, Routledge, 2008, p. 268.

62) Ibid., p. 271.

제 3 장

안전문화를 둘러싼 문제

Ⅰ. 안전문화의 열화

Ⅱ. 사고원인으로 본 문제점

Ⅰ. 안전문화의 열화

1. 안전문화의 발전단계와 열화

안전문화를 조성하는 방안과 함께, 안전문화가 어떠한 경로로 열화해 가는지도 생각할 필요가 있다. 이를 통해 자신들의 안전문화가 어떠한 위치에 있고, 무엇을 지향하여 안전문화를 더욱 강화해 가면 되는지를, 그리고 안전문화의 열화를 방지하기 위해서는 어떻게 하여야 하는지를 생각할 수 있기 때문이다.

가. 안전문화의 발전단계

IAEA는 안전문화에 관한 문서[1)]에서 안전문화의 발전을 3단계로 구분하고 있다. 각 단계는 인간의 행동, 태도가 안전에 미치는 영향에 대한 인식의 차이를 반영하고 있다.

① 단계 Ⅰ: 규칙 및 규제에 근거한 안전

이 단계의 조직은 안전을 외부로부터의 요구사항이라고 생각하고, 조직을 성공할 수 있도록 해주는 행동의 양상이라고는 생각하지 않는다. 외부의 요구사항이란, 정부, 법령 및 규제기관의 요구사항이다. 안전의 행동적 및 태도적 측면에 대한 인식이 거의 없다. 안전을 기술적 문제라고 간주하고, 규칙·규제를 준수하는 것으로 달성될 수 있다고 생각한다. 이 단계의 조직 특성은 다음과 같다.

- 문제는 예견되지 않고 조직은 문제가 발생할 때 비로소 대응한다.

1) IAEA, Safety culture in nuclear installations - Guidance for use in the enhancement of safety culture(IAEA-TECDOC-1329), 2002, pp. 17-19.

- 부서 간 커뮤니케이션이 부족하다.
- 협력과 공유의 의사결정이 제한적이다.
- 실수를 하는 종업원은 규칙(룰)을 준수하지 않은 것 때문에 비난받는다.
- 경영진의 역할은 규칙(룰)을 강화하는 것으로 이해되고 있다.
- 조직 내·외부로부터 듣거나 배우는 것이 부족하고, 비판받을 때 대체로 방어적인 자세를 취한다.
- 종업원들은 시스템의 부품으로 간주된다(기계적 관점).
- 경영진과 다른 근로자 간의 관계가 대립적이다.
- 종업원들은 장기간의 결과에 관계없이 순종과 결과에 대해 보상받는다.

② 단계 II: 안전이 조직의 목표로 간주된다

이 단계의 조직은 외부로부터의 요구가 없어도 안전을 조직의 중요한 목표라고 생각한다. 인간의 행동 문제에 대한 인식이 향상되고 있지만, 대체로 기술적 또는 절차적 해결에 주력하는 안전관리에서 행동적 측면이 크게 결여되어 있고, 안전이 목표·목적의 관점으로 취급되고 특정 목표의 달성에 대한 책임으로 취급된다. 이 단계의 조직에서는 일정 기간 실적의 향상이 보이지만, 정체기에 도달된다. 이 단계의 조직 특성은 다음과 같다.

- 관리와 교육훈련의 강화가 예상된 안전개선을 달성하지 못한 이유를 이해하지 못하고 있지만, 사업장에서 문화적 문제의 영향에 대한 인식이 증가하고 있다.
- 경영진은 부서 간 커뮤니케이션을 장려한다.
- 실수에 대한 경영진의 대응은 보다 많은 관리와 절차를 도입하고 보다 많은 교육훈련을 제공하는 것이다.
- 경영진의 역할은 목표가 달성되고 업무목적이 종업원에게 명확하게 인식되도록 하는 것이다.

- 조직은 새로운 기술과 우수사례를 비롯하여 외부로부터 적극적으로 배우고자 한다.
- 종업원과 경영진의 관계는 공통목표를 토론할 보다 많은 기회가 있기도 하지만 대립적이다.
- 종업원들은 장기간의 결과에 관계없이 목표를 초과달성하는 것에 대해 보상받는다.
- 종업원들과 기술의 상호작용이 고려되지만, 기술의 효율성을 증가시키는 관점에서 보다 많이 고려된다.
- 협력하는 작업이 종전보다 많다.
- 조직은 계획수립 시에 잠재적 문제에 대해 종전보다 많은 예상을 하기도 하지만, 여전히 문제에 대하여 반응적이다.

③ 단계 Ⅲ: 안전은 항상 개선될 수 있다

이 단계의 조직은 계속적 개선의 입장(생각)을 취한다. 커뮤니케이션, 훈련, 관리스타일, 효율성과 효과성의 개선에 힘을 쏟는다. 조직의 구성원은 문화적 문제의 안전에 대한 영향을 이해한다. 이 단계의 조직 특성은 다음과 같다.

- 문제는 발생하기 전에 예견되고 대처된다.
- 부서 간 협력이 잘 된다.
- 안전과 생산 간에 목표 충돌이 없다.
- 거의 모든 실수는 비난할 누군가를 찾는 것보다 무엇이 발생했는가를 이해하는 것에 강조를 두고 평가된다.
- 경영진의 역할은 종업원들이 실적을 개선하도록 코칭하는 것으로 이해되고 있다.
- 조직 안팎의 다른 사람들로부터 배우는 것이 중시된다.
- 종업원들은 그들의 기여에 대해 존중되고 높이 평가받는다.
- 경영진과 종업원 간의 관계는 상호 지원적이다.
- 종업원들은 문화적 문제의 영향에 대해 알고 있고, 이것은

의사결정을 할 때 고려된다.

- 종업원들은 결과뿐만 아니라 프로세스(과정)를 개선하는 것에 대해 보상받는다.
- 종업원들은 조직 시스템에서 기술적 효율성을 달성하기 위한 중요한 요소일 뿐만이 아니라, 조직 시스템의 수요를 충족시키는 것에 주의를 기울이는 중요한 요소로 간주된다.

조직은 세 가지 단계들의 각 단계와 관련된 특성들을 가질 수 있다는 점을 유념하여야 한다. 즉, 세 가지 단계들은 완전히 구분되는 것으로 여겨져서는 안 된다. 조직은 드물게나마 단계들 중 두 단계 또는 모든 단계와 관련된 특성을 나타낼 수 있다. 그리고 규칙(룰) 기반 접근은 부정적으로 평가되어서는 안 된다. 조직생활에서 엄격한 규칙(룰) 준수가 필수적인 활동 또는 상황(예컨대, 긴급대응이나 안전에 대한 충분한 여유를 갖고 운전하는 것)이 있을 수 있다. 문화적 인식(cultural awareness)은 엄격한 규칙(룰)을 가지는 것과 비양립적이지 않고, 문화의 많은 것은 규범(norm) 준수에 대한 것이다.[2)]

단계 Ⅰ과 단계 Ⅱ의 차이는 안전을 단지 외부의 요구사항으로 생각하는지, 아니면 중요한 목표라고 생각하는지에 있고, 단계 Ⅱ와 단계 Ⅲ의 차이는 PDCA(Plan-Do-Check-Act)를 돌려 계속적으로 개선하는지 여부에 있다. 즉, 단계 Ⅲ는 안전문화의 방향이 항상 위(개선)를 향하는 것을 지향하고 있고, 특정 시점에서의 안전문화의 상태에 대해 기술하고 있는 것은 아니다. 안전문화의 조성에서 중요한 것은 항상 자신의 조직의 약점을 발견하고 그것을 개선해 가는 노력을 한다는 점이다.

단계 Ⅲ에서 중요한 것은 계속적 개선이 실질적으로 돌고 있는 점이다. PDCA를 돌리는 시스템이 있기 때문에 단계 Ⅲ에 있

2) Ibid., pp. 17, 19.

다고 생각하면 큰 잘못이다. 형식적으로 돌아가고 있을 뿐이라면 단계 Ⅱ에도 도달되어 있지 않을 가능성이 있다. 현실에서는 그러한 조직이 매우 많다.

그리고 단계 Ⅲ 다음에는 단계 Ⅳ가 올 수 있다고 말해진다. 즉, 안전문화는 얼마든지 퇴행할 수 있다. 단계 Ⅳ는 과거의 실적에 만족하고 안전문화가 열화해 가는 단계이다. 이 단계의 조직은 계속적 개선에 의해 일정 기간 안전실적(성과)이 향상된 것에 만족(나아가 자만)한 나머지 계속적 개선이 형해화되어 안전문화가 열화해 간다.

나. 안전문화의 열화란

IAEA는 안전문화에 관한 문서에서 안전문화의 열화에 대해 다음과 같이 설명하고 있다.[3)]

> 많은 경우 안전문화의 열화의 진행과 안전상 중요한 사고의 발생 간에는 시간 지체가 있다. 복수의 열화가 상호작용을 하여 안전상 불안정한 상태를 일으키고 조직을 약한 상태로 빠뜨리기도 한다. 초기의 경고신호에 주의를 게을리 하지 않음으로써, 시정조치가 부정적인 안전결과를 피하기에 충분한 시간 내에 취해질 수 있다. 지금까지 동종 산업계에서 우수한 안전문화를 성취하고 있는 것으로 평가받아 온 기업이 안전문화에서 곤경에 직면하는 경우도 있다.

안전문화의 상태를 객관적으로 측정하는 것은 불가능하지만, 아래 그림에서는 이미지의 형태로나마 안전문화의 상태를 용이하게 어림잡을 수 있도록 그려 놓았다. 종축은 실적 또는 상태를 나타내고 위로 갈수록 좋은 상태이다. 횡축은 시간을 나타내고 왼쪽에서 오른쪽으로 경과한다.

---

3) Ibid., p. 51.

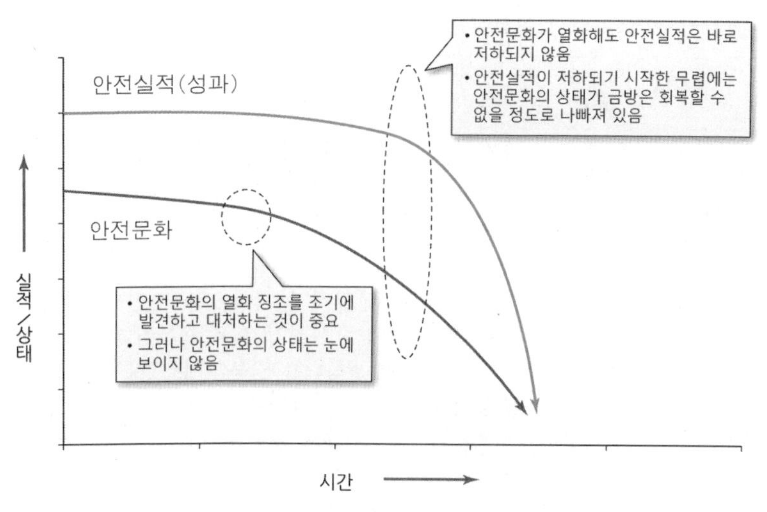

[그림 3-1] 안전문화의 열화와 안전실적의 열화의 관계

안전문화가 열화하기 시작해도 바로 안전상태의 저하는 일어나지 않고 시간이 경과하고 나서 안전실적이 저하하기 시작한다. 안전실적이 저하하기 시작하는 시점에서는 안전문화의 열화는 커져 있고 바로 회복할 수 없을 정도로 열화되어 있는 상태에 있다고 말할 수 있다. 이 때문에 안전실적의 저하가 시작되기 전에 안전문화가 열화되기 시작한 부분을 파악하여 대책을 실시할 필요가 생긴다. 즉, 안전문화의 열화의 징후를 조기에 파악하여 대처하는 것이 중요하다. 그러나 안전문화의 상태를 직접 눈으로 보는 것은 불가능하고 정기적으로 평가하는 것도 곤란하다. 따라서 열화 징후를 어떻게 파악할 것인지가 안전문화를 추진하는 자에게 있어 중요한 과제 중 하나이다.

동일한 문서에서는 안전문화의 열화의 단계를 5가지로 분류하고 있다(표 3-1 참조). 열화는 돌연 파괴적인 사고를 일으키는 것이 아니라 서서히 조직을 잠식해 가므로, 자체점검(self check) 등으로 열화가 일어나고 있지 않은지를 확인해 가는 것이 중요하다.

[표 3-1] 안전문화의 열화단계[4)]

단계	단계의 명칭	각 단계의 특징
제1단계	자만	과거의 좋은 실적이 자기도취를 초래한다.
제2단계	자기만족	경미한 사상(event)이 일어나지만, 자기평가가 불충분하고 개선프로그램이 늦어진다.
제3단계	부정	경미한 사상의 증가, 보다 중요한 사상이 발생한다. 그것들은 단발적인 사상으로 정리된다. 감사(audit)의 지적이 중시되지 않고 근본원인분석(Root Cause Analysis: RCA)이 이루어지지 않는다.
제4단계	위험	잠재적으로 심각한 사건이 여러 개 발생하지만, 경영진과 종업원들은 감사(audit)와 규제자의 의견(비판)을 편향되어 있다고 간주하고 거절한다. 감시(oversight)기능이 경영진에 맞서는 것을 두려워한다.
제5단계	붕괴	규제자가 특별평가를 하기 위해 개입한다. 경영진은 난처하게 되고 교체되어야 할지도 모른다. 대규모이면서 비용이 많이 드는 개선이 이루어질 필요가 있다.

2. 안전문화 열화 진행과 방지

산업계에서는 그동안 여러 가지 안전문화 조성활동에 의해 안전문화 수준을 끌어올려 왔다고 생각하지만, 안전문화와 관련된 많은 활동들이 형식적으로 진행되거나 매너리즘에 빠져 있는 문제점이 있는 것도 사실이다. 그리고 안전문화 조성을 조직의 상황이나 환경 개선보다는 구성원들의 안전의식 제고 중심으로 생각하는 경향이 많다. 즉, 안전문화를 의식의 문제로만 생각하는 등 안전문화 자체에 대한 올바른 인식을 갖고 있지 못한 조직이 적지 않은 상태이다. 구체적으로는 다음과 같은 문제점이 있다고 생각한다.

• 안전문화의 조성이 법령요구사항이 되고 규제기관에 의한 안

4) Ibid., p. 51.

전점검의 대상이 되었기 때문에, 형식을 갖추는 것에 주안점을 두는 경우가 많다.

- 안전문화 조성활동이 회사 차원에서 최우선으로 대처해야 할 활동이라고 충분히 인식되고 있지 않다. 이것은 안전문화 조성활동이 안전확보에 도움이 되고 있다고 하는 실감이 약한 것이 원인이다.
- 안전문화 조성활동이 좁은 분야에서만 적용되고 있고 포괄성의 면에서 불충분하다.
- 안전문화를 전문적으로 다룰 수 있는 역량 있는 자가 적고, 단기간에 이동하는 탓에 인재가 육성되고 있지 않다.
- 안전문화 조성활동의 주안점을 오로지 종업원의 안전의식의 향상에 두고, 안전문화를 안전방침, 안전관리·활동과는 분리하여 생각하는 경우가 많다.

안전문화 조성의 첫걸음은 자기만족을 방지하기 위한 '지속적인 불안감(a constant sense of unease)'[5]이다. 조직의 구성원 모두가 일상적으로 불안감을 가지고 있으면, 안전활동을 진지하게, 자율적으로 그리고 전원참가로 할 수 있고, 안전활동이 형해화되는 일도 없을 것이다.

안전문화는 단순히 의식을 높이는 것만이 아니라 현장에서 실천되지 않으면 의미가 없다. 현장에서 실천되면 좋은 인재가 육성되고, 그것이 또 안전문화를 높여 간다. 그러한 플러스 사이클이 돌아가야 조직의 안전문화가 향상되어 갈 수 있다.

그간의 안전문화 조성노력에 대해 진지하게 반성하고 자율적이고 적극적으로 개선하는 한편, 안전문화에 대한 올바른 인식으로 무장하는 것이 중요하다.

5) E. Hollnagel, D. D. Woods and N. Leveson(eds.), *Resilience Engineering: Concepts and Precepts*, Ashgate, 2006, pp. 355-356.

Ⅱ. 사고원인으로 본 안전문화의 문제점

1. 조직 내부의 문제

오늘날의 사업조건은 경쟁의 증가, 고객의 기대상승, 사이클 타임의 감소, 긴밀한 상호의존성 등을 특징으로 한다. 이러한 변화로 인해 조직이 직면한 환경은 거칠고 위험하며 가혹해지고 있다. 이러한 영향하에서 모든 산업에서 공통적으로 발생하고 있는 문제로서, 비용, 작업효율을 우선하고 안전을 경시하는 조직이 적지 않거나 그렇게 될 가능성이 상존하고 있다. 특히 변화무쌍하고 불확실한 사업환경과 심한 경쟁에 노출되어 있는 산업에서 안전이 소홀해지는 일이 발생하기 쉽다. 실제 우리 주변에는 목전의 이익에 매달려 장기적인 이익을 생각하지 않는 조직들을 쉽게 발견할 수 있고, 그 결과 크고 작은 조직들이 큰 재해에 직면하는 것 또한 자주 목격하고 있다.

조직들이 사업조건을 이유로 안전을 소홀히 하는 유혹 또는 함정에 빠지지 않기 위해서는 안전을 사업활동의 기본전제로 생각하는 안전문화를 정착시키는 것이 반드시 필요하다.

2. 외부환경의 문제

안전문화를 이해하기 위해서는 이론적인 면에서 접근할 필요가 있다. 안전문화(또는 문화)의 구조를 이론적으로 분석한 모델에 대하여 소개하면 다음과 같다.

경제협력개발기구/원자력기구(Organization for Economic Co-operation and Development/Nuclear Energy Agency: OECD/NEA)는 앞에서 살펴본 샤인의 조직문화의 세 가지 레벨 모델[제1층은 '전제인식'(눈에 보이지 않고 접근 곤란), 제2층은 '신봉되는 가치'(직접 눈에 보이지 않지만 접근 가능), 제3층은 '인공의 산물'(눈에 보이고 대부분 접근 가능)]을 이용하여 그림 3-2와 같은 안전문화 모델을 제시하고 있다.

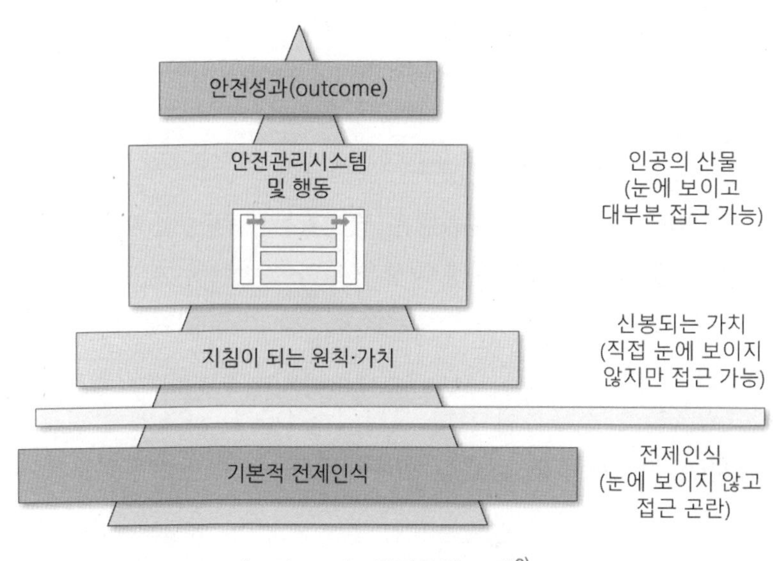

[그림 3-2] 안전문화 모델[6]

여기에서 안전문화는 눈에 보이는 부분부터 눈에 보이지 않는 부분까지 걸쳐 있고(그림의 삼각형 부분), 조직의 문화와 관리시스템은 서로 영향을 미치고 있다. 그림 3-2에 대한 설명은 다음과 같다.[7]

> 안전보건관리시스템(Occupational Safety and Health Management System: OSHMS)[8]은 '인공의 산물'과 '신봉되는 가치'의 레벨에 위치하고 있다. 그러나 문화의 모델에서는 이들 눈에 보이

6) OECD/NEA, State-of-the-Art Report on Systematic Approaches to Safety Management, 2006, pp. 16-17 참조.

7) Ibid.

8) 우리나라에서는 Occupational Safety and Health Management System을 안전보건경영시스템이라고 번역하기도 한다.

는 요소는 조직의 기본적 전제인식에 입각한 것이고 그것을 반영한 것이다. 예를 들면, 안전과 생산은 떨어질 수 없는 관계라고 생각하는 전제인식은 그 문제에 관하여 방침서가 어떻게 수립되는지에 반영될 것이다. 에러는 학습의 기회라는 기본적 전제인식은 아차사고를 포함한 모든 형태의 일탈에 대한 개방적인 보고를 촉진하는 프로세스와 절차를 가지고 있는 안전보건관리시스템에 반영될 것이다. 행동은 안전보건관리시스템을 적용하는 것에서 발생하고, 기본적 전제인식의 영향을 받기도 한다.

그리고 안전보건관리시스템은 안전활동을 일상업무로 포함시키기 위한 것으로서, 안전성 향상을 위하여 전략적 계획을 수립하고, 자원을 배분하며, 최신 지식을 활용해 가기 위한 관리시스템이다.

IAEA는 안전문화에 관한 문서에서 OECD/NEA의 안전문화 모델과 동일한 3층 모델을 이용하고 있다(표 3-2 참조).[9]

[표 3-2] 안전문화 레벨과 그 예[10]

레벨	예
인공의 산물 - 사물 - 언어 - 의식(儀式) - 행동	 • 안전방침서 • 휴업사고를 제로로 • 안전공로상 수여 • 안전장비의 사용
신봉되는 가치	• 안전제일 • 안전의 결함에 대한 무관용 • 비난 없는 작업환경 • 에러는 학습의 기회
기본적 전제인식	• 안전은 항상 개선될 수 있다. • 재해는 방지할 수 있다. • 적절하게 설계된 플랜트는 본질적으로 안전하다

9) IAEA, Safety culture in nuclear installations - Guidance for use in the enhancement of safety culture(IAEA-TECDOC-1329), 2002, p. 9 이하.
10) Ibid., p. 10 참조.

이 3층 모델에서는 '인공의 산물'(제3층)과 '신봉되는 가치'(제2층)는 '기본적 전제인식'(제1층)의 영향을 받는다. 그렇다고 하면, 우리들의 행동을 주의 깊게 관찰하면 제1층의 상태를 간접적으로 평가할 수 있지 않을까 싶다. 그러나 그렇게 간단하지는 않다.

샤인은 조직 구성원의 표면적인 행동은 문화적 요인(패턴화된 가정, 지각, 사고, 감정)과 외부환경에서 발생하는 우연적인 상황의 양쪽으로부터의 영향으로 규정된다고 주장한다. 즉, 우리들의 행동을 관찰한 것만으로는 그것이 제3층을 반영한 것인지, 외부환경의 영향을 받은 것인지 판별하기 어렵다.

그리고 샤인은 제2층의 '신봉되는 가치'에 대해서도 제1층 '기본적 전제인식'과 반드시 일치하는 것은 아니라고 설명한다. 예를 들면, 기업이 어떤 가치에 대하여 경영이념, 사시(社是), 사훈(社訓)으로 제시하고 있더라도, 기업의 구성원이 그 가치에 입각하여 행동하는 것에 의해 회사를 둘러싼 상황·문제에 반복적으로 잘 대처해 온 학습의 경험이 없는 경우에는, 그 가치는 회사 내에서는 당연한 것으로 간주되지 않고 제1층을 반영한 것이라고는 말할 수 없다.[11)]

즉, 안전문화 평가의 대상이 되는 행동(제3층)과 원칙·가치(제2층)는 반드시 제1층의 '기본적 전제인식'을 반영한 것이라고는 말할 수 없고, 외부환경 등의 영향에 의해 나타나고 있는 것일 가능성에 유의하여야 한다.

이와 같이, OECD/NEA, IAEA에서는 안전문화의 모델로서 샤인이 제창하는 3층 모델을 채용하고 있다. 3층 모델 중에서 샤인은 제1층 '기본적 전제인식'을 문화의 본질로 이해하고 있다. 제

11) E. H. Schein, *Organizational Culture and Leadership*, 5th ed., John Wiley & Sons, 2017, pp. 17-29.

3층 '인공의 산물' 및 제2층 '신봉되는 가치'에는 제1층이 반영되어 있지 않은 경우가 있다고 한다. 조직의 안전문화를 이해하려면, 이것을 염두에 둘 필요가 있다.

제3층이 제1층을 반영하지 않고 있는 예로는, 안전방침이 규제, 사회의 요구에 의해 작성된 '표면상의 방침'인 경우이다. 이 경우, 표면적으로는 안전문화가 조성되어 있는 것처럼 포장되어 있고, 당사자들도 안전문화가 높다고 생각하고 있다. 그러나 실제로 중요한 결정과 행동을 실시할 때에는, 안전이 최우선되지 않고, 큰 리스크를 잉태한 위험한 상태라고도 말할 수 있다.

3. 노력과 시간이 걸리는 문제

인간은 변화를 좋아하지 않는다. 문화는 인간이 환경에 대응하여 살아남기 위해 형성되고 발전해 온 것이므로, 문화를 바꾸는 것은 인간의 생활기반을 뒤흔드는 일이고 커다란 불안을 불러일으킨다. "변하지 않으면 안 된다."고 하는 위기감이 그 불안을 상회하여야 비로소 변화가 받아들여지는 경향이 있다.

문화는 긴 시간에 걸쳐 조성된 것이다. 그리고 문화변화는 어렵고 느리며 원래의 상태로 되돌아가기 쉽다. 문화를 바꾸려고 할 경우, 일시적인 행동변화는 쉽게 나타날 수 있지만, 그것이 문화로서 조직 전체에 널리 미치는 데에는 시간을 필요로 한다. 그리고 문화를 바꾸려면, 조직 구성원의 공감·납득이 필요하고, 공감·납득을 얻으려면 통상적으로 무언가의 실적이 필요하다. 실적의 개선을 실감하는 것에 의해 납득감이 얻어져 문화가 변해간다.

단시간에 사고방식과 행동이 변화하였더라도, 그것은 일시적인 것일 가능성이 크고, 거기에서 안심하여 버리면, 문화는 변하지 않고 문제가 수면 아래로 숨어버릴 수 있다. 이와 같은 상황에서는, 사물은 표면적으로 겉이 꾸며지고 마치 변화한 것인 양 보이게 된다. 그러나 조직 내에서는 좋은 정보만 공유되고 문제 의식을 가진 자는 푸대접을 받으며, 조직 내의 신뢰는 붕괴되고 의심이 만연된다. 그 결과, 어느 시점에서 단번에 모순이 분출하여 큰 트러블을 발생시킬 수 있다.

문화를 바꾸고 싶다면, 단기간에 성과를 올리려고 하기보다는 착실하게 호흡이 긴 활동을 지속적으로 추진하는 것이 필요하다.

4. 규제방식과 규제자의 역할

가. 규제의 접근방식

규제자와 피규제자의 관계는 미묘하다. 양자에 신뢰관계가 없으면, 피규제자는 규제의 빠져나갈 수단을 찾아 이익을 얻으려고 한다. 규제자는 빠져나가지 못하도록 규제를 강화하거나 감독 또는 검사를 늘려 대응하려고 한다.

양자의 신뢰관계를 높이기 위해서는, 규제자는 과학적·합리적이고 피규제자의 납득을 얻을 수 있는 규제를 할 필요가 있다. 지금까지의 규제는 규칙(룰)을 지키고 있는지 여부를 체크하는, 이른바 '준수(compliance) 기반'으로 실시되는 경우가 많고, 이 방법으로는 세세한 룰에 적합한지 여부를 상세하게 체크하기 때문에 시간과 노력에 비해 효과가 적다. 나아가 기술과 사회의 변화에 맞추어 규칙도 변해가야 하는데, 그것에 대응하기 어려운 한계를 가지고 있다.

이에 반해, 결과를 중시한 '성과(performance) 기반 규제' 또는 '프로세스(process) 기반 규제'는 유연성이 높고 개선에 대한 열의도 높아진다고 하는 의미에서 안전문화 측면에서 바람직하다. 단, 프로세스 규제에서는 규제자의 높은 기술적 능력이 필요하다.

한편, 규제자가 안전문화를 평가하려면, 상대방(조직)의 본심을 이끌어내지 않으면 안 된다. 이것은 공식적인 장(場)에서의 논의만으로는 불충분하고, 비공식의 이른바 '본심을 털어놓는' 논의를 해야 비로소 파악할 수 있다. 안전문화 조성에서의 규제의 역할은 전문적 시각에서 조언을 하는 것이다. 안전문화 조성에서도 상대방을 지도·감독하려고 생각하면, 오히려 상대방의 안전문화를 약화시키는 것이 될 수도 있다.

나. 규제자의 역할

안전문화를 향상시키기 위해서는 안전문화에 제일의적(第一義的)인 책임을 지고 있는 사업주가 확고한 안전문화를 구축하는 것이 가장 중요하지만, 규제와 피규제의 안전문화는 상호작용하기 때문에, 규제자(규제기관) 역시 안전문화 조성에 함께 노력하여야 한다.

우리나라는 안전분야 규제기관의 감독관 또는 검사관이 감독 또는 검사 대상에 대한 전문성을 갖추지 못하고 있는 경우가 적지 않다. 이와 같은 자라도 감독관 또는 검사관으로 활동하는 데 아무런 제약이 없는 것은 규제기관이 규제대상보다 항상 상위에 있고 규제대상은 규제기관의 기분을 거스르는 일이 없도록 전전긍긍하기 때문이다. 불합리한 지적 또는 과도한 조치에 대해서도 논의하는 것 없이 모두 수용하는 경우가 일반적이다.

안전분야 규제기관의 전문성이 낮은 경우 안전과 거의 관련이 없는 사항을 지적하거나 적발을 위한 적발을 하게 되기 때문에, 기업에서는 이에 대응하여 안전을 확보하는 것보다는 감독(검사)을 회피하거나 지적 또는 적발을 당하지 않는 것에 관심을 집중하는 경향을 보인다.

안전과 관련된 문제가 발생하더라도 해당 기업만을 추궁하고 재해예방을 담당하는 규제기관에 대해서는 대부분 책임을 추궁하지 않는다. 그러나 안전분야 규제기관에 대해서도 안전문화의 조성을 요구하지 않으면 동일하거나 유사한 사고가 반복될 우려가 높다.

안전분야 규제기관의 안전문화가 사업주의 안전문화에 반영되기 때문에, 규제기관은 자신의 안전문화를 구축하는 노력과 아울러, 사업주의 안전문화를 저해하지 않도록 규제방법을 개선해 나가야 한다.

한편, IAEA의 안전기준인 '정부, 법률 및 규제의 안전에 관한 구조'(IAEA GSR Part 1)의 요건 19 '규제기관의 관리시스템'에서는 규제당국에 대해서도 안전보건관리시스템을 확립하고 이행·평가·개선하는 것을 요구하고 있고, 이 안전보건관리시스템의 목적으로 다음과 같은 3가지 항목을 제시하고 있다.[12)]

① 규제당국은 스스로의 책임을 적절하게 다하는 것을 확실하게 실행한다.
② 규제당국은 스스로의 안전에 관련되는 활동계획의 입안, 관리 및 감독을 행함으로써 스스로의 실적(performance)의 유지 및 향상을 도모한다.
③ 규제당국은 개인과 조직의 안전에 관련된 양호한 태도와 행동뿐만 아니라 리더십[13)]의 발전과 강화를 도모하여 스스로의 안전문화를 조성한다.

그리고 IAEA GSR Part 1의 요건 22 '규제관리의 안정성과 일관성'에서는 다음과 같은 사항을 요구하고 있다.[14)]

---

12) IAEA, General Safety Requirements No. GSR Part 1 - Governmental, Legal and Regulatory Framework for Safety, 2016, p. 21.
13) 조직의 목적을 달성하기 위해 구성원을 일정한 방향으로 이끌어 성과를 창출하는 능력으로서 지도력, 지도성이라고도 한다.

① 규제관리가 안정적이고 일관적이도록 할 것
② 규제당국의 개별 구성원의 의사결정 시에 주관성의 개입을 방지하도록 할 것
③ 규제당국은 심사·평가 및 점검과 관련하여 요청사항, 판단 및 결정의 근거가 되는 목적, 원리, 기준을 기업에 알릴 것

5. 안전문화와 조직풍토

안전문화를 말하는 데 있어 반드시 언급해야 하는 것은 그 조직 특유의 조직풍토에 대해서이다.

조직풍토란 '조직에 모여 있는 개개인의 가치관이 모이고 평균화되어 표면화된 그 조직의 가치관'이다. 기업, 단체 등의 조직에도 그 역사의 영향을 강하게 남긴 사풍(社風)과 같은 것이 있다. 사풍은 좋은 이미지가 강하지만, 실제 조직풍토에서 보면 나쁜 쪽이 훨씬 많은 것은 아닐까하고 생각한다. 특히, 역사가 긴 기업, 단체에는 그 업종, 존재하고 있는 지역환경, 구성원, 경쟁자의 존재 등에 의해 독특한 조직환경이 만들어진다.

물론 조직환경은 나쁜 것만은 아니다. 그 조직이 업무를 계속하여 오는 중에 존속하기 위해 불가피하게 취득해 온 것이기 때문에, 살아남기 위해 필요하였던 것이라고 할 수 있다. 문제는 조직이 놓여 있는 환경은 매일매일 시시각각 변화해 가지만, 조직풍토는 간단하게는 변화하지 않는다는 점에 있다.

14) Ibid., p. 24.

6. 속인적 조직과 그 문제점

속인적 조직은 예컨대 무엇을 결정할 때 제안의 내용보다도 누가 그것을 제안하였는지가 중시되는 풍토를 가지고 있는 조직을 말한다. 권위주의적 조직(권한 기울기가 큰 조직)에서 많이 발견되고 불상사를 일으키기 쉽다고 말해지고 있다. 이런 조직에서는 "사장이 말씀하셨기 때문에"라든가 "저 사람이 말하는 것이라면 틀림없다"와 같은 식으로 매사가 결정되거나, 회의에서는 일부 상층부의 사람만이 발언하는 경향이 있다. 우리나라의 기업에는 속인적 경향이 강한 조직이 적지 않다. 속인적 조직에서는 상부로 좋은 정보만 전달되어 문제점, 과제가 조직 내에서 논의되지 않고 개혁이 지체되거나, 결정권이 있는 자가 과거의 성공체험에 얽매어 시대에 뒤떨어져 가는 폐해가 발생하기 쉽다. 이러한 약점을 충분히 이해하고 안전에 관련되는 정보가 신속하게 공유되는 체제로 전환해 가는 것이 필요하다.

7. 조직과 개인의 문제

안전문화에서 중요한 포인트의 하나가 조직과 개인의 관계성이다. 조직은 개인이 모인 것이지만, 단순히 개인이 모이면 집단이 되는 것은 아니다. 거기에는 공통된 목표가 존재하고 있다. 회사조직이라면, 사업을 계속하여 이익을 얻는 것이 공통된 목표이다. 물론 이익을 올리는 것만이 목표는 아닐 것이다. 사회에의 공헌도 중요한데, 이것이 없는 조직은 조만간 도태될 운명에 처할 것이다. 그리고 안전이다. 이것도 중요한 목표의 하나이다. 안전문화의 관점에서 말하면, 안전의 향상에 끝은 없기 때문에 이것을 계속적으로 향상시켜 가는 것이 중요하다.

안전이라고 하는 관점에서 조직과 개인의 관계를 정리하면,

다음 그림과 같다. 개인이 가지고 있는 안전에 대한 문화적 측면(기본적 전제인식, 가치관, 자세 등)을 안전마인드라고 부르기로 한다. 조직이 가지고 있는 안전에 대한 문화적 측면이 안전문화이다.

조직 내의 개인의 안전마인드도 포함하여 안전문화로 부르는 경우도 있지만, 이것들을 구분하는 편이 이해하기 쉽다. 개인의 행동은 안전마인드에 지배받는다. 그리고 안전마인드 중 조직 내에서 넓게 공유되는 것이 안전문화이다. 조직의 행동은 안전문화에 지배된다. 그리고 개인의 안전마인드는 조직의 안전문화에 크게 영향을 받는다. 그 관계성을 기억하고 있을 필요가 있다.

그림 3-3에서는 그 외에 '사회'가 기재되어 있다. 이것도 커다란 요소이다. 개인의 행동은 안전마인드 외에 사회로부터의 영향도 받는다. 조직의 행동도 동일하다.

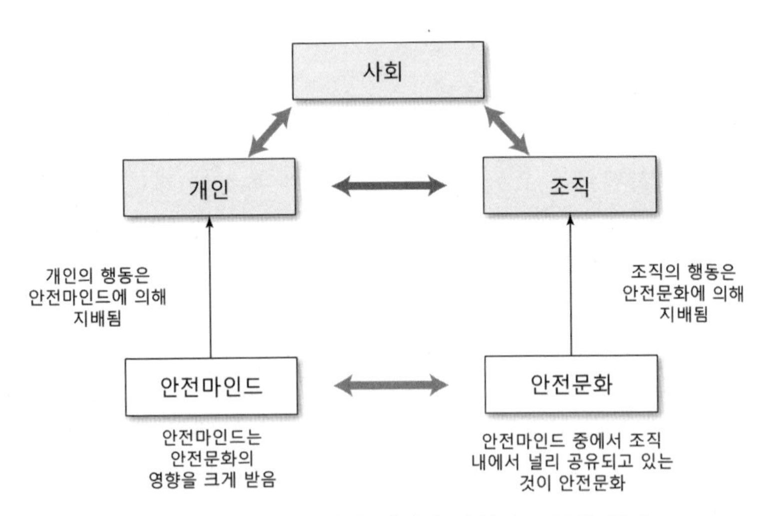

[그림 3-3] 안전문화와 관련된 개인과 조직의 관계

제 4 장

고신뢰조직과 안전문화

Ⅰ. 고신뢰조직과 전제적 논의

Ⅱ. 고신뢰조직의 원칙과 핵심

I. 고신뢰조직과 전제적 논의

1. 고신뢰조직이란

고신뢰조직(HRO)이란, 원자력발전, 항공 등과 같이 사회로부터 높은 신뢰성이 조업의 전제로서 요구되는 조직으로서, 장기에 걸쳐 높은 안전·신뢰성을 계속적으로 유지하고 있는 조직, 예상치 못한 사건에 강한 조직, 참사가 될지도 모르는 사건에 수많이 접하면서도 그 사건을 초기 단계에서 감지하고 미연에 방지하는 구조를 체계적으로 갖추고 있는 조직이라고 할 수 있다.

안전문화도 안전에 관한 조직능력을 주장하고 있다는 점을 고려하면, 안전문화와 HRO의 안전 측면은 그 방향성과 내용에 있어 매우 유사하다고 볼 수 있고, 실제로 안전문화와 HRO를 동시에 논의하는 학자도 많다.[1)] 사실 HRO에게 요구되는 능력, HRO가 갖추어야 할 원칙 등은 조직이 안전문화 조성을 위해 갖추어야 할 요소라고도 말할 수 있다. 따라서 안전문화와 전체적으로 일맥상통하는 HRO의 특징에 대하여 살펴보는 것은 조직이 안전문화 조성방안을 모색하는 데 많은 시사를 줄 것으로 생각한다. 이하에서는 HRO를 구축하기 위하여 갖추어야 할 필수적인 요소를 중심으로 상세히 설명하기로 한다.[2)]

---

1) HRO 문헌은 안전에 대한 문화적 조건을 강조하기도 하고, 안전을 유지하는 데 있어 문화적 측면의 역할을 매우 강조한다(K. E. Weick, Organizational Culture as a Source of High Reliability, *California Management Review*, 29, pp. 112-127; K. E. Weick, K. M. Sutcliffe and D. Obstfeld, Organizing for High Reliability: Processes of Collective Mindfulness, *Research in Organizational Behavior*, 21, pp. 81-123).

2) K. E. Weick and K. M. Sutcliffe, *Managing the Unexpected: Resilient Performance in an Age of Uncertainty*, 2nd ed., John Wiley & Sons, 2007; K. E. Weick and K. M. Sutcliffe, *Managing the Unexpected: Sustained Performance in a complex World*, 3rd ed., John Wiley & Sons, 2015 참조.

조직적 주의 깊음(organizational mindfulness)은 HRO의 공통적인 특징이다. HRO가 되려면 다음 5가지 원칙(핵심 아이디어)을 모두 지속적으로 실천하는 주의 깊음을 갖춘 인프라를 구축할 필요가 있다.

- 작은 실패들을 추적하고 깊이 있게 다룬다(실패에 대한 몰두).
- 지나친 단순화[3]를 거부한다(단순화에 대한 거부).
- 운영상황에 대한 민감성을 지속적으로 유지한다(운영상황에 대한 민감성)
- 회복탄력성[4]을 위한 역량을 유지한다(회복탄력성에 대한 의지).
- 전문가에게 권한을 넘겨준다(전문성의 존중).

이러한 유형의 주의 깊음을 갖춘 인프라를 구축하는 방향으로 이동하지 못하면, 예상치 못한 사건들로 인해 초래되는 손실은 커지고 신뢰할 수 있는 기능이 저하된다. 주의 깊음을 갖춘 인프라를 구축하는 방향으로 이동하는 것은 성공, 단순함, 전략,[5] 계획,[6] 상급자(지위)에 집중하는 '즐거움'을 버려야 하기 때문에 쉽지 않다.

---

3) 명확화와 단순화를 혼동해서는 안 된다(D. Winter, "Bye, Bye, Theory, Goodbye", review of *Elegy for Theory, by D. N. Rodowick, Los Angeles Review of Books*, January 16, 2004, http://lareviewofbooks.org/review/bye-bye-bye-theory-goodbye/).

4) HRO에서 말하는 resilience는 리질리언스 엔지니어링에서 말하는 resilience와 동일한 영어표현이지만 그 의미는 다소 다르다. resilience에 대해 후자는 예견(anticipation)을 포함하는 의미로 사용하지만(예견, 감시, 대응, 학습), 전자는 에러가 발생한 이후의 대응·회복과 감시, 학습을 그 내용으로 하고 예견은 포함하고 있지 않다. 이 책에서는 양자를 구분하기 위해 전자는 회복탄력성으로, 후자는 리질리언스(강인력)으로 각각 번역하여 사용하는 것으로 한다.

5) 주의 깊음의 수준을 높이기 위해서는 전략이나 원대한 비전보다는 전술과 현장의 너트·볼트에 주의를 기울이고 현장에서 마음을 챙기는 기회의 수를 늘리도록 노력할 필요가 있다.

6) 계획은 의도한 것과는 정반대의 결과를 가져올 수 있는데, 예상치 못한 사건의 주의 깊은(mindful) 예상 대신에 주의 놓침(mindlessness)을 유발할 수 있다.

프랑스의 위기관리 전문가인 라가덱(Pat Lagadec)의 생생한 말을 생각해 보자. "위기상황에 대처할 능력은 혼란이 발생하기 이전에 구축되어 왔던 체계(structure)에 크게 의존한다. 사건은 어떤 점에서는 돌발적이고 혹독한 평가(audit)라고 생각될 수 있다. 준비되어 있지 않은 채 있던 모든 것은 단시간에 복잡한 문제가 되고, 모든 약점은 세상의 많은 주목을 받게 된다."[7)]

가장 우수한 HRO는 자신들의 시스템이 잘못될 수 있는 길 모두를 경험해 보지 못했다는 점을 알고 있다. 또한 발생할 수 있는 모든 실패양상을 추론하지 못해 왔다는 것도 알고 있다. 그리고 HRO은 과신(overconfidence)하는 경향(위험성)[8)]에 대해 깊은 인식을 가지고 있다. 이러한 인식 때문에, 경계심을 강화하고 주의(관심)를 넓히고 방심을 줄이며 오도하는 단순화를 미연에 방지하는 관습(관행)에 내장된 항상적인 주의 깊음의 모습을 취한다. HRO에 자기만족과 자만심은 가장 큰 적이다.[9)]

작은 사건들이 모여 커다란 사고를 만들어 내는 경우가 적지 않다. 그런데 사건들은 확대되기에 앞서서 작은 단서들을 미리 흘리기 마련이다. 그런 단서들은 발견하기가 쉽지는 않지만, 미리 발견한다면 쉽게 대처할 수 있는 것들이다.

작은 단서들이 더 커져서 눈에 훨씬 더 잘 보일 정도가 되면 대처하기는 그만큼 더 어려워진다. 예상치 못한 사건들을 관리한

---

7) P. Lagadec, *Preventing Chaos in Crisis: Strategies for Prevention, Control, and Damage Limitation*, McGraw-Hill International, 1993, p. 54.

8) 과연 가장 위험한 순간은 조직이 순풍에 돛단 듯 잘 나갈 때라고 할 수 있다. 스스로의 조직을 과대평가하고 우쭐해질 위험이 있기 때문이다.

9) 특히 무재해가 지속되다 보면 안전에 대한 경각심과 철저함을 유지하기 어렵고, 나아가 자만에 빠지기 쉽다. 따라서 무재해가 지속되면 될수록 긴장을 늦추지 말고 겸허해야 한다. 마음속에 안전에 대한 자만이 깃들기 시작하면 주의력이 떨어지고 상황을 근거 없이 낙관하는 악습이 생긴다. 자만이 생기면 용기와 만용을 구별하지 못하게 된다.

다는 것은, 많은 경우 작은 신호나 직관에 반하고 별로 '대단하지' 않은 것에 강력한 대응을 해야 한다는 것을 의미한다. 통상적으로 우리는 약한 신호들에 대해서는 약하게 대응하고 강한 신호들에 대해서는 강하게 대응하기 때문이다.

예상치 못한 사건을 잘못 관리하는 시스템은 작은 실패들을 무시하고 단순한 진단을 받아들이며, 현장의 작업과정을 당연시하고, 회복탄력성을 갖추기 위한 능력을 소홀히 하며, 전문가보다는 권력을 좇는 경향이 있다.[10)]

어떤 프로젝트의 성공은 많은 부분 예상(기대)과 관련되어 있기 때문에, 실제 그 예상이 충족되고 있는지를 점검하고, 예상을 벗어나는 징조들을 조기에 파악하려는 주의 깊음 상태를 유지하는 것이 중요하다. HRO는 현 상황에 대한 그들의 생각을 현행화하고 그들이 직면하는 상황에 대한 낡은 카테고리 또는 조잡한 해석에 사로잡히지 않는다.

의도하지 않은 결과의 출현에 좀 더 신경 쓰는 한 가지 방법은 HRO화의 원칙을 적용하는 것이다. 잘 알다시피, 예상(기대)이 어긋나고 있음을 알려주는 초기의 단서들이 누적될 경우에 프로젝트를 위험에 빠뜨린다.

이 장의 제2절(Ⅱ)에서는 주의 깊음을 갖춘 인프라를 구축하기 위한 5가지 원칙(핵심 아이디어)을 상세히 소개한다. 각각의 원칙들은 HRO의 성과의 기초를 이루는 원칙이 된다. 처음 세 가지의 원칙은 HRO가 '예상치 못한' 문제를 '예견'하는 능력에 대해서 주로 다루는 반면, 네 번째와 다섯째 원칙은 예상치 못한

---

10) 어떤 사고를 분석할 때는, 그 사고가 시스템의 실패인지 개인의 실패인지를 확인할 필요가 있다. '개인적 접근'과 '시스템 접근' 간의 차이점은 오류와 신뢰성에 대한 문헌에서 공통적으로 발견된다. 그 한 예가 리즌(James Reason)이다. "Human error: Model and management", *British medical Journal,* 220, 2000, pp. 768-770.

문제를 '억제'[11]하는 능력과 좀 더 관계가 있다.

2. 예견, 예상 및 확신 추구

미국 질병관리예방센터(Centers for Disease Control and Prevention: CDC)에서는 '감염병의 발병 예방: 21세기 전략'이라는 제목을 가진 한 문서에서 "어떤 질병이 발생할지 모르기 때문에 CDC는 예상치 못한 질병이 발생할 경우에 대비하여 항상 준비상태를 갖추어야 한다."라고 적혀 있다. 예상치 못한 사건에 대비한다는 것은 단순히 예상하는 것 이상이다. 구체적으로, 예견(anticipation)은 실패, 단순화 및 운영상태라는 세 가지에 대한 주의 깊은 관심을 의미한다. 예견하는 것은, 작은 불일치들(disparities)을 기반으로 해서, 발생할 수 있는, 억제되지 않은 결과(사건)를 예측하거나 상상하는 것이다. 종종 그런 감지(sensing)는 사소한 단서를 잡는 것을 의미하고, 이 하나의 작은 표시가 좀 더 크고 비참한 상황의 신호가 되는 시나리오를 상상하는 것을 의미하기도 한다. 그러나 예견은 단지 감지하는 것에 불과한 것이 아니다. 그것은 바람직하지 않은 사건의 전개를 멈추게 하는 것이기도 하다. 작은 어긋남들(discrepancies)의 증폭과 확산이 예견행위에 의해 늦춰지고 억제행위에 의해 중단된다.

일부 전문가들은 예상치 못한 사건을 예견하는 것은 다음과 같은 이유 때문에 불가능하다고 주장한다. 첫째는 조직의 환경에 거의 무한한 수의 약한 신호들이 있기 때문이고, 둘째는 이 작은 신호들을 포착하는 능력은 대부분의 조직들이 가지고 있는 기존의 기술적 능력을 훨씬 뛰어넘는 것이기 때문이다. 그러나

11) 억제는 예상치 못한 사건 그 자체를 방지하기보다는 예상치 못한 사건이 발생한 후에 원하지 않는 결과의 방지를 목적으로 하는 점에서 예견과는 다르다.

사고가 일관되게 적게 발생하는 조직들은 사고가 많은 조직들보다 예상치 못한 중요한 사건을 더 잘 감지할 수 있는 것 같다. HRO 구성원들은 불일치를 반드시 좀 더 빨리 알아차리는 것은 아니지만, 그 불일치를 발견한 경우, 그것의 의미를 좀 더 완전하게 이해하고 좀 더 자신 있게 대처한다. 예기치 않은 사건을 인지하게 되는 능력은 앞(103쪽)에서 제시한 5가지 원칙들 중에서 처음 세 가지 원칙 ― 실패에 대한 몰두, 단순화에 대한 거부, 운영상황에 대한 민감성 ― 을 운용하는 실천에 의해 증진될 것으로 보인다.

예상(expectation)은 우리가 뭔가를 조직할 때 의존하는 질서정연함과 예측가능성을 창출한다. 그러나 예상은 맹점을 만들기 때문에 은총이자 저주이기도 하다. 다시 말해서, 예상은 질서와 효율성을 창출하지만, 확신 추구, 기존 범주에의 의존 및 단순화하기를 촉진하기 때문에, 신뢰성 있고 회복탄력성 있는 업무수행을 부지불식간에 약화시킬 수도 있다. 예상의 맹점은 때때로 예상치 못한, 위협적인 사건의 때늦은 인식의 형태를 취한다. 우리는 당초 예상한 것의 정확성을 확신시켜 주는 증거를 편향되게 추구하기 때문에, 맹점은 종종 더 커진다. 맹점이 가지고 있는 문제점은 커지고 있는 그리고 치명적인 혹독한 평가(사고)를 초래할 수 있는 작은 에러들을 종종 보지 못하게 한다는 점이다. 이러한 맹점에 대응하기 위하여, 조직들은 구체적인 부분에 있어 차이가 나는 점을 좀 더 잘 인식할 수 있는 능력을 개발하려고 노력한다. 주의 깊음(mindfulness)이라고 불리기도 하는 풍부한 인식은 예상이 부적절했다는 초기 신호, 예상치 못한 사건이 전개되고 있다는 초기 신호, 그리고 회복이 이행될 필요가 있다는 초기 신호를 찾아낸다.

우리 모두는 우리의 예상이 확실하다는 것을 증거로 받아들이는 데에는 놀랍게도 관대한 경향이 있다. 게다가 우리는 우리의 예상을 확신시켜 주는 증거를 적극적으로 찾아내고 예상의 부당성을 입증하는 증거들을 기피하는 경향이 있다. 이러한 편향된 추구는 최소한 두 가지 문제를 일으킨다. 첫째, 사건이 자신들이 생각한 대로 전개되지 않고 있다는 증거를 간과한다. 둘째, 자신들이 예상한 것의 타당성을 과대 추정하는 경향이 있다. 이 두 가지 경향은 압박을 받을 때 훨씬 더 강력해진다. 압력이 증가함에 따라, 사람들은 자신에게 확신을 주는 정보를 추구할 가능성이 높아지고 자신의 예상과 일치하지 않는 정보들은 무시할 가능성이 높아진다.

이와 같은 확신 추구 패턴은 계획과 관계가 있다. 계획은 사람들로 하여금 그 계획이 옳다는 확신을 편협하게 추구하도록 유도한다. 증거의 부당성을 입증하는 것은 기피되고, 계획은 예상치 못한 사건이 축적되는 것을 간과하도록 유인한다. 예상이 초래하는 문제점을 이해하면, 계획이 초래하는 문제점을 이해할 수 있다. 그리고 계획과 계획수립에 사로잡혀 있으면 주의 깊게 행동하는 것이 어렵게 된다.

HRO는 다섯 가지 원칙들을 구체화하는 실천을 설계함으로써 확신을 추구하는 경향에 대항하기 위해 열심히 노력한다. 그들은 자신들의 예상이 불완전하다는 것을 안다. 그리고 대부분 확인된 것으로 보이는 예상이라 하더라도 의심하면 좀 더 올바른 길로 갈 수 있다는 점을 안다.

확신을 추구하고 기대불일치를 회피하는 경향은 인간의 잘 연마된, 잘 훈련된 성향이다. HRO는 그런 성향을 극복하려고 열심히 지속적으로 노력하고 경계를 게을리 하지 않는다. 우리는 확신을 주는 정보를 계속하여 선호하는 성향을 가지고 있기 때문에, 우리 모두는 경계심을 유지하기 위해 지속적으로 분투해야 한다.

3. 예상치 못한 사건의 성격

예상치 못한 사건은 다음과 같은 3가지 형태 중의 하나를 띨 수 있다.

① 일어날 것으로 예상되었던 사건이 일어나지 않는 경우
② 일어나지 않을 것으로 예상되었던 사건이 일어나는 경우
③ 결코 생각지 않았던 사건이 일어나는 경우

돌발적인 사건은 예상과 함께 시작된다. 짐작하건대, 예상을 갖게 되면, 그 예상에 대한 믿음을 약화시키는 증거보다는 그 예상에 대한 믿음을 강화시키는 증거를 찾을 것이다. 그리고 예상에 대한 믿음을 강화시키는 증거를 찾으면, 이는 세상에 대한 자신(조직)의 예감이 정확한 것이며, 자신이 통제력을 갖고 있고, 무슨 일인지를 알고 있으며, 자신이 안전하다는 것을 '증명해 주는' 것이라고 결론짓게 된다.

예상에 대한 믿음을 강화시키는 증거를 계속 찾는 것은 자신(조직)의 모델이 한계를 가지고 있다는 깨달음을 지연시킨다. 상황이 자신이 예상하였던 길이 아니라는 것을 늦게 깨닫는다면, 문제는 악화되어 해결하기가 좀 더 어려워지고 다른 문제들과 얽히게 된다. 나중에 자신의 예상이 잘못되었다는 것이 명백해질 때에는, 문제를 해결하기 위해 남겨진 선택지는 거의 없는 상태가 될 수 있다. 그 사이에, 효율성과 효과성은 떨어지고, 시스템은 취약해져 붕괴가 촉진되고, 안전, 평판 및 생산은 위험에 빠진다.

HRO의 중요한 목표는 예상치 못한 사건의 세 번째 형태에 대한 이해를 증가시키고 '일어날 수 있다고 상정되는 것'에 대한 지식을 확장하는 것이다. HRO의 원칙들은 사람들이 상상을 촉진하는 주의 깊은 습관을 갖는 방향으로 향하게 한다. 대부분의 상황에서 예상치 못한 사건을 미연에 방지하는 것은 현명한 전문가를 두는 것 이상의 것을 필요로 한다. 그것은 상상을 장려하고, 풍부한 예상을 촉진하며, 모든 예상에 대해 의문을 제기하고, 예상과 일치하지 않는 점을 독창적으로 이해하는 능력을 증가시

키고, 경계를 강화하고 심화하는 학습을 촉진하는 주의 깊은 습관을 필요로 한다.

사람들은 때때로 상상의 중요성을 무심코 시시한 것으로 여긴다. 오늘날 우리는 "예상치 못한 사건을 예상하라."와 같은 공허한 격언을 계속하여 듣는다. 이 선의의 말은 사람들이 그들의 예상이 잘못된 것이라고 생각하면서 살아갈 수 있다는 것을 가정한다. 문제는 사람들이 그렇게 살아갈 수 없다는 점이다. 그 대신에 사람들은 자신의 예상이 기본적으로 옳고, 자신을 놀라게 할 수 있는 일은 거의 없을 것처럼 살아간다. 그렇게 하지 않는 것은 통제나 예측의 모든 느낌을 포기하는 것이다.

그것이 관리하는 것이 보기보다 훨씬 어려운 이유이다. HRO 구성원들은 예상치 못한 사건을 별일이 아닌 것처럼 다룰까 봐 걱정을 한다. 미국의 사회학자 본(Diane Vaughan)은 챌린저호 폭발사고를 분석하면서 예상치 못한 사건을 '정상화'하려는 경향이 있다는 점을 발견하였다. 예상치 않은 불에 탄 흔적이 추진로켓 부분을 밀봉한 O-링에 나타났을 때, 엔지니어들은 '허용 가능한 리스크'가 무엇인지에 대한 정의를 변경하였다. 그들은 이제 고온가스가 개스킷을 빠져 나오는 것도 허용 가능하다고 주장하였다. 그들은 처음에는 예상치 못한 사건으로 취급하였던 것을 이제는 예상한 사건으로 취급하였다. 허용 가능한 리스크에 대한 이러한 재정의는 이것이 처음은 아니었다. '정상적'이라는 판단은 첫 번째 O-링에서 열이 발생한 것이 정상이라는 판단에서 시작되어, O-링에서 부식이 생긴 것도 정상이라는 판단으로 이어졌고, 피스톤과 실린더 사이의 가스 누출과 누출된 가스가 두 번째 O-링에 도달하는 것도 정상이라는 판단으로 발전하였고, 마침내는 두 번째의 O-링에 생긴 부식도 정상이라고 판단하기에 이르렀다.

사람들은 놀라거나 이상하다고 생각하거나 불안감 같은 것을 느낄 것이기 때문에, 아마도 예상치 못한 어떤 것이 일어나는 시기를 알 수도 있다. 조종사들은 이와 같은 느낌을 '육감(leemers)' [아마도 leery(미심쩍어 하다)에서 유래된 단어]이라고 부른다. 그 느낌은 뭔가 이상하지만, 꼭 집어서 말할 수(확신할 수) 없는 것이다. 그러한 느낌을 신뢰하라. 그것은 세상에 대한 당신의 모델이 잘못이라는 것을 알려주는 확실한 단서이다. 보다 중요한 것은, 그런 느낌을 계속 유지하려고 노력하는 것과 발생한 일에 대해 얼버무리면서 정상적이라고 취급하려는 유혹에 저항하는 것이다.

모르는 것을 발견할 수 있는 매우 드문 기회 중의 하나가 돌발사건과 성공적인 정상상태 간의 짧은 간격 사이에 놓여 있다. 이것은 당신의 이해를 크게 향상시킬 수 있는 드문 순간 중의 하나이다. 너무 오래 끈다면, 정상적인 것으로 보려는 경향이 생겨 배울 것이 없다고 생각하게 된다. 학습을 위한 대부분의 기회는 짧은 순간의 모습으로 찾아온다. 학습을 위한 최선의 순간들 중의 하나는 예상치 못한 사건이 일어난 순간인데, 그것은 가장 수명이 짧은 순간들 중 하나이기도 하다. HRO의 구성원들은 예상치 못한 순간으로부터 보다 많은 것을 학습하기 위하여 예상치 못한 순간을 얼렸다가(보존하였다가) 자세히 살펴보려고 노력한다.

4. 주의 깊음의 아이디어

예상은 예감을 긍정하는 인식을 만족시켜 주는 방향으로 당신을 안내하고, 예감을 부정하는 골칫거리 인식으로부터는 당신을 떼어놓는 보이지 않는 손과 같이 작용한다. 그러나 예상치 못한 사건의 조짐을 나타내어 주는 것은 바로 그 골칫거리 인식이다. 당신이 지나치게 단순한 예상에 의존한다면, 예외적인 사건들이 당신이 알아차리기 전에 더 심각한 수준으로 발전할 수 있다. HRO 구성원들은 자신들이 좀 더 많은 것을 보고 본 것을 보다 잘 이해할 수 있도록 예상의 이러한 보이지 않는 손의 지배력을 약화시키고, 그들의 현 상황에 좀 더 잘 적응하려고 노력한다. 그들은 최소한 앞에서 설명했던 다섯 가지 원칙들에 몰두하는 방식으로 이를 실행한다. 이 원칙들은 프로세스의 설계에 영향을 줄 수 있고, 시스템을 주의 깊음 상태 쪽으로 이동시킨다.

공식적으로 '주의 깊음'은 '차이가 나는 디테일에 대한 풍부한 인식'이라고 정의된다. 이것은, 사람들이 행동을 할 때, 그들이 상황을 이해하고, 구체적 내용에 있어 차이가 있는 수단을 이해하며, 예상으로부터 벗어난 사실을 이해한다는 것을 의미한다. 주의 깊은 사람들은 '큰 그림'을 가지고 있는데, 그것은 순간에 대한 큰 그림이다. 이것은 종종 상황인식이라고 불리지만, 그 개념을 절약해서 사용할 것이다. 주의 깊음은, 현 예상에 대한 정밀한 조사, 지속적인 개선, 좀 더 새로운 경험에 기초한 예상의 분화(differentiation), 전례 없는 사건을 이해하기 위한 새로운 예상의 구상에 대한 의지와 역량, 상황에 대한 섬세한 인식, 상황에 대처하는 방법, 선견(foresight)과 현재의 기능(작용)을 개선하는 새로운 차원의 상황파악 등을 조합한 것을 포함한다는 점에서 상황인식과는 다르다.

주의 깊음은 관심의 '질'에 대한 것이다. 관심이 이탈할 때, 불안정할 때, 방심에 의해 지배될 때, HRO는 에러에 보다 취약해진다. 이 3가지 요인은 사람들이 추정오류, 이해오류, 설정오류에 빠지기 쉽게 한다. 관심 이탈은 종종 연상적(associative) 사고 형태를 띤다(그것은 나에게 … 때를 생각나게 한다). 그것은 현재로부터 관심을 빼앗고, 변화에 대한 인식으로부터도 관심을 빼앗으며, 구체적인 디테일을 추상적인 관념들로 대체한다.

주의 깊음은 출현하는 위협에 대한 명확하고 구체적인 이해, 그리고 그런 이해를 가로막는 요인들에 초점이 맞추어져 있다. 작은 실패들은 인지되어야 하고(실패에 대한 몰두의 원칙), 그것들의 독특성은 하나의 범주에 묻히기보다는 보전되어야 한다(단순화에 대한 거부의 원칙). 사람들은 실패의 징조가 될 수 있는 미묘한 차이를 인지하려면 일이 진행되는 상황을 알고 있을 필요가 있다(운영상황에 대한 민감성의 원칙). 또한 회복으로 가는 길을 발견하기 위해서는 관심(attention)이 결정적으로 중요하고(회복탄력성에 대한 의지의 원칙), 그러한 경로들을 이행하는 방법에 대한 지식도 중요하다(전문성에 대한 존중의 원칙). 이러한 수요에 직면하여, 주의 깊은 조직들은 실패를 시스템의 건강상태에 대한 관찰 기회로 검토하는 데에 다른 조직들보다 더 많은 시간을 쏟고, 세상에 대한 가정을 단순화하려는 충동에 저항하며, 운영상태와 그 결과를 관찰하며, 예상치 못한 사건을 관리하기 위한 회복탄력성을 개발하고, 아울러 해당 분야의 전문가들을 파악하고 그들을 존중하는 분위기를 조성한다.

주의 깊음은 사건들을 '낯익은(잘 알려져 있는) 사건'으로 단순화하려는 경향(정상적인 것으로 생각하려는 경향)을 약화시키고, 해당 사건을 잘 알려져 있지 않은 어떤 것으로 재평가하는 경향을 강화하기 때문이다. 주의 깊은 관행이 적으면 정상적인 것으로 보려는 경향이 커지고, 주의 깊은 관행이 많으면 비정상적인 것으로 보려는 경향이 커진다. 여기에서 '비정상적인 것으로 본다'의 의미는 작은 단서들을 정상적인 것으로 보려는 속도를 늦추는 독특한 특징들을 주의 깊음이 포착한다는 것을 의미한다. 눈에 띄는 비정상적인 것들은 잠재적인 문제와 기회를 미리 알려줌으로써, 사건이 관리가 불가능한 수준까지 커지는 경향을 줄여 준다.

주의 깊음은 인지 대상으로 계속하여 유지하고, 마음이 그 대상에서 이탈되고 관심에서 멀어지는 것을 막으며, 관찰을 좀 더 강렬하고 세밀하게 하는 능력을 강화하는 것이다. 그 의도는 기억력과 관심을 강화하는 것이고, 보다 차분한 마음가짐을 가지는 데 방해되는 것을 제거하는 것이다. 주의 깊음은 '동요하지 않고' 관찰 대상으로부터 이탈하지 않는 특징을 가지고 있다. 주의 깊음의 기능은 혼란이 없는 것이고 망각하지 않는 것이다.[12] 마음이 동요하면, 마음은 개념적 연상의 혼란으로 현재의 과업에서 이탈되고, 문제가 터지기 전에 그 과업으로 되돌아오지 못할 수 있다. 그리고 주의 깊음은 지금, 여기에서 진행되고 있는 것에 대해 집중할 수 있는 시스템의 능력에 대한 것이기도 하다.

주의 깊음의 5가지 원칙들은 현장의 관행으로 하여금 예상치 못한 사건을 미리 알려 주는 세부적인 차이를 포착할 수 있도록 하기 때문에, 예상에 의해 만들어지는 맹점에 대항할 수 있다. 이러한 패턴은 리질리언스를 갖춘 업무수행을 위해 노력하는 성공적인 많은 신뢰 추구 조직에서 발견된다.

당황하게 하는 사건은 확실히 어느 조직에서나 흔히 일어나는 일이다. 이것이 의미하는 것은, 규칙, 계획, 정해진 순서(과정), 고정된 카테고리 및 정확한 업무수행을 위한 고정된 기준에 의존하는, 주의를 하지 않는 컨트롤 시스템에 의해서만 조직을 관리하는 것은 불가능하다는 것이다.

동적인 환경에 완벽하게 대처할 수 있는 시스템을 설계할 수 있을 정도로 충분히 알고 있는 사람은 없다. 대신에, 동적인 시스템을 확보하고 싶은 설계자는 주의 깊게 일하는 것을 이끌어내는 방식으로 계획(준비)하여야 한다. 사람들은 예상의 계속적인 개선(현행화)뿐만 아니라 지속적인 학습을 가능하게 하는 정신적 작용 방식을 취해야 한다.

시시각각 변하는 동적인 환경에서는 모든 상황에 대해 예상하

12) 재해에 있어서도 "지난 일을 잊지 않는 것이 나중 일의 스승이 될 수 있다."(사마천, ≪사기-진시황본기≫), "진실의 반대는 거짓이 아니라 망각이다."(그리스 격언)라는 경구가 그대로 적용된다.

고 규칙을 작성하는 것은 불가능하다. 각 작업을 수행하는 방법을 기술한 기존의 엄격한 규정은 좀 더 유연하고 덜 위계적인 방식으로 대체되어 왔다. 예를 들면, 함장의 명령이 일반적으로는 우선이지만, 하급간부들은 명령을 따르는 것이 승무원의 안전을 위태롭게 한다고 생각하는 경우에는, 그들이 우선순위를 바꿀 수 있고 실제 바꾸기도 한다. 그와 같은 사례는 기술적으로 복잡하고 위험하며 예상할 수 없는 환경 속에서조차 실시간의 문제해결을 촉진하고 인적 요인에 대한 지식을 도입한 안전시스템을 구축하는 것이 가능하다는 것을 보여주고 있다.

안전은 동적인 투입이 안정된 결과를 낳기 때문에 '동적인 비사건(non-event)'이다. 즉, 안정된 결과를 생산하는 것은 계속적인 반복보다는 지속적인 변화이고, 이 안정성을 확보하기 위하여, 시스템의 한 변수에서의 변화는 다른 변수에서의 변화에 의해 상쇄되어야 한다.[13] 문제는, 시스템이 안전하고 신뢰성 있게 운영될 때는 일정한(변함없는) 결과가 있고 감시할 것이 없다는 점이다. 하지만 이것은 아무런 일도 발생하지 않고 있다는 것을 의미하지 않는다. 반대로, 지속적인 상호조정이 있다. 하나의 변화는 다른 변화에 의해 상쇄된다.

이러한 상호조정이 신뢰성을 보존한다. 그러나 그것은 주의 깊은 행동을 필요로 한다. 예상치 못한 사건을 좀 더 숙련되게 관리하고자 한다면, 상당한 노력이 주의 깊음에 투자되고 주의 놓침에 대해서는 상당한 제재가 가해지는 항공모함의 본을 따를 필요가 있다.

13) J. Reason, *Managing the Risks of Organizational Accidents*, Ashgate, 1997, p. 37.

Ⅱ. 고신뢰조직의 원칙과 핵심

1. 제1원칙: 실패에 대한 몰두

먼저 우리 모두는 실수하기 쉬운 존재이고, 그렇지 않다고 생각할 때가 가장 위험하다는 사실을 확인할 필요가 있다.

실패를 피하기 위해서는 그것을 먼저 포용하여야 한다. HRO에게 실패를 포용한다는 것은 두 가지 의미를 가지고 있다. 첫째, 시스템 내에서 보다 큰 문제의 징후를 알려주는 미약한 실패 신호들에 깊은 관심을 기울이는 것을 의미한다. 둘째, HRO에 의해 채택되는 전략은 많은 경우 사람들이 거의 저지르지 않는 실수들까지 빠짐없이 다룬다는 것을 의미한다.

실패에 관심을 집중하라는 원칙의 이면에는 다음과 같은 기본적인 생각이 있다. "안전에 대한 여유와 자세한 작업절차를 가지고 있더라도, 작업순서의 착오, 자원의 누락, 소통의 오류, 실수 등은 비극적 사태로 발전하기 전에 발견되어 바로잡혀야 한다." 문제 있는 상황이 오래 지속되면 될수록, 시스템 상호작용의 예측가능성과 통제가능성은 점점 줄어든다. 그리고 모순을 빨리 찾아낼수록, 그에 대응하기 위한 선택지는 많아진다.

실패를 발견하는 것과 보고하는 것은 별개이다. 연구자들에 의하면, 사고가 잘 보고되기 위해서는 사고를 보고하는 것에 대해 사람들이 안전하다고 느낄 필요가 있다. 그렇지 않으면 실패를 무시하거나 숨길 것이다. 사람들로 하여금 질문을 장려하도록 하고, 에러 또는 실수를 보고하는 사람들을 보상하는 경영관행은 보고하는 것을 중시하는 조직 전체의 문화를 강화시킨다.

최고 수준의 HRO는 실수 보고를 장려하고 보상함으로써 그들의 지식 기반을 늘려 나간다. 심지어 실수를 저지른 사람에게 보상하기까지 한다. 이러한 개방적 분위기가 사람들로 하여금 보다 적극적으로 에러를 보고하고 논의하게 하며, 에러를 시정하는 방향으로 일하게 하는 한편, 그 과정에서 시스템에 대해 더 많이 배우게 한다.

설정오류, 추정오류, 잘못된 이해를 포함하는 실패는 그것이 예상치 못한 사건으로 모습을 나타내기 전에 거쳐 가는 과정들을 가지고 있다. 이들 과정은 길을 가는 도중에 불일치들의 작은 징후들을 발산하는데, 그 불일치들은 후지혜(後知慧, hindsight)[14]로는 발견하기 쉽지만 그 당시에는 발견하기 어렵다. 따라서 실패에 몰두하는 것은 작은 불일치들이 확대되는 길목에서 나타나는 징후들에 잘 대응하는 것이다. HRO 모델을 산업 및 조직 차원의 위기·재해발생을 설명하기 위해 이용되는 유명한 '스위스 치즈 모델(Swiss Cheese Model)'의 가정과 다른 가정을 하도록 하는 것은 예상치 못한 사건의 '확장'을 동반하는 경로이다. 스위스 치즈 모델은 사건들의 연쇄를 방호수단이 파괴되어 재해가 발생하는 방식으로 일렬로 정렬되는 스위스 치즈의 각 조각들의 구멍들로 묘사한다. HRO의 관심은 치즈조각들이 일렬로 정렬되는 프로세스에 있다. 하나의 구멍이 다른 구멍과 일렬로 정렬되는 각 순간은 빗나간 예상을 의미한다. 빗나간 각 예상은 (학습의 기회로 삼는다면) 혹독한 평가(사고)로 발전하는 것을 중단시키는 기회이기도 하다.

실패에 대한 걱정은 앞을 내다보는 것(foresight)에 한계가 있다는 이유만으로 순기능적이다. HRO 사람들이 사건이 없는 조용한 기간에 대해 의심을 하고 경계를 하는 것으로 묘사되는 이유가 바로 그것이다. 사라지지 않고 계속되는 경계심은 사람들이 성공을 경험했을 때 특히 깊어진다. 뉴욕대학 경영대학원의 스타

14) 사후확신편향이라고도 한다.

벅(William Starbuck) 교수와 밀리컨(Frances Milliken) 교수는 1986년 1월 28일 일곱 명의 우주조종사의 목숨을 앗아간 챌린저호 폭발사고를 재분석하면서 성공의 어두운 몇 가지 부분을 발견하였다. "성공은 자신감과 환상을 낳는다. 조직이 성공을 거두면, 조직의 관리자들은 일반적으로 운으로 돌리기보다는 자신들의 공로로 돌리거나 최소한 조직의 덕분으로 돌린다. 조직 구성원은 자신들의 능력과 관리자들의 수완 그리고 기존의 조직 프로그램들과 절차들을 더 확신하게 된다."[15)]

성공은 사람들의 지각의 폭을 좁히고 태도를 변화시키며 단일 방식의 사업추진을 강화하는 한편, 현재의 관행들이 적합하다는 과도한 자신감을 낳으며, 반대되는 관점에 대한 수용성을 떨어뜨린다. 문제는, 사람들이 성공이 역량을 나타내는 것이라고 생각하면, 그들은 자기만족, 부주의 및 예측되는 일상에 빠져들 가능성이 크다는 것이다. 그들이 깨닫지 못하는 것은, 자기만족이 예상치 못한 사건을 더 오랫동안 감지하지 못하고 더 큰 문제로 축적될 가능성을 증가시키기도 한다는 점이다. 이런 함정에 대한 가장 좋은 해결책은 성공에 대해서만큼 실패에 대해서도 숙고하는 것이다. 성공은 사람을 의기양양하게 만드는 감정이기 때문에, 이런 점을 인식하도록 하려면 실패에 대해 관심을 집중하는 것이 요구된다.

요약하면, HRO는 2가지 방식으로 실패에 대해 관심을 집중한다. 첫째, 그들은 작은 실패들이 발생하고 있는지를 찾아내기 위해 열심히 노력한다. 이것들은 시스템 내의 어떤 다른 곳에 있는 추가실패들의 단서일 수 있기 때문이다. 둘째, HRO는 자신들이 저지르고 싶지 않은 중요한 실수들을 예견하고 구체화하기 위해

15) W. H. Starbuck and F. J. Milliken, "Challenger: Fine-Tuning the Odds until Something Breaks," *Journal of Management Studies*, 25, 1988, pp. 329-330.

열심히 노력한다. 잠재적으로 중요한 실수들에 대한 계속적인 관심은 그들의 업무에 구현된다. 그렇게 함으로써 HRO는 자신들이 예상한 것을 벗어나는 사건들에 늘 마음을 쓴다. 특히 전략적으로 중요한 실패들의 전조가 될 수 있는 이탈에 대해서는 더욱 그러하다. 실패를 야기하는 인과 사슬(causal chain)이 조직 속에 깊숙이 자리 잡고 발견하기가 어려울 수 있기 때문에, 실패에 대한 몰두가 정당화된다. 이러한 복잡성을 잘 알기 위해서는 단순히 관심을 가지는 것 이상을 필요로 한다. 그러한 이유로 몰두가 HRO의 특징인 것이다.

HRO는 이와 같이 실패에 많은 관심을 쏟는다는 점에서 독특하다. 그들은 그 어떤 작은 실패도 시스템에 뭔가 잘못이 있을 수 있다는 징조, 몇 개의 분리된 작은 에러들이 동시에 발생하면 심각한 결과를 초래할 수 있는 중요한 것으로 취급한다.

예를 들어보자. 1984년 12월 유니온 카바이드사의 인도 보팔지역 살충제 제조공장에서 사용되던 메틸 이소시아네이트(methyl isocyanate)라는 유독가스 40톤의 파괴적인 누출은 초기에 3,000명의 목숨을 빼앗아 갔다.[16] 이 사고는 수분리판(water isolation plate)을 재설치하는 데서 생긴 고장, 저장탱크의 고장, 게이지의 고장, 알람장치의 이상, 공장 직원들이 읽기 어려운 영문매뉴얼, 높은 이직률로 인한 경험 부족 등과 같은 작은 에러들이 함께 결합되면서 참사로 이어졌다.

HRO는 에러들의 보고를 장려하고, 아차사고의 경험을 학습의 기회가 될 수 있도록 정성들여 관리하며, 자기만족, 안전의 허용치를 낮추려는 유혹, 자동적 처리에 빠지는 것을 포함한 성공의 잠재적 부작용에 대해 경계한다. 또한 그들은 자신들이 저지르고 싶지 않은 실수에 대처하기 위하여 지속적인 노력을 하고, 전

16) P. Shrivastava, *Bophal: Anatomy of a Crisis*, 2nd ed., Chapman, 1992.

략이 이러한 실수들을 유발하는 리스크를 증가시킬 가능성을 헤아려 본다.

시스템이 실패하고 있음을 알려주는 신호들은 점점 증가하지만 그 개별적 신호들은 그것을 하나하나만 따로 놓고 보면 미미한 신호에 불과한 경우에는 그에 대한 대응방식도 미약하게 되고, 이것이 마침내 큰 사고로 이어질 수 있다.

관리자들은 예상치 못한 사고가 악화될 수 있는 가능성에 대해 종업원들이 예민하게 반응하도록 해야 한다. 사람들은 취약성을 걱정할 필요가 있고 신뢰성에 대해 책임감을 느낄 필요가 있다. 취약성의 인식이 학습기회를 늘린다는 점을 유념해야 한다. 자신의 시스템과 그 시스템이 실패할 수 있는 방식을 이해하더라도 돌발사건은 여전히 발생할 수 있다는 점을 기억할 필요가 있다. 사람들은 있을 수 있는 모든 실패형태를 경험하지 않았고 있을 수 있는 모든 것을 상상한 것도 아니다.

2. 제2원칙: 단순화에 대한 거부

많은 사람들이 이해하기 쉽게 만든다고 복잡한 것을 지나치게 단순화해서는 안 된다. 그렇게 하면 신뢰할 수 없는 업무수행이 될 가능성을 증가시킨다. 단순화는 원하지 않는, 예견하지 않은, 설명할 수 없는 디테일을 불명료하게 하고 취약성을 증가시킨다. HRO는 예상치 못한 사건들을 관리할 때 단순화하는 것을 수용하지 않는다. 물론 조정활동에서의 성공은 일부 핵심 이슈와 지표에 초점을 맞추기 위해 상황을 단순화시키는 것을 필요로 한다. 그러나 단순화를 적게 하는 것을 통해 더 많은 것들을 볼 수 있다는 점 또한 사실이다. HRO는 자신들이 직면한 일과 그것에 직면할 때의 그들의 모습을 좀 더 완전하고 미묘하게 파악하기 위해 심사숙고하는 과정을 거친다.

단순화를 거부하는 것은 예상치 못한 사건을 관리하는 것과 관계가 있다. 그 이유는 카테고리, 유형 및 일반화가 이치가 맞지 않는 디테일을 감추어 버리기 때문이다. 카테고리는 이해하는 데 도움을 주는 단순화이지만, 예상치 못한 사건의 전조가 될 수 있는 미세한 차이를 감춘다.

HRO는 자신들이 직면하는 사회가 복잡하고 불안정하며 알 수 없고 예측할 수 없다는 것을 알고 있기에, 그들 스스로를 가능한 한 많은 것을 볼 수 있는 위치에 둔다. 그들은 다양한 경험과 일반적 통념에 대한 의심을 환영하고, 여러 사람들이 감지한 미묘한 차이를 무시하지 않으면서 의견의 차이를 조율하는 협상전략을 기꺼이 받아들인다. 그들이 어떤 사건을 과거에도 경험한 적이 있고 알고 있던 것이라고 '인식'할 경우, 그 인식은 안심보다는 오히려 걱정(문제)의 원천이다. 그 걱정은 현재와 과거의 외양적 유사성이 나중에 치명적인 것으로 드러날 수 있는 큰 차이를 가린다는 것이다.[17] 그리고 예상이 보는 것을 가로막는다는 점을 이해할 필요가 있다.

예를 들면, 2003년 1월 16일 발사된 우주 왕복선 콜롬비아호가 발사 후 82초 만에 왼쪽 날개의 끝부분이 파열된 것은 과거에도 있었던 '거의 비슷한 유형'에 속하는 사고라고 해석되었다. 이것은 미국 우주항공국(National Aeronautics and Space Administration: NASA) 최고경영진에게 이 사고가 잘 분석되었고 보고할 가치가 있으며 이해되는 사고라는 것을 의미하였다. 그러나 그들은 틀렸다.

사람들이 조직화(일반화)를 할 때 단순화를 시도하는 것에는 의문의 여지가 없다. 그러나 단순화를 무심코 하거나 습관

---

17) D. D. Woods and E. Hollnagel, *Joint Cognitive Systems: Pattens in Cognitive Systems Engineering*, Taylor & Francis, 2006, pp. 69-96.

적으로 하거나 즉흥적으로 해서는 안 된다. 사람들은 단순화할 것을 선택할 때에는 좀 더 신중해야 한다. 좀 더 신중하다는 것은 저지르고 싶지 않은 실수에 대처하는 데 좀 더 철저하다는 것을 의미한다. 모든 사람들은 어떤 프로젝트를 추진할 때 그것이 얼마나 복잡할지, 그것을 완성하는 데 어떤 자원들이 필요할지, 장애가 있을 때 그것을 어떻게 피할 것인지 등에 대해 가정들을 하게 된다. 그 가정들은 대충할 수도 있고 꼼꼼하게 할 수도 있다. 회복탄력성은 꼼꼼한 쪽에 있다. HRO는 자신의 실패를 조사할 때 단순한 것을 복잡하게 하는 데 열심이다. 이 일이 어렵기는 하지만, HRO는 단순화에 가혹한 공격을 한다.

세부사항들이 일반적인 카테고리(한 묶음)로 취급될 때 초기의 경고신호들은 감지되지 못한다. 이것이 HRO가 느리고 주저하면서 주의 깊게 단순화하는 이유이다.

사람들이 의문을 제기하도록 장려하고 널리 공유되지 않은 정보를 숨기지 않고 꺼내도록 장려하는 브레인스토밍 또는 이견제시와 같은 활동을 전개할 필요가 있다. 서로 다른 관점은 사람들에게 폭넓은 일련의 가정(상정) 외에 다양한 의견들에 대한 감수성을 제공해 준다. 그렇게 되면 단순화를 억제하고 진행 중인 많은 문제를 발견할 가능성을 높인다.

예상치 못한 사건을 학습의 자료로 사용해야 한다. 특히 그것들이 드물게 발생하는 경우에는 더욱 그렇다. 예상치 못한 사건을 정상적인 것으로 고쳐 정의하려는 유혹에 빠지지 않도록 특별히 주의해야 한다. 그러한 움직임은 정보를 숨기고 위험을 고조시킨다. 작은 실수를 시스템의 다른 부분이 위험에 빠질 수 있다는 약한 신호로 취급할 필요가 있다. 예상치 못한 사건을 일으킨 인과 사슬이 시스템 내부에 깊이 감겨져 있다고 생각해야 한다. 이런 약한 신호들에 대한 정보를 널리 의사소통할 필요가 있다.

단순화를 피하기 위해서는 건전한 회의론자(skeptics)를 만들고 이를 용장성(redundancy)의 한 형태로 취급할 필요도 있다. 보고가 회의론자와 만나고, 회의론자에 의해 보고내용을 확인하거나 비판하는 노력이 이루어지면, 원래는 하나였던 관찰이 두 개가 된다. 두 번째의 관찰은 첫 번째의 관찰을 지지하거나 반박할 것이고, 두 번째의 관찰 자체도 다른 회의주의에 의해 이중체크될 것이다. 회의론자가 때로는 고통을 수반하는 것은 틀림없다. 그러나 회의론자를 환영하는 것은 중요하다. 주의 깊음이 성공에 기여하는 반면, 완고함, 교만, 젠체함은 성공에 기여하지 못한다는 생각이 강하게 공유될 때에만, 회의론자를 환영하는 태도가 존재한다고 말할 수 있다.

3. 제3원칙: 운영상황에 대한 민감성

HRO는 전략보다도 운영상황에 민감하다. 그들은 일선현장(front-line)에 주의를 기울이고, 의도보다는 실제 작업에 초점을 맞춘다. HRO에서의 '큰 그림'은 다른 대부분의 조직들과는 달리 전략을 좀 덜 강조하고 상황 대응을 좀 더 강조한다.

HRO가 운영상황에 민감하다는 것은 그들이 대부분의 시스템 내부의 복잡한 현실에 잘 대응하고, 운영에서 발생하는 작은 이탈과 장애에 집중적인 관심을 기울이기 위해 열심히 노력한다는 의미이다. 그리고 운영상황에 대한 민감성은 일 자체에 관한 것으로서, 의도, 설계, 계획을 토대로 해야 하는 것과는 관계없이 실제로 하고 있는 것을 확인하는 것이다.

사람들이 잘 발달된 상황인식능력을 가지고 있을 때, 에러가 누적되고 확대되는 것을 막는 지속적인 조정을 해나갈 수 있다. 비정상은 그것이 아직 다루기 쉽고 구별하여 취급될 수 있는 한 인지될 것이다. 이 모든 것은 HRO가 운영상황에 대한 민감성과 관계에 대한 감수성 사이의 밀접한 연관성을 인식하고 있기 때문에 가능해진다. 사람들이 두려움 때문에 솔직하게 말하기를 기피한다면 이는 시스템을 손상시키는 행위가 된다.

HRO의 구성원들은 운영의 증상(징후)들이 숨겨지면 운영에 대한 큰 그림을 그릴 수 없다는 것을 안다. 증상이 숨겨지는 이유가 공포와 같은 관계상의 문제 때문이건, 무지 때문이건 또는 무관심함 때문이건 간에 차이는 없다.

의심은 자기만족을 무력화하고 운영상황의 차이에 대한 좀 더 풍부한 설명을 제공한다. 그런 설명은 그것에 대한 좀 더 많은 대처방식을 제안할 수 있는 기회가 될 수 있다.

운영상황에 세심하게 신경을 쓰는 것은 선견(foresight)의 실패를 바로 잡는 유일한 방법이다. 현재의 운영상황에 대한 폭넓은 관점은 조직으로 하여금 통상적으로 눈에 띄지 않고 넘어가고 쌓이도록 내버려 두어질 작은 에러들과 실수들의 대부분을 파악할 수 있게 해준다. 수많은 작은 조정들을 하려는 적극적인 의지는 에러들이 누적되는 것을 방지한다. 이것은 하나의 에러가 다른 에러와 일렬로 정렬되고 지금까지 예상하지 못한 방식으로 상호작용할 가능성을 줄여준다.

리더와 관리자가 운영시스템 또는 일선현장과 계속적인 접촉을 유지하는 정도와 중요한 상황이 전개될 때 그들이 그것에 접근할 수 있는 정도를 평가하는 것은 조직의 시스템으로 하여금 운영상황에 좀 더 세심하게 신경을 쓰게 한다. 실제의 운영상황과 작업장 특성에 대한 계속되는 집단 상호작용과 정보공유는 어느 정도로 이루어지고 있는가?

HRO에 특징적인 것은, 그들이 운영상황에 대한 민감성의 원칙을 실행에 옮길 때, 의도의 모호성을 인정하는 활동을 수행하는 한편, 운영과정에서의 작은 이탈과 장애요인에 집중적인 관심을 기울이기 위해 열심히 노력한다는 점이다.

조직을 운영하는 데 있어 첫 번째 위협은 정량적이고, 측정가능하며, 확실하고, 객관적이며, 공식적 지식에 높은 가치를 부여하면서 엔지니어의 의도를 이행하기 위해 작업자들에게 필요한 보다 경험적인 지식에는 낮은 가치를 부여하는 엔지니어링 문화이다. 의심, 발견 및 현장해석은 운영상황에 대한 민감성의 특징이다. 모델과 시뮬레이션에 의거한, 경험과 동떨어지고 상황에서 자유로운 공식화를 중시하는 조직문화에서는, 경험에 기반한 그리고 맥락(상황)에 기초한 조정을 하는 작업자들은 덜 합리적인 사람으로 취급되는 경향이 있다. 그러나 엔지니어링 의도가 먹혀들어가게 하는 것은 바로 그 '덜 합리적인' 관행이다.

HRO는 정량적 지식과 정성적 지식을 확연히 구별하는 것을 거부한다. HRO의 가치 위계에서는 이 중 어느 하나가 다른 것보다 더 높게 위치하지 않는다. 예상치 못한 사건을 관리하려면, 작은 실패의 발견, 범주의 분화(differentiation) 및 순간순간의 조건변화에 대한 감시를 중시할 필요가 있다. 또한 사람들 간의 관계와 지속적인 대화가 계획(설계, 의도)이 예견하지 못한 리스크를 취급하는 데 필수적이라는 점을 인식할 필요가 있다. 일반적으로 고성과조직은 잦은 운영회의, 운영에 대한 폭넓은 성과측정 및 직접적인 상호작용을 통한 실시간 정보에 세심한 주의를 기울인다.

지속적인 민감성에 대한 두 번째 위협은 주의를 놓치게 되는 루틴화(관례화)의 경향이다. '주의 놓치는(mindless)'이라는 말과 '루틴(routine)'이라는 말은 동의어가 아니다. 주의를 놓치는 행동은 자동적인(기계적인, 반사적인) 것이고, 루틴은 단순히 상례적인 것이다. HRO는 그 차이를 분명히 알고 있다. "그것은 판에 박힌 일이야."라는 말에서와 같이, 사람들이 루틴을 자동적인 활동을 의미하는 것으로 생각하면, "…하면 어쩌지?(어떻게 될까?)"라는 질문을 하지 않을 위험에 빠진다. "당신이 통상적인 작업에 대한 빡빡한 일정을 가지고 있으면, '만약의 문제(what if)'를 시간낭비라고 생각하기 쉽다.[18] 예컨대, 매일 밸브작업을 하는 정비공은 부주의하게 일을 할 수도 있고, 주의 깊게 일을 하면서 "이것은 어떤 시스템하에 있는가? 일어날 수 있는 최악의 사태는 무엇일까?"라고 자문할 수도 있다. 작업자들이 주의 깊게 작업을 하는 때에는, 변화된 상황에 적합하도록 일상적인 일을 다시 짜고, 새로운 배움이 있으면 일상적인 일을 새롭게 하는 경향이 있다. 이러한 작은 조정은 명령통제시스템의 골칫거리다. 그러나 이 같은 조정이야말로 시스템을 지속하게 하는 것이다. 시스템을 지속하게 하는 것은 끊임없는 조정이 아니라 명령·규칙의 준수라는 착각이 계속되겠지만 말이다.

운영상황에 대한 마지막 위협은 그것의 건강성에 대한 과대평가이다. 이것은 구성원들이 위기일발(close call)[19]로부터 잘못된 교훈을 학습할 때 가장 자주 발생한다. 위기일발은 실패의 의미를 성공과 비교하여 선명하게 한다. 예를 들면, HRO는 위기일발 — 예컨대, 비행기가 충돌할 뻔한 사고 — 를 잠재적인 위험을 드러내는 일종의 실패로 간주한다. 반대로, 효과적이지 않은 조직은 정반대로 생각한다. 그들은 아차사고를 안전하다는 증거와 그들이 참사를 피하는 능력을 가지고 있다는 증거로 바라보고 해석한다. 구성원들이 아차사고를 성공으로 간주할 경우, 현재의 운영상황이 의도치 않은 결과를 방지하는 데 충분하다는 신념을 강화시킨다.

챌린저호 폭발사고는 운영상황에 대한 민감성의 좋은 사례이다. NASA는 우주왕복선이 임무를 계속하여 완수하였기 때문에,

---

18) C. Perin, *Shouldering Risks: The Culture of Control in the Nuclear Power Industry*, Princeton Univ Pr, 2004, p. 62.

19) 아차사고로 번역하기도 한다.

그리이스와 O-링의 뒤에 붙어 있는 불에 탄 흔적을 허용 가능한 위험의 한계 이내로 해석하였다. 불에 탄 흔적이 점점 커지고 심각해지는데도, 그 심각성은 안전을 가장한 위험으로 보기보다는 위험을 가장한 안전으로 계속해서 재해석되었다. 문제는 허용 가능한 위험의 한계가 계속해서 커졌다는 점이다. 구성원들이 이러한 경고신호들을 정상적인 것이라고 취급하기 시작하면, 시스템은 점점 취약해진다. 이 신호들은 그것들이 무작위로 보내지는 것이 아니라는 점을 가리키는 분명한 방향성을 가지고 있다. 그러나 운영상황에 대해 민감하지 않으면 이 패턴을 놓치게 된다.

HRO는 아차사고에 대한 안전한 해석과 연관된 맹점에 대해 걱정을 한다. 운영상황에 대한 민감성의 원칙은, 그것이 다음과 같은 관행으로 전환되면, 이러한 맹점의 일부를 상쇄(벌충)할 수 있는 가이드라인이라고 할 수 있다. 즉, 의도보다는 실제 작업에 초점을 맞추고, 실제 작업을 그것의 부분들보다는 그것의 관계에 의해 정의하며, 일상적인 작업을 결코 자동적(기계적)이지 않은 것으로 취급하는 관행이 그것이다.

4. 예견을 가진 행동

예상치 못한 사건들의 전개를 추적하는 것을 포함하는 예견은 실패에 몰두하고 단순화를 거부하며 운영상황에 민감할 때 좀 더 주의 깊게 이루어진다.

HRO는 예견하는 능력을 향상시키기 위한 많은 프로세스들을 시행하고, 구성원들이 문제가 발생하기 전에 행동할 수 있도록 예상치 못한 사건을 좀 더 일찍 알게 된다. 이러한 관행은 이상에서 설명한 세 가지 원칙들에 기반하고 있다. 이 원칙들이 현장의 실천으로 표현되는 경우, 구성원들은 다음과 같은 행동을 할 것이다.

- HRO는 모든 구성원들에게 예상치 못한 사고에 대해 늘 관심을 갖고, 돌발사건의 가능성에 직면하여, 의사결정 또는 행동이 잘못된 가정 또는 분석 오류에 빠질 수 있다는 사실에 늘 신경을 쓰도록 설득한다.
- HRO는 가정(assumption)에 의문을 제기하고 문제 또는 실패를 솔직하게 보고하는 데 안전하다고(위험하지 않다고) 느끼는 분위기를 조성하기 위해 노력한다.
- HRO가 취할 예방조치의 수를 확대할 수 있도록 그들이 상상하는 바람직하지 않은 결과의 수를 확대하는 것을 지원한다.
- HRO는 구성원들에게 위기일발을 성공의 증거와 재난 회피능력으로보다는 잠재적 위험을 드러내는 일종의 실패로 간주하도록 권한다.
- HRO는 구성원들이 성공에 대해 경계심을 갖고, (사고가 없는) 조용한 기간을 의심하며, 안정(성), 관례화 그리고 도전과 다양성의 부족을 걱정하는 분위기를 조성한다. 도전과 다양성의 부족은 조직으로 하여금 경계심을 이완시키고 부주의와 에러로 이어질 수 있는 자기만족에 빠지기 쉽게 할 수 있다.
- HRO는 반대되는 견해, 비전형적인 경험을 가지고 있는 종업원의 선발, 잦은 직무순환 및 재훈련을 통해 가정, 예상 및 분석을 단순화하는 경향에 대항한다.
- HRO는 조직의 기술과 생산과정에 대한 구성원들의 분석 시 다양성을 장려하는 분위기를 조성하려고 노력한다. 그리고 다양한 관점이 청취되고 공동으로 가지고 있지 않은 정보가 겉으로 드러날 수 있게 하는 관행을 확립하기 위해 노력한다.
- HRO는 운영상황, 현장 및 이것에서의 결함들에 진지한 관심을 기울인다. HRO는 구성원들이 언제든 전체적인 운영지도를 개발하는 것을 돕는 운영관행을 구축한다.

예견의 원칙들은 파괴적인 예상치 못한 사건들의 예방에 초점을 맞춘다. 그러나 예상치 못한 사건들은 초기에 실패를 발견하고 디테일을 보전하며 운영상황을 모니터링하는 노력에도 불구하고 계속하여 발전하는 경우가 종종 있다. 이런 일이 발생하는 경우, 주의 깊은 관심은 억제(containment)의 실천으로 이동한다. 그 실천은 두 가지 원칙 — 회복탄력성에 대한 의지, 전문성의 존중 — 에 의해 이끌어진다.

5. 예견과 계획에 의해 초래되는 문제

조직은 피할 수 없는 사태에 대비하고, 바람직하지 않는 상태를 회피하며, 통제 가능한 것을 통제하기 위하여 계획을 만든다. 이 모든 것은 합리적으로 들리지만, 계획은 그 자체의 단점을 가지고 있다. 계획자는 안정되고 예측할 수 있는 상황에서 계획을 수립하기 때문에, 그들은 세상이 예측된 방법으로 전개될 것이라는 생각에 빠진다. 그것은 민츠버그(Henry Mintzberg)가 '사전결정의 오류(fallacy of predetermination)'라고 부르는 실수에 해당한다.[20] 사람들이 사전결정에 사로잡히면, 계획의 영역을 벗어나는 예상치 못한 사건에 대한 여지는 전혀 없게 된다.

계획은 의도한 것과는 정반대의 것을 하고, 예상치 못한 사건을 주의 깊게 예상하는 대신에 주의 놓침을 야기할 수 있다. 최소한 세 가지 방식으로 그런 일이 발생한다.

첫째, 계획은 세상에 대한 가정과 신념으로 만들어지기 때문에, 그것은 예상을 구체화한다. 강한 예상은 사람들이 보는 것,

20) 예상과 계획수립이 지나치게 강조되어 예상된 봉투에 포함되어 있지 않은 사건에 대해서는 고려되지 않고, 세계는 예상한 대로 전개될 것이라는 착각이 만들어지게 된다(H. Mintzberg, *The Rise and Fall of Strategic Planning*, Free Press, 1994, ch. 5).

그들이 당연하다고 여기기로 결정하는 것, 무시하기로 결정하는 것, 커지고 있는 작은 문제를 인식하는 데 걸리는 시간의 길이에 영향을 미친다. 의도적으로 계획은 인식에 영향을 미치고 사람들이 인식하는 대상의 수를 감소시킨다. 이것은 사람들이 세상을 계획에 의해 편성된 큰 범주들로 표현(분류)하기 때문이다. 계획과 '관계없는' 것으로 여겨지는 것은 단지 피상적인 관심을 받는다. 그러나 신뢰성 없는 작동으로 향하는 예상치 못한 사건의 온상이 되는 것은 바로 이 관계없음이다.

둘째 문제는, 계획이 미래에 대처하기 위하여 입안된 경험적인(불확실한) 조치를 상술하고 있기 때문에, 조직의 기능을 약화시킬 수 있다는 점이다. 문제는 이 경험적인 조치가 이중적으로 맹목적이라는 점이다. 경험적인 조치가 우리의 관심을 예상하는 것으로 제한하기 때문에 맹목적이고, 우리의 능력에 대한 현재의 관점을 지금 가지고 있는 것으로 한계를 설정하기 때문에 또한 맹목적이다. 경험적인 조치에 대한 계획을 수립할 때에, 예상치 못한 사건에 대처하기 위하여 현재의 목록상의 조치를 어떻게 재결합할지에 대하여 생각하지 않는 경향이 있다. 달리 말하면, 경험적인 조치가 임기응변을 불가능하게 한다.

셋째 문제는, 계획이 과거에 잘 운용되었던 활동의 패턴을 반복하면 지속적으로 높은 질의 성과가 매번 산출될 것이라고 가정한다는 점이다. 이 논리가 가지고 있는 문제점은 통상적인 순서와 방법이 새로운 사건을 다룰 수 없다는 점이다. 방대한 규칙과 절차에도 불구하고 사람들이 모든 상황과 조건을 예견하는 절차서를 작성할 수는 없다. 예상치 못한 사건이 관리되려면, 사람들이 자신들이 하는 것의 내용을 바꾸어야 한다는 것을 의미한다. 그러나 어떤 것이 이루어질 필요가 있는지를 감지하는 방식은 바꾸지 말아야 한다. 이것이 정확히 가장 효과적인 HRO가 파악한 것으로 보이는 포인트이다. 그들은 신뢰할 수 있는 결과는 예상치 못한 사건을 '안정적인' 방식으로 '감지'하는 능력과 아울러 예상치 못한 사건에 '다양한' 방식으로 '대처'하는 능력을 필요로 한다는 점을 이해하고 있다. 대처하는 과정에서의 이 다양성이 이하에서 다루는 억제의 원칙이다.

HRO는 그들의 안정된, 주의 깊음을 갖춘 인프라 때문에 이처럼 복잡한 대응을 실행할 수 있다. 예를 들면, 슐만(Paul Schulman)은 디아블로 캐니언(Diablo Canyon) 원자력발전소의 운전원들이 예상치 못한 사건을 다루기 위해 자신들의 행동과 상호작용을 끊임없이 바꾸는 것을 관찰하였다. 그렇지만 그들은 이해, 증거수집, 발견, 평가 및 조정에 대한 그들의 주의를 기울이는 프로세스(과정)는 바꾸지 않았다. 이러한 주의를 기울이는 프로세스는 예상치 못한 사건을 관리하는 다양한 활동을 촉발한 안정적인 일과(routine)가 되었다. 대부분의 조직은 이렇게 행동하지 않는다. 그들은, 통상적인 순서·방법과 예상의 영향을 받기 때문에, HRO가 하는 것과 정반대로, 그들의 활동을 변하지 않는 상태로 유지하고 주의를 기울이는 프로세스를 바꾼다.

좋건 싫건 세상은 예상치 못한 사건으로 가득 차 있다. 우리 모두는 불을 잇따라 꺼야 하는 소방수들이다. 대부분의 사람들은 그런 묘사에 반대하고, 자신들은 좀 더 '고상한' 활동, 좀 더 대단한 관리, 좀 더 대담한 신규사업을 할 자격이 있다고 주장하고 싶어 한다. 사람들은 불 끄는 일에서 멀어지고 싶어 하고, 계획수립, 전략수립 및 예상하기와 고결한 것을 하고 싶어 한다. 그것들은 실질적인 조치로 이어지는 경우에 비로소 고상한 일이 될 수 있다. 한편, 계획과 예상은 반드시 정확하지는 않고 그것의 부당성을 입증하는 정보를 회피함으로써 그것의 영향력을 유지하려고 한다. 계획과 예상은 맹점을 만들어낸다는 점 또한 인식될 필요가 있다.

6. 제4원칙: 회복탄력성에 대한 의지

정의상 에러, 돌발사건, 예상치 못한 사건은 예견하기 어렵다. HRO는 선견과 예견에는 한계가 있다는 점을 유념한다. 예견이 실패하기도 하고 예상치 못한 사건이 위기로 발전하는 경우도 종종 있다. 따라서 이미 발생한 문제를 억제하고 회복하도록 하는 것도 조직의 중요한 과제이다.

회복탄력성에는 다음과 같은 3가지 능력이 포함된다.

① 역경(급격한 변화, 엉터리 리더십, 성과 및 생산성 압박 등과 같은 내부 역경과 경쟁 심화, 주주의 요구 등과 같은 외부역경)에 처해 있으면서도 긴장을 흡수하고 기능을 보전하는 능력

② 뜻밖의 사건들로부터 회복하거나 반등하는 능력 - 시스템이 돌발사건을 더 잘 흡수할 수 있게 되고 붕괴되기보다는 확장됨에 따라 감사(audit)의 혹독함이 줄어든다.

③ 회복탄력적 행동과 관련된 종전 사건들로부터 배우고 성장하는 능력

인간의 에러가 불가피한 것이라면, 관리자들은 예방에 관심을 갖는 만큼 에러가 발생한 후의 해결책에도 관심을 가져야 한다. 회복탄력성을 갖추는 것은 이미 발생한 에러에 대해 많은 주의를 한다는 것이고, 그것들이 악화되어 더 심각한 위해를 초래하기 전에 바로잡는 것이다. '예상치 못한 사건의 관리'라는 문구를 자세히 들여다보면, '예상치 못한'이라는 말은 이미 발생한 어떤 것을 의미한다. 예상치 못한 사고를 관리하는 것은 언제나 따라잡기를 하는 것, 즉 만회하려고 노력하는 것이다. 예상하지 못한 일이 발생한 상황에 직면하는 것이다.

웨스트나일(West Nile) 바이러스나 한타바이러스와 같은 질

병 발생을 예견하는 문제를 생각해 보자. 그 두 가지는 모두 결코 이전에는 볼 수 없는 패턴을 가지고 있다. 미국의 프리랜서 과학작가인 헤니그(Robin Marantz Henig)의 주장처럼 “몇 사람들이 질병에 걸릴 때까지 기다리는 방법 외에는 다음 질병의 발생을 예견할 수 있는 좋은 방법은 없다. “인간 감염의 첫 물결이 일어나기 전에는 할 수 있는 일이 많지 않다. 새로운 바이러스를 발견한다고 해도, 그것이 인간과 관련된 사건이 발생하기 전까지는 그것이 중요한지 아닌지 알 수 없다. 문제는 그것이 중요하다고 밝혀질 무렵에는, 그 바이러스는 이미 자리를 잡는다는 것이다. 마운트 시나이 대학(Mount Sinai School)의 바이러스 연구자인 킬본(Edwin Kilbourne)은 진단(분석)의 수동적 성격을 다음과 같이 설명한다. “저는 어떤 의미에서 우리가 질병관리예방센터(CDC)가 아주 잘 하고 있는 것, 즉 불끄기를 잘 할 준비가 되어 있어야 한다고 생각한다. … 상황을 기다렸다가 대응하는 것이 지적으로는 매우 만족스럽지 못하지만, 당신이 할 수 있는 참으로 많은 예비계획이 있다고 생각한다. 그 예비계획은 긴급사태가 발생할 때 당신이 할 것에 초점을 맞추어야 한다.”[21]

시스템이란 결코 완벽한 것이 아니다. HRO는 누구보다도 이것을 잘 안다. HRO가 실패로부터 배우고, 자신의 인식을 단순화하기보다는 복잡화하며, 회복탄력성에 헌신하고, 운영상황에 민감한 관심을 기울이는 등 앞을 예상한 활동을 보완해 가는 것도 이 때문이다.

회복탄력성의 본질은 조직(시스템)이 동적으로 안정된 상태를 유지하고 회복하기 위한 내재적인 능력이라고 할 수 있다. 이것은 대형재난 및/또는 지속적 스트레스에 직면하여 운

21) R. M. Henig, *A Dancing Matrix: How Science Confronts Emerging Viruses*, Vintage Books, 1993, pp. 193-194.

영을 지속하게 해준다.[22] HRO는 불확실한 세계의 일부분인 불가피한 에러들을 감지(발견)하고, 억제하며, 회복하는 능력을 개발한다. HRO의 특징은 에러가 없는 것이 아니라 에러가 조직의 기능을 마비시키지 못하도록 하는 것이다.

회복탄력성은 실수들을 적게 유지하는 것과 시스템의 기능 유지를 위한 예비수단을 임시변통으로 마련하는 것의 조합이다. 회복탄력성을 갖추는 이 두 가지 길로 가려면 기술, 시스템, 동료들 그리고 무엇보다도 자신에 대한 깊은 지식이 필요하다.

HRO는 교육훈련, 깊고 다양한 경험을 가진 직원 및 재조합의 기술과 가까이에 있는 것은 무엇이든 임시변통하는 것을 중시한다. 그들은 최악의 사태가 일어날 수 있는 조건을 상상하고,[23] 화재대비훈련에 상응하는 그들 나름의 훈련을 실시한다. 고위험 의사결정 전문가인 심리학자 클라인(Gary Klein)에 따르면, 가장 유능한 소방대장은 풍부한 상상력을 가지고 있고 마음속으로 다양한 해결방안을 시뮬레이션한다.[24]

HRO는 선견과 예견을 무시하지 않지만 그 한계에 유념한다. 불확실성은 없앨 수 없고 재해의 원인은 무한하다는 가정하에, HRO는 자원의 많은 부분을 사람들이 예상치 못한 사고들을 억제하고 그것에서 회복하는 것을 돕는 데 투자한다.

효과적인 HRO는 사고가 발생하기 전에 계획을 수립하고 예견하는 능력을 향상시키는 데 관심을 기울이는 만큼 사고가 일어난 후에 그에 대처하는 능력을 쌓는 데에도 관심을 기울인다. 조직

---

22) E. Hollnagel, "Resilience: The Challenge of the Unstable", in E. Hollnagel, D. D. Woods and N. Leveson(eds.), *Resilience Engineering: Concepts and Precepts*, Ashgate, 2006, p. 16.

23) K. E. Weick, "Organizing and Failures of Imagination," *International Public management Journal*, 8, 2005, pp. 425-438.

24) G. Klein, *Sources of Power: How People Make Decisions*, MIT Press, 1998, p. 54.

전체적으로 예방뿐만 아니라 해결의 마음가짐(mind-set)을 취한다. 이것은 사람들이 돌발사건을 제거하고 경감하며 조절하고 줄이는 데 필요한 지식과 자원에 주의를 기울인다는 것을 의미한다. 사람들은 비정상적 사건이 발생한 경우에는 이에 대한 충분한 진단이 이루어지기 전이라도 기꺼이 대처하기 시작한다. 반면, 회복탄력성이 취약한 조직은 예상치 못한 문제에 대한 억제능력, 회복능력, 신선한 사고능력 그리고 창조적 해결능력 등이 부족하다.

회복탄력성에 헌신한다는 것이 어떤 의미인지에 대해 미국 정치과학자 윌다브스키(Aaron Wildavsky)는 다음과 같이 설명하고 있다. "회복탄력성의 모드는 예상치 못한 문제들이 도처에 깔려 있고 예측할 수 없다는 전제에 입각해 있고, 거기에서 벗어나는 방법에 대한 정확한 사전 정보는 공급이 부족하다. 에러로부터 학습하는 것(이는 에러를 피하는 것과 완전히 대비된다)과 신속한 부정적 피드백을 통해 학습한 것을 이행하는 것은 회복탄력적으로 운영하는 것에서 가장 중요한 위치에 있다. 회복탄력적인 사람들은 예견보다는 완화(경감)를 생각한다. 그들은 일반적 지식과 기술적 능력을 확장하는 데 신경을 쓰고, 돌발사건을 제거하고 경감하며 완화하고 조절하고 줄이고 감소시키는 수단들에 대해 통제한다."[25)]

공식적으로 회복탄력성은 "내·외부의 변화에 직면하여 시스템의 기능과 구조를 유지하고 이를 줄일 수밖에 없을 때 적절하게 감퇴되는 능력"이다. 시스템의 일부분에서 실패가 있음에도 불구하고 계속적으로 운영이 될 때 회복탄력성이 갖추어진 것이다. 회복탄력성을 갖춘 조직이나 시스템은 재난이 발생한 동안이나 그 후에 또는 지속적인 상당한 스트레스에도 불구하고 운영을 지속할 수 있거나 자신의 안정을 신속하게 회복할 수 있다. HRO

25) A. Wildavsky, *Searching for Safety*, Transaction, 1988, pp. 120, 221.

는 정상적 기능이 중단되고 회복이 굼뜬 완전한 고장을 겪기보다는 적절하게 감퇴되도록 한다.

회복탄력성은 통제의 한 형태이다. "시스템이 시스템 내부, 환경 또는 쌍방에서의 원하지 않는 변동성을 줄이거나 제거할 수 있다면, 시스템은 통제 상태에 있는 것이다. 회복탄력성을 갖춘 조직의 기본적인 특징은 그들이 하는 것에 대한 통제력을 잃지 않고 지속할 수 있고 다시 일어설 수 있는 것이다."

회복탄력성을 갖추는 데 헌신하는 HRO는 자신들이 돌발사건을 겪을 가능성이 있다고 생각하기 때문에, 변화에 빠르게 대처하고 대응하기 위한 일반적인 자원을 개발하는 데 집중한다. 이것은 지식, 신속한 피드백능력, 빠른 학습, 의사소통의 속도와 정확성, 다양한 경험, 현존하는 대응목록의 재조합능력, 즉각적 대응능력 등을 개발하기 위해 노력한다는 것을 의미한다. 예를 들어 디아블로 캐니언(Diablo Canyon) 발전소의 경우, 회복탄력성에 헌신하는 것은 발전소의 모든 구성원들이 공식적인 절차들에 결함이 있을 수 있다는 신념을 널리 갖는 것을 장려하는 문화에서 명백히 드러난다. 이 마음가짐은, 우리가 일이 잘못될 수 있는 모든 상황을 경험한 것은 아니기 때문에, 계속적으로 경계하고 있어야 한다는 것이다.

HRO 연구에서 중심이 되는 긴장(불안)은, 에러가 시스템에서 증폭되기 시작하면 그 에러로 인해 시스템이 최후를 맞이할 수 있다는 점이다. 따라서 HRO 구성원들은 일어날 수 있는 실패유형을 예견하기 위하여 그들이 할 수 있는 모든 것을 하려고 노력한다. 물론 인간과 기술은 잘못될 수 있다는 것이 현실이다. HRO는 에러의 불가피성을 수용한다. 이 수용은 에러 방지(prevention)라는 궁극적인 목적에서 에러 억제(containment)라는 좀 더 현실적인 목표로 관심을 옮기는 것이다.

HRO와 같이 아마도 대부분의 조직은 돌발적 사고를 방지하거나 예견하기 위하여 노력할 것이다. 그러나 그에 못지않게 중요한 것은, 예상치 못한 사건이 발생한 경우 당신의 시스템은 이를 '관리'하기 위해 얼마나 잘 준비되었는가의 문제이다. 우리가 '관리'한다는 말에 초점을 두는 것은, 예견을 통해 돌발사건을 미리 제거하는 방법에 의해서뿐만 아니라, 그것이 발생하는 경우 회복탄력성을 통해 그것에 대응하는 방법에 의해서도 돌발사건을 다룬다는 것을 명확히 하기 위해서이다. 회복탄력성은 에러에서 회복하는 것과 지금의 돌발사건에 대처하는 것에 대한 것이다. 회복탄력성을 위한 역량은, 설령 그것이 발휘되지 않는다 하더라도, 정당성이 없는 단순화와 일련의 에러들이 축적되는 현상을 진단하고 발견하는 데 도움이 된다. 그것은 전문가 네트워크의 활용, 광범위한 조치목록 및 임기응변 능력을 통해 달성된다. 당신의 회사가 회복탄력성에 얼마나 헌신하는가에 대한 조사는 학습, 지식 및 역량개발에 대한 조사이다. 제한된 인식의 주요 원인은 제한된 조치목록이다. 구성원들의 일반적인 지식과 기술적 역량을 확장하는 것은 진행 중인 문제들을 발견하고 이것들에 대처할 능력을 개선한다. 회복탄력성에 대한 의지는 예상치 않은 방식으로 지식을 사용하는 능력에서 드러나기도 한다. 당신의 조직에서 이 능력은, 문제를 해결하기 위해 스스로 조직하는 사람들의 비공식적인 네트워크에서, 부서의 경계를 넘어 전문성과 새로운 해결책을 공유하려는 열정에서, 그리고 기술시스템, 절차, 보고프로세스 및 종업원의 관심도를 향상시키기 위한 지속적인 투자에서 나타날 수 있다.

7. 제5원칙: 전문성의 존중

HRO의 마지막 특징은 전문성을 존중한다는 것이다. HRO는 다양성을 장려(육성)한다. 다양성은 복잡한 환경에서 좀 더 많은 것을 발견하게 할 뿐만 아니라, 복잡성과 함께 좀 더 많은 것을 하게 한다. 경직된 위계구조는 에러에 대한 특별한 취약성을 가지고 있다. 상위 레벨의 에러들이 커져 하위 레벨의 에러들과 결합되는 경향이 있기 때문이다. 그 결과, 문제가 더 커지고 이해하기가 더 어려워지며 악화될 가능성이 커진다.

이러한 치명적 시나리오를 예방하기 위해, HRO는 의사결정권을 아래쪽으로 그리고 주변으로 위양한다.[26] 의사결정은 일선에서 이루어지게 되며, 권한은 지위와는 무관하게 가장 많은 전문성을 가진 사람 쪽으로 이동한다. 당면한 문제들을 잘 해결할 수 있는 사람에게 리더십(권한)을 넘김으로써 조직이 역동적으로 운영될 수 있게 한다. 이는 단지 '가장 많은 경험'을 가진 사람을 존중한다는 의미가 아니다. 경험 그 자체가 전문성을 보장해 주는 것은 아니기 때문이다. 많은 경우 사람들은 반복해서 동일한 경험들을 가지지만, 그 반복되는 경험들을 정교하게 다듬는 일은 거의 하지 않는다.

전문지식으로 '이동하는' 의사결정 패턴은 항공모함 위에서 일어나는 비행기 운영에서 찾아볼 수 있다. 항공모함에서는 "정확한 의사결정의 필요성과 결합된 독특함이 전문가를 '찾아' 조직의 여기저기로 이동하는 의사결정으로 이끈다. 의사결정이 해당 사건에 대해 구체적인 지식을 가지고 있는 사람을 찾아 조직의 여기저기로 이동한다."[27]

한편, 전문성이 최고위의 사람에게 있고 지위가 낮아짐에 따라 사라진다고 생각해서는 안 된다. 문제가 발생하면, 의사결정권은 그 문제를 해결하는 데 가장 전문성을 가진 사람들 쪽으로 이동

---

26) K. H. Roberts, "Some Characteristics of High Reliability Organizations, Organization," *Science*, 1, 1990, pp. 160-177.

27) K. H. Roberts, S. K. Stout and J. J. Halpern, "Decision Dynamics in Two High Reliability Military Organizations", *Management Science 40*, 1994, p. 622.

하게 해야 한다. 이것은 예상치 못한 상황이 발생한 경우에는 전문성과 경험이 지위보다 훨씬 더 중요하다는 것을 의미한다.

의사결정은 아래로뿐만 아니라 위로도 이동한다는 점을 유념해야 한다. 일이 매우 상호의존적이고 시간적으로 긴박할 때는, 의사결정이 문제를 감지할 수 있는 위치에 있는 사람에게 아래로 이동하지만, 사건이 독특하고 매우 심각한 영향을 미칠 가능성을 가지고 있거나, 대개 낮은 지위보다 높은 지위에서 발견되는 조직 경험 또는 친숙함을 필요로 하는 정치적 성격의 문제인 경우에는 의사결정이 위로 이동한다.

HRO에서는 자원의 여유는 짐이 아니라 자산으로 취급된다. 전문적인 대응은 권한과 전문성이 분리되어 의사결정이 지위보다는 전문성으로 이동할 때 가능해진다. 전문성은 개인에 존재하는 만큼 관계에도 많이 존재한다. 이것은 상호관계, 상호작용, 대화 및 네트워크가 전문성을 구현한다는 것을 의미한다. HRO는 전문성을 단 한 명의 전문가와 동일시하지 않도록 주의한다.[28] HRO는 신뢰할 수 있는 전문성을 발견하기 위하여 일선현장을 향하여 아래쪽을 바라보기도 한다.[29]

규칙과 절차는 조정에 있어 매우 중요하지만, 의도치 않은 부정적인 결과를 가져올 수 있다. 콜롬비아호 사고조사위원회는 위계와 절차에 대한 충성이 전문성에 대한 존중을 대신한 것을 사고의 핵심적 원인으로 지적하였다.[30]

---

28) 전문성은 한 개인에게는 좀처럼 구현되지 않는 지식, 경험, 학습, 제도의 집합체이다.

29) K. E. Weick and K. M. Sutcliffe, *Managing the Unexpected: Resilient Performance in an Age of Uncertainty*, 2nd ed., John Wiley & Sons, 2007, pp. 81-82.

30) K. E. Weick and K. M. Sutcliffe, *Managing the Unexpected: Resilient Performance in an Age of Uncertainty*, 2nd ed., John Wiley & Sons, 2007, p. 75.

8. 억제를 위한 행동

에러, 돌발사건, 예상치 못한 사건은 정의상 예견하기가 어렵기 때문에, HRO는 예견능력을 향상시키려고 노력함으로써 이러한 어려움에 대처한다. 그들은 비상계획을 마련하고, 보다 넓은 범위의 최악의 경우를 생각한 시나리오를 상상하며, 위험요인을 초기의 발전단계에서 감지하는 것과 같은 활동들에 자원을 투자한다. 이 모든 노력의 의도는 예상치 못한 작은 결과가 악화되는 것을 방지하는 것이다.

전술한 대로 HRO는 선견이나 예견의 한계에 유념한다. 때때로 예방조치가 실패하고, 예상치 못한 사건이 위기로 악화되기 시작한다. 그러면 무엇을 해야 하는가? 모든 종류의 HRO는 문제가 악화되는 것을 억제하고 문제로부터 주의 깊게 회복할 수 있게 하는 최소한 2가지의 원칙 — 회복탄력성을 구축하는 것, 전문성을 존중하는 것 — 에 의해 이끌어지는 것 같다.

억제는 예상치 못한 사건 그 자체를 방지하는 것보다는 예상치 못한 사건이 발생한 후에 원치 않는 결과를 방지하는 것을 목적으로 하는 점에서 예견과는 다르다. 예상치 못한 사건은 인지되기 전에 진행되기 시작한다. 이것은 조직의 신뢰성이 조직이 주의 깊고 신속하게 반응하는 데 얼마나 잘 준비되어 있느냐에 달려 있다는 것을 의미한다.

HRO는 미리 앞을 내다보는 것과 예견하는 것을 무시하지는 않지만, 그들은 그 한계점에 많은 주의를 기울인다. 불확실성은 더 이상 줄일 수 없다는 가정, 재해의 근원은 무한하다는 가정하에서, HRO는 예상치 못한 사건이 발생한 후에 구성원들이 억제하고 그것으로부터 회복하는 것을 돕는 데 많은 자원을 투자한다. 억제와 관련하여 HRO로부터 다음과 같은 교훈을 이끌어낼 수 있다.

- 사건이 발생하기 전에 계획을 수립하고 사건을 예상하는 역량을 개선하는 데 관심을 기울이는 만큼, 발생한 사건에 대처하는 역량을 강화하는 데에도 많은 관심을 기울여라.
- 주의 깊음, 빠른 학습, 유연한 역할 구조 및 신속한 판단을 위한 역량을 개발하라.
- 예방뿐만 아니라 해결에 대한 마음가짐을 조직 전체적으로 가져라. 이것은 구성원들이 돌발사건을 제거하고 완화하며 조절하고 줄이며 감소시키는 지식과 자원에 관심을 기울인다는 것을 의미한다. 구성원들은 완벽한 진단이 내려지기 전이라도 비정상(anomaly)을 기꺼이 다루기 시작한다. 그들은 이 행동을 통해 경험과 자신들이 다루고 있는 것에 대한 명확한 그림을 얻을 수 있다는 신념하에서 그렇게 한다. 사람들에게 생각하고 그 다음 행동하도록 권하는 예견과 달리, 회복탄력성은 사람들에게 생각하면서 행동하거나 좀 더 명확하게 생각하기 위하여 행동하라고 권한다. 지휘관은 적이 무엇을 할 수 있는지를 알기 위해 다양한 전술을 시도한다. 이것은 경험적인 전투이고 대응적인 것이다.
- 시스템에 대한 지식이 명료하고 널리 알려지도록 구성원들에게 장려하라. 구성원들이 시스템의 약점과 이를 다루는 방법을 더 많이 알수록, 진행 중인 문제를 더 빨리 파악하고 바로잡을 수 있다.
- 곤란한 문제를 해결할 필요성에 기초를 두고 모여드는 비공식적인 네트워크와 같은 구속받지 않는 자원을 통한 회복탄력성 집단을 만들어라.
- 당면한 문제에 대한 답을 현재 가지고 있을 가능성이 많은 사람들에게 리더십을 넘기는 운영 역동성을 창출하라.

9. 주의 깊은 관리의 개념

낙관적인 계획, 불충분한 직원, 잘못 추정된 복잡성, 지켜지지 않은 약속, 간과된 디테일, 영역 다툼, 통제력의 상실, 예측하지 못한 결과와 같은 일은 실제로 그렇게까지 드문 일일까? 결코 그렇지 않다.

예상치 못한 사건들을 잘 관리한다는 의미는 무엇일까? 예상치 못한 사건에 대한 훌륭한 관리는 주의 깊은(mindful) 관리이다. 그에 대한 대답은 HRO에 대한 면밀한 연구에서 얻어진다. 전력송전센터(power grid dispatcher), 항공관제시스템, 핵항공모함, 원자력발전소, 병원응급실, 산불소방대, 비행기운항, 사고조사팀 등과 같은 조직은 신뢰성이 타협될 경우 심각한 재해가 초래될 수 있어 신뢰성 있게 기능하는 것 외에는 대안이 없다. HRO는 언제나 아주 혹독한 조건 속에서 운영되지만 재해가 일어나는 경우는 매우 적다. 즉, HRO는 수많은 예상치 못한 사건에 부닥치더라도 거의 실패하지 않는다. 그들은 그들의 기술이 복잡하고, 고객 등 관계자가 다양하며, 시스템을 운영하는 사람들도 시스템과 그들이 직면하는 것에 대해 완벽하게 이해하지 못하기 때문에, '과도할 정도의' 예상치 못한 사건들에 직면한다. HRO에게 마력이 있는 것은 아니다. 하지만 그들은 그런 문제들에 대처하기 위한 시도에 있어서 신중하다.

HRO가 예상치 못한 사건들을 관리하는 데 있어서 성공하는 이유는 주의 깊게 행동하는 확고한 노력 때문이라고 생각한다. 이것은 그들이 예상치 못한 사건들을 좀 더 잘 인지할 수 있는 방법으로 스스로를 구성한다는 것을 의미한다. 예상치 못한 사건의 진행을 차단하기가 곤란하면, 그것을 억제하는 데에 초점을 맞춘다. 그리고 예상치 못한 사건이 억제상태를 관통해 버린 경우에는, 회복과 시스템 기능의 신속한 복구에 초점을 맞춘다.

'주의 깊다'는 것은 상황, 문제점 및 해결책에 대한 점점 더 그럴듯해지는 해석들의 끊임없는 현행화(updating)와 심화로 특징지어지는 정신적 기능(작용)의 기초를 이루는 방식을 유지하기 위해 노력하는 것을 의미하기도 한다. HRO와 다른 조직들 간의 기능상의 큰 차이는 예상치 못한 사건들이 약한 신호들을 내보내는 초기단계에서 가장 뚜렷하게 드러난다. 대부분의 조직들은 약한 신호에는 약하게 대응하는 경향이 압도적이다. 주의 깊음은 약한 신호가 갖는 의미를 간파하는 능력과 그에 정력적으로 대응하는 능력을 보전하여 준다.

10. 고신뢰조직으로부터 배울 수 있는 점

HRO는 위험도가 매우 높고 인명 손실이 실제 종종 일어날 수 있기 때문에, 색다르게 보일 수도 있고 별다른 실용적인 관심 대상이 아닌 것처럼 보일 수도 있다. 물론 다른 손실들 — 자산, 경력, 평판, 적법성, 신용, 지지, 신뢰, 혹은 호의 — 도 파괴적일 수 있고 예상치 못한 사건들로 인해서 일어날 수 있다.

그러나 어떤 종류이건 손실은 하나의 결과인데, 결과는 HRO에 대한 우리들 또는 (어떤 의미에서는) HRO 자신들에게도 주요 관심 대상이 아니다. 그 대신에 중요한 것은 그들의 실천방식이다. 그 실천방식은 실패, 단순화, 회복탄력성, 전문성에 대한 우려를 설정오류, 추정오류, 잘못된 이해를 줄이거나 완화하는 방법으로 전환하기 때문에, 신뢰할 수 있고 주의가 깊으며 유연한 기능을 만들어 낸다.

달리 말하자면, 그들은 인지적 지름길(cognitive shortcut)로 가고자 하는 압력에도 불구하고 예상치 못한 사건에 대한 지속적인 경계상태를 유지하려고 분투한다. 지름길을 추구하는 태도는 과거의 성공, 단순화, 전략, 계획 및 책무(권한)를 위쪽으로 이동시키는 위계구조 이용[31] 등에서 기인한다. 혹독한 평가(사고)는 그것들과 동일한 지름길 경로에 있다.

예상치 못한 사고가 갖는 의미는 상황에 따라 다르다. 상황, 예방책, 가정, 관심의 초점, 간과한 사항 등을 우리가 일단 이해하게 되면, HRO와 마찬가지로 많은 조직들도 위협에 노출되어 있다는 사실이 명확해지며, 따라서 그만큼 주의 깊음이 필요하다. 모든 조직에서 사람들은 일을 신뢰성 있게 지속적으로 수행할 것으로 기대된다. 그러기에 만일 조직들이 예상치 못한 사고들을 부실하게 관리하면, 예상치 못한 방해(중단)는 결과적으로 파멸을 초래하는 것으로 변할 수 있다. HRO는 대부분의 다른 조직들보다 이러한 가능성에 더 집중적인 관심을 보낸다. 그러나 HRO뿐만 아니라 모든 조직들을 괴롭힐 가능성이 있다.

HRO뿐만 아니라 세상의 모든 조직들은 세계와 그것의 위험에 대해 문화적으로 인정된 신념을 발전시킨다. 모든 조직들은 규정, 절차, 규칙, 가이드라인, 직무기술서, 훈련자료의 형태로 또는 비공식적인 방식으로 기술되어 있는 예방규범을 개발한다. 그리고 모든 조직들은 위험에 대한 통념과는 어긋나는 눈에 띄지 않는 사건들을 축적한다. HRO의 교훈을 다른 조직들에 전파하는 것을 보증하는 것도 이와 같은 유사성이다.

예를 들면, HRO는 세상에 대한 복잡한 신념들을 개발하고 이 신념들을 수정하는데, 대부분의 다른 조직들보다 그것들을 더 자주 수정한다. 마찬가지로, HRO는 다른 모든 조직들과 마찬가지로 예방규범을 개발한다. 그러나 다른 조직들과는 달리, HRO는 이런 예방규범을 개발할 때 작은 실패들과 성공의 부작용 모두를 투입요소로 사용한다.

---

31) 전문성과 계층적 지위가 꼭 일치하는 것은 아니기 때문에, 예상치 못한 사건이 발생하였을 때는 지위(계급)가 아닌 전문성을 존중해야 한다(즉, 의사결정권을 전문가에게 넘겨야 한다).

다른 모든 조직들처럼 HRO도 자신들이 기대한 것과 어긋난 눈에 띄지 않는 사건들을 축적한다. 그러나 그들은 이 축적되는 사건들을 그것들이 사소할 때 좀 더 빨리 알아내는 경향이 있다. HRO가 기본에 이렇게 공을 들이는 모습은 다른 조직들이 높은 수준의 주의 깊음을 위하여 그들 자신의 공을 들이는 방향을 시사한다.

HRO의 환경은 고위험 기술이 있는 환경이다. 이들 기술들은 많은 경우에 처음의 에러가 처음이자 마지막이 될 수 있기 때문에, 시행착오가 아닌 다른 방식에 의해 숙달되어야 한다. HRO의 환경은 급속하게 전개되며, 에러들은 빠르게 전파된다. 이해는 결코 완벽하지 않고, 사람들은 충분하지 못한 정보들을 가지고 현명한 선택을 해야 하는 압력에 처하게 된다. 그러나 이와 같지 않은 환경이 어디에 있겠는가? 사실, 예상치 못한 사고를 얼마나 잘 관리하는가 혹은 잘못 관리하는가가 절박한 비즈니스 문제를 다루는 데 있어 근간이 되는 기본적 문제라고 말할 수 있다. 따라서 환경의 경우 HRO와 비HRO(non-HRO) 간의 차이는 겉으로 보이는 것만큼 크지 않다. 두 조직 모두 환경에 있어서 문제(trouble)는 초기에 작게 시작되고 조직들이 놓치기 쉬운[특히 예상(expectation)이 강하고 주의 깊음이 약할 때] 약한 증상으로 나타난다. 이러한 작은 불일치(모순)들은 누적·확대되어 불균형적으로 큰 결과를 초래할 수 있다. 이러한 전개(진전) 경로는 모든 조직들에게 유사하게 발견된다. 조직 간에 다른 점은 다음과 같은 변수들이다. 사람들이 그런 전개를 늦기 전에 조기 포착하는 것에 얼마나 많은 가치를 부여하는가, 사람들이 시스템 자체와 문제의 초기 징조들을 발견하고 해결할 수 있는 시스템 능력에 대해 얼마나 많은 지식을 가지고 있는가, 그리고 예상치 못한 사건의 조기 발견과 관리에 자원을 배분하는 데 최고경영진으로부터 얼마나 많은 지원이 있는가, 실수를 인정하는 의사소통, 모든 계층(level)에서의 주의 깊음에 대한 헌신이 그것이다.

제 5 장

안전문화의 요소

Ⅰ. 안전문화의 요소

Ⅱ. 안전문화의 핵심 요소의 고찰

I. 안전문화의 요소

1. 안전문화 요소란

'문화'의 대부분은 눈에 보이지 않지만, 문화가 생활양식으로서 눈에 보이는 예를 드는 것은 가능하다. 예를 들면, 한국건축, 한국무용 등은 형태로서 나타난 것이고, 부창부수(夫唱婦隨)라고 하는 전통관습은 가정 내외에서의 부부의 행동 패턴으로 나타난다. 따라서 이와 같은 눈에 보이는 것에 의해 문화에 대한 이미지를 만들어내는 것이 가능하다. 물론 이것들은 문화 그 자체는 아니고 문화가 있는 활동(건축, 무용 등)에 작용하여(을 매개로 하여) 형상으로 나타난 것이라고 생각된다.

조직 차원에서 안전문화의 향상을 위해 노력하기 위해서는 조직의 구성원들이 '안전문화'라는 개념을 공유할 필요가 있다. 이 경우 안전문화 그 자체는 눈에 보이지 않으므로, 안전문화가 작용하여 초래되는 안전행동을 공유하게 된다. 이것을 일반화하여 나타내면 안전문화의 요소(원칙, 특성, 항목)라는 형상으로 제시된다. 표 5-1에 국제적으로 권위 있는 기관에서 제시하고 있는 예를 제시한다.

이들 요소는 안전문화를 분해하고 있는 것은 아니고, 여러 가지 활동을 통하여 안전문화를 여러 가지 각도에서 관찰하고 있는 이미지이다. 이들 요소를 아무리 상세하고 많이 기재한다고 하더라도 안전문화의 전체상을 커버하는 것은 불가능하다. 그리고 각각의 요소들은 상호간에 밀접하게 관련되어 있다.

이들 요소들은 높은 안전문화하에서 행해지는 행동을 일반화한 것으로서, 이것을 그대로 개개인의 행동에 적용하는 것은 불가능하다. 개개인이 어떠한 안전활동을 담당하고 있는지에 따라 실제 행동에 나타나는 양상은 다르기 때문이다. 중요한 것은 개개인이 스스로의 업무와 안전문화의 원칙들의 관계를 숙려하고, 스스로의 업무의 각 상황에서의 안전행동에 대해 이미지를 갖는 것이다.

[표 5-1] 안전문화의 요소

	IAEA[1)] (5특성)	NRC[2)] (9특성)	일본 경제산업성[3)] (8항목)
안전 문화의 요소	• 안전은 명확하게 인식된 가치이다. • 안전의 리더십이 확실하다.[4)] • 안전에 대한 책임이 확실하다. • 안전이 학습에 의해 향상된다. • 안전이 모든 활동에 반영되어 있다. (5가지 특성에 37가지의 속성이 딸려 있다)[5)]	• 리더십, 안전의 가치관 및 행동 • 문제의 인식 및 해결 • 개인의 책무 • 작업프로세스 • 계속적 학습 • 우려를 제기할 수 있는 환경 • 안전에 관한 효과적인 커뮤니케이션 • 상호간에 존중하는 업무환경 • 질문을 던지는 자세	• 조직통솔(거버넌스) • 의지와 관심(commitment) • 커뮤니케이션 • 위험인식(awareness) • 학습전승(learning) • 작업관리(work management) • 자원관리(resource management) • 동기부여(motivation)

	INPO[6)] (10원칙)	일본 원자력안전추진협회[7)] (7원칙)
안전 문화의 요소	• 모든 구성원은 원자력안전에 대하여 개인 책임을 진다. • 개인은 실패, 부적절한 행동을 일으킬 가능성이 있는 불일치를 인식하기 위해 자기만족을 경계하고 현재의 상태와 활동에 계속적으로 의문을 품는다. • 안전에 초점을 맞춘 커뮤니케이션을 유지하고 있다. • 리더는 의사결정과 태도에서 안전에 대한 의지표명을 증명해 보인다. • 원자력안전을 지원하거나 그것에 영향을 미치는 결정은 체계적이고 엄밀하며 철저하다.	• 안전최우선의 가치가 조직에서 철저하여 그 구성원인 개인에게 인식되어 있을 것 • CEO는 안전의 의지표명을 강한 리더십에 의해 명확히 할 것 • 업무, 활동에 안전 확보의 장치가 반영되어 있을 것 • 관계기관·조직·부문 및 사회와의 원활한 커뮤니케이션이 이루어질 것 • 조직 및 그 구성원인 개인은 묻고 학습하고 책임감으로 시정하는 자세를 가질 것 • 조직 및 그 구성원인 개인은 업무, 설비 등의 잠재적인 리스

(계속)

	• 신뢰와 존경이 조직에 침투하고 있다. • 안전을 확보하기 위한 방법에 대해 계속적으로 학습하는 기회가 추구되고 이행된다. • 안전에 영향을 미칠 잠재성이 있는 문제가 즉각적으로 인식되고 완벽하게 평가되며 중요도에 따라 대처되고 수정된다. • 구성원이 보복, 협박, 따돌림, 차별의 두려움 없이 안전상의 문제를 주저 없이 말할 수 있는 안전의식이 높은 작업환경이 유지되고 있다. • 업무활동의 계획·관리의 프로세스가 안전이 유지되도록 이행되고 있다.	크를 인식할 것 • 자유롭게 말할 수 있고 활기와 창조력 있는 직장환경일 것

1) IAEA, Application of the Management System for Facilities and Activities, IAEA Safety Standards, Safety Guide, No. GS-G-3.1, 2006.

2) NRC, Safety Culture Policy Statement, 2011.

3) 日本経済産業省, 安全文化を考慮した産業保安のあり方に関する調査研究, 2007.

4) 이것의 구체적인 속성은 다음과 같다. ⅰ) 고위경영진은 안전에 확실히 헌신적이다. ⅱ) 안전에 대한 헌신은 모든 레벨의 경영진에서 분명하다. ⅲ) 안전 관련 활동에서 경영진의 적극적인 참가를 보여주는 가시적인 리더십이 있다. ⅳ) 리더십 스킬이 체계적으로 개발되어 있다. ⅴ) 경영진은 조직에 역량을 갖춘 개별구성원들이 있을 것을 보장한다. ⅵ) 경영진은 안전을 개선할 때 개별구성원들의 적극적인 참여를 추구한다. ⅶ) 안전 영향이 변경관리과정에서 고려된다. ⅷ) 경영진은 조직 전체의 개방성과 원활한 커뮤니케이션을 지향하기 위한 계속적인 노력을 보여준다. ⅸ) 경영진은 필요한 갈등을 해결하는 능력을 가지고 있다. ⅹ) 경영진과 개별구성원들 간의 관계는 신뢰를 바탕으로 구축된다.

5) 예를 들면 '안전은 명확하게 인식된 가치이다.'라는 특성에 다음과 같은 6가지 속성이 있다. ⅰ) 안전최우선이 문서화, 커뮤니케이션, 방침결정 시에 명확하게 되고 있다. ⅱ) 자원배분 시에는 안전이 가장 주요한 고려사항이다. ⅲ) 비즈니스 플랜에 안전의 전략적 중요성이 반영되어 있다. ⅳ) 개개인은 안전과 생산이 양립하는 것을 확신하고 있다. ⅴ) 방침결정 시에 안전문제에 관한 선제적이고 장기

2. 안전문화의 보편적 요소와 특수한 요소

안전문화는 문화이므로 그 특질은 국가, 지역, 업종, 조직기반 등에 따라 다르다. 따라서 안전문화의 요소(원칙, 특성)도 업종에 따라 달라지는 것은 당연하다. 정확하게는 요소의 내용, 그것의 가중치가 달라지게 된다.

그러나 안전문화의 요소에는 어떤 업종에도 필요한 보편적인 것도 있다. 예를 들면, '최고경영자에 의한 명확한 의지와 관심(commitment)'은 어떤 업종, 조직에도 필요한 요소이다. '양호한 커뮤니케이션', '상호 존중하는 업무환경' 등도 이것에 해당한다는 것은 누가 보더라도 명확할 것이다. 그와 같은 눈으로 표 5-1을 보면 대부분의 요소가 어떤 업종에도 적용될 수 있는 것이 되고 있다. 그것은 큰 묶음으로 요소를 설정하고 있기 때문이다. 그러나 원자력기술 등 일부 분야에만 적용되는 특수한 요소도 있다.

스스로의 조직에서 안전문화를 조성해 나가기 위해서는 먼저 자신들의 안전문화의 요소를 설정할 필요가 있다. 이 작업은 스스로의 안전문화란 무엇인가를 생각하는 것이고, 나아가서는 스스로 이러한 조직이 되고 싶다는 목표를 제시하는 것이기도 하다. 즉, 이것은 최고경영자 자신이 안전문화에 대한 명확한 이미지를 가지고 조직의 모든 구성원과 동일한 이미지를 공유하는 중요한 수단이다.

이 때문에 보편적인 요소뿐만 아니라 그 업종, 조직에 특수한 요소를 설정하는 것도 중요하다. 예를 들면, 항공안전에서

적 접근방법이 고려되고 있다. vi) 안전을 우선한 행동이 사내에서 용인되고 지지되고 있다(공식·비공식을 불문하고).

6) INPO, Traits of a Healthy Nuclear Safety Culture, Pocket Guide to INPO 12-012, 2012.

7) http://www.genanshin.jp/news/data/docu_20140422.pdf.

는 조종실이라는 좁은 공간에서 중요한 판단을 하여야 한다. 기장이 잘못된 판단을 해버리면 매우 위험하다. 이를 위해 항공 분야에서는 조종실 내에서의 권위 쏠림을 가급적 없애고 조종실 내에 있는 모든 자가 대등하게 의견을 서로 말할 수 있는 환경을 조성하는 것에 노력을 기울여 왔다. 이러한 것을 요소 속에 반영하는 것은 안전문화 조성에 필수적이다.

3. 안전문화의 공통적 요소

데커(Sidney Dekker)는 안전문화를 강하게 하는 요소(원칙, 특성)들에 대한 문헌 검토를 토대로 다음과 같은 항목이 공통적으로 언급되고 있다고 설명하고 있다.[8)]

- 경영진의 헌신(commitment): 경영자들이 생각하는(생각하는 것처럼 보이는) 것 이상으로 종업원들이 안전을 중요하게 생각할 것이라고 기대할 수는 없다. 만약 경영상의 우선리스트 중에서 안전이 낮은 순위에 두어져 있으면, 조직의 나머지에서 안전이 어떻게 취급될지에 영향을 미칠 것이다.
- 경영진의 관심(involvement): 경영자는 실제 작업이 어떻게 이루어지고 있는지에 대해 몽상에 의지하지 않고 조업상의(operational) 안전과 리스크의 근원을 실질적으로 이해하고 있다. 그들은 교육훈련 또는 관리감독에 참가함으로써 이 관심을 보여줄 수 있다.
- 종업원의 권한 부여와 참여: 종업원들은 자신들이 업무운영 방침에 영향을 미침으로써 변화를 가져올 수 있다고 느낀다. 그들은 안전기록에 자긍심을 가지고 있고 그것을

8) S. Dekker, *The Field Guide to Understanding Human Error*, Ashgate, 2006, pp. 171-172 참조.

창출하는 데 응분의 책임감을 느낀다.

- 인센티브 체계: 인센티브 체계는 경제적 보상을 위해 존재하는 경우가 많지만, 조직에 따라서는 안전행동을 승진과 같은 인센티브 체계에 연결시키기도 한다.
- 보고시스템: 안전 관련 정보(safety-related information)의 효과적인 흐름이 안전문화의 필수불가결한 존재이다. 물론 보고는 출발점에 지나지 않는다. 학습하고 개선하기 위하여, 조직은 입수한 정보를 가지고 실제로 무언가를 해야 한다. 보고의 활성화 여부는 상기의 요소들에 달려 있다.
- 안전개선에 대한 태도: 안전문제에 관한 한 모든 조직에는 개선의 여지가 있다. 강한 안전문화를 약한 안전문화와 구분 짓는 것은 이 개선여지가 얼마나 큰지가 아니다. 정확히 말하자면, 중요한 것은 해당 조직이 이 여지를 적극적으로 탐색(개척)하며, 학습하고 개선하려고 하는 지렛점(leverage point)을 적극적으로 찾아내느냐에 있다.

Ⅱ. 안전문화의 핵심 요소의 고찰

안전문화의 요소(특성, 원칙)에 대해 앞 절에서 간략하게 살펴보았지만, 중요한 것은 그것의 구체적인 내용이라고 할 수 있다. 이 장에서는 안전문화의 요소 중에서 가장 핵심적이면서도 널리 고찰되고 있는 네 가지 요소(보고하는 문화, 공정의 문화, 유연한 문화, 학습하는 문화)에 대하여 리즌의 주장을 중심으로 상세하게 살펴보기로 한다.[9]

9) 안전문화의 네 가지 요소에 대한 기본적인 설명은 제2장 Ⅲ의 '2. 안전문화의 실체'를 참조하기 바란다.

[표 5-2] 안전문화의 네 가지 요소

구분	내용
1. 보고하는 문화	사람들이 에러를 저지르거나 아차사고, 재해를 경험할 때 이러한 것이 얼마나 잘 보고되는가
2. 공정의 문화	무언가가 잘못되었을 때 조직에서 이에 대한 책임 소재를 어떠한 방식으로 규명하는가
3. 유연한 문화	업무에 관한 압력, 속도 및 강도의 갑작스럽고 급격한 증가에 구성원들이 얼마나 잘 대응할 수 있는가
4. 학습하는 문화	사람들이 학습한 교훈을 전제, 구조 및 조치의 재구성으로 얼마나 적절하게 전환할 수 있는가

1. 보고하는 문화

가. 보고문화의 중요성

겉으로 언뜻 보더라도 사람들에게 중대사고 또는 아차사고에 대한 보고서를 제출하도록 설득하는 것은 쉬운 일이 아니다. 특히 자신의 에러를 보고하는 것을 수반하는 경우에는 특히 그러하다. 과오를 저지른 사람들의 반응은 다양하지만, 솔직하게 고백하는 것을 일반적으로 우선시하지는 않는다. 비록 이런 개인적 문제가 생기지 않는 때에도, 정보를 제공하려고 하는 사람이 보고하는 것에 항상 가치가 있다고 생각하는 것은 아니다. 특히 관리자들이 그 정보에 따라 조치를 취할 가능성에 대해 정보를 제공하려고 하는 사람이 회의적이면 더욱 그러하다. "보고하는 것에 어떤 메리트가 없다면, 일을 추가적으로 할 가치가 있을까?" 게다가, 충분히 상세한 설명서를 작성할 필요성과 어떤 조치가 취해질 것이라는 점이 수긍되었다고 하더라도, 신뢰라고 하는 무엇보다 중대한 문제가 남아 있다. "내가 동료들을 곤경에 빠뜨리는 것은 아닐까?", "내가 곤경에 빠지는 것은 아닐까?"

보고제도에 참여하는 것을 방해하는 몇 가지 강력한 요인이 있는데, 추가적인 일거리, 회의적인 태도(skepticism), 사고가 발생하였다는 사실을 망각하려는 자연스런 원망, 그리고 무엇보다 신뢰의 부족, 보복에 대한 두려움이 그것이다.

요컨대, 보고하는 문화는 보고하는 사람들을 보호하는 것에 대한 문화이다(이것은 공정의 문화에 대한 문제이기도 하다). 그것은 또한 어떠한 종류의 보고들이 신뢰받는가에 대한 문화이기도 하다.

한편, 안전문화는 드문 사고(incident), 실수(mistake), 아차사고, 기타 '무료교훈(free lesson)'에서 얻어진 지식에 의존하기 때문에, 구성원들이 자신들의 에러에 대해 기꺼이 토론하고 싶은 마음이 들도록 안전문화가 조직화될 필요가 있다.

안전문화가 저급한 조직은 실수에 대한 보고나 이를 바로잡을 수 있는 것들에 대한 보고를 철저하게 억제하는 특징을 가지고 있다. 예를 들면 회의록이 없는 등 문서화된 의사소통이 거의 없다. 이것은 어떤 일을 논의하는 집단 밖에 있으면 다른 사람이 무슨 경험을 하였고 무엇을 학습하였는지 알 수 없다는 것을 의미한다. 이러한 조직에서는 주로 소수의 고위직원들끼리만 서로 이야기하는 소위 '클럽문화'가 구성되기 때문에 이러한 한계가 악화되고, 문제를 보고하는 행위는 불경의 증거로 간주되기 때문에 극소수 사람들이 막대한 권력을 가지고 일 또는 동료들에게 개방적이지 않다.

그리고 안전문화가 저급한 조직은 구성원들이 폐쇄된 마음을 가지고 있어 부서(부서원들) 간에 정보가 잘 공유되지 않는다. 보고와 정보전달 역시 차단된다. 자신들의 성과가 초라한 것은 자신들이 보통 수준을 넘는 난해한 일들을 통상적인 수준보다 더 높은 비율로 맡았기 때문이라고 생각한다. 또한 이러한 조직에서는 실패가 있어도 눈에 띄지 않고, 사망은 비정상이라는 라벨로 지나치게 단순화되는 한편, 절차는 철저하지 않고 악화되는 조건하에서 이를 벗어나려는 회복활동은

존재하지 않으며, 시스템에 존경할 만한 전문가가 없다.[10)]

공정의 문화가 조성되어 있다고 하더라도 보고하는 문화가 가능해질 때까지 극복해야 할 심리적 또는 조직적 장해가 여전히 수많이 존재한다. 먼저, 가장 명백한 것으로서, 자신의 잘못을 자백하고 싶지 않다고 하는 극히 자연스런 감정이다. 즉, 자신이 저지른 것에 대해 조롱받고 싶지 않은 것이다. 두 번째는, 그와 같은 보고가 기록에 남고 장래의 자신의 평가에 사용되는 것은 아닐까 하는 의심이다. 세 번째는 회의주의이다. 만약 우리가 시스템의 취약성을 드러내는 사고(event = incident)보고를 애써 작성하더라도, 경영진이 그것을 개선한다는 것을 어떻게 보장할 수 있는가? 네 번째는 현실적으로 이와 같은 보고를 문서로 작성하려면 시간과 노력이 필요하다는 점이다. 이러한 장해에도 불구하고 왜 골머리를 앓으면서 보고를 할 필요가 있는 것일까?

성공한 보고시스템의 몇 가지 특징에 대하여 설명한다. 각각의 항목은 앞에서 언급한 한 개 이상의 장애를 극복하려고 고안된 것이다.

- 비식별성: 이것이 어떻게 확보되는가는 조직의 문화에 의존한다. 완전한 익명성을 바라는 사람도 있지만, 그 경우에는 신고내용에 대하여 모르는 부분을 보충하기 위한 추가정보를 취득하는 것이 어렵다는 결점이 있다. 어떤 조직에서는 극히 한정된 사람들만 보고자를 알 수 있는 기밀성에 만족한다.
- 보호: 성공적인 프로그램을 가지고 있는 조직은 일반적으로 최고경영자로 하여금 모든 보고자가 징벌절차로부터 최소

10) K. E. Weick and K. M. Sutcliffe, *Managing the Unexpected: Resilient Performance in an Age of Uncertainty*, 2nd ed., John Wiley & Sons, 2007, pp. 129-131 참조.

한 부분적 면책을 받을 수 있도록 보장한다는 선언을 하도록 한다. 통상적으로는 사건발생 후의 특정기간 내에 보고된 것으로 한정된다. 그리고 완전한 면책을 제공하는 것은 불가능하다. 왜냐하면, 이 중 일부 행위들은 실제로 비난받을 만하기 때문이다. 그러나 이들 성공적인 프로그램의 경험에 의하면, 그러한 제한적인 면책 보장에 의해 이른바 의도가 없는 에러의 보고를 충분히 유도하는 것이 가능하다.

- 기능의 분리: 성공적인 프로그램은 보고를 수집하고 분석하는 부서·부문과 징계절차를 추진하는 권한을 가지는 부서·부문을 분리하고 있다.
- 피드백: 성공적인 프로그램은 작업자들이 조직적 블랙홀을 향하여 보고하고 있다고 느끼게 되면, 보고는 머지않아 고갈될 것이라는 점을 알고 있다. 신속하고 유용하고 접근할 수 있고 알기 쉬운 피드백을 보고자에게 행하는 것이 필수불가결하다. 이 피드백은 종종 제기된 이슈와 이행되어 온 대응조치를 정리한 요약보고서를 발행하는 것에 의해 달성된다. 그리고 NASA와 같은 일부 큰 조직에서는 연구자, 분석자에게 이용될 수 있는 데이터베이스를 운영하고 있다.
- 보고의 용이성: 일부 조직에서는 응답자들에게 기재된 에러유형 또는 환경조건의 어느 것이 사고에 관련되었는지를 제시하도록 하는 한정된 수의 강제된 선택형 설문에 답하도록 하는 형식에서 출발하였다. 그러나 머지않아 경험은 보고자들이 좀 더 오픈되고 제한이 적은 형식을 선호한다는 것을 말해준다. 나아가 최근의 보고형식에서는 응답자들이 좀 더 많은 이야기를 말하고 자신들의 인식 또는 판단을 표현할 수 있는 자유로운 문장 보고를 장려하고 있다. 이야기 형식으로 기술하는 것은 많은 각각의 요인의 복잡한 상호작용을 파악하는 우수한 방법이다. 이러한 서술에는 시간이

좀 더 걸릴 수 있지만, 보고자들은 이것이 특히 재발을 방지하기 위하여 무엇을 해야 하는지에 대한 자신의 생각을 말하는 기회를 제공하기 때문에 이것을 선호한다.

성공적인 보고시스템을 구축하는 유일한 최선의 방법은 없다. 위의 항목들은 유익한 사고보고를 수집하는 데 있어 장해를 제거하기 위한 몇 개의 특징을 가리키는 데 지나지 않는다. 각각의 조직은 무엇이 최선인지를 발견하기 위한 효과적인 수단을 마련해야 한다.

역설적으로 성공적인 프로그램에서는 흔히 사고보고의 양이 점점 증가하는 현상이 보일 수 있다. 프로그램의 초기단계에서는 이것이 타당한 해석일 가능성이 크지만, 사고보고수의 증가가 큰 신뢰의 징후라고 단순히 간주될 수 없는 시기가 오는 경우도 있다. 이것은 많은 수의 안전상 중요한 사건이 시스템 내에서 발생하고 있다는 것을 의미할 수도 있기 때문이다. 그러나 필자가 아는 한에서는, 보고프로그램 중에서 이것(보고하는 문화가 조성되어 있는지 또는 시스템에 많은 문제가 있는지)을 구별하는 수준에 도달한 것은 거의 없다. 어떤 경우에도 단순히 보고 수만으로는 시스템의 안전성의 좋은 지표가 될 수 없다. 보고 수만으로 평가하는 것은 에러와 아차사고의 실제 발생 정도를 항상 과소평가하게 될 가능성이 높다. 안전정보시스템의 최대의 가치는 반복하여 발생하는 사건의 패턴, 에러를 유발하는 함정과 결함 또는 방호수단의 약점을 식별하는 능력에 있다.[11]

11) J. Reason, *Managing Maintenance Error*, Ashgate, 2003, pp. 151-153 참조.

나. 보고문화의 구축방법

일반적으로 사고보고 프로그램이 성공적으로 운영되기 위해서는, 즉 사고보고가 적극적으로 이루어지도록 하기 위해서는 사고보고의 양과 질 쌍방을 결정하는 중요한 요인으로서 다음과 같은 다섯 가지 요인이 충족될 필요가 있다.

① 징계처분 면책 – (실행)가능한 한
② 비밀성 또는 식별(확인) 불가
③ 보고를 수집·분석하는 부문과 징계처분, 제재를 하는 부문의 분리
④ 보고자에게 신속하고 유용하며 이용(접근)할 수 있고 알기 쉬운 피드백
⑤ 보고의 용이성

①~③은 신뢰 분위기를 조성하는 데 불가결한 것이고, ④, ⑤는 사람들로 하여금 보고를 잘 하도록 동기부여하기 위하여 필요한 것이다. 오리어리(M. O'Leary)와 챠펠(S. L. Chappell)은 그 필요성을 다음과 같이 설명한다.

> 사고를 일으킨 오류를 밝히는 데 효과적인 어떠한 사고보고 프로그램도 보고자의 신뢰를 얻는 것을 최우선으로 하고 있다. 이것은 보고자 자신의 에러를 솔직하게 보고하도록 하는 경우에 더욱 중요하다. 이와 같은 신뢰관계가 없으면, 보고가 선별적이 되고, 특히 중요한 인적 요인 정보가 아마도 보고되지 않게 될 것이다. 잠재적인 보고자가 안전조직을 신뢰하지 않는 최악의 경우에는 전혀 보고되지 않을 수도 있다. 신뢰는 바로 얻어지지 않는다. 보고시스템이 보고자의 우려를 잘 헤아린다는 것이 밝혀지기 전에는 개인들은 보고를 주저할 것이다. 보고 프로그램을 성공시키기 위해서는 신뢰가 중요한 기초이고, 오랜 기간 잘 운영되어 왔다고 하여도 신뢰를 적극적으로 보호

하여야 한다. 보고의 결과로 처벌받는 보고자가 한 명이라도 존재한다고 하면, 신뢰는 무너지고 유용한 보고의 흐름은 중단될 것이다.[12)]

보고시스템에 대한 논리적 근거는 에러·사고를 유발하는 국소적 요인, 조직적 요인에 관한 유효한 피드백이 개인을 비난하는 것보다 훨씬 중요하다는 점이다. 따라서 정보제공자와 그의 동료가 보고 때문에 징계조치를 받는 것으로부터 그들을 가능한 한 보호하는 것이 필수적이다. 그러나 그 보호(면책)에는 한계가 있을 것이다. 이 한계에 대해서는, NASA의 항공안전보고시스템(Aviation Safety Reporting System: ASRS)과 관련하여 발행된 '징계처분 면제증서(Waiver of Disciplinary Action)'에 가장 명확하게 정의되어 있다. 다음 서술은 면책개념이 사고보고서를 작성하는 조종사에게 어떻게 적용되는가를 설명하는 미국 연방항공국(Federal Aviation Agency: FAA)의 권고안내서(Advisory Circular: AC No. 00-46C)에서 발췌한 내용이다.

FAA는 연방항공규제법을 위반한 사고(incident) 또는 사건(occurrence)에 관하여 NASA에 보고를 하는 것이 건설적인 접근방식을 나타내는 것이라고 평가한다. 이와 같은 접근방식은 장래의 위반을 방지하게 될 것이다. 따라서 위반사실이 확인되더라도, 다음과 같은 경우에는 과태료 또는 면허정지와 같은 제재가 이루어지지 않는다. 즉, 제재로부터 면책된다.

① 위반이 부주의에 의한 것이고 고의에 의한 것이 아닐 것
② 위반이 형사범죄, 재해(accident) 또는 … 자격 또는 역량의 결여와 관계가 없을 것
③ 발생일 이전 5년간 연방항공규제법에 위반하여 FAA로부터

12) M. O'Leary and S. L. Chappell, "Confidential incident reporting systems reporting systems create vital awareness of safety problems", *ICAO journal*, 51, 1996, p. 11.

제재를 받은 적이 없을 것

④ 위반 후 10일 이내에 ASRS에 따라 NASA에 사고 또는 사건 보고서를 작성하여 통보하였다고 입증할 것[13]

이 방식은 원활하게 기능하였다. ASRS의 보고율은 초기에도 높았다.[14] 초기에는 한 달 평균 약 400건의 보고가 있었다. 1990년대 중반에는 한 주에 약 650건, 한 달에 2,000건 이상의 보고가 이루어졌다. 1995년에는 30,000건 이상의 보고가 있었다.

영국 항공안전정보시스템(British Airways Safety Information System: BASIS)은 여러 가지 보고방식을 커버하도록 수년에 걸쳐 확대되어 왔다. 모든 승무원은 항공안전보고서(Air Safety Reports: ASR)를 이용하여 안전성에 관련된 사건을 보고하도록 요구되고 있다. ASR은 익명은 아니다. ASR에 의한 보고를 촉진하기 위하여 영국 항공승무원지침(British Airways Flight Crew Order)에서는 다음과 같이 서술하고 있다.

> 항공안전에 영향을 미치는 사건을 보고하더라도, 영국항공(British Airways)은 통상적으로 이에 대해 징계처분을 하지 않는다. 회사의 판단으로 훈련과 경험을 쌓은 상당히 신중한 종업원이라면 행하지 않았거나 감수하지 않았을 드문 경우에 한하여, 영국항공은 징계처분의 착수를 고려할 것이다.[15]

이 방식 또한 원활하게 작동되고 있는 것 같다. 이 성공은 두

---

13) S. L. Chappell, "Aviation Safety Reporting System: program overview", in *Report of the Seventh ICAO Flight Safety and Human Factors Regional Seminar*, Addis Ababa, Ethiopia, 18-21 October, 1994, pp. 312-353.

14) ASRS는 1976년에 시작되었다.

15) J. A. Passmore, "Air Safety report form", *Flight Deck*, Spring 1995, pp. 3-4.

가지 통계에 의해 뒷받침되고 있다. 첫째, ASR의 보고율은 발족 당시인 1990년과 1995년 사이에 3배 이상 증가하였다. 둘째, 중대한 고위험 범주로 분류되는 보고의 합계가 1993년 상반기와 1995년 상반기 사이에 3분의 2로 감소하였다.

BASIS의 또 하나의 중요한 요소는 1992년에 제정된 영국항공의 '비공개 인적요인 보고 프로그램(Confidential Human Factors Reporting Programme)'이다. ASR이 양호한 기술정보, 절차정보를 제공하였지만, 인적 요인의 문제에 좀 더 감도가 높은 정보채널의 필요성이 인지되었다. 현재 ASR을 보고하는 각 조종사는 사고와 관련된 인적 요인에 대한 비공개 설문조사에 답하도록 요구되고 있다. 설문조사에 답할지 여부는 자유이다. 영국항공의 안전담당 부서의 책임자는 초판의 머리말에 다음과 같은 서약을 하였다.

> 여러분들이 제공한 정보는 안전담당부서에 의해 기밀로 취급되고, 자료가 처리된 후에 이 설문지는 바로 폐기될 것이라는 것을 절대적으로 보증한다. 이 프로그램은 우리 부서만 접근할 수 있다.

운영 첫해에 인적요인 보고 프로그램에는 550건의 유용한 보고가 이루어졌다. 보고서에서 제기된 문제는 경영층에 정기적으로 전달되었지만, 보고의 익명성을 유지하기 위하여 사건으로부터 중요한 안전문제를 분리하기 위한 많은 주의가 기울어졌다.

BASIS로의 또 하나의 중요한 입력정보는 '특이사건 발굴 및 중요분석(Special Event Search and Master Analysis)'으로부터 입수된다. 이것은 영국항공의 여러 항공기종의 비행자료기록기(Flight Data Recorder: FDR)를 직접 모니터링함으로써 보고의 필요성을 생략하고자 하는 것인데, 동시에 승무원의 익명성을 철저히 보장하고 있다. 각 비행별 FDR는 안전표준에서 일탈하였다고 여겨지는 사건에 대해 조사된다. 모든 사건은 BASIS 데이터베이스에 등록되고, 더 중요한 사건은 기술관리자와 조종사 조합대표 간의 월례회의에서 논의된다. 만약 사건이 매우 중대하다고 판단되면, 조합대표는 당해 승무원과 그 문제에 대하여 논의하도록 되어 있는데, 이 단계에서도 경영층에게 신분이 알려지지 않는다.

한편, NASA의 ASRS 스태프가 보고를 받으면, 이것은 다음과 같은 방법으로 처리되는데, 보고자의 익명을 보장하기 위하여 많은 배려가 이루어진다.

- 최초의 분석에서 사고, 범죄행위와 연관된 보고 또는 '안전과 무관한 내용'으로 분류되는 보고는 제외한다.
- 보고가 암호화되고 보고자도 익명화된다. 이 단계에서 보고자에게 보고의 수리와 익명화된 사실을 전화로 연락한다.
- 내용 체크 후에 정보는 ASRS의 데이터베이스에 등록되고 원래의 보고는 폐기된다.

비밀을 보장하는 가장 확실한 방법은 보고 자체를 익명으로 하는 것이다. 그러나 오리어리와 챠펠이 지적하였듯이, 이것은 항상 가능한 것은 아니고 바람직하지도 않다.[16] 완전히 익명으로 하는 것의 중요한 문제점은 다음과 같다.

- 분석자가 의문을 해결하고 싶어도 보고자에게 연락을 할 수 없다.
- 일부 관리자는 익명보고를 불만을 품은 말썽꾼의 짓이라고 일축할 가능성이 높다.
- 작은 회사에서는 익명을 보장하는 것이 사실상 불가능하다.

---

16) M. O'Leary and S. L. Chappell, "Confidential incident reporting systems reporting systems create vital awareness of safety problems", *ICAO journal*, 51, 1996, pp. 11-13.

오리어리와 챠펠이 내린 결론은 다음과 같다. ASRS와 같이 나중에 보고자의 소속, 성명 등을 삭제하는 것이 아마도 비밀을 유지하기에 가장 현실적인 방안이다. 국가 차원에서 완전히 비식별화(de-identification)한다는 것은 당사자의 성명뿐만 아니라 날짜, 시간, 편명, 항공회사명도 제거하는 것을 의미한다. 비식별화의 기준은 모든 잠재적 보고자에게 알려지고 이해되어야 한다.

신뢰 구축을 위한 또 하나의 중요한 방안은 보고를 접수하는 조직을 규제기관과 고용주인 회사로부터 독립시키는 것이다. ASRS의 경우와 같이 이상적으로는 보고시스템의 분석자가 잠재적 보고자에 대해 법률적인 권한 또는 운영상의 권한을 가져서는 안 된다. 대학과 같은 이해관계가 없는 제3자에 의해 운영되는 보고시스템은 보고자의 신뢰를 얻는 데 도움이 된다. 만약 BASIS과 같이 보고시스템이 회사의 내부에 있다면, 보고의 접수부서가 운영관리(operational management)와는 완전히 독립되어 있는 것으로 인식되게 함으로써 비밀성에 대한 필요한 보장을 제공하여야 한다.

신뢰의 결여(또는 상실) 외에, (보고자의 입장에서) 유용한 결과(피드백)를 얻지 못하고 있다고 느끼는 것보다 사건보고를 위축시키는 것은 없을 것이다. ASRS와 BASIS 둘 다 자신들의 각 집단에 유의미한 정보를 신속하게 피드백하는 것에 많은 중점을 두고 있다. 만약 ASRS의 보고가 항행지원(navigation aid)장치의 결함, 혼란을 야기하는 절차서, 부정확한 차트 등과 같은 잠재적 위험상황을 기술하고 있으면, 관계당국이 문제를 조사하고 필요한 시정조치를 취할 수 있도록 경고메시지가 관계당국에 즉시 보내진다(전술한 바와 같이, ASRS는 자체적으로 법적 또는 운영상의 권한을 가지고 있지 않다). 1976년에 이 프로그램이 시작된 이래, ASRS팀에 의해 약 1,700건의 경고 보고 및 통고(정보제공)가 이루어졌다. 1994년에 경고 보고와 통고에 대한 조치율은 65%이었다.

마지막으로 고려하여야 할 요소는 보고의 용이성이다. 응답자가 보고서를 작성할 것으로 기대되는 상황이 매우 중요한 것처럼, 보고양식 또는 설문지의 양식, 길이, 내용도 매우 중요하다. 프라이버시 보호와 수월한 회신방식이 보고를 촉진하는 매우 중요한 동기가 된다. 뒤집어 말하면, 그것이 없으면 장해가 될 수 있다.

> 보고양식이 길고 회답에 긴 시간이 걸리면, 보고자는 노력하여 보고하려고 하지 않을 가능성이 있다. 만약 보고양식이 너무 짧으면 사고에 관한 필요한 정보를 얻기 어렵다. 일반적으로 질문을 구체적으로 하면 할수록 설문지를 작성하는 것은 더 쉽다. 그러나 제공되는 정보는 질문의 선택에 의해 제한받을 것이다. 보고자의 인식, 판단, 결정 및 행위에 대해 좀 더 자유로운 의견을 구하는 질문은 이 제한을 받지 않고 보고자에게 이야기의 전용(全容)을 말하는 좋은 기회를 제공할 것이다. 이 방법이 사고에 관한 모든 정보를 수집하는 데는 효과적이지만, 시간이 오래 걸리고 통상적으로 보고시스템 내의 더 많은 분석적 자원을 필요로 한다.[17]

조직목적과 잠재적 보고자 모두에게 가장 잘 맞는 양식을 생각해 낼 수 있으려면 어느 정도의 시행착오적 학습을 거치는 것이 필요할 수 있다.[18]

2. 공정의 문화

가. 공정문화의 중요성

안전문화는 결정적으로 개방적이고 자유스러우며 비징벌적인

17) Ibid., p. 12.

18) J. Reason, *Managing the Risks of Organizational Accidents*, Ashgate, 1997, pp. 197-202 참조.

(monpunitve) 환경의 조성을 중요하게 요구한다. 그런 환경에서는 구성원들이 부정적인 사건들이나 아차사고들을 안심하고 보고할 수 있다. 공정의 문화 개념은 정보를 제공받는 것의 부가적인 특성(개방적이고 자유스러우며 비징벌적인 환경)을 강조한다.

조직은 비난과 징벌을 어떻게 다루는가에 의해 특징지어진다. 이를 다루는 방식은 보고되는 것에 영향을 미칠 수 있다. 공정의 문화는 필수적인 안전 관련 정보를 제공하는 것이 장려되고 보상받기까지 하는 신뢰의 분위기로 표현된다. 공정문화의 필요조건은 허용(수용)할 수 있는 행동과 그렇지 않은 행동의 경계선이 어디에 그어져야 하는지에 대해 구성원들이 확실히 알고 있어야 한다는 점이다.[19] 경계선이 중요한 이유는 그것이 제재를 받을 만한 허용할 수 없는 행동과 징벌이 적절하지 않고 학습의 잠재력이 큰 허용할 수 있는 행동을 구별해 주기 때문이다. 어떤 행동을 하더라도 처벌을 면해주는 문화는 작업자들이 보기에 신뢰성이 낮아 보일 것이기 때문에 그런 경계선을 없애는 것은 결코 바람직하지 않다.[20] 리즌은 이 경계선이 명확하면 불안전한 행동 중에서 약 10%만이 실제 허용할 수 없는 행동 범주에 들어간다고 주장한다. 나머지 90%는 비난받지 않고 처벌의 두려움 없이 보고될 수 있다는 의미이다. 그러나 사람들이 징벌의 근거에 해당하는 것에 대해 확실하게 알고 있지 못하면, 사람들이 실수를 인정하는 것을 부끄럽게 여기면, 그리고 경영진이 실수를 일관성 없이 다루면, 이 90%는 숨겨질 것이다. 그 결과, 시스템은 자신이 얼마나 취약한지를 이해하는 데 있어 심각하게 결함이 있는 상태가 된다.[21]

19) Ibid., p. 195.

20) J. Reason, "Achieving a safe culture: Theory and practice", Work & Stress, 12:3, 1998, p. 303.

21) K. E. Weick and K. M. Sutcliffe, *Managing the Unexpected: Resilient Performance in an Age of Uncertainty*, 2nd ed., John Wiley & Sons, 2007, pp. 131-132 참조.

행정기관의 조사·감독도 비난하기와 오명 씌우기 방식으로 수행되고 개인이나 그룹의 책임을 지목하는 경향이 있다. 즉, 주로 개인에게 비난을 가하는 식으로 문제를 해결하곤 한다. 그러나 많은 개방성과 적은 비난이 사람들로 하여금 "누구의 잘못인가?"라고 묻지 않고 "무슨 일이 일어난 것인가?"라고 묻게 한다는 점을 명심할 필요가 있다.

특정 개인들을 비난하는 것이 타당할 수도 있다. 그러나 그것은 종종 거기에서 끝나버리고 마는 너무나 단순한 대응방식이다. 결정적인 문제는 그것이 관심을 개인들이 일하는 '환경(context)'에서 비켜가게 한다는 점이다. 책임을 지는 개인들은 교체될 수 있다. 그러나 그 문제를 일으켰던 환경은 계속해서 유지된다. 따라서 동일하거나 유사한 문제들이 동일한 장소나 그 밖의 장소에서 다시 일어나는 것은 단지 시간문제이다.[22)]

개인을 비난하려는 강력한 유혹에 저항할 필요가 있다. 비난하는 관행은 사람들에게 낙인을 찍고 그들이 솔직하게 말하는 것을 단념시킨다. 조직의 문화가 '시스템' 실패에 중점을 두는 접근에 칭찬하고 장려하는 경우에만 시스템을 위해 솔직하게 말하는 사람들이 그런 낙인을 피할 수 있다. 이는 쉽지 않은 일이다. 미국의 사회학자 본은 이 점을 확실히 하고 있다.[23)]

> 비난의 정치가 조직이 실패할 때 우리의 관심을 다른 것이 아닌 어떤 개인들에게 돌리도록 한다는 점은 변함없는 사실이다. 그렇게 되면 수용되는 설명은 '작업자 실수'라는 모습을 띠게 되고, 작업에 실제 책임이 있는 자 – 선장, 행정기관, 기술자, 중간관리

---

22) *The Report of the Public Inquiry into Children's Heart Surgery at the Bristol Royal Infirmary, 1984-1995: Learning from Bristol*, Document no. CM 5207, Stationery Office, 2001, p. 259, para. 20.

23) D. Vaughan, *The Challenger Launch Decision: Risky Technology, Culture, and Deviance at NASA*, University of Chicago Press, 1996, pp. 392-393.

자 – 를 매스컴의 관심에서 분리시킨다. 우리는 대부분 표면상의 모습을 넘어보려면 많은 시간과 에너지가 소비되기 때문에 본의 아니게 거기에 가담한다. 그러나 우리는 공모자들이기도 하다. 우리는 사회적 실패를 비난하고 싶은 쪽으로 해석하고, 심리적 설명을 선호하며, 구조적이고 문화적 원인을 찾는 일에는 무능하며, 빨리 파악될 수 있는 직접적이고 간단한 답을 원하기 때문이다. 그러나 답은 대부분 그렇게 간단하지 않다.

완전한 공정문화 조성은 거의 확실히 달성 불가능한 이상론이다. 그러나 대다수의 조직 구성원이 공정이 대체로 구현될 것이라는 믿음을 공유하는 조직은 가능성의 한도 내에 있다. 우선 분명히 해둘 점은 두 가지이다. 첫째, 그 원인, 환경에 관계없이 에러를 포함한 모든 불안전행동을 제재하는 것은 수긍하기 어렵다. 둘째, 조직사고에 기여하였거나 기여할 수 있는 행위 모두에 대하여 일률적으로 면책시키는 것 또한 마찬가지로 수긍하기 어렵다. 사고유형에 따라서는 위험한 기술의 파국적인 타격으로 이끄는 상황적이고 시스템적인 요인에 중점을 둘 필요가 있지만, 다른 한편으로는 비교적 드물게나마 사고가 특정 개인의 터무니없이 무모하거나 태만한 또는 악의조차 띤 행동의 결과로 일어날 수 있는 것을 인정하지 않는 것은 어리석다. 어려운 점은 좀처럼 발생하지 않는 정말 나쁜 행동과 비난이 적절하지도 유익하지도 않은 대부분의 불안전행동을 구분하는 것에 있다.[24)]

전술한 바와 같이 공정문화를 조성하기 위한 전제조건은 허용할 수 있는 행위와 허용할 수 없는 행위의 경계선을 긋기 위한 합의된 일련의 원칙이다.

24) 이하는 주로 J. Reason, *Managing the Risks of Organizational Accidents*, Ashgate, 1997, pp. 205-213 참조.

참고 공정문화와 비난가능성(유책성)의 기준[25]

조직에서 공정문화의 존재는 안전문화와 밀접한 관련이 있다. 공정문화가 창출하는 신뢰 덕분에 구성원들이 더 기꺼이 안전 관련 문제를 파악하기 때문이다. 그러나 비징벌적(nonpunitive) 문화는 모든 제재, 즉 모든 행동기준을 포기하는 것을 의미하는 것일까?

그렇지 않다. 리즌(James Reason)의 정의 자체도 허용할 수 없는 행동의 존재를 인정한다. 리즌도 피해를 끼치는 의도적인 시도, 의도적인 태만(negligence) 또는 무모함(recklessness) 등은 허용할 수 없는 행동이라고 말했다. 리즌에 따르면, 공정문화는 허용할 수 없는 행동과 비난할 여지가 없는 불안전한 행동의 경계선이 어디에서 그어져야 할지를 우선적으로 결정하는 것에 크게 의존한다.

조직이 공정문화 안에서 비난가능성(유책성)의 기준을 설정하는 방법을 이해하기 위해서는, 사람이 어떻게 에러를 저지르는지에 대해 우리 스스로에게 상기시킬 필요가 있다. 사람들은 세 가지 종류의 에러를 경험한다. 첫째는 사람들이 '자동 조종' 모드에서 수행되는 기계적인 업무를 할 때 발생하는 '숙련 기반 에러'이다. 둘째는 사람들이 일련의 학습된 규칙 또는 원리를 사용하는 익숙한 상황에서 일할 때 발생하는 '규칙 기반 에러'이다. 셋째는 사람들이 익숙하지 않은 상황에서 일하고 있는데 내부 규칙이나 경험이 부족할 때 발생하는 '지식 기반 에러'이다.

숙련 기반 에러를 저지른 사람들을 비난할 여지가 없다고 생각하는 경향이 있지만, 임무에 부적합하였는데 이를 알고

25) C. Clapper, J. Merlino and C. Stockmeier(eds.), Zero Harm - How to Achieve Patient and Workforce Safety in Healthcare, McGraw-Hill, 2019, pp. 144-146 참조.

도 일을 하거나 눈앞의 일에 충분한 주의를 기울이지 않으면, 이러한 개인들에게 어느 정도의 의도가 있다는 것은 당연하다. 규칙 기반 에러에는 높은 정도의 의도가 관련되어 있다. 사람들은 일부러 규칙을 잘못 적용하거나 의식적으로 규칙을 준수하지 않기로 결심한다. 개인들이 업무를 정확하게 수행하는 데 요구되는 지원 또는 전문지식을 구하지 않는 경우에는 숙련 기반 에러 역시 의도적인 것으로 간주된다. 비난가능성을 정할 때, 조직은 종사자가 저지르는 에러의 종류와 행동이 의도적인 정도를 검토해야 한다.

리즌은 비난받을 일의 결과(outcome)와 평가(evaluation)를 구별함으로써 비난가능성에 대해 해결의 실마리를 던져 주고 있다. 12시간 만에 교대하기로 되어 있는데 14시간 연속으로 일해 온 갑이라는 작업자를 생각해 보자. 동료가 아파서 결근하는 바람에 실제 작업량이 평소보다 2배 많았다. 갑이 작업발판의 결속을 충분히 하지 않은 바람에 동료 작업자가 추락하여 다리 골절상을 입었다. 다른 작업자 을도 교대하자마자 비슷한 실수를 하였다. 작업발판 결속작업을 시작하려고 할 때 휴대전화 메시지를 확인하느라 주의가 산만해진 탓이었다. 을은업발판 결속을 제대로 하지 않은 실수를 한 적이 있다고 스스로 보고했다. 을의 잘못으로 사고가 발생하지는 않았다.

을의 행동에 분명히 더 큰 비난가능성이 있지만, 결과의 관점에서 비난가능성에 대해 엄격히 생각하면, 조직은 을이 아니라 갑을 처벌할 것이다. 갑의 에러는 다른 사람에게 피해를 야기했지만, 을의 에러는 그렇지 않았기 때문이다. "피해 없으면 반칙 없다"는 접근방법을 적용하는 것의 문제는 조직이 의도하지 않은(악의가 없는) 실수를 하는 사람들을 지원하지 못하고, 잘못된 선택을 한 사람들을 코치하고 안내하지 못하며, 에러를 야기하는 시스템의 문제를 해결하지 못할 수도 있다는 점이다. 공정문화의 원칙은 조직에게 실수가 얼마나 많은 피해를 끼쳤는지와는 독립적으로 비난가능성을 평가하고 이를 통해 안전을 개선할 가능성을 극대화할 것을 요구한다.

모든 인간의 행동은 다음 3가지 요소를 포함하고 있다.

- 당면 목표와 그것을 달성하기 위해 필요한 행동을 구체화하는 '의도'. 이 경우 목표 관련 행위는 전적으로 자동적(무의식적)이거나 습관적인 것은 아니다.
- 이 의도에 의해 유발되는 '행위'. 이 행위는 행동계획에 따르는 경우도 있지만 그렇지 않은 경우도 있다.
- 이들 행위의 '결과'. 바람직한 목표를 달성할 수도 그렇지 않을 수도 있다. 이런 점에서 볼 때 행위가 성공하는 경우도 있지만 실패로 끝나는 경우도 있다.

성공은 의도한 행동이 당면한 목표를 달성하였는지 여부에 의해서만 결정되지만, 성공하였다고 하여 항상 올바르다는 것을 의미하는 것은 아니다. 성공한 행동이 올바르지 않을 수도 있다. 즉, 성공한 행동이 일부분의 목적을 달성할 수는 있지만, 무모하거나(reckless) 부주의한 행동일 수 있다.

법률에서는 무모한 행위를 하는 사람은 의도적이고 정당화될 수 없는 위험(예상할 수 있는 위험으로서 확실하지는 않지만 나쁜 결과에 이를 가능성이 높은 위험)을 무릅쓰는 사람을 의미한다. 그러나 스미스(J. C. Smith)와 호간(B. Hogan)은 다음과 같이 지적하고 있다.

항공기 조종사, 수술을 하는 외과의, 서커스의 줄타기 기획자 등은 모두 그들의 행위가 사망을 초래할 수도 있다는 것을 예상하고 있을 것이다. 그러나 우리는 그 리스크가 이치에 맞지 않는 것이 아니면 그들을 무모하다고 말해서는 안 된다. 당해 리스크가 이치에 맞는지 여부는 예측한 폐해의 발생가능성뿐만 아니라 관련된 행동의 사회적 가치에도 달려 있다.[26]

한편, 과실(negligence)은 '합리적이고 신중한' 사람이라면 예견하고 피하였을 결과를 일으킨 것과 관련된다. 사람은 일정한 상황에 대하여 부주의할 수 있다. 즉 "합리적인 사람이라면 어떤 상황의 존재를 인식하고 부주의하게 행동하는 것을 피하였을 것이지만, 어떤 사람은 그러한 상황에서 부주의한 행동을 한다."[27] 예를 들면, X가 총에 총알이 장전되지 않았다고 믿으면서 총을 들고 Y를 겨누어 방아쇠를 당겼다. 만약 합리적인 사람은 총알이 아마도 장전되어 있었을 거라고 인식하고 그렇게 행동하는 것을 피하였을 거라면, X는 상황에 대하여 부주의하게 행위를 한 것이 된다. 만약 총에 총알이 장전되어 Y를 죽였다면, X는 결과에 대하여 과실이 있었던 것이 된다. 법정에서 검사는 그 사람이 그 행위 시에 어떤 정신상태에 있었는지를 증명할 필요는 없다. 특정 행동이 어떤 특정 상황에서 실행된 것을 증명하는 것만으로 충분하다. 과실은 역사적으로 「형법」의 개념이라기보다도 「민법」의 개념이고,[28] 무모함(recklessness)[29]보다 비난가능성(유책성)의 정도가 훨씬 가볍다.

---

26) J. C. Smith and B. Hogan, *Criminal Law*, 3rd ed., Butterworths, 1975, p. 45.

27) Ibid., pp. 45-46.

28) 형법에서 과실범은 "과실로 인하여"라는 표현을 사용하는 등 처벌을 명시하고 있는 경우만 예외적으로 가벌적이고, 처벌하는 경우에도 그 형벌이 고의범에 비하여 현저하게 낮게 법정되어 있다.

29) 무모함(recklessness)은 대륙법계 형법에서의 '미필적 고의'와 '인식 있는 과실'에 해당한다. 영미법계 형법에서는 미필적 고의와 인식 있는 과실을 구별하지 않고 이들을 무모함으로 통합하여 과실과 고의 사이에 위치하는 것으로 보고 있다.

위험한 기술의 운영에 관련된 사람들은 종종 그들의 훈련 이수에 따른 책임 부담 및 인간 오류에 관련된 큰 위험 부담을 추가적으로 지는 것으로 여겨진다. 예를 들면, 1978년 테일러(Alidair v. Taylor) 사건에서 데닝(Lord Denning)은 다음과 같이 판결을 내렸다.

> 요구되는 전문적 기술의 정도가 매우 높고 그 높은 기준에서 아주 조금만 벗어나도 그로 인한 잠재적 결과가 매우 심각한 작업이 있다. 이와 같은 높은 기준에 따라 이행하는 것을 실패한 것은 해고의 정당한 이유가 된다.

이 '모두를 처벌'하는 (너무도 냉혹한) 이 판결은 여러 측면에서 불만족스럽다. 에러를 조장하는 상황적 요인뿐만 아니라 에러가 도처에 존재하는 것을 무시하고 있다. 또한 인간 실패의 다양성과 인간 실패와 관련된 심리적 배경의 차이를 고려하지 않고 있다. 이러한 판단을 밀고 나가 비상식적인 결론에 도달하면, 위험기술 분야에서 안전상 중요한 일을 수행하는 모든 항공기 조종사, 제어실 운전원 등은 잘못을 저지르기 쉽기 때문에, 언젠가는 데닝의 '엄격한 기준'을 불가피하게 충족하지 못하여 모두 해고될 것이다. 현명하고 저명한 판사라 할지라도 항상 옳은 것은 아니다.

훨씬 더 적절한 가이드라인(지침)은 존스톤(Neil Johnston)의 '치환(대체)테스트(substitution test)'이다.[30] 이 테스트는 가장 우수한 사람이라도 최악의 에러를 저지를 수 있다는 원리에 근거하고 있다. 우리가 어떤 특정인의 불안전행동이 연루된 재해(accident) 또는 중대한 사고(serious incident)에 직면하였을 때, 다음과 같은 정신테스트를 하는 것이 바람직하다. 당

30) N. Johnston, "Do blame and punishment have a role in organizational risk management?", *Flight Deck*, Spring 1995, pp. 33-36.

사자를 동일한 활동분야에서 동등한 자격과 경험을 가진 다른 사람으로 치환(대체)한다. 그리고 다음과 같은 질문을 한다. '사건이 어떻게 전개되었는지와 실제상황에서 당사자에 의해 어떻게 인지되었는지를 고려할 때, 새롭게 대체된 개인이 다르게 행동하였을 가능성이 있는가?' 만약 대답이 '아마 아닐 것이다(동일하게 행동할 것이다)'라고 할 경우, 존스톤에 의하면, "당사자를 비난하는 것은 시스템적 결함을 모호하게 하고 희생자 중 한 명을 비난하는 것 외에는 아무런 역할도 하지 않는다." 치환테스트의 유용한 추가사항은 당사자의 동료들에게 물어보는 것이다. 즉, "그 당시에 지배적이었던 상황을 상정하여 동일하거나 유사한 형태의 불안전행동을 저지르지 않았을 것이라고 확신하는가?"라고 물었을 때 만약 또다시 답변이 "아마 아닐 것이다."이면, 비난은 적절하지 않은 것이다.

불안전행동에 동반하는 비난가능성을 구별하기 위한 간단한 결정나무(decision tree)를 다음 쪽 그림 5-1에 제시한다. 여기에서는 조사 대상 행동이 재해를 수반한 사고 또는 나쁜 결과를 가까스로 피한 중대한 아차사고(serious incident)에 관여하였다고 가정한다. 조직사고에서는 많은 여러 불안전행동이 존재할 가능성이 있고, 결정나무는 이런 불안전행동의 각각에 별도로 적용하도록 되어 있다. 여기에서 우리들의 관심은 사고의 경위(sequence)의 여러 시점에서 한 명 또는 여러 사람들에 의해 저질러진 개별적 불안전행동에 있다.

중요한 문제는 의도와 관련된 것이다. 만약 행위와 결과 쌍방이 의도된 것이라면, 그것은 범죄의 영역에 속할 가능성이 높고, 따라서 아마도 조직 내부에서 다룰 범위를 벗어날 것이다. 의도하지 않은 행동은 행위착오(slip)와 망각(lapse)이라고 일컫는 것으로, 일반적으로 에러 중에서 책임(비난)의 정도가 가장 낮다.

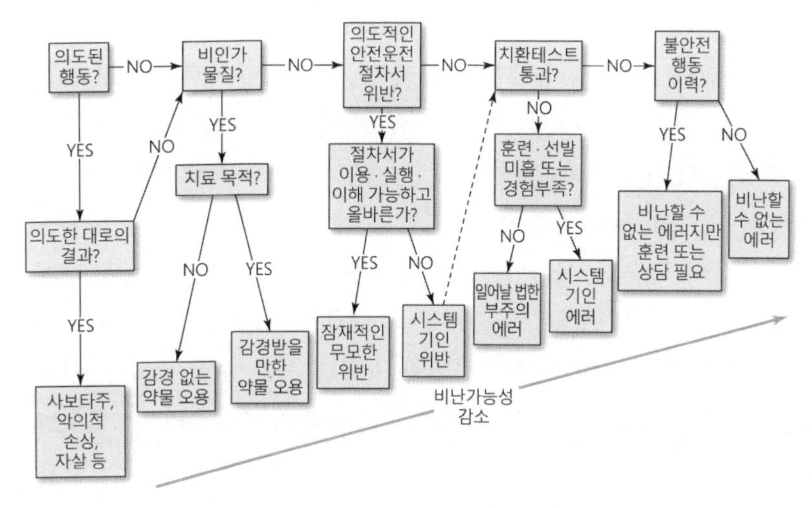

[그림 5-1] 불안전행동의 비난가능성을 결정하기 위한 의사결정 나무

한편, 의도하지 않은 결과(consequence)는 착각(mistake)과 위반(violation)을 포함한다.[31]

위반에 관한 질문을 제외하고는 결정나무는 여러 가지 에러유형을 동일하게 취급한다. mistake에 관한 질문은 그림 5-1에서 제시하고 있는 바와 같다. slip과 lapse에 관한 질문은 slip 또는 lapse가 발생하였을 때 당사자가 무엇을 하고 있었는지에 대한 것이다. 만약 당사자가 그 시점에서 알고 있으면서 안전운전절차를 위반하였다면, 그 결과로 발생하는 에러는 더 비난받아야 한다. 왜냐하면 위반하는 것이 에러를 일으킬 확률과 나쁜 결과가 발생할 기회의 쌍방을 증가시킨다는 것을 알고 있었어야 하기 때문이다.

'비인가물질'에 대한 질문은 누군가 불안전행동을 하였을 때 그가 업무수행에 역기능을 초래하는 것으로 알려진 알코올이나 약물의 영향하에 있었는지 여부를 알아보기 위한 것이다. 통상 비인

31) mistake와 violation 모두 '행위'를 의도한 것이지 나쁜 '결과(재해)'를 의도한 것은 아니다.

가물질의 복용은 자발적인 행위이므로, 그의 연루(involvement)는 높은 정도의 비난가능성을 나타낸다. 1975년 나이로비(Nairobi)공항으로 강하 중에 보잉 747기의 부조종사가 관제탑의 지시를 잘못 들었다. '7 5 0 0' 대신에 '5 0 0 0'으로 들어 5000피트에서 수평을 유지하도록 자동항행장치를 세팅하고 말았다. 불행하게도 비행장의 고도가 유독 높아 비행기는 비행장보다 300피트 낮게 날고 있었다. 비행기가 구름을 뚫고 나왔을 때, 조종사는 고작 200피트(약 61m) 남짓 아래에 지면이 있다는 것을 알게 되었다. 기장의 신속한 행동으로 보잉 점보제트기 최초의 대참사가 될 뻔했던 것을 막을 수 있었다. 나중에 알고 보니, 부조종사가 인도에서 휴가를 보내던 중에 대형촌충에 감염되어 졸림과 메스꺼움 등의 부작용이 있는 비인가 약을 복용한 적이 있었다. 질병 치료를 위해 비인가 약을 복용한 것은 명백히 비난받아 마땅하지만, '쾌락 목적'을 위해 약물, 알코올을 섭취한 것보다는 덜 비난받을 만하다. 위 그림에서는 '감경받을 만한 약물 오용'으로 분류된다. 물론 감경의 정도는 개별상황에 따라 다르다.

규칙을 따르지 않는 것이 거의 무의식적인(자동적인) 작업방식으로 되어 있는 경우(일상적인 지름길인 경우에 종종 발생한다)를 제외하고는, 위반은 규칙을 어기거나 편리하도록 바꾸는 위반자에 의해 이루어지는 의식적인 결정을 수반한다. 그러나 행위는 의도적이지만 일어날 수 있는 나쁜 결과는 의도한 것은 아니라는 점에서, 행위와 결과 쌍방 모두 의도한 것인 사보타주(sabotage)와는 대비된다. 대부분의 위반은 의도 측면에서 악의적인 것은 아니기 때문에, 비난받을 만한 정도는 관련 절차의 질(quality)과 이용가능성에 크게 의존할 것이다. 이것은 상황에 따라 다를 수 있다. 위반자의 동료들로 구성된 '배심원'에 의해 절차의 질과 이용가능성에 하자가 있는 것으로 판단된다면, 문제는 개인보다도 시스템 쪽에 있는 것이다.

그러나 양호한 절차가 쉽게 이용될 수 있는데도 의도적으로 위반한 경우에는, 그 행동이 법률적인 의미에서 무모하였는지 여부에 대하여 질문이 있어야 한다. 그러한 행위는 '필요한 위반', 즉 관련된 절차가 잘못되어 있거나 부적절하거나 또는 작동될 수 없는 경우에 일이 되게 하기 위해 필요한 비준수행위(non-compliant action)[32]보다는 확실히 비난가능성이 높다.

일어날 법한 약물 오용과 의도적인 비준수의 문제가 해결되면, 존스톤의 치환테스트를 적용하는 것이 적절할 것 같다.[33] 문제는 상당히 간단하다. 완전히 동일하거나 매우 유사한 상황에서, 꽤 의욕적이고 동등한 능력과 대등한 자격을 가지고 있는 자가 동일한 종류의 에러를 일으킬 수 있었을까(일으켰을까)? 만약 동료 '배심원'의 대답이 '예'이면, 그 에러는 아마도 비난할 여지가 없을 것이다. 만약 답이 '아니요'이면 그 사람의 훈련, 선발(배치) 또는 경험에 시스템 기인 결함(system-induced deficiencies)이 있었는지 여부를 따져 보아야 한다. 만약 그러한 잠재적 상황이 확인되지 않으면, 부주의에 의한 에러(negligent error) 가능성을 고려해야 한다. 만약 그러한 잠재적 상황이 발견되면, 불안전행동은 대개 비난 여지가 없는 시스템 기인 에러(system-induced error)일 가능성이 있다.

일상적인 slip, lapse를 일으키는 경향은 사람에 따라 많이 그리고 지속적으로 다르다. 예를 들면, 어떤 사람은 다른 사람보다 훨씬 더 방심상태일 수 있다. 만약 문제의 사람이 과거에 불안전행동을 한 이력이 있으면, 금번의 특정상황에서 저지른 에러에 반드시 과실이 있다고는 할 수 없지만, 이것은 교정훈련의 필요성 또는 "회사 내의 다른 일을 맡는다면 모두에게 도움이

---

32) 의도적으로 따르지 않는 행위.

33) 이와 같은 치환테스트는 시스템 기인 위반(system-induced violation)의 비난가능성을 판단하는 데에도 확실히 일정한 역할을 한다.

되지 않을까요?"와 같은 류의 커리어 상담의 필요성을 나타낸다. 방심상태는 능력 또는 지능과 전혀 관계가 없지만, 조종사, 제어실 운전원에게는 특히 도움이 되지 않는 특성이다.

그렇다면 그림 5-1에서 허용 가능한 행동과 허용 가능하지 않은 행동 간의 구분선은 어디에 그어져야 할까? 가장 명백한 지점은 두 약물 오용 범주의 사이일 것이다. 악의적 손상, 알코올 또는 약의 위험한 사용은 전적으로 허용할 수 없는 것이고, 어쩌면 조직보다는 법원에서 아주 심한 제재를 받아야 한다. '감경받을 만한 약물 오용', '일어날 법한 부주의 에러' 사이는 주의 깊은 판단이 필요한 회색영역이다. 나머지 범주는 여기에서 고려하지 않은 심각한 요인이 관여하지 않는 한 비난할 여지가 없다고 생각해야 한다. 경험에 의하면, 대부분의 불안전행동(약 90% 이상)은 비난할 여지가 없는 범주에 해당한다.

비난받아 마땅하다고 생각되는 불안전행동을 한 일부 개인들에 대해서는 어떻게 대처하여야 할까? 이것은 해당 조직의 문제이지만, 여기에서는 제재의 가치 등에 대해 언급하기로 한다.

아래 그림은 작업현장에서의 보상과 제재의 효과에 대하여 심리학자들이 알고 있는 것을 단순화하여 제시하고 있다. 여기에서 문제가 되는 것은 바람직한 행동의 가능성을 증가시키고, 바람직하지 않은 행동의 기회를 감소시키기 위한 '당근과 채찍' 효과이다. 보상이 행동을 변화시키는 가장 강력한 수단이지만, 시간적으로도 장소적으로도 보상은 바람직한 행동에 대해 가깝게 주어질 때만 효과적이다. 지연된(늦은) 제재는 부정적 효과를 낸다. 즉, 일반적으로 지연된 제재는 행동의 개선으로 연결되지 않고, 제재받는 사람과 제재받을 수 있는 사람 모두에게 반감(분노)을 생기게 할 수 있다. '분명치 않은 효과'라고 쓰인 칸은 각각의 경우에 현장에 반대되는 힘이 있다는 것을 의미한다. 따라서 결과는 불확실하다.

	즉각적	지연적
보상	긍적적 효과	분명치 않은 효과
제재	분명치 않은 효과	부정적 효과

[그림 5-2] 보상과 제재가 작업현장의 행동변화에 미치는 효과

하지만 어처구니없는 불안전행동을 저지르는 극히 소수의 사람을 제재하는 것이 바람직하다고 강하게 주장하는 다른 요인이 있다. 대부분의 조직에서 제일선에서 일하는 사람들은 누가 '무모'하고 상습적인 규칙위반자인지를 매우 잘 알고 있다. 그들이 매일 제재를 피하는 것을 보는 것은 모럴의 저하 또는 규율시스템의 신뢰성 저하로 연결된다. 규칙을 위반하는 사람이 '마땅한 벌'을 받는 것은 보는 사람에게 만족감을 줄 뿐만 아니라 허용 가능한 행동경계가 어디에 있는지에 대한 인식을 강화하는 데 기여하기도 한다. 게다가, 제3자(외부인)만이 유일한 잠재적 희생자가 아니다. 정당한 해고는 위반자의 동료들도 보호한다. 그가 저지르는 반복적인 무모함과 태만으로 인해, 아마도 동료들이 다른 잠재적 희생자보다 위험에 처해질 가능성이 더 높다. 그런 사람들이 떠나게 되면, 작업환경이 더 안전한 곳이 될 뿐만 아니라 작업자들에게 조직문화가 공정하다고 인식하도록 하는 데에도 도움이 된다. 정의는 양방향으로 기능을 한다. 소수의 사람에 대한 엄한 제재는 무고한 다수를 보호할 수 있다.

나. 공정문화의 구축방법

공정의 문화를 창출하는 것 — 이것은 신뢰의 문화로 부르는

편이 낫다 — 은 사회적으로 안전문화를 구축하기 위한 중요한 첫걸음이 된다. 처벌적인 분위기 중에서는 누구도 자신의 에러, 아차사고를 정직하게 신고하려고 하지 않는다. 신뢰는 보고하는 문화, 즉 정보에 입각한 문화에는 본질적으로 필요한 것이다. 일부의 불안전행위는, 매우 낮은 비율이기는 하지만, 참으로 비난받을 만하고 엄한 제재가 당연하기 때문에, 전적으로 비난하지 않는 문화는 현실적으로 가능하지 않다. 극히 소수의 사람들에 의한 무모한 행위가 시스템 전체의 안전을 위협할 뿐만 아니라 다른 직원들에게 직접적인 위협을 주기도 하기 때문에, 비난하지 않는 문화인 체하는 것은 분별없고 어리석다. 이들 소수의 '무모한 사람(cowboy)'이 처벌되지 않는 것으로 보이게 되면, 경영진(management)은 신뢰를 잃게 된다. 경영진이 소수의 언어도단의 행위와 불안전행동 전체의 90% 이상을 차지하는 대체로 비난할 여지없는 행위를 구분하는 것에 실패하면, 이 경우에도 경영진은 신뢰를 잃게 될 것이다. 공정의 문화는 허용할 수 있는 행위와 그렇지 않은 행위 간에 그어진 경계(구별)를 전체적으로 동의하고 명확하게 이해하고 있는지 여부에 크게 달려 있다. 그러나 그 구별을 어떻게 하여야 할까?

에러와 위반 사이에 경계선을 긋는 것은 자연스런 본능이다. 에러는 대부분 의도하지 않은 것인 반면, 대부분의 위반은 의도적인 요소를 포함하고 있다. 형법은 '범죄행위(*actus reus*)'와 '범의(犯意, *mens rea*)'를 구별하고 있다. 절대책임(absolute liability)[34]의 상황을 제외하고는, 행위만으로는 유죄가 되는 데 충분하지 않다. 유죄판결을 내리기 위해서는 일반적으로 행위 자체와 행위를 하는 의도 둘 다가 합리적 의심의 여지없이 입증되어야 한다.

---

34) 엄격책임(strict liability), 무과실책임(liability without fault)이라고도 한다. 고의 또는 과실에 관계없이 묻게 되는 책임을 일컫는다.

언뜻 보기에 의사결정은 상당히 간단하게 이루어지고 불안전 행동이 (안전)작업절차[safe operating(operation) procedure: SOP]의 비준수(non-compliance)를 수반했는지 여부를 단순히 판단하는 것처럼 보인다. 만약 그랬다면, 그것은 비난할 만한 행위일 것이다. 그러나 유감스럽게도 다음 세 가지 시나리오에서 제시하듯이 문제가 그렇게 간단하지는 않다.

세 가지 케이스에서 비행기 보수요원에게는 손상된 리벳을 발견하기 위하여 비행기 동체를 점검할 것이 요구된다. 회사 절차는 보수요원이 적절한 작업대와 다수의 전등을 이용하여 이 점검을 수행할 것을 요구하고 있다.

- 시나리오 A: 보수요원은 비품창고에서 작업대와 전등을 꺼내고 허가된 검사를 행하였다. 그러나 그는 실수로 손상된 리벳을 발견하지 못하였다.
- 시나리오 B: 보수요원은 작업대와 승인된 전등에 신경을 쓰지 않기로 했다. 대신에 회중전등을 가지고 항공기 밑을 걸으면서 대충 검사했다. 그는 손상된 리벳을 발견하지 못하였다.
- 시나리오 C: 보수요원은 비품창고에 가서 작업대와 전등을 꺼내려고 하였다. 그러나 작업대는 발견하지 못하고 전등도 사용할 수 있는 상태는 아니었다. 항공기가 바로 운행될 것으로 생각하고 회중전등을 들고 비행기 밑에서 검사하였다. 그는 손상된 리벳을 발견하지 못하였다.

에러가 세 가지 사례 모두에서 공통된다는 점을 주목할 필요가 있다. 즉, 손상된 리벳을 발견하지 못하였다. 그러나 배경에 있는 행동이 매우 다른 것이라는 점은 명백하다. 시나리오 A에서 기술자는 절차에 따르고 있다. 시나리오 B에서는 기술자는 절차를 따를 마음이 없었다. 시나리오 C에서는 절차를 따르려고 했지만, 장비에 문제가 있어 따를 수가 없었다. 위반은 B와 C에서 저질러졌지만, 배경에 있는 동기는 명백히 다르다. B의 사례에서는 기술자는 고의로 손상된 리벳을 간과할 확률을 증가시키는 지름길행동을 하였다. 사례 C에서는 기술자는 수중에 있는 불충분한 장비를 가지고 최선을 다하려고 하였다.

이 세 가지 사례에서 교훈은 명백하다. 에러이든 단순한 위반행위이든 허용할 수 없다고 낙인 찍히는 것을 정당화하기에는 충분치 않다. 비난가능성을 확정하려면 에러 또는 위반을 포함하는 행위의 경위(sequence)를 검토(조사)할 필요가 있다. 중요한 점은 개인이 에러를 촉진할 가능성이 있는 일련의 행위에 일부러 또는 정당한 이유 없이 관여하였는가이다.

에러와 위반을 단순하게 구별하려고 하는 것은 잘못된 이해를 초래할 수 있다. 비준수는 허용할 수 없는 행위의 단서가 될지는 모르지만, 그것을 확정하기에는 충분치 않다. 시나리오 C가 증명하듯이, 많은 위반은 개인 측면에서의 좀 더 용이한 작업방식에 대한 욕구보다는 부적절한 도구와 장비의 산물이고, 시스템에 의해 유도된 것이라고 말할 수 있다. 매뉴얼과 절차가 이해할 수 없거나 작동될 수 없거나 이용할 수 없거나 매우 잘못된 것이거나 한 경우도 있을 수 있다. 이들 결점이 명확한 경우에는, 규칙에 따르지 않은 개인을 처벌하여도 시스템의 안전을 향상시키지 못할 것이다. 기껏해야 그것은 단지 경영진의 근시안적 시각의 징표로 보이게 될 것이고 작업자들에게 '학습된 무력감'을 조장할 것이다. 최악의 경우에는 경영진의 악의의 징후로 간주될 것이다. 어떠한 경우에도 신뢰와 존경의 분위기가 조성되지는 않을 것 같다.

법률은 도움이 될 수 있을까? 주로 「민법」 문제인 과실의 경우, 조사는 나쁜 결과를 초래한 몇몇 사람의 행동으로부터 시작된다. 그 때 던져지는 질문은 "이것은 합리적이고 신중한 사람이라면 예견하고 회피할 수 있었을 결과인가?"라는 것이다. 「형법」 문제인 무모함은 계획적이고 정당화될 수 없는 위험을 무릅쓰는 것과 관련된다. 구별의 기준이 되는 특징은 의도적인지 여부이다. 과실의 경우에는 행위가 의도적이었을 필요는 없지만, 무모함의 경우에는 유죄로 하기 위해서는 사전에 고의가 있었는지를 증명할 필요가 있다.

법학 학위가 없는 경우, 비난가능성에 대한 합리적인 결정을 내릴 수 있을까? 불안전행동이 중요한 기여를 한 각각의 중대한 사건에 적용될 수 있는 2개의 경험칙(rule of thumb)이 있다.

(1) 선견테스트(foresight test)

평균적인 보수요원이라면 안전상 중요한 에러를 저지를 확률을 높일 것이라고 생각할 행동을 해당 개인이 의도적으로 하였는지가 쟁점이 된다. 다음 어느 하나의 상황에서 이 질문에 대한 대답이 "예"이면, 비난받을 만한 행위에 해당될 가능성이 높다.

- 사람의 행동능력을 떨어뜨리는 것으로 알려진 마약이나 물질의 영향하에서 유지보수작업을 수행하였다.
- 견인차 또는 지게차를 운전하는 중에 또는 위험가능성이 큰 장비를 취급하는 중에 장난을 쳤다.
- 밤낮으로 일한(소위 '투잡'한) 결과 지나치게 피로하게 되었다.
- 작업이 종료되기 전에 일을 끝내는 것과 같은 부당한 생략행위를 하였다.
- 기준 이하이거나 부적절한 공구, 장비 또는 부품을 사용하였다.

그러나 이들 어떤 상황에서도 정상작량(情狀酌量)[35]의 여지

35) 법률적으로는 특별한 사유가 없더라도 범행의 동기나 기타 상황을 헤아려 법원의 판단으로 그 형벌을 가볍게 해 주는 것을 말한다. 정상 참작, 작량 감경이라고도 한다.

가 있을 수 있다. 이 문제를 해결하기 위해서는 치환테스트를 적용할 필요가 있다.

(2) 치환테스트

이 테스트에서는 사건에 실제로 관여한 사람을 그와 동일한 업무를 하고 비슷한(comparable) 훈련과 경험을 가지고 있는 다른 사람으로 치환하여 심리 테스트를 실시한다. 여기에서의 질문은 "통상의 상황에서 당신(치환된 사람)이라면 뭔가 다른 행동을 했을 것인가?"라는 것이다. 만약 "아마 그렇지 않을 것이다."고 답하면, 당사자에게 가해진 비난은 빗나간 것이고 시스템에 내재하는 결함을 모호하게 할 수 있다. 그리고 에러를 범한 사람의 동료집단에게 추가적인 질문이 던져질 수 있다. 즉 "사건이 발생한 그 현장의 상황에서 당신은 완전히 동일한 불안전행동을 하지 않았을 것이라고 확신할 수 있는가?"라는 것이다. 그 답이 "아니요"이면, 비난은 부적절할 가능성이 매우 높다.

참고 비난가능성(유책성)의 평가 및 관리[36)]

공정문화는 비난가능성(유책성)을 제거하지 않지만, 사려 깊은 구조화된 방법으로 비난가능성을 묻는다. 공정문화를 조성하는 데 성공하기 위해서는 비난가능성을 결정하고 관리하는 명확한 지침(guidance)도 필요하다.

공정문화 정책의 일부로 개인의 행동, 동기 그리고 행태에 대한 통찰력을 제공하기 위한 네 가지 '테스트'가 개발되어 있다(그림 5-3).

---

36) C. Clapper, J. Merlino and C. Stockmeier(eds.), Zero Harm - How to Achieve Patient and Workforce Safety in Healthcare, McGraw-Hill, 2019, pp. 148-151 참조.

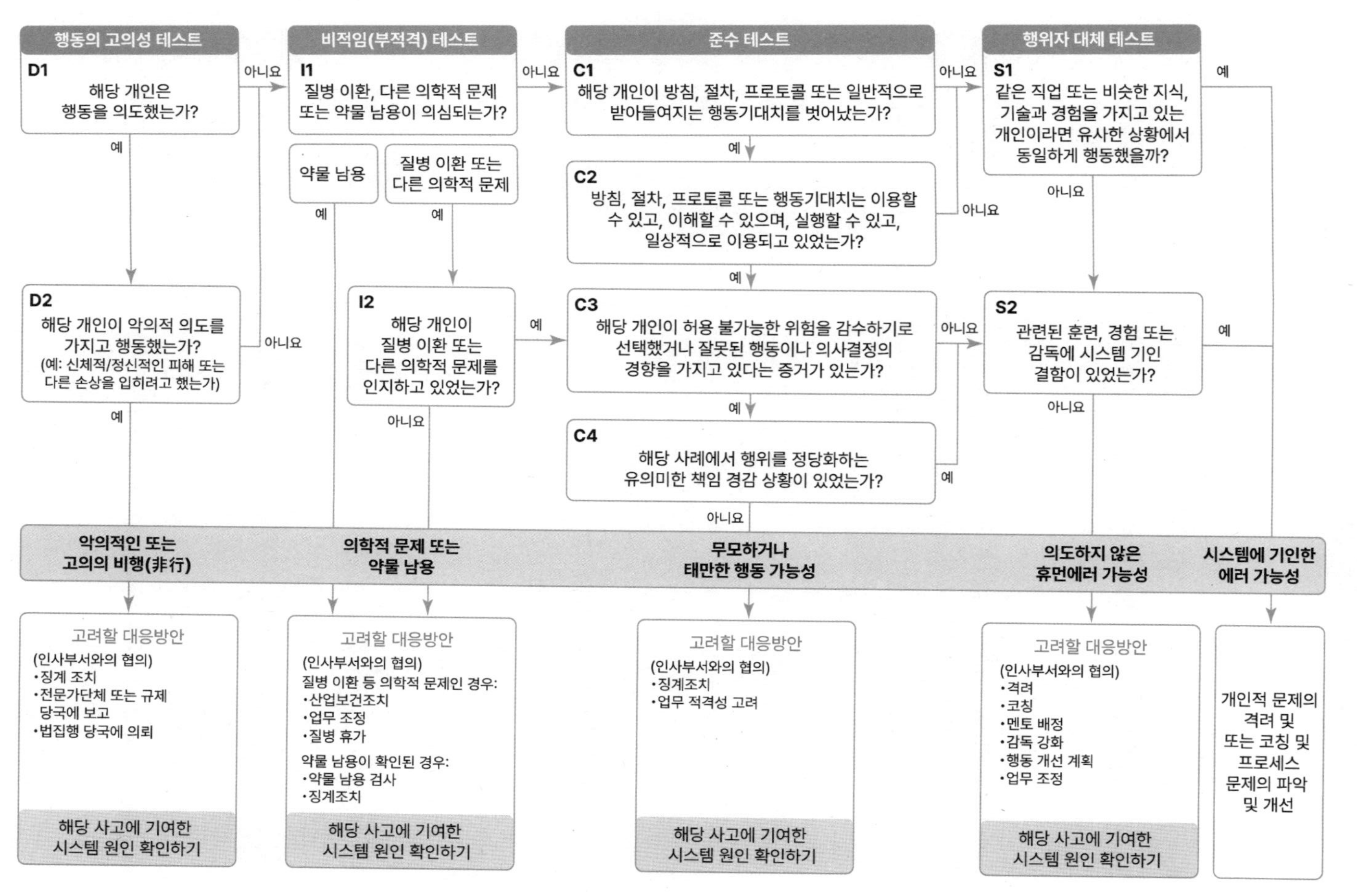

[그림 5-3] 비난가능성 평가 의사결정 가이드

먼저, '행동의 고의성 테스트(Deliberate Act Test)'는 안전사고에 관련된 개인들이 올바르게 행동하려고 의도했는지 여부를 질문한다. 피해를 일부러 의도한 사례에는 가장 높은 비난가능성이 부여되고, 이에 대해서는 법 집행 및 인허가 기관이 개입한다. 누군가를 다치게 하기 위하여 일부러 안전장치를 해체하는 것이 이러한 사례에 해당한다.

직원이 해악을 의도하지 않았으면 다음 질문으로 넘어간다. 업무수행에 부정적인 영향을 미칠 수 있는 비적임(부적격, Incapacity)을 겪었는지를 묻는다['비적임(부적격) 테스트(Incapacity Test)']. 비적임(부적격)은 질병 또는 처방 약제에 대한 반응 또는 약물 오용 같은 것이 포함될 수 있다. 때로는 질병이나 장애가 포착하기 어렵게 또는 점진적으로 나타나는데, 해당 개인은 그것 때문에 자신의 업무수행에 대한 영향을 이해하지 못할 수도 있다. 예컨대 식이요법 담당직원이 제한식을 하는 환자의 이름과 출생 연도를 확인했다고 하지만 그에게 다른 음식을 제공하는 일이 발생할 수 있다. 그 직원은 시력검사결과 돋보기(노안경)가 필요한 것으로 나올 수 있다. 이러한 사례의 경우 장애가 없는 경우보다는 비난가능성이 적다고 간주될 것이다.

조사자가 의도와 비적임(부적격)을 배제하였다면, 다음 단계는 준수 문제를 검토하기 위한 질문을 하게 된다['준수 테스트(Compliance Test)']. 업무수행 문제는 종종 방침, 절차 또는 프로토콜을 따르는 데 실패했다는 것을 반영한다. 그러나 조사자들은 근로자가 그 방침 등에 접근할 수 있었는지 여부와 그 방침 등이 이해 가능한 것이었는지 그리고 일상적으로 활용되고 있었는지 여부를 검토해야 한다. 이런 질문에 대한 답이 '그렇다'라면, 경감할 상황이 없는 한, 조사자는 방침 등 위반에 대해 그 개인에게 책임이 있다고 판단할 것이다. 작업자가 제동장치의 기능 이상 유무를 확인하지 않았다는 사실을 인정했다고 하자. 제동장치의 기능 이상 유무를 확인하는 규정이 명료하게 기술되어 있고 다른 작업자들도 이 규정을 일상적으로 활용하고 있었다면, 이 작업자는 비난가능성을 감당해야 할 것이다.

조사자들이 다른 모든 테스트를 고려에 넣지 않았다면, 유사하게 훈련을 받고 경험이 있는 다른 사람들도 동일한 선택을 했는지 여부를 검토해야 한다['대체 테스트(Substitution Test)]. 조직의 리더들은 대체 테스트의 대상 범위를 넓게 잡아서 일반화하여 적용하는 것을 삼가야 한다. 특정 상황에서 합리적으로 행동하고 사려 깊은 동료는 그 상황에 어떻게 대응했을지를 평가해야 한다. 대체 테스트는 훈련, 경험 또는 감독이 의사결정에 영향을 미쳤는지도 평가한다.

(3) 균형 바로잡기

여기에서 주장되고 있는 방침에는 두 가지의 요소가 있다. 하나의 요소는 무모한 행위에 대한 '무관용'이다. 그러나 이것은 또 다른 요소, 즉 대다수의 의도하지 않은 불안전행동은 제재를 받지 않을 것이라는 광범위한 확신을 주는 것으로 연결된다. 참으로 무모한 위반자, 특히 이전에 유사한 위반전력이 있는 자를 해고하거나 처벌하는 것은 작업환경을 보다 안전하게 할 뿐만 아니라 허용할 수 없는 행위의 결과에 관한 분명한 메시지를 보내는 기능을 한다.

그리고 이러한 조치는 대다수의 작업자에게 자신들의 조직문화가 나쁜 행동과 의도가 없는 에러 간의 차이를 알고 있다는 점에서 공정하다고 인식하게 하는 효과가 있다. 정상적인 정의는 두 가지 방향으로 작용한다. 소수를 벌하는 것은 대다수(의도가 없는 에러를 저지른 사람들)의 결백(무죄)을 보증하게 된다. 또한 후자에게 에러, 아차사고의 원인을 알리려고 하는 마음이 생기게 할 것이다. HRO를 특징짓는 것의 하나는 이 같은 에러의 보고를 장려하고 보고자를 칭찬하며 보상하기까지 한다는 점이다.[37)]

3. 유연한 문화

가. 유연한 문화란

유연한 문화는 변화하는 요구에 효율적으로 적응할 수 있는 문화를 가지는 것을 의미한다. 리즌은 유연성을 전문가 쪽으로 권한이 이동하는 구조라고 본다. 유연한 문화의 배후에 있는 핵심 전제는 위계가 평평해지고 서열에서 벗어나 전문가에게 결정을 맡길 때 정보가 좀 더 자유롭게 흐르는 경향이 있다는 것이다. 따라서 유연성과 전문성의 존중은 함께 가는 것이다. 예컨대 전문가를 오랫동안 비워놓고 있는 조직에서 전문가가 아닌 다른 사람들이 번갈아 가면서 전문가의 일을 임시로 맡는 방식은 다른 사람들의 에너지를 고갈시키고 그들을 희생시킨다. 이러한 방식은 유연성에 대한 책임을 시스템보다는 개인 쪽으로 돌리기 때문에 유용하지 못하다.[38)]

유연성은 라 포르테(Todd R. La Porte), 로버츠(Karlene Roberts) 및 로흘린(Gene Rochlin)이 주도한 영향력이 큰 버클리 연구그룹이 명명한 HRO의 결정적인 속성의 하나이다. 이 연구그룹은 인력의 범위 내에서 가능한 한 무실패(failure-free) 기준에 따라

---

37) J. Reason, *Managing Maintenance Error*, Ashgate, 2003, pp. 148-151 참조.

38) K. E. Weick and K. M. Sutcliffe, *Managing the Unexpected: Resilient Performance in an Age of Uncertainty*, 2nd ed., John Wiley & Sons, 2007, pp. 133-134 참조.

운영해야 하는 고도로 복잡하고 기술 집약적인 수많은 조직을 대상으로 한 실험연구를 하였다. 여기에서 대상으로 한 시스템은 항공교통관제와 해상항공작전이다.[39]

이들(그리고 유사한) 조직이 직면하는 운용상의 과제는 다음과 같다.

- 복잡하고 엄격한 기술을 관리하고 조직을 무력화하며 아마도 파괴할 수도 있는 중대한 실패를 확실히 방지하는 것
- 수요와 생산이 매우 높은 피크인 시기가 도달할 때마다 이에 대처할 수 있는 능력을 유지하는 것

버클리 연구그룹이 검토를 행한 조직은 다음과 같은 특징을 가지고 있었다.

- 그들 조직은 거대하고 내부적으로 다이내믹하며, 그리고 때때로 상호작용이 강하다.
- 각 조직은 상당한 시간적 압박하에서 복잡하고 힘겨운 업무를 수행한다.
- 그들은 이처럼 힘든 일을 매우 낮은 에러율과 오랜 기간 동안 대형사고가 사실상 없는 상태로 운영해 왔다.

여기에서 검토하는 두 개의 조직 — 미해군 항공모함과 항공교통관제센터 — 은 모두 고도로 관료적이고 권한과 지휘의 명확한 라인을 가진 계층적인 조직구조를 취하고 있었다. 두 조직 모두 검증된 표준작업(운영)절차 = 작업표준[standard operating (operation) procedure : SOP]에 엄격하게 따르고 있었다. 그리고 이들 절차를 이용하기 위하여 훈련에 많은 노력을 기울였다. 통상의 운영상황에서 필요한 유일한 의사결정은 어떤 표준작업절

39) 이하의 부분은 J. Reason, *Managing the Risks of Organizational Accidents*, Ashgate, 1997, pp. 213-218 참조.

차를 적용할 것인지를 결정하는 것이었다.

이들 HRO에서의 행위는 엄격하게 모니터링되기 때문에, 에러가 발생할 때마다 미해군에서는 '현지강평'이라고 부르는 즉각적인 조사가 실시되었다. 흔히 꽤 경미하지만 어떤 종류의 에러는 시스템을 위협하는 대형사고로 급격하게 발전할 가능성이 있다는 것을 이들 조직은 수년에 걸쳐 알게 되었다. 시행착오가 만약 습관성이 되는 경우, 중요한 영역에서는 다른 산업계에서 장려되고 있는 시행착오적 학습이 장려되지 않는다.

라 포르테와 콘솔리니(Todd R. La Porte and Paula M. Consolini)가 말한 바와 같이, "명확하게 예상될 수 없고 상상을 초월할 수 있는 유사사건이 발생할 가능성이 있다는 확연한 느낌이 있다. 이것이 사업 위에 드리워져 있는 항상 존재하는 검은 구름이고 계속되는 걱정거리이다." 요컨대, 이들 조직은 만성적인 불안에 시달린다. 같은 문헌의 다음 인용문이 이 지능적인 경계심(intelligent wariness)과 그것의 문화적 영향을 매우 웅변적으로 표현하고 있다.

> 이들 조직의 사람들은 자신들이 하고 있는 일에 대해 기술적인 모든 것을 거의 모두 알고 있지만, 어떤 우발적인 사건에 대해서도 준비가 되어 있다는 생각에 빠지는 것을 두려워한다. 사소한 정보수집의 실패, 약간의 불확실성조차도 참사를 촉발할 수 있다고 생각한다. 그들은 선제적(사전대책적)이고 예방적인 의사결정 전략을 사용하도록 강하게 요구받는다. 에러 발생 후는 물론 에러 발생 전에도 분석과 조사가 이루어진다. 그들은 전체적으로 보려고 하지만 그것을 완벽하게는 달성할 수 없다는 것을 알고 있다. 이 의사결정 패턴은 다음 사항을 장려한다.
>
> • 에러를 저지르는 것에 대한 느슨한 태도를 조장하는 것 없이 에러를 보고하는 것

- SOP의 결함을 파악하고 부적절한 것으로 밝혀진 SOP의 변경을 결정·인가하는 것을 솔선해서 실시하는 것
- 진취적인 정신을 억누르거나 작업자의 경직성을 조장하지 않으면서 에러를 피하는 것
- 작업자의 자신감, 자율성 및 신뢰를 손상하는 것 없이 상호간에 모니터링하는 것[40]

나. 유연한 문화가 조성된 조직의 특성

HRO는 돌연 발생한 빠른 템포의 업무상황에 어떻게 대응하는가? 일상적이고 관료적이며 SOP 지향 모드가 지배하는 상황의 이면에 잠복하고 있는 것은 조직행동의 상당히 다른 패턴이다. 항공모함에서 90대의 항공기 중 약 70대의 비행기가 임무수행을 위해 날아오를 때 어떤 일이 발생하는지를 아래에 제시한다.

> 권한 패턴이 기능적 숙달 위주로 바뀐다. 업무의 템포가 빨라짐에 따라 관료적 권한 패턴이 약화되고 권한 (및 의사결정 패턴)의 분산화(수평화)가 강화된다. 공식적인 계급과 지위는 복종의 근거로서는 약화된다. 위계적 계급은 공식적으로 낮은 계급의 사람들이 흔히 지니고 있는 기술적 전문성을 존중한다. 주임(상급하사관)이 지휘관에게 조언하고 중위와 소위를 조심스럽게 지휘한다. 작전의 중대성, 잠재적 위험, 정교성이 일종의 실용적인 규율, 작업팀의 전문화를 촉진한다. 피드백과 (때로는 대립적인) 협상의 중요성이 증가한다. "어떻게 되어 갑니까?"라는 피드백이 요구되고 중시된다.[41]

유사한 종류의 유연성이 항공교통관제소에서도 확인된다. 갑작

---

40) T. R. La Porte and P. M. Consolini, "Working in practice but not in theory: theoretical challengers of 'high-reliability' organizations", *Journal of Public Administration Research and Theory*, 1, 1991, p. 29.

41) Ibid., p. 32.

스런 바람의 변화가 그렇지 않아도 분주한 관제사들에게 엄청난 추가적인 부담을 준다. 3개의 주요 공항, 2개의 대규모 공항기지, 5개의 작은 민간비행장으로의 수많은 항공기에 진입로의 변경을 지시하는 것이 관제사들의 의무이자 주요한 직무가 된다. 라 포르테와 콘솔리니는 다음과 같은 일이 발생한다고 기술하고 있다.

> 근접관제시설과 항로센터에서의 템포가 빨라지면, 관제사들은 해당 레이더 주위에 소그룹으로 모여, 갑작스런 바람의 방향 변화에 대처하기 위하여 항공관제를 관리할 최적의 방법을 생각한다. 서로 의견을 나누고 제안하며 실제 교통량을 교육 받았던 모의실험과 비교한다. … 일반규칙이 있고 관제사와 그 상사가 공식적인 권한을 가지고 있지만, '매우 어려운 입장'에 있는 관제사들의 주위에 모이는 것은 팀이다. 의사결정과정을 지배하는 사람은 (감독관이 아니라) 경험이 많은 베테랑 관제사일 것이다. 관제사 실패의 핵심지표인 '분리하지 못하는 것'은 너무 끔찍한 일이라 규칙에만 의지할 수 없다.[42)]

업무의 템포가 빠른 기간이 끝나면, 권한은 매끄럽게 이전의 관료적이고 지위에 따르는 형식으로 돌아간다. 유연성에 관하여 매우 유사한 사례는 한국전쟁에서 가장 높은 평가를 받은 미국 육군의 한 부대에 관한 일화이다. 부대의 상급하사관들은 자신들이 부하를 이끌 자질이 부족하다는 것을 깨달았다. 부대가 전투를 개시했을 때, 현장의 지휘가 소그룹의 사병들에게 이양되었다. 전투가 끝난 후에는 이 '전투 리더들'은 상급하사관의 명령을 기꺼이 따랐는데, 이는 그들이 일상적인 군대생활에서의 상급하사관의 숙련을 전적으로 인정하였기 때문이다.

---

42) Ibid., p. 34.

관료적이고 중앙집권화된 모드에서 분권적이고 전문화된 모드로 전환할 수 있는 조직의 능력이 신뢰성 또는 조직의 생존까지도 결정하는 중요한 요소라는 충분한 증거가 있다. 미국의 조직심리학자인 웨익(Karl E. Weick)은 이것에 관하여 중요한 관찰을 하였다. 앞에서 말한 효과적인 권한 분산과 관련하여, 그는 다음과 같은 주장을 한다.

> 처음에는 권한을 중앙집권화할 필요가 있다. 이렇게 하면 사람들은 유사한 의사결정 전제와 가정을 하는 데 익숙해진다. 그 결과, 그들이 자기 자신의 단위조직을 운영할 때에 분권화된 운영이 동등해지고 조정된다. 이것이 바로 문화가 하는 일이다. 이러한 점이, 의사결정 전제와 가정이 현장에서의 분권화된 기초 위에서 행사될 때에도, 조정과 중앙집권화를 보존하는 균질적인 일련의 의사결정 전제와 가정을 만들어 낸다. 더욱 중요한 것은 의사결정 전제와 가정을 매개로 하여 중앙집권화가 이루어질 때에는 감시가 없어도 준수(compliance)가 이루어진다는 점이다. 이와 같은 중앙집권화는 규칙과 규제에 의한 중앙집권화 또는 표준화와 위계에 의한 중앙집권화(둘 다 강한 감시를 필요로 한다)와 극명하게 대비된다. 게다가 어떠한 규칙과 표준화도 전례 없는 긴급사태에 대처하기에는 준비가 충분하지 않다.[43]

일에 대해 규율 바른 접근방식의 수용, SOP에 대한 근거가 충분한 신뢰, 그리고 지위에 기초한 조직의 방식에 대한 익숙함 모두가 상황이 요구될 때 효과적인 분권화된 행동을 허용하는 신뢰성에 대한 공유된 가치를 형성하는 데 도움이 될 것이다.

웨익은 여기에서 또 하나의 상당히 중요한 지적을 하고 있다. 모든 위험한 기술은 필수적인 다양성의 문제에 직면한다. 시스

---

43) K. E. Weick, "Organizational culture as a source of high reliability", *California Management Review*, 24, 1987, p. 124.

템에 존재하는 다양성은 그것을 제어해야 하는 사람들의 다양성을 초과한다. 그 결과, “그들은 중요한 정보를 놓치고 진단이 불완전하며, 그리고 대책이 근시안적이고, 문제를 줄이기보다는 오히려 확대시키는 경우도 있다.” 그러나 이 문제는 ‘전쟁 이야기’를 장려하는 문화에 의해 줄어들 수 있다. 위험한 기술 시스템의 특성상 시행착오적 학습은 거의 허용되지 않기 때문에, 신뢰성을 유지하는 것은 시행착오에 대한 대체수단을 개발하는 것에 달려 있다. 이런 대체수단에는 상상력, 대리경험, 시뮬레이션, 이야기 및 스토리텔링이 포함될 수 있다.

> 이야기와 스토리텔링을 중시하는 시스템은 아마도 좀 더 신뢰할 수 있다. 왜냐하면 사람들이 자신들의 시스템에 대해 더 많이 알고 있고, 발생할 수 있는 잠재적 에러에 대해 더 많이 알고 있기 때문이며, 그리고 자신 이외의 사람들이 이미 유사한 에러에 대처한 경험이 있다는 것을 알고 있으므로, 자신들도 발생하는 에러에 대처할 수 있다고 좀 더 확신하고 있기 때문이다.[44]

시스템의 다양성과 시스템을 제어하는 사람들의 다양성 간의 간극을 줄이는 다른 방법은 다음과 같은 것이 있다.

- 대면 소통을 장려하는 문화: 전형적인 엔지니어를 표현하는 한 방법은 대화를 하지 않는 우수한 사람들이라는 것이다. 우리는 사람들이 자신들이 잘 하지 못하는 것을 낮게 평가하는 경향이 있다는 것을 알고 있기 때문에, 고신뢰시스템이 복잡성을 유지하기 위하여 풍부하고 밀도 있는 대화를 필요로 하면, 대화의 가치를 낮게 평가하거나 대화(이메일도 대체수단이 될 수 있다)의 대체수단을 발견하지 못하는 경우, 이 풍부함을 생성하는 것이 어렵다는 점을 깨달을 것이다.

44) Ibid., p. 113.

• 다종다양한 사람들로 구성되는 작업그룹: 상이한 개인들로 구성된 팀은 동종의 개인들로 구성된 팀보다 더 많은 필수적인 다양성을 갖추고 있다. 무엇이 이 다양성을 구성하는지는— 전문성의 차이, 경험의 차이, 성의 차이, 기타—다양성이 존재한다는 사실보다는 덜 중요하다. 만약 사람들이 다른 것을 찾는다면, 그들의 관찰이 축적되는 경우 그들 중 한 명만이 보는 것보다 집단적으로 더 많은 것을 볼 것이다. 마찬가지로, 매우 유사한 사람들로 구성된 그룹은 매우 유사한 것을 보는 경향이 있고, 그 결과 필수적인 다양성이 부족하게 된다.

다. 현장력의 중요성

일정한 상황에서 권한을 분산하는 것은 1870년 프랑스-프러시아 전쟁부터 제1차 세계대전을 거쳐 1945년 독일 방어 때까지 아주 막강했던 독일 육군 임무수행시스템 개념의 두드러진 특징이었다. 그것의 본질은, 부하지휘관, 하급장교 또는 상급하사관이 명령의 유무에 관계없이 상관의 전술적 목표를 달성할 수 있는 수준까지 훈련되어야 한다는 점이었다. 이것을 민간영역에 적용하면, 그것은 제일선의 감독자가 SOP 없이도 안전하고 생산적으로 일하는 것을 지도할 수 있도록 제일선의 감독자를 선별하고 훈련하는 것을 의미한다. 행동지침의 이러한 현장화(분산화)된 시스템에서는 감독자의 개인적 자질에 대해 강한 요구가 있다. 필요한 전제조건은 작업이 이루어질 가능성이 있는 작업현장과 작업조건에서 수행되는 그 작업에 관한 폭넓은 경험이다. 감독자는 현장의 생산요구에 대해서도 그리고 명백한 위험요인과 덜 명백한 위험요인에 대해서도 '현장 지향적'일 필요가 있다. 마찬가지로 중요한 것은 작업자의 존경과 경영진의 지지 양쪽으로부터 얻어지는 개인적 권위인데, 이것은 독일 육군 성공의 중요한 특징이었다.

위험한 기술을 이용하는 모든 활동이 관리감독이 이루어지는 그룹에서 수행되는 것은 아니다. 사람들이 상대적으로 분리되어(단독으로 작업하고) 있을 때는, 책임은 그룹에서 자율통제(self-control)로 옮겨간다. 자율통제에서 중요한 것은 위험요인 인식과 리스크 지각을 향상시키기 위해 설계된 기법들이다. 이 기법들은 단순히 '성공적인' 수행보다는 '정확한' 수행을 촉진하려는 수단들이다. 많은 위험요인(리스크) 평가프로그램이 개발되고 있거나 이미 이행되어 왔다. 네덜란드의 심리학자인 웨이지나르(Willem Albert Wagenaar)가 관찰한 바에 의하면, 리스크 평가 훈련은 옳지 않은 행동이 습관적이 되면 거의 소용이 없게 되어 버린다. 이런 일이 생기면, 사람들은 신중하게(숙고하여) 위험을 받아들이지 않고 대개 생각 없이 무의식적으로 위험을 무릅쓴다. 이런 훈련이 효과적이 되려면, 입사 초기에 이루어지고 현장에서 감독자 지휘하에 강화되고 확장되어야 한다. 동일한 이유로, 오랜 기간 굳어진 패턴이 된 잘못된 행동이 교정될 수 있는 것도 주로 현장에서의 감독자의 개입을 통해서이다.[45)]

요컨대, HRO는 중앙집권적 관리에서 현장 작업의 지도를 제일선 감독자의 전문성에 거의 의존하는 분권적 관리로 변환할 수 있다. 역설적이게도, 이런 변환의 성공 여부는 강력하고 규율 바른 계층적 문화의 사전 확립 여부에 달려 있다. 분권화된 작업그룹의 조정을 가능하게 하는 것은 이 문화(강력하고 규율 바른 계층적 문화)에 의해 창출된 공유된 가치와 가정이다. 상

45) W. A. Wagenaar, "Risk-taking and accident causation" in F. Yates(ed.), *Risk-Taking Behaviour,* Wiley, 1992.

황이 요구할 때에 자율적으로 운영할 능력이 있는 효과적인 팀이 되기 위해서는 자질이 우수한 리더를 필요로 한다. 이것은 다시 조직이 일선감독자(first-line supervisors)의 자질, 동기부여 및 경험에 집중 투자할 것을 요구한다.[46)]

4. 학습하는 문화

가. 학습문화의 중요성

학습문화를 위시한 모든 '하위문화들' 중에서 학습문화가 아마도 가장 구축하기 용이할 것이지만 실제로 기능하게 하는 것은 가장 어렵다. 학습문화를 구성하는 요소들은 관찰하는 것(주목하는 것, 두루 마음을 쓰는 것, 주의하는 것, 추적하는 것), 깊이 생각하는 것(분석하는 것, 해석하는 것, 진단하는 것), 창조하는 것(상상하는 것, 설계하는 것, 계획하는 것) 그리고 행동하는 것(준비하는 것, 실행하는 것, 시험하는 것)이다.

미국의 조직이론가인 생게(Peter M. Senge)는 학습하는 문화의 중요성과 관련하여 냉철한 관찰에 입각하여 다음과 같은 주장을 한 바 있다.

> 학습장애는 어린아이에게는 슬픈 일이지만, 조직에는 치명적이다. 학습장애로 인하여 회사 수명이 사람 수명의 반을 넘기기 힘들고, 대부분은 40년이 경과되기 이전에 사라진다.[47)]

조직사고가 그 짧은 수명조차 용서 없이 단축시킬 수 있다는 점을 고위 경영진에게 새삼스럽게 상기시킬 필요는 없을

46) J. Reason, *Managing the Risks of Organizational Accidents,* Ashgate, 1997, p. 218.

47) P. M. Senge, *The Fifth Discipline : The Art and Practice of the Learning Organization*, Century Business, 1990, p. 113.

것이다.[48)]

만일 정통해 있는 사람들에 의해 생성된 시의 적절하고 진솔한 정보가 이용될 수 있고 공유된다면, 정보에 입각한 문화는 학습하는 문화가 될 수 있다. 진솔한 보고, 공정, 유연성이 조합되면 사람들은 자신들의 영역에서 나오는 모범사례들을 볼 수 있게 될 것이고 그것들을 채택하는 쪽으로 움직일 것이다.

정보에 입각한 문화는 끊임없이 변해가는 불일치(어긋남)에 대해 지속적인 논의를 통해 학습한다. 논의가 학습을 촉진하는 이유는 새로운 위험요인과 위험 그리고 새로운 대처방법을 알려주기 때문이다.

안전문화가 저급한 조직에서는 초라한 안전성과에 대해 운이 나빴기 때문이라거나 사태가 좋아질 것이라고 너무 쉽게 믿는다. 그리고 조직 구성원이 '우려'를 표현하면 일반적으로 학습의 기회가 될 수 있을 텐데, 안전문화가 저급한 조직에서는 그런 우려를 '불만'으로 인식하고, 이를 개선하기 위한 직접적인 피드백을 추구하기보다 무시하는 태도를 취하거나 방어적으로 다룬다. 방어적 자세와 일맥상통하게 불만이 제기될 때까지 기다리고 적극적으로 피드백을 추구하지 않는다.

이러한 조직에서는 학습과 그것을 낳는 관행은 평가받지 못한다. 불행한 결과들이 일어났던 것은 학습과 정보공유에 의해 치유될 수 있는 부적절함 때문이 아니라 현저하게 복잡한 사건 때문이라고 해석하는 견해가 우세하다. 즉 비정상적으로 복잡한 사례들에 초점을 맞춰 자신들을 합리화한다.[49)]

---

48) J. Reason, *Managing the Risks of Organizational Accidents*, Ashgate, 1997, pp. 218-219.

49) K. E. Weick and K. M. Sutcliffe, *Managing the Unexpected: Resilient Performance in an Age of Uncertainty*, 2nd ed., John Wiley & Sons, 2007, pp. 135-136 참조.

나. 학습문화의 구축방법

학습문화에 있어 가장 중요한 필요조건은 보고하는 문화이다. 안전에 관련된 정보, 특히 안전 또는 품질상의 '위험지점(black spot)'의 위치와 관련된 것을 수집하고 분석하며 제공하는 효과적인 사고(incident) 및 아차사고(near miss) 보고체계 없이는, 조직은 리스크를 알아차리지 못할 뿐만 아니라 기억도 하지 못하게 된다. 그러나 이러한 요소가 존재하는 경우에도, 조직은 가장 적절한 학습방식을 채택할 필요가 있다. 사회과학의 문헌에 의하면, 2개의 다른 조직학습 유형이 있다. 즉 단일루프(single loop)와 이중루프(double loop)의 학습이다. 이것은 그림 5-4에 제시되어 있다.

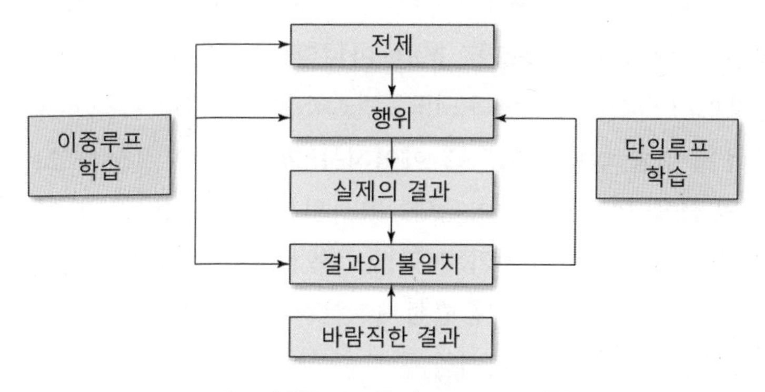

[그림 5-4] 단일루프 및 이중루프 조직학습의 구별

그림 5-4의 중앙에 있는 박스들은 조직의 행위와 관련된 일련의 단계를 나타내고 있다. 그것들은 사물이 어떻게 작동하고 어떻게 실행되는지에 대한 조직의 기본적 '전제'에서 시작한다. 이 '정신 모델'은 목표(바람직한 결과)와 (그것을 달성하기 위한) 행위를 나타내고 있다. 어떤 행위가 수행될 때, 실제의 결과와 바람직한 결과가 일치하고 있는지 여부를 확인할 필

요가 있다. 만일 결과의 불일치가 있으면 행위 또는 근간이 되는 전제를 수정할 필요가 있다. 단일루프학습에서는 행위만이 재검토된다. 이것이 휴먼에러의 '인간 모델(person model)'에 찬성하는 조직들이 가장 잘 추종할 것 같은 코스이다. 이 같은 조직들은 비정상적인 결과를 행위를 한 사람들 측에서 찾고, 발견되면 이것을 바람직하지 않은 결과의 '원인'으로 생각한다. 학습프로세스는 인간에 초점을 맞춘 대책(예를 들면, 이름 공개, 비난, 모욕, 재훈련, 추가적인 절차서 작성)이 적용되는 것으로 끝난다. 이것이 단일루프학습이고, 휴먼에러의 인간 모델과 마찬가지로 상당히 널리 보급되어 있다. '학습'의 결과는 '퇴행적 해결(retro-fixes)'과 징벌적 조치를 꾀하는 것으로 제한될 가능성이 있다.

이중루프학습은 매우 중요한 하나의 단계가 추가된다. 즉, 이전의 행위를 재검토할 뿐만 아니라 그것을 유발한 조직의 전제에 이의를 제기한다. 이중루프학습은 국소적 개선이라기보다는 전체적인 개혁으로 이어지는 한편, 누가 잘못하였는가에 중점을 두는 것이 아니라, 조직의 방침, 관행, 조직, 수단, 관리 그리고 안전장치가 어떻게, 왜 바람직한 결과를 달성하는 데 실패하였는지를 중요하게 생각하는 휴먼에러의 '시스템 모델'의 채택으로 이어진다.[50)]

MIT의 경영학 교수인 캐롤(John S. Carroll)은 높은 리스크에 노출되어 있는 많은 조직이 경험으로부터, 특히 문제 또는 사건조사팀의 일에서 어떻게 학습하고 있는지에 대하여 폭넓은 연구를 하고, 그의 동료들과 함께 다음에 제시하는 조직학습의 4단계 모델을 발표하였다.[51)]

---

50) J. Reason, *Managing Maintenance Error*, Ashgate, 2003, pp. 153-154 참조.
51) J. S. Carroll, J. W. Rudolph and S. Hatakenaka, "Organizational learning from experience in high-hazard industries: Problem investigations as

- 국소적 단계: 학습은 주로 단일루프학습이고, 일차적으로 작업그룹의 기능, 경험에 근거하고 있다. 행동은 작업표준(절차)과 비교하여 조정되는 경우가 많고, 기본적 전제가 수정되는 일은 없다. 보다 광범위한 조직 전체의 문제가 되는 것을 부정하는 경향 및 제한적인 전문지식에 의해 학습이 제한된다.
- 관리(control)단계: 많은 현대산업에서는 제재, 인센티브, SOP, 공식적 순서(과정) 등의 관료적 관리수단을 통해 운용을 개선하고 트러블이 발생하는 것을 방지하고 있다. 변화를 제한하고 불측의 사태가 발생하는 것을 방지하기 위해 정력적인 노력을 기울인다. 단일루프에 의한(사람의 행위군을 재검토한다) 국소적인 해결을 강하게 선호한다. 많은 조직은 종업원이 규칙(룰)에 철저하게 따르고 있다고 믿고, 원인과 결과에 대해 비교적 단순하게 바라본다. 이와 같은 운용방식은 안정된 환경에서는 많은 경우에 성공을 거두지만, 불확실하고 동적이며 변화가 큰 분야에는 잘 맞지 않는다.
- 개방단계: 이중루프학습의 초기단계로 나아가는 계기는 많은 경우 문제의 성격과 그것의 해결책에 대한 현저하게 다른 견해들을 조정할 필요가 있는 때이다. 처음에는, 이 다른 견해들은 파괴적인 것으로 보이고 국외자들(outliers)을 일치시키려는 노력이 기울여진다. 그러나 최종적으로 현실은 그렇게 단순하지 않고 다양한 견해들의 각각에도 일정한 타당성이 있는 점이 인식된다. 관리자들은 많은 경우 이 단계를 매우 불안한 단계라고 생각하지만, 이 단계의 중요성을 인식하게 되면, 소중히 여겨져 온 전제에 대한 이의제기와 새롭고 보다 적합한 작업방식의 개발을 허용할 수 있다.

---

off-line reflective practice", *Research in Organizational Behavior*, 2002.

• 심화학습단계: 이 단계는 단기적으로 곤란한 상황(즉, 일치하지 않은 견해들에 의해 발생하는 불안정)에 대한 증가하는 관용에 의해 특징지어진다. 그리고 학습프로세스에 보다 많은 자원이 할당된다. 문제들은 누군가의 잘못이 아니라 모든 복잡한 시스템의 불가피한 특징이라는 인식이 있다. 관리자들은 자신들이 종업원을 '통제(controlling)'한다고 보지 않는다. 그들은 자신들의 일이 충분한 성과를 달성하기 위하여 필요한 자원을 제공하는 것이라고 생각한다. 전제는 끊임없이 재검토된다. 운용상의 위험요인이 시스템에 손상을 가할 수 있는 경로에 대한 매우 깊은 주의(고려)가 있다. 이것은 무력한 마비가 아니라 '지능적인 경계심(intelligent wariness)'으로 이어진다. 나쁜 일은 예측되고 대비된다. 요컨대, 심화학습조직은 계속적인 개선을 위하여 노력하는 의지와 자원 둘 다를 가지고 있다.

5. 안전문화: 부분의 합보다 훨씬 더 큰[52)]

엔지니어라면 누구나 알고 있듯이, 어떤 기계의 부품을 조립하는 것과 그것을 작동하도록 하는 것은 동일하지 않다. 이것은 기계공학의 세계보다도 사회공학의 세계에서 훨씬 더 잘 적용된다. 이와 관련하여 몇 가지 질문을 던져보기로 한다.

• 일상적인(관례적인) 작업장 안전보건 문제가 아닌 조직적 안전(organizational safety)에 대해서는 어느 경영진 멤버가 책임을 지는가?
• 조직적 안전에 관련된 정보가 모든 정기 경영진 회의 또는

52) 고대 철학자 아리스토텔레스의 "전체는 부분의 합보다 크다."라는 말과 일맥상통한다.

그것과 동등한 높은 수준의 회의에서 논의되는가?

- 불안전행동, 사고 및 재해로 인한 손실에 대비하여 (있다고 하면) 어떤 시스템을 가지고 있는가?
- 누가 조직적 안전에 관한 정보를 수집하고 분석하고 배포하는가? 이 개인이 CEO에게 보고하는 데 몇 단계의 보고단계가 있는가? 이 사람의 부서는 얼마만큼의 연간 예산을 받는가? 그가 얼마나 많은 부하직원을 감독하는가?
- 안전 관련 임명이 재능에 대한 보상(좋은 경력이동)으로 평가되는가? 아니면 폐기된 인력에 대한 조직의 감옥(oubliette)으로 평가되는가?
- 회사는 인적 요인과 조직적 요인에 대한 전문가를 몇 명이나 고용하고 있는가?
- 어떤 징계조치를 적용해야 할지를 누가 결정하는가? '피고'의 동료와 노동조합의 대표가 징계조치의 판단과정에 참여하고 있는가? 내부적으로 항소(재심)절차가 있는가?

가능한 질문 리스트는 끝이 없다. 요점은 다음과 같다. 외양적으로 '구축된(engineered)' 외관을 보유하는 것만으로는 불충분하다. 안전문화는 그것을 구성하는 부분들의 합보다는 훨씬 많은 것이다.[53] 따라서 문화란 조직이 '가지는' 것이 아니라 조직 '그 자체'라는 주장의 설득력을 인정해야 한다. 그러나 만족스러운 '그 자체'의 상태가 되기 위해 무언가를 달

53) 채프먼(Jack Chapman)은 이 문제에 대해 아주 훌륭하게 표현하고 있다. "어떤 것의 본질적 특징이 요소 속이 아니라 요소 간의 상호관계 속에 내재되어 있다고 하면, 어떻게 될까? 만약 복잡성이 어떤 요소와 다른 요소 간의 관계, 상호작용에 유래한다고 하면 어떻게 될까? 분할하여 단순화하는 행위는 상호관련을 놓치고, 그 결과 복잡성에 대처할 수 없다."(J. Chapman, System Failure: Why Governments Must Learn To Think Differently, 2nd ed., Demos, 2004, p. 35).

성하려고 하는 경우에는 우선적으로 필수적인 요소들을 '가져야' 한다. 그리고 필수적인 요소들은 지금까지 설명해 왔듯이 구축될 수 있다. 나머지는 조직의 화학적 작용에 달려 있다. 그러나 활용하는 것과 실행하는 것은 — 특히 기술조직에서는 — 생각하는 것과 믿는 것으로 이어진다.

마지막으로, 반드시 지적해 두고 싶은 것은, 만약 누군가가 그의 조직이 좋은 안전문화를 가지고 있다고 확신하고 있다면, 그는 잘못 판단하고 있는 것이 거의 확실하다. 신의 은총과 같이 안전문화는 달성하려고 노력하는 그러나 달성되는 일은 좀처럼 없는 그런 것이다. 종교와 마찬가지로, 과정이 결과물보다 더 중요하다. 미덕 — 그리고 보상 — 은 결과보다도 노력에 있다.

제 6 장

안전문화의 모델

Ⅰ. 안전문화의 발전과 유형

Ⅱ. 안전문화 조성 추진방향

Ⅰ. 안전문화의 발전과 유형

1. 행동양식의 발전단계와 특징

안전문화의 수준에 대응하는 조직과 종업원의 행동양식의 성숙도는 사후행동형(반응형), 지시행동형(의존형), 자율행동형(독립형) 그리고 협조행동형(상호계발형)이라는 4종의 발전단계로 나누어 표현할 수 있다.

궁극적인 협조행동형의 수준에서는 개인적인 성숙뿐만 아니라 서로의 안전을 배려하고 팀 차원에서 사고·재해를 방지하고자 한다. 안전문화를 조성하는 데 있어서는, 현장의 소집단활동(자율안전활동)도 필수불가결하지만 이것에만 강하게 의존하는 것이 아니라, 현장의 안전에 경영진, 관리자가 적극적으로 관여하여 현장 사람들의 적극적인 안전행동을 이끌어내는 노력 또한 매우 중요한 것으로 여겨진다.

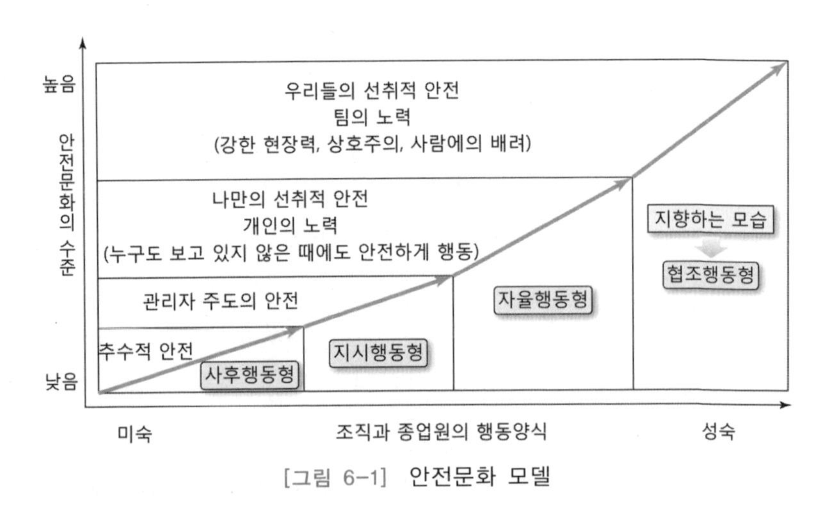

[그림 6-1] 안전문화 모델

다음 표 6-1에 행동양식의 성숙단계와 그 특징을 제시한다.

[표 6-1] 행동양식의 성숙단계와 그 특징

행동양식	특징
사후 행동형	① 사고·재해가 일어나고 나서 비로소 안전활동에 나서는 '추수적(追隨的, reactive) 안전'이 지배적임 ② 안전관리자와 안전담당자는 안전을 의식하고 있지만, 많은 종업원은 안전에 대한 관심이 낮음 ③ 본능적으로 위험하다고 느끼는 것에 대해서만 주의하는 대응을 하고 있음 ④ 종업원은 부상에 의해 일자리를 잃고 싶지는 않아 최소한의 안전에는 노력하고 있음
지시 행동형 (관리자 주도)	① 관리자가 안전에 관한 심한 잔소리를 통해 작업자에게 규칙(룰), 작업절차서에 따르게 하는 '관리자 주도의 안전'이 지배적임 ② 관리자는 자주 안전미팅을 개최하지만, 현장의 작업자는 관심 밖에 있음 ③ 교육훈련은 계속성이 없고 징벌적인 수단으로 행해지는 경우가 많음 ④ 직장에는 지시 대기적인 분위기가 있고, 지시를 받고 나서 비로소 행동을 하는 경우가 많음
자율 행동형 (나만의 선제적 안전)	① 종업원 한 사람 한 사람은 자신의 행동에 책임감을 가지고 있고, 다른 사람이 보고 있지 않은 때에도 자신의 판단으로 안전하게 작업을 하며, 각자의 개선의욕이 높고 '나만의 선제적(proactive) 안전'이 실현되고 있음 ② 작업절차서, 시공요령서 등이 완비되어 있고, 항상 최량의 안전이 되도록 검토되고 있음 ③ 각종의 안전활동은 작업자에게 목적, 이유를 잘 주지시켜 해당 역할을 하도록 하고 참여의식을 높이고 있음 ④ 관리감독자는 부하에게 스스로 생각하도록 코치 역할을 철저히 하고 있음
협조 행동형 (우리들의 선제적 안전)	① 작업팀은 원활하게 쌍방향의 커뮤니케이션이 이루어지고 양호한 팀워크가 되고 있음 ② 종업원들 상호 간의 배려심이 정착되어 있고, 공동작업자의 부적절한 행동을 알아차리면 가벼운 마음으로 말할 수 있으며, 지적(주의)을 받은 공동작업자는 기분 좋게 조언을 받아들일 수 있는 협조행동이 침투되어 있음 ③ 종업원은 직장, 일에 대해 자부심을 가지고 있고, 강한 현장력의 원동력이 되고 있음 ④ 직장 전체적으로 높은 수준의 직무규율이 정착되어 있고, 책임감도 강하며, 작업의 개선의욕이 높음 ⑤ 관리감독자는 강한 현장력(253~254쪽 참조)을 코칭에 의해 앞장서서 이끄는 한편, 경영진은 적절한 경영자원의 투입에 의해 직장의 안전활동을 적극적으로 지원하고 있음

2. 듀폰사의 안전문화 발전모델

듀폰(DuPont)사의 브래들리(Bradley: DuPont Discovery Team의 한 명)는 1995년에 안전문화 발전단계를 그림 6-2(Bradley Curve)와 같이 나타내었다.

그림에서 '반응적 단계'란 한 마디로 본능에 의존한 안전 상태를 의미한다. 이 단계에서는 경영층이 안전에 별 관심이 없고 안전부서에서만 안전을 중시하는 가운데 최소한의 법규만을 준수하는 것에 만족하는 상태이다. 이런 상태에서는 무재해 목표는 불가능하다는 것이 지배적인 믿음이며 무의식적 불안전 단계이다.

'의존적 단계'에서는 경영진이 안전을 중시하면서 규정과 절차에 의한 안전관리를 위해 노력한다. 규정과 절차가 갖추어져 있고 교육, 감사, 홍보를 포함한 다양한 안전프로그램이 실시된다. 이런 프로그램들은 다분히 강압적인 성격과 제재(징계)에 의존하는 성격을 갖는다. 이 단계에서 안전은 절차서와 규칙, 관리감독에 크게 의존한다. 불안전을 의식하는 것이 가능하다.

'독립적 단계'는 '의존적 단계'에서 한 단계 발전하여 직원 개인의 책임감에 바탕을 둔 안전수준이다. 안전절차·수칙과 안전하게 일하는 것에 대한 의지가 충분히 갖추어진 상태이다. 이 단계에서는 지속적인 개선을 위해 역량을 배양하고 기존의 관행을 끊임없이 개선할 것을 요구받는다. 즉, 의식적 안전이 가능하다.

끝으로 '상호의존적 단계'는 바로 앞의 두 단계의 강점을 바탕으로 하고 거기에 팀워크의 강점과 동료 간의 긍정적인 상호 간 주의(지적)를 통해 개인의 안전수준을 한층 높이는 단계이다. 훌륭한 관리시스템과 안전의식을 바탕으로 동료의 안전까지 배려하는 문화가 정착된다. 구성원들은 높은 주인의식을 가지고 부서의 안전성과에 대해 책임(의식)을 공유하고 무재해 실현의 자신감이 높아진다.

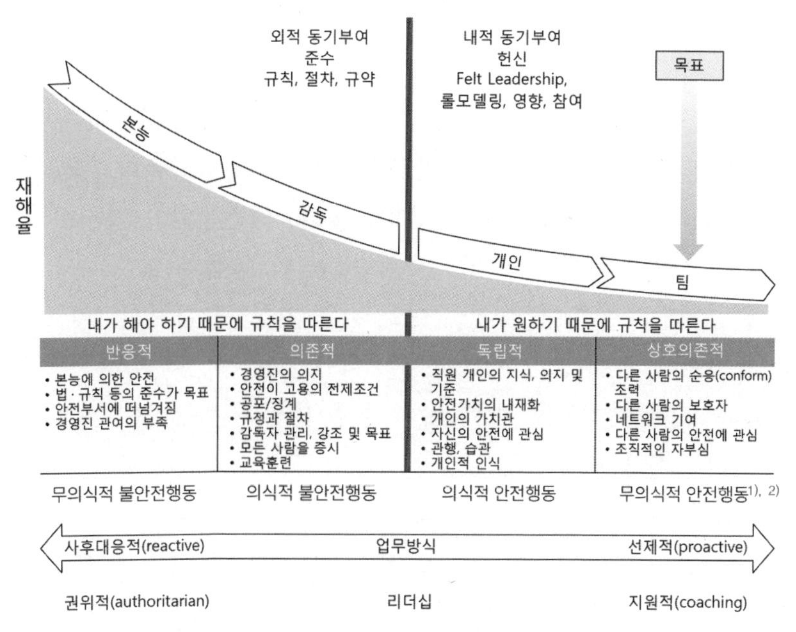

[그림 6-2] 안전문화 발전모델(Bradley Curve)[3)]

1) 미국의 안전심리학자인 겔러(E. Scott Geller)에 따르면, 사람들이 안전한 (올바른) 습관을 발전시킬 때에는 흔히 '무의식적 불안전행동(unconscious incompetence) → 의식적 불안전행동(conscious incompetence) → 의식적 안전행동(conscious competence) → 무의식적 안전행동(unconscious competence)'의 과정을 겪는다고 한다(E. S. Geller, *The Psychology of Safety Handbook*, CRC Press, 2001, pp. 145-147).

2) 이 의식 단계 구분은 세계적인 베이스 기타리스트 앤서니 웰링턴(Anthony Wellington)이 악기를 마스터하기 위해서 거쳐야 한다고 주장한 4단계 의식(awareness)을 안전문화 발전 모델에 적용한 것이다. 그는 기타를 마스터하기까지 의식이 4단계를 거친다고 설명한다. 첫 번째 '무의식적 무지(Unconscious Not Knowing)' 단계는 자신의 부족한 지식을 모르는 단계이다. 두 번째 '의식적 무지(Conscious Not Knowing)' 단계에서는 자신의 부족한 지식을 깨닫게 된다. 세 번째 '의식적 지식(Conscious Knowing)' 단계에서는 상당 정도의 지식을 터득하였음에도 자신의 실력을 끊임없이 객관화해 점검한다. 마지막 '무의식적 지식(Unconscious Knowing)' 단계는 지식이 완전히 자신의 것으로 체화된 상태로서 숨을 쉬듯 자연스럽게 즐기면서 연주하는 단계이다.

3. 안전문화의 수준

미국의 저명한 사회학자인 웨스트럼(Ron Westrum)은 세 종류의 안전문화를 찾아내었다. 창조적(generative) 안전문화, 관료적(bureaucratic) 안전문화, 병적(pathological) 안전문화가 그것이다. 이들 유형은 뒤에서 설명하는 학습모델의 특징과 많은 부분에서 공통되는 부분이 있다. 유형들 간의 가장 큰 차이는 각 조직이 안전 관련 정보를 취급하는 방식에 있다. 좀 더 구체적으로 말하면, 나쁜 소식을 전달하는 사람을 어떻게 취급하는가이다.[4)]

- 창조적 조직 또는 고신뢰조직[generative or high-reliability orga- nization(HRO)]: 안전에 관한 정보가 위의 방향으로 흐르는 것을 장려한다. 이러한 조직은 정보전달자가 그들 자신의 잠재적으로 위험한 에러를 보고할 때에도 그들에게 보상을 한다. 위험요인에 관한 주의 깊음(mindfulness)을 전체적으로 공유하고 전문성을 존중한다. 그리고 해석을 단순화하는 것에 신중하다. 나쁜 일이 생기는 것을 예측하고, 예기치 못한 일에 대비하기 위하여 열심히 노력한다.
- 관료적 또는 타산적 조직(bureaucratic or calculative organiza-tion): 대부분의 조직이 여기에 해당하는데, 중간 위치를 차지하고 있다. 이 조직은 정보전달자를 반드시 공격하는 것은 아니지만, 환영하는 것도 아니다. 나쁜 소식과 새로운 아이디

3) J. Westhuyzen(Dupont), "Relative Culture Strength: A Key to Sustainable World-Class Safety Performance", Dupont, 2010 참조.

4) R. Westrum, "Cultures with requisite imagination", in J. Wise, D. Hopkin and P. Stager(eds.), *Verification and Validation of Complex Systems: Human Factors Issues*, Springer-Verlag, 1992, pp. 401-416.

어는 문제가 된다. 작업자 측의 업무수행의 변동을 제한하기 위하여 관리적 통제에 강하게 의존하는 '규칙(절차) 중시(by the book)' 조직이 되는 경향이 있다. 안전관리조치는 전체적이기보다는 개별적인 경향이 있다. 광범위한 시스템적 개혁보다 국소적인 공학적 개선을 선호한다.

- 병적 조직(pathological organization): 정보전달자를 공격하는 경향이 있다. 이 조직은 정보를 알고 싶지 않은 것이다. 정보전달자는 입이 틀어 막히고 중상을 당하며 소외된다. 조직은 안전상의 책임을 회피하려고 하고, 기소를 피하기 위하여 필요 최저한의 것만을 하며, 규제자를 한 보 정도만 앞서가려고 한다. 실패를 제재하거나 은폐하고 새로운 아이디어를 단념시킨다. 생산과 최종결산결과가 조직의 주된 추진력이다.

웨스트럼은 세 유형의 조직문화를 안전 관련 정보를 처리하는 방식에 따라 다음(표 6-2)과 같이 설명하기도 한다.[5]

어떤 이유에서든, 경영진이 안전한 시스템을 운영하고 있다고 믿고 있으면(또는 경영진에게 위험요인에 대한 충분한 고려가 부족하면), 그들은 현대산업생활에서 현저한 특징을 이루는 효율성과 비용절감 목표를 자유롭게(마음껏) 추구하게 될 것이다. 경영실적을 좋게 하고 생산목표를 달성하는 것은 전문경영인으로서 훈련을 받아온 것이고 불합리한 것은 아니다. 그들은 주로 이러한 목표의 달성에 의해 자신들의 성과가 평가된다고 생각하고 있다. 그리고 그들의 막대한 보너스 또한 그것으로 결정된다. 그런데 이것은 최고에 대한 독단적이고 종종 편협한 추구로 향하는 길을 열어 주게 된다.

어떠한 조직의 안전문화의 수준(발전 정도)은 다음(표 6-3)과 같이 5가지 유형으로 표현하기도 한다. 이들 유형은 실제로는

5) Ibid.

[표 6-2] 각 조직문화가 안전 관련 정보를 처리하는 방법

병적 문화	관료적 문화	창조적 문화
• 아는 것을 원치 않는다. • 메신저(정보전달자)는 '제거'된다. • 책임이 회피된다. • 중개역할이 좌절된다. • 실패는 제재를 받거나 숨겨진다. • 새로운 아이디어는 적극적으로 거부된다.	• 찾아내지 않아도 된다. • 메신저가 찾아오면 듣는다. • 책임이 구분되어 있다. • 중개역할이 허용되지만 소홀히 된다. • 실패는 부분적으로 시정된다(고쳐진다). • 새로운 아이디어가 종종 문제가 된다.	• 적극적으로 정보를 찾는다. • 메신저가 양성된다. • 책임이 공유된다. • 중개역할이 보상된다. • 실패가 광범위한 개혁으로 이어진다. • 새로운 아이디어는 환영 받는다.

연속체에서의 대표적인 위치를 나타내지만, 안전문화의 각 단계의 특징적인 표현인 것처럼 다루어진다. 최근 문헌에서는 창조적(generative) 유형은 리질리언스를 갖춘(resilient) 유형으로 이름이 바뀌어 사용되고 있다.[6)]

[표 6-3] 안전문화의 수준

안전문화의 유형	특 징	사고/재해에 대한 전형적인 대응
창조적 (generative)	안전한 행동이 조직이 행하는 모든 것에 충분히 반영되어 있음	안전관리의 방침과 실천에 대한 철저한 재평가
선제적 (proactive)	앞으로도 발견하는 과제들에 대해 지속적으로 대응함	통합적인 사고조사
타산적 (calculative)	모든 필요한 절차는 맹목적으로 준수됨	정기적인 사고 사후관리
사후대응적 (reactive)	안전은 중요함. 사고가 일어날 때마다 많은 것을 실시함	한정적인 조사
병적 (pathological)	안전에 유의하기보다도 적발되지 않는 것에 유의함	사고조사 없음

6) C. P. Nemeth and E. Hollnagel(ed.), *Resilience Engineering in Practice, Volume 2: Becoming Resilient*, 2014, p. 181.

허드슨(Patrick Hudson)은 전술한 세 분류를 더욱 확장하여 다섯 단계로 분류하고, 다음 레벨로 이행하기 전에 그 전의 레벨을 통과할 필요가 있다고 주장한다.[7] 레벨을 향상시키기 위해서는 신뢰를 높이는 것, 정보활용도(informedness)[8]를 증가시키는 것 및 이중루프학습에 참여하겠다는 의지가 필요하다.

- 병적(pathological): 적발되지 않는 한 안전에 대해 관심을 갖지 않는다. 정보는 숨겨지고 정보제공자는 배제되며 실패는 은폐된다.
- 사후대응적(reactive): 안전은 중요하기 때문에, 사고가 일어날 때에는 항상 많은 일을 한다.
- 타산적(calculative): 모든 위험요인을 관리하는 시스템을 가지고 있다.
- 선제적(proactive): 지금까지 발견했던 문제에 대해 열심히 대응한다.
- 창조적(generative): 안전을 확보하는 것이 어렵다는 것을 알고 있다. 시스템이 실패할 수 있는 새로운 여지에 대해 계속적으로 브레인스토밍하고, 그것들에 대처하기 위한 적절한 대책을 가지고 있다.

가장 앞으로 나아가는 것이 어려운 단계는 선제적 단계에서 창조적 단계로의 이행일 것이다. 많은 선제적 단계의 조직은 현재의 영예에 안주하는 경향이 있지만, 진정으로 창조적인 조직은 항상 새로운 시나리오에 의한 시스템 고장이 발생할 가능성이

---

7) P. Hudson, "Safety management and safety culture: The long, hard and winding road", in W. Pearse, C. Gallagher & L. Bluff(eds.), *Occupational Health & Safety Management Systems: Proceedings of the First National Conference,* 2001, pp. 3-32.

8) 정보를 제공받는 상태 및 질(the state or quality of being informed)을 의미한다.

있다는 것을 알고 있다. 그리고 사건이 발생하지 않는 시기는 좋은 소식이 아니라 단지 소식이 없는 것에 지나지 않는다는 것 또한 이해하고 있다.

조직의 실천을 변화시키려고 하는 것이 태도, 신념 및 가치관을 직접 변화시키려고 하는 것보다 효과적일 가능성이 크다. 효과적인 실천은 궁극적으로 태도와 신념을 그것(실천)과 보조를 맞추게 할 것이다. 행동하고 실천하는 것 — 그리고 결과를 얻는 것 — 은 생각하는 것과 믿는 것으로 이어진다. 그 반대가 아니라.

안전문화에서 가장 필요한 것은 신뢰이다. 그러나 신뢰와 존중은 징벌적 문화에서도 소위 '비난이 없는(blame-free)' 문화[9]에서도 존재할 수 없다. 불안전행동의 대다수는 '의도하지 않은' 또는 비난할 수 없는' 에러이지만, 극히 일부는 무모한 불안전행동을 저지른다는 사실을 피할 수 없고, 만약 제지되지 않고 방치되면 계속적으로 그렇게 할 것이다. 공정의 문화가 조성되려면, 허용할 수 있는 에러와 허용할 수 없는 에러 간에 경계선을 어디에 그어야 하는지에 대하여 전체적인 합의를 얻는 것이 필요하다. 그러나 의도하지 않은 에러와 고의의 위반을 구별하는 것만으로는 충분하지 않다. 왜냐하면, 악의(bad intention) 때문이기보다는 필요성 때문에 저질러지는 위반도 있기 때문이다.[10]

9) 징벌적 문화도 문제이지만 심각한 불안전행동에 대해서조차 비난이 아예 가해지지 않는 문화도 바람직하지 않다.

10) J. Reason, *Managing Maintenance Error*, Ashgate, 2003, pp. 156-157.

4. 안전문화와 조직의 특성

가. 안전문화 수준이 낮은 조직의 특성

어떤 조직의 안전문화 발전단계는 그 조직, 종업원의 행동양식에 의해 대략적으로 미루어 추측할 수 있는데, 안전문화가 미숙한 조직의 특성은 대체로 아래와 같이 제시할 수 있다.

- 공식적인 것과 다른 암묵적인 양해, 결정이 많다.
- 공기가 촉박하면 안전절차를 준수할 수 없는 경우가 자주 있다.
- 상사의 결정에 무조건적으로 따르는 것이 선호된다.
- 노력했는데도 결과가 나오지 않으면 그 노력은 평가되지 않는다.
- 현장종업원은 공정관리를 가장 중요하게 생각하고 있다.
- 커뮤니케이션이 좋지 않고 대등하지 않다.
- 안전패트롤이 단속형이고 강압적으로 이루어지고 있다.
- 재해조사가 책임추궁형으로 이루어진다.
- 안전활동계획이 즉흥적이고 허울 좋은 공론(空論)으로 그치고 있다.

나. 안전문화 수준이 높은 조직의 특성

안전문화가 높은 조직은 대체로 아래에 제시하는 특성을 가지고 있다.

- CEO가 안전에 대하여 강한 관심을 가지고 있다.
- 회사의 안전에 대한 가치관이 구성원들에게 공유되어 있다.
- 충분한 경영자원을 확보하고 안전프로그램을 지원하고 있다.
- 종업원이 여러 가지 안전활동에 참여하고 있다.

- 열린(개방적인) 커뮤니케이션(특히 라인조직에서)이 이루어지고 있다.
- 작업절차서, 기록 등 문서의 적절한 관리가 이루어지고 있다.
- 작업절차서에 준거하여 작업하고 있다.
- 작업자에 안전한 행동이 습관화되어 있다.
- 모든 작업장에서 정리정돈이 잘 이루어지고 있다.
- 강한 팀워크 의식이 있다.
- 종업원이 조직, 일에 자긍심을 가지고 있다.

Ⅱ. 안전문화 조성 추진방향

하드웨어는 '物', 소프트웨어는 '人×物', 휴먼웨어는 '人×心'으로 표현된다. 사고·재해를 예방하기 위해서는 먼저 物의 측면(설비, 기계, 환경, 원재료 등)의 안전대책을 추진하는 것이 필요하다. 하드웨어 대책으로 대표적인 것은 Fool Proof, Fail Safe이다.

그러나 인간을 둘러싼 모든 物을 Fool Proof, Fail Safe 등으로 대응하는 것은 불가능하다. 기술적으로 곤란하거나 비용적으로 감당할 수 없거나 또는 시간이 걸리는 등의 벽이 존재한다.

따라서 '物'의 대책(하드웨어)에 추가하여 당연 '人×物'의 대책(소프트웨어)이 필요하게 된다. 이 경우 人과 物의 관계, 人과 作業의 상호관계를 가다듬는 것이 필요하다. 규정, 작업절차·표준, 수칙 등의 제정·운영, 교육훈련, 기계·설비의 점검·정비, 작업환경의 정비 및 작업관리 등이 이것에 해당한다.

안전활동의 실무 측면에서는 소프트웨어 대책의 비중이 높은 직장이 아직 많다고 생각된다. 그리고 대기업일수록 사고책임을 토대로 많은 규칙(룰)이 있고, 현장에서는 규칙(룰)을 학습하는 것이 중요한 일이 된다. 본사 스태프는 모든 상황을 상정한 완벽한 규칙(룰) 체계를 구축하는 것에 열심이고 '규정의 신'이 필요하게 될 정도의 난해하고 복잡한 규칙(룰) 만들기에 정력을 지나치게 많이 사용하고 있는 경우도 있다. 말할 필요도 없이, 현장의 취급을 정하고 있는 규칙(룰)은 준수하기 쉬운 것이 중요하기 때문에 간소화하는 것이 가장 중요한 일이다. 그러나 간소화하면 특수한 상황에서 사정이 나쁜 경우는 어떻게 할 것인가라는 의문이 생긴다.

특수한 상황, 다양한 개별현장에의 구체적 대응은 기본 규칙(룰)의 현장 적용의 문제라고 받아들이고, 현장책임자의 레벨에서 상황에 맞게 개별·구체적으로 정하는 것이 바람직하다. 그렇게 하면 현장에서의 지혜, 궁리를 자연스럽게 이끌어내는 구조가 될 수 있다. '정해진 규칙(룰)을 준수해라'에서 '정해진 규칙(룰)을 어떻게 현장에서 스스로 궁리하여 실천할까'로 풍토개혁을 해가는 것이 중요한 포인트라고 판단된다.

소프트웨어 대책의 경우에도 표준화, 교육에 한계가 있다. 모든 상황을 표준화할 수 없고 모든 것을 철저히 가르치는 것은 불가능하기 때문이다.

이상에서 설명한 하드웨어 대책과 소프트웨어 대책의 한계를 타파하고자 하는 것이 소위 '휴먼웨어' 대책이다.

사고·재해를 방지하려고 하면, 안전관리의 철저에 추가하여 관리와 일체의 것으로서 이른바 자율적 안전활동으로서의 소집단활동이라는 휴먼웨어 대책을 촉진해 가는 것이 필요하다.

휴먼웨어란 안전을 추진하는 데 있어서 '소집단활동', '직장자율활동', '참가', '의욕', '창의적 발상', '팀워크' 등 통상의 관리시스템에서는 지배·강제할 수 없는 사람의 마음에 관련되는 분야를 말한다. 일방적인 관리·강제만으로는 '알고 있는데, 할 수 있는데 하지 않는다'와 같은 문제, 특히 '의욕이 없어 하지 않는다'와 같은 문제를 본질적으로 해결하는 것이 불가능하다.

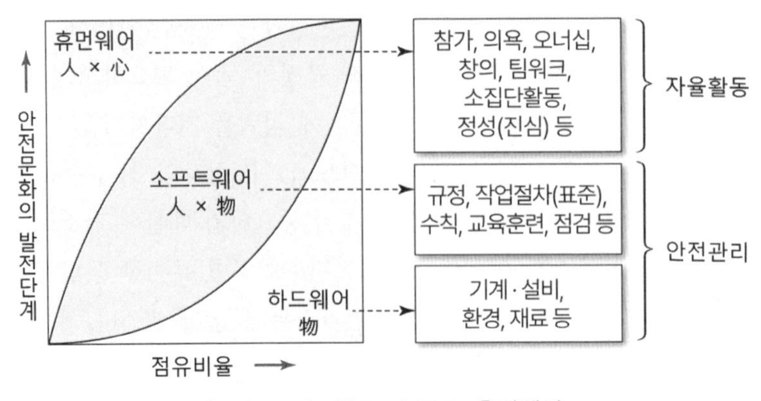

[그림 6-3] 하드·소프트·휴먼웨어

대기업을 중심으로 일부 기업에서는 하드·소프트웨어의 안전관리와 함께 휴먼(人×心) 대책으로서 위험예지활동, 지적확인(호칭), 아차사고발굴활동, 4S(5S) 등이 추진되고 있다. 위험예지활동도 지적호칭도, 아차사고보고(발굴)활동도 4S(5S)도 관리의 수단으로 작업자에게 강제하는 것으로 그치면, 그것은 결코 직장에 뿌리를 내리지 못하고 '알고 있는데, 할 수 있는데 하지 않는다'와 같은 것이 되는 경우가 많이 발견된다. 단시간 위험예지활동도, 요소요소에서의 지적호칭도, 아차사고보고(발굴)활동도, 4S(5S)도 작업장 소집단활동 속에서 의욕을 담아 실천될 때 비로소 사고·재해방지에 도움이 될 수 있다.

그림 6-3의 종축은 안전문화의 발전단계이고, 횡축은 그 발전단계에서 하드·소프트·휴먼웨어가 차지하는 비율을 도식적으로 나타내고 있다. 안전문화의 발전에 수반하여 하드웨어 → 소프트웨어 → 휴먼웨어로 비중이 변한다.

안전은 통상 物(하드웨어)의 측면에서부터 출발하여야 원활하게 될 수 있다. 物의 측면에서 안전화를 도모하지 않고 아무리 주의하라고 말해도 사고·재해는 없어지지 않는다. 하드웨어만으로는 안전을 확보하는 데 한계가 있으므로, 사람과 物

의 상호관계를 가다듬는 것(소프트웨어)이 필요하다. 규정, 작업절차·표준, 수칙 등을 만들어 운영하는 것, 교육훈련하는 것, 점검·정비하는 것 등은 안전의 소프트웨어 대책이다.

그러나 아무리 하드웨어, 소프트웨어를 가다듬어도 안전을 확보하는 데에는 한계가 있다. 하드웨어로도 소프트웨어로도 해결할 수 없는 부분이 있기 때문이다. 그런 까닭으로 안전문화가 발전되어 가면 사람의 마음에 관련되는 휴먼웨어 단계가 된다. 즉, 사람의 마음이 중요해지는 참가와 의욕의 단계가 된다.

위험예지활동도, 지적호칭도 관리의 방편으로 소프트웨어 대책으로서 '하게 하는' 것은 가능하다. 그러나 한 사람 한 사람이 정성을 기울여 의욕을 가지고 하지 않으면 효과는 올라가지 않는다. 휴먼웨어의 과제인 것이다.

많은 기업에서 규정, 매뉴얼에 과도하게 의지하고 자신의 머리로 생각하려고 하지 않는 소위 '지시 대기'족의 문제를 가지고 있다. 참가, 의욕, 오너십, 창의, 팀워크, 정성(진심) 등을 이끌어내는 관리수법이 필요하게 되지만, 유감스럽게도 사람의 마음은 조종할 수 없다고 하는 '관리의 한계'가 있다. 관리를 강화하여 인간의 도구력을 끌어내는 것은 가능하다 하더라도, 본질적으로 인간으로서의 인간력을 이끌어내는 것은 불가능할 것이다. 어떻게 작업장의 여러 문제에 자주적인 의욕, 진심, 팀워크 등을 끌어낼 수 있을 것인가의 과제를 해결하려고 하는 것이 자율안전활동이다.

제 7 장

안전문화 조성을 위한 포인트

여기에서는 안전문화 조성에서 중요하다고 생각되는 포인트에 대하여 서술하기로 한다. 안전문화 조성의 본질이라고도 할 수 있다. 본격적으로 들어가기 전에 안전문화라는 말의 마법성에 대하여 설명하고자 한다.

원래 안전이라는 말은 매우 애매하고 듣는 자에 따라 이해하는 방법이 크게 다르다. "안전이란, 위험의 존재를 애매하게 하는 특효약이다." 또는 "우선적으로 합의형성을 하기 위한 마법의 단어이다."라는 지적도 있는 것에서 알 수 있듯이 주의하여 사용할 필요가 있다.

안전문화라는 말도 동일하게 애매함을 품고 있다. 애매하다고 하기보다는 안전문화는 매우 다양하고 다기하게 걸쳐 있는 크고 넓은 개념이다. 무언가 트러블이 발생한 경우 사람이 관련되어 있으면 반드시 안전문화적 요소의 문제점이 발견된다. 중요한 것은 그 문제가 조직 내에서 확장성을 가지고 있는 여부이다. 조직에서 공유될 수 있는 문제이면 안전문화상의 문제라고 추정된다.

트러블의 결과론으로 "안전문화상의 문제가 있다."고 말하는 것은 문제점을 애매하게 하므로 위험하다. "○○라는 문제가 조직적으로 만연되어 있는 것으로 보인다."고 말하는 식으로 구체적인 문제로 파악되어야 한다.

1. 행동으로 나타내는 것

안전문화는 슬로건이 아니다. 구성원의 행동으로 나타나야 비로소 의미가 있다. 그리고 올바른 것을 올바르게 실행하는 것을 반복하면, 그것을 통해 얻어지는 납득감, 보람 등에 의해 조직 내에 조금씩 정착해 간다. 구성원 각자에 의한 행동의 반복이 조직 내에 침투되어 감으로써 문화로서 정착해 간다. 한 사람이 실행하면 자기만족 또는 습관의 세계이지만, 조직에 침투하면 문화가 된다. 주변에 휩쓸리지 않고 용기를 가지고 자신이 모범이 되는 행동을 실행하는 것이 중요하다.

그러나 안전문화라고 하는 알기 어려운 것을 행동으로 표현하는 것은 조직의 구성원에 따라서는 그다지 용이한 것은 아닐 수 있다. 그래서 절차서 중에 안전문화에 준거하는 행동은 이런 것이라는 실례를 기재하거나, 무언가의 행동을 시작할 때에 생각해야 할 체크항목을 알려주는 등 실제 활동의 장에서 사용할 수 있는 것을 준비하는 것이 중요하다.

안전문화에는 '경영층'이 실시하여야 할 것, '관리자'가 실시하여야 할 것, '실무자'가 실시하여야 할 것과 같이 책임, 입장에 따라 실시하여야 할 것과 개개인 전원이 실시하여야 할 것 둘 다가 포함되어 있다. 개인이 실시해야 할 것은 전원이 그것을 이해하고 실시할 필요가 있으므로, 안전문화 조성활동은 전원참가가 필수이다. 안전문화를 담당하는 일부 직원이 열심히 실시하는 방식으로는 안전문화는 향상되지 않는다.

2. 항상 생각하는 사람이 있을 것

안전문화 조성활동은 단시간에는 효과, 성과가 잘 보이지 않고, 단순한 반복으로는 매너리즘화되기 쉬우며, 명분론에 빠지기 쉬운 매우 어려운 활동이다. 이러한 활동을 장기간, 활성화한 상태로 계속하기 위해서는 최고경영자에 의한 강한 지원과 담당부서의 열의가 필요하다. 특히 안전문화에 대해 항상적으로 생각하는 자가 필요하다. 안전문화의 열화 징후는 평상시의 업무 중에 의식하지 못한 상태에서 대화, 회의체에서의 발언 등으로 나타나는 경우가 있다. 이러한 징후를 간과하지 않고 문제의식을 가지고 대응해 가려면 전문스태프의 육성이 바람직하다.

전문스태프는 모두로부터 신뢰를 받을 필요가 있다. “머리의 회전이 빠르다.”든가 “말솜씨가 좋다.”와 같은 자질보다도 성실하고 끈기 있고 많이 생각하고 상대방의 이야기를 잘 듣는 자기중심적이지 않은 인물이 바람직하다. 많은 사람이 “저 사람이 말하는 것이니까 해보자.”라고 생각해 주면 적임이라고 할 수 있다. 이것은 속인적인 행동이 아니라 신뢰에 근거한 행동이다.

3. 끈기 있는 지속적 추진

안전문화 조성의 방법론은 아직 개발도상에 있는 점, 조직문화는 조직에 따라 크게 다른 점 등 때문에 안전문화 조성활동은 시행착오의 연속이다. 그리고 전술한 바와 같이 활동의 성과는 단기간에는 나타나지 않고 2년, 3년 지속적인 실시를 통해 점차적으로 구현될 수 있기 때문에 끈기 있게, 그러나 항상 개선의지를 가지고 실시해 나갈 필요가 있다.

“실시하기 전에 그 활동에서 어떠한 성과가 나오는지에 대한 설명이 있어야 한다.”는 말을 자주 듣는다. 무언가를 실시하고 싶지 않은 자, 미루고 싶은 경우의 상투구이다. 이런 식의 접근으로는 안전문화 조성활동은 불가능하다.

먼저 해본다, 문제가 있으면 개선해 나간다, 무익하다고 생각되면 과감히 그만둔다는 각오로 안전문화 활동을 시작해야 한다.

안전문화에는 3가지 특징이 있다.

① 스스로 훌륭한 안전문화가 달성되었다고 생각하면, 그때부터 열화가 시작된다. 그 좋고 나쁨은 객관적으로 판단되어야 한다. 어쨌든 최종목표는 없다.

② 방심하면 바로 열화된다. 지속적인 개선을 지향하여 계속하여 달리는 것이 중요하다. 멈추면 넘어지는 자전거와 같

은 것이라고 생각하면 된다.

③ 안전문화 조성활동의 성과는 시차를 두고 나타나는 점을 감안하여 장기적인 관점에서의 노력이 필요하다. 효과가 보이지 않는다고 단기간에 그만두어 버리면 무엇도 하지 않는 것과 동일하게 된다.

이 때문에 안전문화 조성활동은 계속성이 필요하고 끝이 없는 활동이다. 활동을 그만두는 순간부터 열화가 시작되지만, 활동을 그만두었다고 해도 열화가 급속도로 나타나지는 않는다(즉, 금방 가시적으로 드러나지는 않는다). 단, 목표를 상실하거나 사회로부터의 지원이 없거나 하면 급속도로 열화하는 경우도 있을 수 있다.

그리고 안전문화의 문제점을 해결하는 수단으로서 교육훈련에 의지하는 경우가 많은데, 안이하게 이것을 사용하는 것은 위험하다. 협의의 교육훈련은 지식, 기능이 충분하지 않은 경우에 실시하는 것이다. 문제의 본질이 여기에 있는 경우는 효과가 있지만, 의식, 자세를 변화시키는 것에는 도움이 되지 않는다. '지도'도 상당히 의심스럽다. 어쨌든 위에서 아래로의 일방적인 커뮤니케이션은 안전문화 조성에는 그다지 도움이 되지 않는다고 생각하는 것이 좋다. 횡의 커뮤니케이션, 소집단활동을 사용하는 것이 효과가 있다.

4. 의사소통의 원활화

"직장의 의사소통을 원활히 한다."고 하는 것은 좋은 말이다. 조직적 문제가 발생할 때마다 반드시 나오는 대책이다. 동시에 쉽게 해결되지 않는 영원한 과제라고 할 수 있다.

의사소통이 원활한 직장이란, 종횡의 협력, 정보공유가 왕성하게 이루어지고 활발한 토론이 이루어질 수 있는 환경에 있는 직장이다. 말하는 것은 간단하지만 실행이 어렵다. 왜 그럴까.

먼저 자기중심적인 생각이 방해가 된다. 승진하고 싶다든가 높은 평가를 받고 싶다고 생각하면, 중요한 정보를 혼자만 가지고 있거나 미스를 숨기거나 타인을 폄하는 행위가 이루어진다. 한 사람이라도 그런 사람이 있으면 직장 전체가 의심과 불신에 휩싸이게 되고, 모두가 정보를 제공하려고 하지 않게 된다.

관리직의 태도의 문제도 있다. 위압적이거나 부하의 의견을 듣지 않는 상사가 있으면 그만큼 직장의 분위기는 나빠진다. 계층이 많거나 관리직의 수가 많은 직장에서는 이러한 일이 일어나기 쉽다.

이와 같은 체질을 개선하기 위한 키워드는 '신뢰 형성'과 '공정한 평가'이다. 직장 속에 신뢰감이 확산되기 위해서는 개개인 간의 신뢰감이 필요하다. 서로 상대방에 관한 것을 잘 아는 것이 중요하고, 이를 위한 커뮤니케이션의 장을 적극적으로 만들어 가는 것이 중요하다. 이것은 회식을 자주 하라는 말이 아니라, 일의 일환으로서 그와 같은 장을 만들어야 한다는 것을 의미한다. 또 하나는 타인의 성과로 연결될 수 있는 활동에 대한 평가를 높게 하는 것이다(공정한 평가). 일의 성과는 개인에게 속하는 것은 아니다. 특히 '안전'이라고 하는 것은 조직에서 달성하고 조직에서 향유하여야 하는 것이다. 이타적인 행동에 대한 평가를 높게 하는 것에 의해, 조직이 갖고 있는 능력을 효과적으로 발휘할 수 있고 조직 내의 신뢰도 향상된다.

개방적이고 솔직한 논의가 여러 장에서 활발하게 이루어지는 것은 불상사를 방지하고 숨어 있는 문제, 중요한 정보를 많은 사람의 눈으로 본다는 점에서 매우 중요하다. 논의의 장에서는 "상대방의 기분을 상하게 해서는 안 된다.", "저 사람이 말하는 것이니까 틀림없다.", "상사의 의견에 이의를 제기하면 안 된다."와 같은 생각으로 발언을 단념하는 일이 발생하는 경향이 있는데, 안전에 타협은 없다는 점을 항상 염두에 두고 금기시하는 것 없이 솔직하게 논의하는 것이 중요하다.

5. 속인적 속성의 개혁

속인적 조직이란, 무언가를 결정할 때에 제안의 내용보다도 누가 그것을 제안하였는지가 중시되는 풍토를 가진 조직을 말한다. 권위주의적 조직(권한의 기울기가 큰 조직)에서 많이 볼 수 있고, 불상사를 일으키기 쉬운 조직이라고 말해지고 있다.

우리나라의 기업은 많든 적든 속인적 경향이 있다. 속인적 조직은 나쁜 것만은 아니다. 우수한 인간이 있고 시류를 잘 읽고 조직이 급격하게 성장하고 있을 때에는 속인적 조직 쪽이 원활하게 작동하는 경우가 있다. 그러나 일단 시류에서 벗어나 수정이 필요하게 된 경우에는 속인적 조직은 과거의 성공체험에 구속되어 급격하게 나빠질 가능성이 높다. 주요한 구성원은 우수하고 프라이드도 있어 좀처럼 실패를 인정하고 싶어 하지 않는다. 그것이 실패를 숨기거나 업적, 데이터를 조작하는 불상사를 낳는다.

안전문화 조성을 시작한다면 최초에는 속인적 경향의 개혁을 실시하는 것이 바람직하다. 노력을 쉽게 알 수 있고 성과도 내기 쉽기 때문이다.

6. 감시와 자율

안전문화 조성활동은 자발적인 활동이어야 한다. 조직 내의 많은 사람이 진지하게 문화를 잘 실천해 가려는 의지가 없으면 아무리 안전문화 조성활동을 하더라도 효과는 기대할 수 없다. 안전문화 조성활동의 최초의 단계는 조직 내에 변화하려는 의식을 갖게 하는 것이라고 할 수 있다. 착실하게 활동을 계속해 나가려면 신뢰와 자율이 중요하다.

한편, 안전문화 조성활동을 제3자적 입장에서 체크하고 방향성을 확인하며 활동을 촉진시키는 것도 필요하다. 이것을 '감시'라고 말하면 주눅이 드는데, 나쁜 점을 발견한다고 하는 소극적인 것이 아니라 적극적으로 진행상황을 확인하는 행위라고 이해하는 것이 좋다.

이 감시와 자율이 균형 있게 추진되어야 한다. 이를 위해서는 상호의 신뢰가 필요하다. 감시를 하는 측은 활동의 내용, 평가결과에 대해 "이렇게 하시오."라는 권고적 말투, "이것이 부족하다."라고 하는 단정적인 말투를 사용해서는 안 된다. 상대방에게 생각하게 하는 것이 중요하다. 조언을 하는 것에 초점을 맞추는 것이 바람직하다. 단, 계획되어 있던 활동이 실시되지 않는다든가, 활동에 매너리즘화, 형해화가 발견되는 경우에는 엄하게 지적하는 것이 필요하다.

활동·실시하는 측은 조언에 감사하고 이것을 진지하게 받아들이는 한편 스스로 생각하여 대처하는 것이 중요하다. 모든 것을 반영시킬 필요는 없지만 무시해서는 안 된다.

규제자가 어떻게 관여할 것인가 하는 문제도 어렵다. 규제자가 관여하면 피규제자는 어떻게 해도 잘 보이고 싶다는 의식이 작용하고, 활동이 형해화되기 쉬우며, 결과를 빨리 요구하는 경향이 된다. PDCA가 돌아가고 있는지의 관점에서 체크하는 정도로 하는 것이 바람직하다.

7. 실패는 개선의 호기

누구라도 실패는 타인에게 알리고 싶지 않은 것이다. 만약 자신의 실패로 부적합한 일이 발생한 경우는 숨기고 싶어진다. 그리고 다른 사람에게 책임전가하고 싶어진다. 이와 같은 인간의 성질에 반하여 자신의 실패를 보고하게 하고 상황을 모조리 이야기하게 하는 한편 적절한 대책을 강구하는 것은 간단한 일은 아니다. 그러나 이것은 매우 중요한 일이다. 작은 미스가 큰 사고로 발전하는 것을 막기 위해, 그리고 안전대책의 검토와 실시를 헛되게 하지 않기 위해서이다. 하나의 작은 미스를 보고하지 않아 큰 손해를 입는 일이 드물지 않다.

이를 위해서는 실패를 비난하지 않는 직장풍토를 만드는 것이 중요하다. 실패는 개인에 귀속하는 것은 아니다. 동일한 상황이 되면 대부분의 사람이 동일한 미스를 하는 경우가 많다. 그렇지 않더라도 가르치는 방식에 문제가 있었거나 시스템에 문제가 있는 경우가 대부분이다. 개인을 비난해도 문제의 해결이 되지 않는 경우가 많다.

그것보다도 실패는 개선의 호기라는 인식을 갖는 것이 바람직하다. 실패를 솔직하게 보고한 사람에 대해서는 상사는 "좋은 보고를 해 주었다"고 노고를 치하하는 분위기가 되어야 한다.

8. 항상 묻는 자세

안전문화의 요소로 '항상 묻는 자세'도 중요하다. 모든 사람이 모든 상황에서 '항상 묻는 자세'를 실천할 수 있다면, 대부분의 트러블은 미연에 방지할 수 있을 것이다. 그런데 이것은 그다지 어렵지 않다.

묻는 것에는 3가지 종류가 있다. '자신에게서 자신에게', '자신의 것을 자신에게서 타인에게', '타인의 것을 자신에게서 타인에게'이다.

'자신에게서 자신에게'는 무언가를 실행하려고 할 때에 "잠깐

기다려, 정말로 이것으로 괜찮을까?"라고 자문자답하는 것이다. 시간에 쫓기고 있을 때 등은 꽤 어렵지만, 직장인 중 상당수는 이 방법으로 미스를 방지한 경험이 한 번쯤은 있을 것이다. 실생활에도 사용할 수 있는 방법이다.

'자신의 것을 자신에게서 타인에게'는 무언가를 실행할 때에 자문자답하더라도 답이 나오지 않을 경우 또는 의문이 해소되지 않을 경우 타인에게 질문하는 행위이다. 이러한 것을 물으면 웃음거리가 되지 않을까 또는 질책 받지는 않을까라고 생각하지 말고 여하튼 물어볼 필요가 있다. 경우에 따라서는 스스로 답이 나올 때에도 확인을 위하여 묻는 것이 효과적이다.

'타인의 것을 자신에게서 타인에게'는 타인이 하고 있는 것에 의문을 품고 있을 때에 "그것은 그런 방법으로 좋은 것일까요?"라고 묻는 것이다. 어디까지나 질문을 던지는 것이 요체이다. "도대체 무엇을 하고 있는가!"라고 꾸짖는 것은 긴급한 상황에서는 필요하지만, 그렇지 않은 경우는 역효과가 발생할 수도 있다. 참견이라고 생각될 수도 있지만, 안전을 확보해야 하는 상황에서는 타인이 하는 일에도 관심을 가지는 것이 중요한 자세이다.

9. 과거에 얽매이지 않기(전례주의로부터의 결별)

무엇을 하려고 할 때에, 먼저 저번에는 어떻게 했는가를 알아보고 나서 착수하는 경우가 많다. 전례(前例)를 확인하고 원활하게 진행되었다는 것을 알게 되면 그 틀에서 벗어나는 것은 어렵다. 그러나 세상의 변화는 심하고 현장은 매일 변화해 간다. 전례의 틀 안에 갇히면 그 변화를 간과해 버리는 경향이 있다.

자신의 머리로 생각하는 것이 중요하다. 전례를 조사하고 현재와 괴리가 있는지, 괴리가 있다면 그 이유를 밝힌다. 그렇게 하면 어디가 포인트이고 어디에 노하우가 있는지를 알 수 있다. 자신도 공부가 되고 전례로부터 변해야 한다는 것도 알게 된다.

전례의 답습을 계속해 가면, 실질보다도 형식이 중요해지고 의문을 품는 것도 적어진다. 의문이 없다는 것은 개선이 없다는 것이고, 생각하지 않게 된다는 것이기도 하다.

전례주의에 빠져 있는 자의 변명으로, 변경하면 전임자를 비판하거나 전회 실시한 것을 부정하게 된다는 논리를 전개하는 경우가 있다. 말할 필요도 없이 그것은 잘못된 생각이다. 바로잡아야 할 것은 바로잡고, 개선할 수 있는 것은 개선한다는 의식이 중요하다.

10. 팔로워십의 중요성

프랑스는 원자력발전 대국이다. 19개의 발전소에 58개의 플랜트가 있고, 모든 발전소를 프랑스전력(Électricité de France: EDF)이 소유하고 있다. EDF는 정기적으로 안전문화에 관련된 각 발전소 조사를 하고 있는데, EDF에 의하면, 조사결과가 때때로 극적으로 변화한다고 한다. 조사해 보면, 대부분의 경우가 발전소장이 교체되었을 때인 것으로 나타난다. 그만큼 리더의 영향이 크다.

안전리더십의 중요성

안전리더십이 왜 중요할까. 조직을 안전을 강화하는 방향으로 이끌고 나가기 위해서는 안전리더십이 필수불가결하다. 조직의 안전문화는 리더십에 맡겨져 있다고 해도 과언이 아니다. 경영진과 관리자는 안전문화에서 리더이어야 한다. 특히 경영진의 안전리더십은 안전문화의 가장 중요한 부분이다. 안전리더십 없이는 안전경영시스템 요소들 어느 것도 제대로 작동되지 않을 것이다. 경영진의 안전리더십의 적극적인 표명은 안전경영시스템 성공의 핵심적인 요소이다. 높은 안전문화 수준으로 유명한 기업의 공통적인 특징은, 안전리더십이 안전활동을 조직화하고 제어하기 위한 강력한 추진력과 수단을 제공하고 있다는 점이다. 일반사원도 안전 베테랑으로서 그룹을 이끌고 있으면, 그 그룹의 안전리더라고 할 수 있다.

리더가 현장에 나가 안전순찰을 하는 것을 통해 리더가 안전에 대한 높은 관심이 높음이 전달될 수 있다. 자원(사람, 예산, 시간 등)을 어떻게 관리하는가도 안전리더십에서 매우 중요하다. 안전을 위하여 충분한 예산을 사용하고 안전부서에 조직에서 가장 우수한 인재를 배치하면, 그것은 조직의 구성원들에 대해 조직이 안전에 대해 진심으로 노력하고 있다는 것을 보여주는 강력한 메시지가 된다. 그리고 안전에 적절한 자원을 할당하는 것에 의해 조직이 안전에 대해 높은 가치를 부여하고 있는 것을 구성원들에게 나타낼 수 있다. 그리고 인센티브, 상벌, 일상적인 대화 등을 통해 부하의 안전에 관한 행동을 강화하는 것도 리더에 의한 관여방법의 하나이다. 리더는 일상업무에서 말과 행동 양쪽을 통해 안전에 대해 책임 있는 관여방법을 보여 주어야 한다. 안전에 관하여 스스로 모범을 보이고 지도하는 것을 통해 조직의 구성원들이 안전을 우선하는 행동을 취하도록 계속적으로 영향을 미칠 수 있다.

그러나 리더가 바뀔 때마다 그 조직의 안전문화가 크게 저하되는 것은 어불성설이다. 항상 좋은 리더를 공급할 수 있는 것은 아니다. 하나의 조직에 여러 부문이 있는 경우에는 대부분

질(수준)이 낮은 관리직이 존재한다. 이와 같은 경우에도 안전문화가 저하하지 않는 조직을 만들기 위해서는 경영진을 보좌하는 입장에 있는 자의 질 향상이 중요하다. 이것을 팔로워십(followership)[1]이라고 부른다. 팔로워십이 탄탄하면 다소 질이 낮은 리더가 부임하더라도 조직의 성과는 유지할 수 있다.[2]

모든 것이 복잡다단하고 변화무쌍한 현대사회에서는, 특히 조직이 유연하고 분권화된 구조로 바뀌어 가고 있는 오늘날에는 리더십 못지않게 팔로워십의 중요성이 커지고 있다. 팔로워십 전문가인 미국의 경영학자 켈리(Robert E. Kelley) 교수는 그의 저서 '팔로워십의 힘(The Power of Followership)'에서 "조직의 성공에서 리더의 기여도는 20% 정도이고, 나머지 80%가 팔로워들에 의한 것"이라고 말한다.[3] 이는 조직의 성공과 실패는 리더가 부하를 얼마나 잘 이끄냐만이 아니라 부하가 리더를 얼마나 잘 따르느냐에도 달려 있다는 의미를 담고 있다. 따라서 리더가 아무리 중요하다고 하더라도 리더십만으로는 부족하고, 리더십과 팔로워십이 조화를 이루어야 수준 높은 안전문화가 조성될 수 있다.

조직의 모든 문제의 원인과 처방을 리더 한 사람에 맞춘 리더십 교육보다 실제로 조직을 이끄는 대다수 팔로워의 역량과 자질을 키우는 팔로워십 교육이 더 효과적이라고 할 수 있다. 팔로워십은 조직을 떠받치는 기초체력이자 잠재력인 것이다. 그렇다면 조직을 이끄는 훌륭한 팔로워십은 무엇일까.

---

1) 리더십에 대응하는 말로서 추종력 또는 추종자 정신으로 변역된다. 팔로워십은 조직이 효과적으로 목표를 달성하기 위해서는 리더십뿐만 아니라 리더를 뒷받침하는 부하(구성원)의 역량이 중요하다는 의미를 담고 있다.

2) 경영진이 아닌 관리자는 안전리더십과 더불어 안전에 대한 팔로워십도 함께 발휘하는 것이 필요한 이중적 지위에 있다고 할 수 있다.

3) R. E. Kelly, *The Power of Followership,* Doubleday Business, 1992.

먼저, 리더에 대하여 어떠한 것을 확실하게 말할 수 있어야 한다. 팔로워십이란 그늘에서 떠받드는 것이 아니다. 리더의 사고방식, 자세도 좋은 방향으로 변하도록 해야 한다. 이를 위해서는 팔로워가 올바른 것을 실천할 수 있어야 한다. 실천에 의해 리더의 납득을 얻는 것이 중요하다. 그러려면 팔로워 스스로가 그의 역할에 대한 리더십을 가지고 있어야 한다. 어느 외국 대사의 부인이 마당에 나무를 심기 위해 정원사를 불렀다. 처음 정원사는 자기 생각대로 나무와 장소를 정하여 심고 사라졌다. 두 번째 정원사는 부인이 시키는 대로 잘 심어주었다. 세 번째 정원사는 주택을 둘러보고 마당을 이리저리 살펴보더니 부인과 상의한 후 나무와 장소를 정하여 심었다. 당신이라면 어느 정원사와 일을 하겠는가. 세 번째 정원사는 부인의 지시에 따라 작업을 수행했지만(최종 결정은 부인이 내렸지만) 실제로 결정을 돕고 이끈 사람은 팔로워인 정원사였다. 이처럼 리더와 팔로워는 반대적 개념이 아니라 역할에 따른 상대적 개념일 뿐이다. 본질은 같지만 물이 온도에 따라 물, 얼음, 수증기로 존재하는 것처럼 팔로워는 리더의 또 다른 이름이다.

둘째, 항상 문제의식을 가져야 하고, 영합하는 것이 아니라 스스로의 의사로 행동할 수 있어야 하며, 지시를 기다리는 것만이 아니라 건의와 제안도 적극적으로 할 수 있어야 한다.

셋째, 리더에 대한 파트너십(partnership)이 필요하다. 리더와의 관계를 주종관계로 인식해 맹목적으로 순종함으로써 조직이 파국으로 치달은 사례는 역사에서 흔히 찾을 수 있다. 리더에 대한 건전한 비판과 협조, 건강한 파트너십을 형성해야 할 것이다. 진정한 팔로워는 리더에게 모든 초점을 맞추기보다는 자신이 속해 있는 조직, 수행 과제에 초점을 맞춘다. 리더의 지시에 일방적으로 순응하는 것이 아니라, 적절한 대안 제시와 보완, 때

로는 반대를 함으로써 조직이 지속가능한 성과를 창출할 수 있도록 한다.[4]

훌륭한 팔로워십을 만들기 위해서는 다음과 같은 것이 중요하다.

- 조직 내에서 정보공유를 함으로써 문제의식을 공유해 둘 것
- 노하우가 공유되어 있을 것
- 자유로운 논의가 이루어지고 소수의견도 존중될 것

이와 같은 것이 가능하고 조직 내에서 훌륭한 팔로워십을 육성해 간다는 인식이 있으면 소소한 부정적 변화에는 꿈쩍도 않는 강고한 조직을 구축할 수 있다.

그동안 우리는 리더가 영향력을 행사하면 팔로워는 저절로 따라오는 종속적 관계로 보고 리더만 잘하면 된다고 생각해 왔다. 그러나 더 이상 이런 접근으로는 조직의 문제를 근본적으로 해결할 수 없다. 조직의 진정한 리더로서 팔로워의 역할을 인식하고, 조직원이 훌륭한 팔로워십을 갖출 수 있도록 노력해야만 안전문화 수준이 높은 조직이 될 수 있을 것이다.

11. 프로의식과 사명감

어떤 분야이든 프로페셔널로 불리는 사람은 훌륭하다. 어떻게 하면 프로페셔널로 불릴 수 있을까. 물론 오랜 기간 많은 연습과 훈련을 계속하는 것은 필수요소의 하나이지만, 그것만으로는 충분하지 않다. 자신의 기량에 책임과 자신감 및 자긍심을 가지고 있는 것에 추가하여, 실력의 향상을 목표로 노력하는 자세가 있어야 비로소 프로페셔널이라고 불릴 만하다.

---

4) 이런 의미에서 팔로어십은 주인의식, 오너십(ownership)과 일맥상통한다고 할 수 있다.

업무를 수행하는 데 있어 자신이 현재의 업무에 대해 프로페셔널이라고 자각하고 있는지 여부는 업무의 질 향상에 큰 영향을 미친다. 즉, 프로의식을 가지고 있는지 여부가 중요하다. 프로의식을 가지고 있으면 자신의 업무에 대해 책임과 자신감 및 자긍심을 가질 수 있고, 나아가 실력의 향상을 목표로 연마해 갈 수 있다. 이것은 안전문화의 중요한 요소의 하나이다.

'사명감'도 중요한 요소이다. 자신들의 일이 사회에 도움이 되고 있다 또는 자신들이 확실히 하지 않으면 사회에 큰 마이너스의 영향을 준다는 점을 자각함으로써, 개인, 조직의 자세와 행동은 보다 좋은 방향으로 향하게 될 것이다.

12. 안전에서의 개인·조직·사회의 관계

개인의 행동은 안전마인드에 의해 지배된다. 그리고 안전마인드 중에서 조직 내에서 폭넓게 공유되는 것이 안전문화이다. 조직의 행동은 안전문화에 지배받는다. 그리고 개인의 안전마인드는 조직의 안전문화에 의해 큰 영향을 받는다. 한편 사회라는 것도 매우 큰 요소이고, 개인의 행동은 안전마인드 외에 사회로부터 영향을 받는다. 조직의 행동도 마찬가지이다.

후쿠시마 사고를 반성하고 일본 동경전력이 스스로를 개혁하

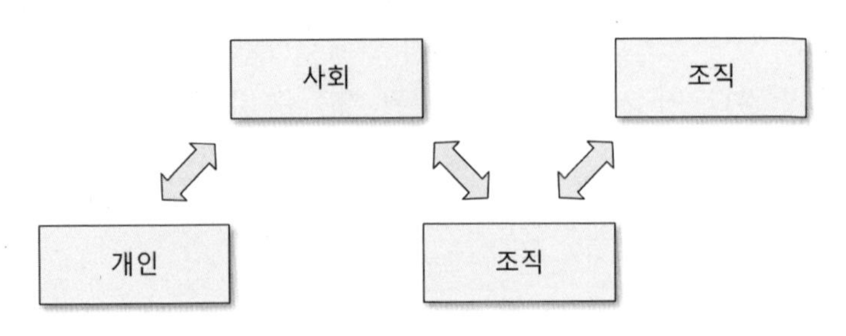

[그림 7-1] 안전에서의 개인·조직·사회의 관계

려고 조직했던 '원자력개혁 특별 태스크포스'가 2012년 10월에 보고서를 제출했다. 그중에서 사고에 이른 요인의 일부로 다음과 같은 것을 제시하고 있다.

- 쓰나미 리스크의 검토를 공표하면, 바로 운전정지로 연결될 수 있다고 생각하였다.
- 소송상의 리스크가 될 것으로 생각하였다.
- 반대운동이 거세질 것을 걱정하였다.

이것은 사회와의 관계가 조직의 행동에 나쁜 영향을 미친 대표적인 예이다. 원자력이라고 하는 것은 정치적으로도 사회적으로도 중요하고 민감한 문제이다. 동경전력은 전력의 약 40%를 원자력에 의존하고, 원자력의 운전비용은 다른 발전시설과 비교하여 훨씬 낮으므로 원자력을 운전하는 것이 사회의 업적에 큰 플러스 영향을 미쳐 왔다고 생각된다.

안전을 위하여 좋은 일을 하려고 하는데, 이것이 사회에 받아들여지지 않을 것 같다는 이유로 공표되지 않거나 은폐되거나 하면 안전문화의 관점에서는 최악의 사태이다.

물론 일본 동경전력은 깊이 반성하고 두 번 다시 이런 일을 일으키지 않도록 하여야 한다. 한편 사회에 문제는 없을까. 물론 있다고 생각한다. 사회라기보다는 사회를 대표하고 있는(있다고 생각하고 있는) 정치인과 매스컴의 문제라고 해도 무방하다. 정말로 중요한 것이 무엇인가보다는 인기, 선정성 등에 집착하고 있는 것은 아닌가라는 의문이 든다. 여기에도 안전문화라는 개념을 도입해야 하지 않을까 싶다. 이 경우의 안전은 넓은 의미에서의 국가의 안전, 사회의 안전, 생활의 안전이라는 것이 된다.

이상에서 12가지의 포인트를 열거하였지만, 또 하나 중요한 점이 있다. 이것은 "하나의 프로젝트는 하나의 조직만으로 달성할 수 있는 것은 아니다."라는 점이다. 다른 조직이 만든 것을 구입하여 사용하거나, 제조나 서비스를 다른 조직에 위탁하여 물건이나 서비스를 받는 경우가 많다.

따라서 발주자, 수주자 그리고 그 하도급회사에 이르기까지 동일한 인식을 공유해 가는 것이 필요하다. 어느 하나의 주체의 노력만으로는 안전문화를 조성할 수 없다. 산업계가 일체가 되어 안전문화를 조성해 간다는 각오가 필요한 것이다.

제 8 장

안전문화의 항목

안전문화를 조성하려고 하면 안전문화가 어떠한 것으로 구성되어 있는지를 알 필요가 있다. 나아가 조직이 수준 높은 안전문화를 달성하려고 하는 경우에는 본질적으로 불가결한 요소를 갖추고 착근시켜야 한다. 여기에서는 안전문화에 본질적으로 불가결한 요소로서의 '안전문화의 항목'을 추출하여 그것의 구체적인 내용을 소개하고자 한다.

1. 가치관과 리더십 분야

가치관과 리더십 분야는 안전문화를 조성해 가는 데 있어 가장 중요한 요소이고, 회사의 비전에 따라 사업의 안전을 확보해 나가기 위한 기본적인 방침과 준거하여야 할 기본적인 원칙을 정하는 분야이면서, 정해진 가치관을 구현하게 하는 원동력, 이른바 '안전 엔진'이 되는 경영진·관리자의 의욕과 리더십을 포함하는 분야이기도 하다.

가. 비전, 안전방침, 안전원칙

'비전, 안전방침, 안전원칙'은 회사의 안전에 관한 기본적인 생각을 선언한 것이고 안전문화를 지탱하는 대들보이다. 이것들은 회사의 공통적인 가치관으로서, 그림 8-1에 나타나 있는 것처럼 법령, 관리규정, 기준, 개별적 룰(규칙) 등의 상위에 위치하고 있고, 그 가치관으로부터 일탈하는 것은 허용되지 않는 것이어야 한다. 모든 종업원은 '비전, 안전방침, 안전원칙'을 잘 이해하고, 이를 조직의 활동계획을 수행하거나 조직 내 일상활동을 하는 데 있어서의 가치판단의 기준으로 삼고 몸에 스며들게 함으로써 항상 이것을 의식하고 행동하여야 한다.

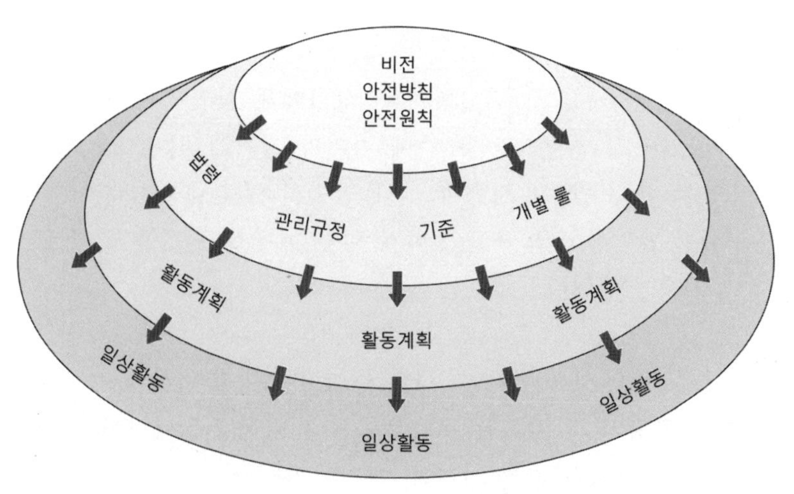

[그림 8-1] 비전, 안전방침, 안전원칙의 위상

단어의 의미

- 비전: 회사 차원에서 궁극적으로 달성하고자 하는 '이상적인 상(像)'을 의미한다.
- 안전방침: '비전'을 실현하기 위하여 지향하여야 할 방향을 의미한다. 대기업 중에서는 종래부터 안전방침이라고 하는 것을 연간 방침으로 정하고, 사장의 연초 인사 등의 기회에 이를 발표하는 활동을 해왔다. 그러나 여기에서 말하는 안전방침은 조금 의미가 다르고, 매년 변하는 안전활동의 방침이 아니라, 안전활동을 해나가는 데 있어서의 기본적 접근방법을 의미하는 것이며, 반(半)항구적인 회사의 안전에 대한 사고방식을 정리한 것이다.
- 안전원칙: 안전원칙이란, 많은 사례에 공통적으로 적용되는 안전상의 기본적인 규칙이다. 이것은 관리규정, 기준, 규칙(룰)의 상위에 있는 것으로서, 지금까지 그다지 친숙하지 않은 것이고, 안전문화 조성활동에 의해 새롭게 도입된 것이다. 회사의 업무에서 룰이 없는 일은 많이 있다. 적용되는 룰이 없는 경우, 실제 어떻게 행동하고 있는가 하

면, 각각의 종업원이 자신의 기준(자신의 경험으로 만들어진 판단기준)으로 판단하거나, 상사에게 상담하여 지시를 받는다. 그 경우, 판단수준에 차이가 생기기 쉬우므로, 종업원 한 사람 한 사람이 회사 공통의 안전원칙을 준거로 하여 판단하고 보다 안전하게 일을 해나가는 것을 목적으로 하는 것이다.

많은 기업에서는 회사의 개별 활동방침의 토대가 되는 기본적인 사고방식, 바람직한 모습으로서의 비전(기업에 따라 경영이념 등 각종의 표현이 있지만, 여기에서는 비전으로 통일한다)이 기업의 기본적 가치를 제시하는 것으로 설정되어 있다. 그리고 이 비전은 안전방침·안전원칙의 상위개념이 되는 것이다.

여기에서 안전문화라는 관점으로 본 경우, 중요한 것은 비전에서 인간존중, 종업원의 안전, 그리고 사업내용에 따라 환경·방재에 관한 것이 강조되고 있어야 한다는 것이다. 이것들이 강조됨으로써 경영진을 비롯하여 각 계층의 관리자, 종업원이 업무에 관한 판단, 결정을 행하는 데 있어 오해, 혼란을 피할 수 있다.

그러나 비전에서의 인간존중, 안전에 관한 표현은 포괄적이어서 안전에 관한 가치관을 종업원에게 보다 알기 쉽게 표현하는 것이 필요하다. 이것이 안전방침, 안전원칙이다. 즉, '안전방침'은 안전을 어떻게 자리매김하고 실현할 것인지에 대한 방침을 제시하는 것이고, '안전원칙'은 안전방침의 하위에 위치하는 것으로서 조직의 업무를 추진할 때 공통적으로 적용되는 기본적인 사항을 가리킨다. 안전방침과 안전원칙은 조직 내 활동에서의 가치판단의 준거로서 비전과 어긋남이 발생하지 않도록 설정할 필요가 있다. 그리고 작업표준, 작업절차 등은 그 작성과정에서 이들의 상위개념이 되는 '안전원칙', '안전방침', 나아가 '비전'과 어긋남이 발생하지 않도록 하여야 한다.

비전(예)

우리들은 재해가 없는 직장을 만든다.

'모든 재해는 방지할 수 있다'고 생각하고, 그 실현에 전원이 노력한다.

주) 비전은 안전에 관한 비전 외에도 회사가 최고의 가치로 추구하는 다른 비전을 반영하고 있는 것이 일반적이다.

안전방침(예)

안전은 우량기업의 근간이다.

최고수준의 안전문화를 지향하고 꾸준히 노력을 계속한다.

1. 모든 작업은 안전한 방법을 확보하여 실시한다.
2. 안전 확보를 위하여 필요한 경영자원을 투입한다.
3. 작업방법·생산공정·제품의 안전 및 환경에 대하여 계속적인 개선을 도모한다.
4. 모든 안전활동은 협력사(하청사)와 함께 노력한다.

안전원칙(예): Dupont

1. 모든 재해는 예방할 수 있다.
2. 경영진은 재해예방에 사전적·사후적 책임이 있다.
3. 종업원 참여는 필수적이다.
4. 재해예방은 사업에 도움이 된다.
5. 안전하게 일하는 것은 고용의 조건이다.
6. 모든 작업상의 노출은 보호될 수 있다.
7. 안전교육은 안전하게 일하기 위하여 필수적이다.
8. 경영진의 감사는 필수이다.
9. 모든 결함은 즉각적으로 개선되어야 한다.
10. 종업원의 업무시간 외의 안전도 증진되어야 한다.

비전·안전방침·안전원칙의 바람직한 모습

- 회사의 비전에는 사회정의에 입각한 인간존중, 안전·환경의 확보가 강조되고 있다.
- 안전방침·안전원칙은 회사의 비전과 연계되고 어긋나지 않는다.
- 안전방침은 회사가 지향하는 안전최우선의 이념을 제시하는 한편, 경영진·관리자의 안전에 대한 강한 결의가 표명되고 있다.
- 안전원칙은 많은 업무에 적용할 수 있는 판단기준이 평이하게 제시되어 있고 종업원에도 이해하기 쉬운 것으로 되어 있다.
- 안전방침·안전원칙은 항목별로 자세한 해설서가 준비되어 사람에 따라 해석·설명이 크게 다르지 않게 되어 있다.
- 경영진·관리자는 평소부터 안전방침·안전원칙을 습득하고 종업원에 대해 주지와 이해를 심화시키려는 노력을 하고 있다.
- 모든 종업원은 안전방침·안전원칙에 대하여 정기적인 학습의 기회를 통하여 의미를 잘 이해하고 그 준수의 중요성을 납득하고 있다.

나. 경영진·관리자의 의욕과 리더십

안전관리는 중요한 경영과제라고 말해지고 있지만, 사업경영으로부터 안전을 독립시켜 버리면 안전 문제가 안전담당임원, 안전담당부서만의 문제로 이해되기 쉽고 충분한 효과를 거둘 수 없다. 오히려 안전 과제는 품질관리, 납기관리, 비용관리 등과 동일하게 중요한 조직 횡단적인 경영과제로 인식·취급되어야 한다. 이와 같이 자리매김되지 않으면, 안전 과제의 우선도가 그 외의 경영과제보다 내려가고, 사람, 물(物), 돈이라는 경영자원에 제약이 수반되어 해결이 어렵게 된다.

경영자원의 배분은 경영진,[1] 상급관리자가 판단하는 것이다. 안전최우선의 슬로건을 내건 포스터 등을 사내에 게시하여 안전을 호소하더라도, 현실에서는 투자를 주저하여 경영자원을 적절하게 배분하지 않는 경우에는, 회사가 말하고 있는 것과 행하는 것이 달라져 버리는 언행불일치가 발생하여 종업원의 회사에 대한 신뢰감이 상실되고 안전문화의 조성은 물론 우수한 안전성적을 기대하기 어렵다.

안전관리상태의 열화의 징후는 품질관리, 비용관리 등과 같이 매일 정량적으로 확인하는 것이 어렵고, 사고·재해로 현재화(顯在化)하여 비로소 주목되는 숙명을 안고 있다. 그런 만큼 경영진, 관리자가 안전을 중요하게 생각하고 있다는 것을 스스로의 언어, 행동에 의해 종업원에게 계속적으로 보여주는 것이 요구된다. 경영진, 관리자의 언동은 항상 종업원의 관심 대상이고, 이것은 경영진, 관리자의 경우 회사 내부에서의 행동뿐만 아니라 사생활의 행동에 대해서도 일상적으로 말하는 것과 일치하고 있는지 여부가 종업원으로부터 주목받고 있다는 것을 의미한다.

예를 들면, 회사 밖의 횡단보도에서 적색 신호임에도 불구하고 건너가는 등의 행위를 본 종업원은 금세 그 상사를 신뢰하지 않게 되어 버린다. 따라서 경영진, 관리자가 안전최우선을 장려하고 종업원에게 그 실천을 요구하는 이상은 스스로가 모범적인 행동을 솔선수범하는 것이 요구된다.

1) 원래는 경영진도 고위관리자로서 넓은 의미의 관리자에 해당하지만, 경영진을 다른 관리자와 구분할 필요가 있는 경우에는 경영진이라는 용어를 사용하기로 한다.

경영진·관리자의 의욕과 리더십의 바람직한 모습

- 경영진·관리자는 안전의 중요성과 모든 재해는 방지할 수 있다는 점을 신념을 가지고 말하고 있다.
- 경영진·관리자는 무재해의 조직목표를 설정하고 그 달성을 향하여 솔선수범하고 있다.
- 경영진·관리자는 모든 종업원에 대하여 높은 안전목표를 제시하고 그 실현을 향한 노력을 요구하고 있다.
- 경영진·관리자는 안전성적 향상을 위하여 리스크가 높은 작업을 추출하여 효과적인 대책을 실시하고 있다.
- 경영진·관리자는 계속적으로 경영자원을 확보하고 문제 있는 작업의 안전화를 도모하며 안전수준을 향상시키고 있다.
- 경영상의 의사결정에서 안전은 항상 품질, 납기, 비용 등의 관리지표와 최소한 동등한 우선순위에 두어져 있고 결코 뒤로 밀리는 일은 없다.
- 경영진·관리자의 안전에 대한 결의, 대처자세는 진심이라고 모든 종업원이 느끼고 있다.

2. 직무별 역할과 능력 분야

조직체에는 사업을 운영하기 위한 추진조직이 세밀하게 구축되어 각 구성조직의 업무분장에 따라 직무를 수행할 수 있도록 종업원 한 사람 한 사람에게 역할분담이 되어 있다. 조직체는 사람의 집단으로서 한 사람 한 사람이 각각의 역할을 확실히 다함으로써 성립·운영된다.

이 역할분담에 있어 구체성의 정도는 수행되기를 원하는 기대치만을 제시하는 경우, 직무분장표 등에 의해 상세하게 기술한 것을 작성하는 경우 등이 있다. 그 정도는 조직체에 따라 천차만별이지만, 안전에 관해서는 역할을 부여받아 이행하여야 하는 의무

(기대되는 일의 질과 양)가 명확하게 설정되는 것이 매우 중요하다. 물론 그 의무는 당사자의 직무수행능력에 맞아야 할 것이다.

그러나 단지 '의무(실행책임 = 사전책임, responsibility)'[2]를 명확하게 설정하는 것만으로는 안전업무가 원활하게 진척되지 않는다. 직무수행에 관한 '(결과)책임(accountability)'과 직무를 수행하기 위한 '권한'이 함께 부과 또는 부여되어야 한다. 그리고 의무 외에 '(결과)책임'과 '권한'을 부과 또는 부여하였다고 하더라도, '의무(실행책임)', '(결과)책임', '권한' 이 세 가지가 등가(等價), 즉 동등한 가치(비중)의 관계가 되지 않으면, 기대되는 직책을 다하는 것이 불가능하다(3면 등가의 원칙).

가. 라인직제의 역할과 관리감독능력

여기에서 말하는 '라인직제'란, 기업 조직의 안전보건관리체제를 구성하는 공장장, 부장, 팀장, 파트장, 직장, 주임 등으로 호칭되는 관리감독자를 말하고, 담당조직 운영의 장이 되는 자이다. 라인직제에 요구되는 역할은 안전보건관리를 비롯하여 환경·방재관리, 품질관리, 납기(공정)관리, 비용(수익)

2) 우리가 책임을 수행한다고 할 때는 responsibility를 의미한다. Responsibility는 어떤 일(문제)이 발생하기 전의 사전적 의무(사전책임)를 의미하고, 영어의 duty와 동일한 뜻이다. 반면, accountability는 어떤 일(문제)이 발생한 후에 누가 책임질 것인가를 말할 때 사용되는, 결과에 대한 책임을 의미한다. 즉, accountability는 어떤 것이 수행되지 않거나, 적절하게 수행되지 않거나, 작동하지 않거나, 또는 그것의 목적을 달성하지 못하면 책임이 물어지는 것(사람)과 관련된다[ISO 45001 : 2018(Occupational health and safety management systems - Requirements with guidance for use) Annex A.5.3; OHSAS 18002 : 2008(Occupational health and safety management systems - Guidelines for the implementation of OHSAS 18001) 4.4.1 NOTE]. Responsibility는 위임할 수 있지만, accountability는 위임할 수 없다[ISO 45001 : 2018(Occupational health and safety management systems - Requirements with guidance for use) Annex A.3 e)].

관리, 인사관리 등으로서, 라인직제에게는 이들 관리업무를 수행하는 능력이 요구된다.

안전에 관한 라인직제의 직무로는 일반적으로 다음과 같은 것이 제시되고 있다.

[그림 8-2] 라인직제의 직무

안전분야

- 건설물, 설비, 작업장소 또는 작업방법에 위험이 있는 경우의 응급조치 또는 적당한 방지조치(신설 설비 시, 신생산방식 채용 시의 안전 측면에서의 검토를 포함한다)
- 안전장치, 보호구, 기타 위험방지를 위한 설비·기구의 정기적 점검 및 정비
- 작업의 안전에 대한 교육훈련
- 발생한 재해의 원인조사 및 재발방지대책 검토
- 소방·피난훈련
- 현장감독자, 기타 안전에 관한 보조자의 감독
- 안전에 관한 자료의 작성, 수집 및 중요사항의 기록
- 당해 사업의 근로자가 행하는 작업이 다른 사업의 근로자가 행하는 작업과 동일 장소에서 행해지는 경우의 안전에 관하여 필요한 조치

- 안전에 관한 방침의 표명에 관한 사항
- 위험성평가에 관한 사항
- 안전계획의 작성, 실시, 평가 및 개선에 관한 사항

그리고 안전과 관련하여 라인직제는 작업장 등을 순시하고 설비, 작업방법 등에 위험의 우려가 있는 경우는 바로 그 위험을 방지하기 위하여 필요한 조치를 강구하여야 한다.

보건분야

- 건강에 이상이 있는 자의 발견 및 조치
- 작업환경의 보건 측면의 조사
- 작업조건, 시설 등의 보건 측면의 개선
- 산업위생보호구, 응급용구 등의 점검 및 정비
- 보건교육, 건강상담, 기타 근로자의 건강유지에 관하여 필요한 사항
- 근로자의 질병, 이것에 기인한 사망, 결근 및 인사이동에 관한 통계의 작성
- 당해 사업의 근로자가 행하는 작업이 다른 사업의 근로자가 행하는 작업과 동일 장소에서 행해지는 경우의 보건에 관하여 필요한 조치
- 기타 보건일지의 기재 등 직무상의 기록 정비 등
- 보건에 관한 방침의 표명에 관한 사항
- 위험성평가에 관한 사항
- 보건계획의 작성, 실시, 평가 및 개선에 관한 사항

보건과 관련하여 라인직제는 작업장 등을 순시하고 설비, 작업방법 또는 보건상태에 유해의 우려가 있는 경우는 바로

근로자의 건강장해를 방지하기 위하여 필요한 조치를 강구하여야 한다.

안전문화를 조성하고 계속적으로 산업재해를 제로에 근접시켜 나가기 위해서는 법령 준수에 추가하여 보다 높은 수준의 직무를 수행해 가는 것이 요구된다.

라인직제의 역할과 관리감독능력의 바람직한 모습

- 라인관리감독자는 담당조직의 업무운영에 있어 우수한 안전관리는 필수요건이라고 확신하고 있고, 안전보건목표 달성을 위하여 노력을 아끼지 않고 경주하고 있다.
- 라인관리감독자는 안전상 해결하여야 할 과제를 정하고 담당조직의 안전관리업무에 대해 부하와 함께 대처하고 있다.
- 라인관리감독자는 전문적인 안전기술·지식을 필요로 하는 과제에 대해서는 안전전문부서의 스태프(안전스태프)에게 지원을 요청하거나 안전스태프의 참여를 요청하여 효과적인 대책을 입안하고 종업원에게 대책 실시를 지시하고 있다.
- 사고·재해예방을 위한 대책, 담당조직에서 발생한 사고·재해의 조사와 재발방지대책 등 주요한 안전관리업무는 라인관리감독자가 적극적으로 주도하고 있다.
- 라인관리감독자는 담당조직의 안전관리책임은 스스로에게 있다는 것을 자각하고 있고, 안전스태프는 어디까지나 안전관리를 촉진시키기 위한 보좌역으로 되어 있다.
- 회사의 직무기준표 등에 의해 안전관리에서의 라인관리감독자의 직무, 권한, 책임[실행책임(responsibility)과 결과책임(accountability)]이 명확하게 설정되어 있다.
- 라인관리감독자의 안전관리업무의 성과로서의 안전성적이 인사평가에 반영되고 있다.

나. 안전보건스태프의 역할과 전문능력

각 기업에서 실시되고 있는 대표적인 안전보건부서의 업무를 열거해 보면 다음과 같은 다양한 업무가 있다. 이것들에는 본래 라인직제가 담당해야 할 업무까지 혼재되어 있다.

대표적인 안전보건업무(환경·방재가 담당범위인 경우는 그 직무를 추가)

① 사업장 전체에서 필요로 하는 연간 안전보건대책 등을 위한 조사·분석과 연도 방침, 연간 활동계획 수립
② 안전감사결과를 토대로 사업장 전체의 안전보건에 대한 경향 분석과 대책 검토
③ 사고·재해의 발생경향 분석
④ 안전보건에 관한 여러 정보의 라인직제에의 제공
⑤ 안전보건상의 과제에 대한 관리자에의 조언
⑥ 사업장 주최의 안전보건회의 개최
⑦ 사업장 공통의 안전보건규칙(룰) 등의 책정 및 시행
⑧ 안전감사계획 수립 및 실시
⑨ 산업안전보건위원회의 간사 역할
⑩ 감독행정, 외부단체와의 창구 역할
⑪ 사고·재해의 조사·분석 및 대책 마련
⑫ 안전한 작업절차서·시공요령서의 작성
⑬ 안전보건활동계획 수립
⑭ 업무 관련 안전보건교육의 기획
⑮ 관리감독자, 작업지휘자의 안전보건에 관한 책임의 교육
⑯ 안전보건활동의 목적·목표의 결정
⑰ 아차사고정보의 분석과 활용
⑱ 개별 안전보건규칙(룰)의 책정
⑲ 긴급사태 대응계획의 마련

안전보건스태프는 통상 일상업무를 소화하고 있을 뿐인 경우가 많은 실정이다. 그러나 이렇게 해서는 단지 바쁘기만 할 뿐이고 전략적이고 체계적인 안전보건관리는 기대할 수 없다.

안전보건스태프의 일을 재검토하여 본래 라인직제가 담당해야 할 안전보건업무(예를 들면, 전술한 대표적인 안전보건업무 리스트 중 ⑪~⑲ 등[3])가 있다면 이를 라인화하고, 안전보건스태프의 직원 수를 당장 늘리지 않더라도 시간적 여유를 만들어냄으로써 안전보건스태프로서의 전문지식, 경험을 필요로 하는 직무에 그들이 전념할 수 있도록 하여 안전보건스태프의 전문능력을 높여가는 노력이 필요하다. 그리고 안전보건업무의 라인화에 의해 종업원의 안전보건 확보는 라인직제의 책임이라는 것이 이해되어 가고 라인직제의 적극적인 관여를 기대할 수 있게 된다.

그리고 안전보건스태프는 사업장의 과제(문제) 파악에 정력을 쏟음으로써, 라인관리감독자에 대하여 당해 조직의 안전보건관리 수준 향상으로 연결되는 조언을 하거나 본연의 업무와 밀접하게 관련되는 안전보건문제의 해결을 위하여 보다 구체적인 개선지도를 할 수 있게 된다.

또한 안전보건스태프에게는 사업장 전체의 안전보건에 관련되는 관리수준을 높이기 위하여 라인직제에 조언하고 지도할 책임이 있는 한편, 안전보건에 관련되는 최신의 지식·기술을 습득하고 높은 전문성을 발휘하는 것이 요구된다.

---

3) 물론 이들 업무에 대한 사업장 전체의 '기획총괄적인' 역할은 안전보건스태프가 담당한다.

안전보건스태프의 역할과 전문능력의 바람직한 모습

- 안전보건스태프는 관계법령, 안전기법 등 안전에 관한 지식에 정통하고 라인관리감독자에 대하여 효과적인 조언을 하고 있으며, 라인관리감독자로부터 두터운 신뢰를 받고 있다.
- 안전보건스태프는 사업장의 안전관리 경향을 분석하고 전략적인 안전활동계획 입안에 의해 안전관리 수준의 향상에 기여하고 있다.
- 안전보건스태프는 라인직제가 행하는 안전보건업무에 대해 라인관리감독자의 요구에 응해 적절한 지도를 하고 있다.
- 안전보건스태프는 회사의 비전, 안전에 관한 가치관을 신봉하고 그 보급에 대하여 라인관리감독자를 지원하고 있다.
- 안전보건전문부서는 항상 최신의 관계법령정보, 안전기법정보, 기타 안전에 관한 정보를 폭넓게 외부로부터 입수하고, 사업장의 안전관리수준의 지속적인 향상을 도모하고 있다.

다. 종업원의 안전의식과 직무규율

모든 종업원은 그들의 개인적 안전과 동료들의 안전에 기여할 책임을 가지고 있다. 이 기여는 종업원들에게 적극적으로 안전활동에 참여하도록 장려함으로써 가장 잘 달성된다. 안전에 관해서는 작업자 전원이 생각하고 논의하며 행동하는 것이 중요하다. 안전회의에는 필요한 경우 여러 입장에 있는 사람을 참가시켜야 한다. 누구나가 언제라도 참가할 수 있고 의견을 말할 수 있는 여건을 조성할 필요가 있다.

한편, 사업장의 안전수준을 높이기 위해서는 '현장력'을 높이는 것이 필수불가결하다. 현장력이란, 자신과 동료가 부상을 입지 않도록 항상 안전을 최우선으로 하는 행동을 하려고 하는 높은 안전의식으로 정해진 것을 정해진 대로 매번 전원이 실천한다고 하는 '직무규율'이 직장에 정착하여, 현장이 스스로 생각하고 능동적으로 행동하는 힘을 의미한다.

그러나 '강한 현장력'은 경제상황의 변화, 세대교체에 의한 일에 대한 가치관의 변화, 정규직/비정규직의 혼재 등에 의한 인간관계의 다양화 등의 영향을 받고 있어, '강한 현장력'에 뿌리를 둔 안전관리를 기대하는 것은 어려워지고 있다.

이와 같은 상황에서 '강한 현장력'을 기르는 것은 상당한 곤란을 수반하지만, 안전을 확보하는 데 있어서 현장력은 필수조건이고, 이것을 현장감독자에게만 의존하는 것이 아니라, 현장력을 높이는 구조·장치(행동기반대책)[4]에 의해 높여 나가야 한다.

이를 위해서는 종업원에 대한 '동기부여'라는 중요한 요소에 착목할 필요가 있다. 현장 사람들이 스스로 생각하고 행동하는 바람직한 행동사이클을 돌리고 있는 것이 확인되면, 그들의 상사인 라인관리감독자가 그것을 인정하고 장려하며 수준이 올라가도록 지도하는 것이 동기부여의 포인트이다.

그리고 종업원이 어려움을 겪고 있을 때에는, 라인관리감독자가 적극적으로 관여하여 종업원이 항상 상사로부터 따뜻하게 보호받고 있다는 일체감을 갖도록 하는 것이 안전한 행동, 규칙을 지키는 동기부여가 된다.

종업원의 사기를 높이고 높은 직무규율에 근거한 행동을 실현하기 위하여 특히 배려하여야 할 것은 경영진, 라인관리자가 솔선수범하고 스스로 안전규칙(룰)을 지키는 것이다. 그리고 자신의 사정으로 규칙을 곡해하거나 생략행위를 하는 등의 예외를 결코 만들어서는 안 된다. 즉, 경영진, 라인관리자는 사내외에 관계없이 스스로의 행동을 다스리고 평소 사내에서 말하는 것과 실제로 행동하는 것의 일치가 요구된다.

---

4) 행동기반대책에 대해서는 제9장 Ⅰ. 안전대책의 기본에서 상세히 설명하고 있다.

아울러, 종업원들에 대해 규칙위반의 억지감정과 이익감정 중 억지감정이 보다 우세하게 작용하도록 하는 상벌시스템을 구축할 필요가 있다. 이를 위해서는 어처구니없는 불안전행동을 저지르는 사람에 대해서는 제재를 하여야 한다. 대부분의 조직에서 제일선에서 일하는 사람들은 누가 '무모'하고 상습적인 규칙 위반자인지를 매우 잘 알고 있다. 그들이 매일 제재를 피하는 것을 보는 것은 모럴의 저하 또는 규율시스템의 신뢰성 저하로 연결된다. 규칙을 위반하는 사람이 '마땅한 벌'을 받는 것은 보는 사람에게 만족감을 줄 뿐만 아니라 허용 가능한 행동경계가 어디에 있는지에 대한 인식을 강화하는 데 기여하기도 한다. 게다가, 제3자(외부인)만이 유일한 잠재적 희생자가 아니다. 정당한 해고는 위반자의 동료들도 보호한다. 그가 저지르는 반복적인 무모함과 태만으로 인해, 아마도 동료들이 다른 잠재적 희생자보다 위험에 처해질 가능성이 더 높다. 그런 사람들이 떠나게 되면, 작업환경이 보다 안전한 곳이 될 뿐만 아니라 작업자들에게 조직문화가 공정하다고 인식하도록 하는 데에도 도움이 된다. 소수의 사람에 대한 엄한 제재는 무고한 다수를 보호할 수 있다.[5)]

요컨대, 종업원의 사기, 직무규율은 종업원만의 문제가 아니라 조직 전체의 문제로 접근해야 할 경영과제로 인식하는 것이 필요하다.

종업원의 안전의식과 직무규율의 바람직한 자세

- 종업원은 매일의 작업에서 회사의 안전방침과 안전원칙을 준수하고 사람이 보지 않고 있는 때에도 안전하게 행동하고 있다.
- 종업원은 안전기준, 작업절차서를 준수하는 것이 위험을 회피하고 작업의 안전을 확보하기 위하여 중요하다는 것을 인식하고 행동하고 있다.

---

5) J. Reason, *Managing the Risks of Organizational Accidents*, Ashgate, 1997, p. 212.

- 종업원은 매일의 작업에서 팀 동료의 안전, 건강을 배려하고 서로 조언하는 등 주의 깊은 행동을 하고 있다.
- 종업원은 자신의 작업장의 안전활동에 대해 계획, 실시, 평가의 각 단계에서 한 사람 한 사람이 참여하고 역할을 다하고 있다.
- 종업원은 산업재해 방지에 대한 관심이 높고, 적극적으로 직장의 안전상의 문제를 발견하며, 창의적인 방안을 덧붙인 제안을 하고 있다.
- 회사의 안전대책에 관하여 종업원이 제안할 수 있는 구조가 갖추어져 있고, 이들 제안은 존중되고 실행으로 옮겨지는 경우가 많다.
- 종업원의 회사에 대한 제안은 익명으로도 가능하고, 제안자에 대하여 신속한 회답이 이루어지고 있다.

3. 안전기술정보와 종업원 육성 분야

안전기술의 요소는 사업을 운영해 가는 데 있어 필수불가결한 작업설비, 도공구(道工具)·작업환경·원재료 등에 관한 각종 하드웨어에 관한 안전기술정보와 함께, 작업을 안전하게 수행하기 위한 작업표준, 작업절차 등 소프트웨어에 관한 안전기술정보가 포함된다. 그리고 이들 안전기술정보를 종업원이 활용할 수 있도록 하기 위한 계속적인 교육훈련에 대하여 바람직한 방법을 규정하는 것이 필요하다.

가. 안전기술정보와 종업원의 육성

(1) 안전기술기준과 작업절차

(가) 안전기술기준

안전기술기준은 안전관리의 근간이 되는 정보의 총칭이고, 설비규모, 생산프로세스의 내용에 따라 방대한 정보가 포함되어 있다.

국제규격으로서 기술규격에 안전을 반영하기 위한 지침인 ISO/IEC Guide 51(Safety aspects – Guidelines for their inclusion in standards)에 의하면, 안전규격은 다음과 같은 3계층으로 분류되고 있다.[6]

A. 기본안전규격(basic safety standard)

광범위한 제품들·시스템에 공통적으로 적용할 수 있는 일반적인 안전 측면에 관한 규격으로서 기본적 개념, 원리(원칙) 및 요건을 규정하는 규격(ISO 12100)

B. 그룹안전규격(group safety standard)

복수의 제품들·시스템 또는 일군(一群)의 유사제품·시스템에 공통적으로 적용할 수 있는 안전요건, 보호장치 등을 규정하는 규격

C. 개별안전규격(product safety standard)

특정 제품·시스템 또는 일군(一群)의 동종 제품·시스템(공작기계, 식품기계, 산업용로봇, 무인반송차, 화학플랜트, 프레스, 수송기계, 목공기계 등)에 대한 상세한 안전요건을 규정하는 규격

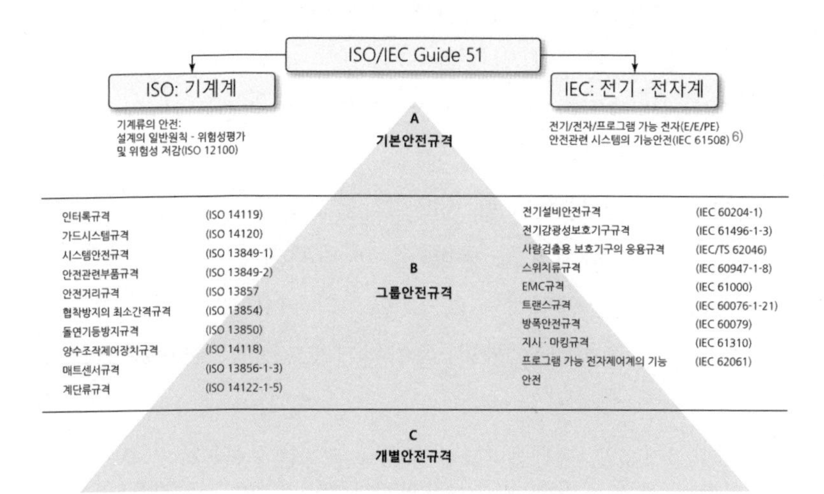

[그림 8–3] 안전규격의 체계

6) ISO/IEC Guide 51 : 2014(Safety aspects – Guidelines for their inclusion in standards) 7.1, 3rd ed.

기업이 생산활동을 할 때 취급하는 원재료에는 위험성·유해성을 포함하는 것이 있기 때문에, 취급하는 물질에 관한 MSDS(Material Safety Data Sheet)를 사전에 수집하고 화학물질에 관한 위험성평가를 실시하는 등 인체에의 영향을 평가하여 둘 필요가 있다.

안전기술정보는 방대하고 광범위하게 걸쳐 있는 것이고 시시각각 변화해 가는 것이다. 따라서 높은 수준으로 안전을 확보하기 위해서는 안전기술정보가 적절한 변경관리에 의해 항상 최신의 상태로 축적되고 이용 가능한 상태를 유지하여야 한다.

(나) 작업절차(규칙)

사업장 중에는 공장조업부서, 설비보전부서 등이 라인 내 들어가 행하는 '정상작업', '비정상작업'에서 종업원이 안전하게 작업할 수 있는 상태를 준비하는 '조건 설정'[7]에 관한 조치, 고소작업에서의 추락방지조치, 개인용보호구의 착용에 관한 조치 등 공통적인 작업절차가 있다.

한편, 개별작업마다 설정하는 안전하고 위생적인 작업절차는 '○○작업절차서'로 작성된다.

여기에서 고려하여야 할 점은, '작업절차서'에 기재되어 있는 내용이 작업의 진행방법, 품질기준에 편중되지 않고, 작업의 각 단계(step)에서의 안전상의 급소, 급소의 이유 및 이상 시의 (긴급)조치 등을 포함하는 한편, 종업원에게도 알기 쉽게 표현하고

7) 조건 설정이란, 생산설비라인 내에서 종업원이 안전하게 작업할 수 있는 상태를 준비하는 것, 즉 안전한 영역을 만드는 것을 말한다. 구체적으로는, 생산설비의 운전 정지 후 인접설비를 포함한 설비 동력원의 이중차단, 유공압(油工壓)설비의 정지 및 잔류압력의 제거, 유해가스 등의 이중차단 및 치환, 기계적 스토퍼의 설치, 방사선원의 차단 등의 안전장치 설치, 조작금지 푯말 설치 등을 말한다.

기재하는 것이다.

안전기술기준과 작업절차(규칙)의 바람직한 모습

- 주요한 작업을 안전하고 위생적으로 수행하기 위한 작업절차가 마련되어 있으며, 문서화되어 있고, 안전교육 등을 통해 모든 종업원에게 주지시키고 있다.
- 안전기술기준 및 작업절차는 기업 내의 안전원칙, 관계법령 및 KS, ISO 등의 공적 규격에 합치하거나(어긋나지 않거나) 그것을 상회하고 있다.
- 작업절차서에는 작업에 관한 작업스텝별로 안전상의 주의사항이 기재되어 있다.
- 기계·설비의 운전을 위한 작업절차서에는 작업개시조건, 통상운전, 통상정지 및 긴급정지 등의 절차가 구체적으로 기재되어 있다.
- 안전기술기준 및 작업절차는 제·개정 전에 관계되는 현장에서 감독자가 중심이 되어 작업자의 의견을 충분히 반영하고 시범실시를 행하여 제·개정한다. 그 후에는 정기적으로 그리고 필요시 재검토되고 라인관리자의 승인하에 개선되고 있다.
- 종업원은 자신의 작업에 관련되는 안전기술기준 및 작업절차에 정통하고, 일상작업에서 안전기술기준 및 작업절차를 준수하고 있다.
- 종업원의 위험회피를 위한 금지규칙(rule)이 종업원들의 충분한 공감대 속에서 제정되고 정기적인 교육훈련에 의해 금지규칙의 내용을 주지시키는 한편, 위반이 징계의 대상이 될 수 있다는 것을 모든 종업원에게 주지시키고 있다.

나. 안전교육훈련

안전교육훈련은 사람을 바람직한 자세로 변화시키는 것을 목적으로 하는, 의식적으로 작용하는 노력이자 기업의 인재를 육성하는 중요한 안전문화요소이다. 특히, 작업현장에서 일하는 감독자, 종업원에 대해 마음과 몸의 양면에 작용하여, 지식을 늘리고 기능을 몸에 익혀 올바르게 행동하는 태도를 몸에 붙게 함으로써, 그들의 일상에서 안전한 행동력, 올바른 작업의 실행력을 높여 갈 필요가 있다.

배운 지식을 활용하고 체험하여 몸에 익힌 기능을 실천하도록 하기 위해서는 라인관리자의 적극적인 관여하에 현장을 맡고 있는 감독자가 친절하게 계속적으로 OJT를 실천하는 것이 불가결하다. 이 OJT를 통한 태도교육에 의해 올바른 작업의 중요성을 '납득'하게 되고, 교육훈련 대상자가 바람직한 방향으로 변화해 가는 것을 확인할 수 있게 된다.

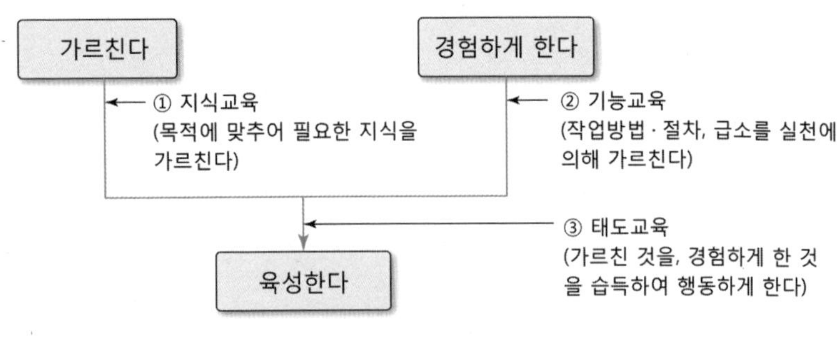

[그림 8-4] 3가지 교육의 관계

그러나 지식교육을 하고 기능교육으로 올바른 작업기능을 몸에 익히게 하더라도 배운 것을 반드시 올바르게 실천한다고는 할 수 없고, 여기에 안전교육훈련의 곤란함이 있다. 즉, 안전교육훈련으로 안전의 지식, 기능을 향상시키는 것은 상대적으로 용이하지만, 의식을 변화시키는 것은 쉽지 않다. 교육훈련은 사람이 습득한 지식, 몸에 익힌 기능을 직장, 작업현장에서 '다른 사람이 보고 있지 않아도 실천'하게끔 되었을 때 비로소 성과가 있었다고 말할 수 있다. 이것이 '사람을 육성한다'고 하는 것이다.

교육훈련에는 '무엇을 위하여 하는가'라는 명확한 목적을 설정하는 것이 필수적으로 요구된다.

① 지식교육
- 취급하는 기계·설비의 구조, 성능의 개념형성을 도모한다.
- 재해발생의 원리를 이해하도록 한다.
- 안전에 관한 법규, 규정, 기준을 가르친다.
- 작업에 필요한 심신기능의 작용을 가르친다.

② 기능교육
- 작업의 기초가 되는 기능·기술을 습득시킨다.
- 기초기능·기술을 토대로 응용기술을 습득시킨다.

③ 태도교육
- 안전한 작업을 위한 마음가짐, 자세를 가르친다.
- 직장규율, 안전규율을 몸에 익히게 한다.
- 의욕과 사기를 진작시킨다.

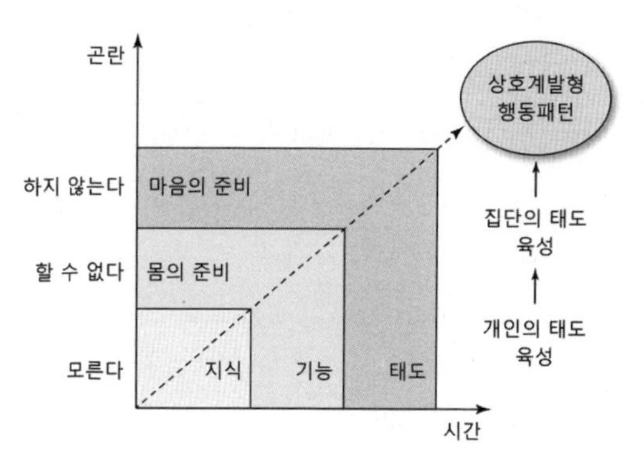

[그림 8-5] 3가지 교육의 단계

그림 8-5와 같이, 교육훈련에 의해 사람을 바람직한 자세로 변화시키는 노력에 있어서, 지식교육은 비교적 용이하게 진행되지만, 기능교육에서 태도교육으로 나아가는 과정은 시간을 요하기도 하고 곤란이 수반되므로 라인관리자의 적극적인 관여(백업)가 필요하다.

안전에 관한 교육훈련은 현업직뿐만 아니라 경영진, 관리자 또한 계층에 따라 필요로 하는 능력을 지니게 하는 교육이 필요하다. 즉, 계층이 높아짐에 따라 요구되는 능력이 변화하는데, 전문적 능력의 비율이 감소하고 대인능력, 개념화 능력의 비율이 높아진다. 따라서 안전교육훈련은 계층별 역할, 직무내용에 따라 체계화하고 높은 교육훈련 효과가 달성되도록 교육내용·기법, 시간, 교재, 사후관리방법, 강사, 교육훈련기관 등을 선택하여 계획적으로 실시할 필요가 있다.

안전교육훈련은 일과성(一過性)으로 끝낼 것이 아니라 개선을 해나가면서 교육훈련 대상자에게 도움이 되는 교육훈련으로 체계화하고, 회사의 관리규정에도 등록하여 계속성을 확보하는 것이 중요하다. 그러나 규정에 등록하더라도 시간의 경과와 함께 교육훈련의 목적을 잃고 교육훈련하는 것 자체가 목적이 되어버리면, 경영진·관리자의 관심이 저하되고 안전교육훈련이 경비절감의 대상이 되어 버릴 수 있다는 점을 항상 유념해야 한다.

그리고 안전교육훈련을 기업 내 교육훈련체계 속에 일체적인 것으로 편입함으로써 안전교육훈련이 기업 내 다른 교육훈련과 동시에 또는 유기적으로 진행되는 교육훈련체계를 구축할 필요가 있다.

관리감독자의 능력[8)]

효과적인 관리감독은 선천적인 개인특성보다는 배우고 개발하는 능력에 보다 많이 의존한다. 관리감독자(경영진, 관리직, 감독직)[9)]의 능력은 일반적으로 3가지 영역으로 구분된다: 전문적 능력(technical skills), 대인적 능력(human skills), 개념화 능력(conceptual skill).

- 전문적 능력(technical skills) : 업무를 수행하는 능력으로서 과업과 활동을 수행하기 위해 필요한 특정 지식, 방법, 기술, 장비를 사용할 수 있는 능력을 가리킨다.
- 대인적 능력(human skills) : 사람과 관련되는 능력이다. 타인과 함께 또는 타인을 통해 일을 수행하는 능력으로서, 커뮤니케이션하고 갈등을 관리하고 팀워크를 보이며 다른 사람들을 이끄는 능력을 가리킨다. 즉, 사람들의 의견을 듣고, 그들의 관점을 이해하며, 의사결정 시 사람들을 동기부여하고 참여시키는 활동과 관련되는 능력이다.
- 개념화 능력(conceptual skill): 전체를 보는 것과 관련되는 능력이다. 보다 넓은 세계의 아이디어, 패턴 및 경향을 다루는 것과 관련된다. 전체 조직의 방향과 복잡성, 조직이 운영되는 사회적 맥락 등을 이해하는 능력으로서, 자신과 직접 관련이 있는 그룹의 목표와 필요에 입각해서만 행동하기보다는 전체 조직의 목표에 따라 행동하는 것을 가능하게 한다.

이들 능력의 적정한 조합방법은 제일선의 감독자 레벨에서 최고경영자로 계층이 올라감에 따라 변해 간다. 그것을 그림으로 나타낸 것이 그림 8-6이다.

---

8) P. H. Hersey, K. H. Blanchard and D. E. Johnson, *Management of Organizational Behavior*, 10th ed., Pearson, 2013, pp. 7-9.

9) 관리감독자를 넓은 의미로 보면 최고경영자(CEO)를 포함한 경영진까지를 아울러 가리킨다.

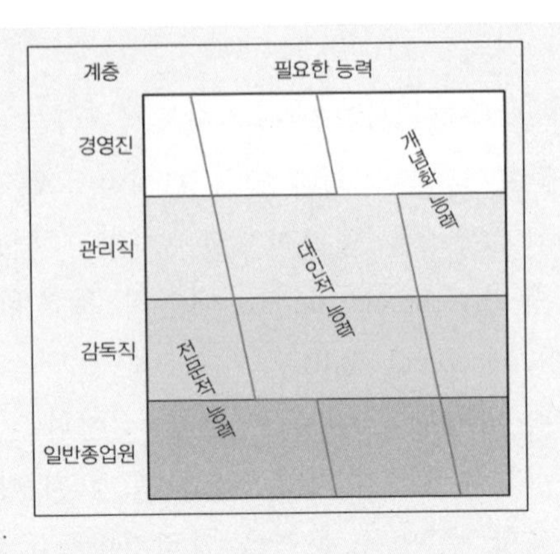

[그림 8-6] **계층에 따른 필요 능력**

조직에서의 계층이 올라감에 따라 전문적 능력의 필요성은 감소하는 경향이 있고, 상대적으로 개념적 능력의 필요성이 증가해 간다. 감독자의 경우, 거느리는 기능자, 종업원을 훈련해야 하는 경우가 많으므로 전문적 능력의 필요성이 높다. 다른 한편, 비즈니스조직의 경영간부들의 경우는 작업을 실시하는 계층의 모든 구체적 작업에 정통할 필요는 없다. 다만, 전제 조직의 목표 달성에 이들 구체적 작업이 어떻게 상호 관련되어 있는지를 이해할 능력은 요구된다. 게다가 최근에는 상급경영간부가 외부경영에 주의를 기울이고 총체적 관점에 서는 것이 바람직한 것으로 여겨지므로, 그 전체를 전망하는 능력은 특히 중요하다.

이와 같이 각 계층에서 필요한 전문적 능력, 개념적 능력의 정도는 다르지만, 대인적 능력은 관리감독자 모든 계층에서 공통적으로 중요하다고 여겨지고 있다. 대인적 능력은 과거에도 중시되었지만, 오늘날에는 가장 중요한 능력이라고 생각되고 있다. 예를 들면, 위대한 기업가 중 1명인 록펠러(John D. Rockefeller)는 "이 세상의 어떠한 능력보다도 대인적 능력을 높게 산다."고 말하였다.[10] 미국 경영협회에서도 모 조사의

10) J. D. Rockefeller, as quoted in G. L. Bergen and W. V. Haney, *Organizational Relations and Management Action*, McGraw-Hill, 1966, p. 3.

회답자(200명)인 경영자들의 압도적 다수가 간부에게 중요한 능력이 하나로 '타인과 원활하게 해나가는 능력'을 꼽고 있다.[11)]

안전보건관리체제의 바람직한 모습

- 사업주는 안전보건관리책임자로 하여금 산업안전보건법상의 직무를 포함한 안전관리업무를 실질적으로 수행하도록 직무수행여건을 조성하고 직무수행에 대해 지휘감독을 하고 있다.
- 사업주는 안전보건총괄책임자로 하여금 협력업체 근로자를 포괄하여 산업안전보건법상의 직무를 포함한 안전관리업무를 실질적으로 수행하도록 직무수행여건을 조성하고 직무수행에 대해 지휘감독을 하고 있다.
- 사업주는 안전보건스태프로 하여금 산업안전보건법의 취지에 따라 법정 직무를 포함한 안전관리업무를 실질적으로 수행하도록 직무수행여건을 조성하고 직무수행에 대해 지휘감독을 하고 있다.
- 산업안전보건위원회는 안전보건관리체제하에서 사업장의 안전관리에 관하여 최고심의·의결기관으로서 자리매김되어 있고, 공장장이 위원장, 라인관리자 및 노동조합대표가 위원, 안전보건스태프가 사무국으로 운영되고 있다.
- 산업안전보건위원회는 산업안전보건법에 적합하도록 위원이 선임되고 정기적으로 개최되고 있다.
- 산업안전보건위원회에서는 근로자의 위험 및 건강장해 방지, 건강의 유지증진의 기본사항, 산업재해원인 및 재발방지대책에 관한 협의를 행하고, 사업장 전체 및 각 부문의 안전관리 수준의 향상으로 연결되고 있다.

11) Reported in ibid., p. 9.

• 산업안전보건위원회는 그 하부조직으로 전문위원회를 상설로 또는 기간을 정하여 전문적인 검토를 하고, 과제의 해결책을 산업안전보건위원회에 답신하는 활동을 하고 있다.

4. 업무운영 분야

가. 안전보건관리체제와 산업안전보건위원회

안전보건관리체제는 안전보건관계자를 선임하는 것으로 만족해서는 안 되고, 그들이 담당하는 직무를 충실히 수행할 수 있는 여건을 조성해 주어야 한다. 즉, 사업주는 안전보건관리책임자, 안전보건총괄책임자, 관리감독자, 안전관리자, 보건관리자 등 안전보건관계자들이 해당 업무를 전문적으로 수행할 수 있는 역량을 갖추도록 하고, 해당 업무를 적절하게 충실히 수행할 수 있도록 지속적으로 지휘·감독하여야 한다.

산업안전보건위원회 역시 단지 형식적으로 설치·운영하는 것으로 그쳐서는 안 되고 현장의 안전문제를 실질적으로 수렴하고 안전과제를 실질적으로 심의하고 해결하는 장으로 활용할 필요가 있다.

나. 안전활동과 사고·재해의 예방

관리업무는 다양하게 걸쳐 있다. 안전관리(필요에 따라 환경·방재관리를 추가한다)에 있어서도 효과적인 안전활동을 기획하고 실시하기 위해서는 목표를 명확하게 하고 그 목표를 달성하기 위한 대책을 활동계획에 반영하여야 한다.

안전활동의 목표가 불명확하거나 매년 동일한 목표의 반복인 경우에는 그 활동은 명색(형식)뿐이 되고 형해화되어 버린다. 이렇게 해서는 안전활동의 의미가 없다.

많은 기업에서는 안전목표를 '중대재해 제로', '휴업재해 이상 제로', '산업재해 제로', '업무상질병 제로' 등으로 하고 있다. 그런데 이러한 지표는 결과지표에 지나지 않는다.

이것은 어디까지나 기업 또는 사장·경영진의 최종목표는 될 수 있을지언정, 개개의 작업장(부서) 레벨에서 보면 매년 무재해를 계속하는 작업장(부서)이 적지 않기 때문에, 결과지표만으로 각 작업장(부서)별 목표를 설정하는 것은 부적절하다고 할 수 있다. 따라서 과정지표에 해당하는 안전활동도 작업장(부서)별 목표로 설정해야 한다.[12)]

그렇다면 라인조직에서 행하는 안전활동의 목표설정은 어떻게 하면 좋을까? 각 부서(작업장) 차원의 안전활동계획 수립방법을 예시적으로 제시하면 다음과 같다.

[표 8-1] 안전활동계획 수립방법(4단계법)

제1단계	각 부서(작업장)의 문제점 파악	• 과거의 재해, 안전활동 등의 분석 • 작업환경을 둘러싼 주변상황의 변화 • 각 부서의 바람직한 모습 • 각 부서 특유의 문제점
제2단계	중점실시사항의 결정(사업장 계획과 모순이 없을 것)	• 중점실시사항 • 목표수준의 설정(구체적으로 수치화)
제3단계	각 부서 계획의 작성 및 실시	• 5W1H에 의한 계획 작성 • 각 부서 한 사람 한 사람의 역할분담 • 부하에의 설명과 납득(동기부여) • 진척상황의 파악
제4단계	각 부서 계획의 평가·개선	• 활동결과의 평가 • 개선

12) 작업장(부서)에 따라서는 결과지표가 의미가 없어 과정지표만으로 목표를 설정하는 것이 합리적일 수 있다.

그림 8-7은 안전활동계획의 목표설정과 문제해결의 수단(대책)의 관계를 제시한 것이다. 다음과 같은 3가지 점을 시사하고 있다.

① 목표(바람직한 모습)를 갖지 않으면 '문제점 발견'을 할 수 없다.
② 목표와 현실의 '차이'를 인식하지 않으면 '수단'을 그르친다.
③ 목표와 현실의 '차이'를 인식하지 않으면 '성과 평가'를 할 수 없다.

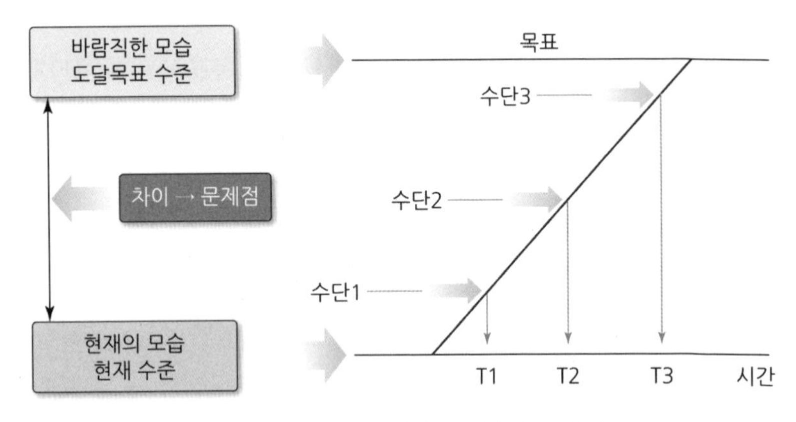

[그림 8-7] 목표설정과 문제해결의 수단

한편, 안전활동 분야를 리스크 저감이라고 하는 직접적인 노력에서 리스크를 유발하는 조직적인 요인으로도 눈을 돌릴 필요가 있다. 관리시스템상의 과제는 현장, 종업원의 문제가 아니라 경영상의 과제이고, 경영진을 포함한 관리자가 중심이 되어 노력하여야 한다. 이 대표적인 노력이 안전문화의 요소에 대하여 사업장 전반에 걸친 '안전진단'을 통하여 드러나는 조직의 약점을 보강하는 안전문화조성활동이다. 이 활동도 목표설정은 "○○의 구조를 만든다." 등과 같이 수치로 표현할 수 있는 것은 아니어서 가급적 추상적인 표현을 피해야 한다.

활동계획에서는, 관리시스템의 개선을 자신들의 관리조직만으로는 해결할 수 없는 경우가 많기 때문에, 계획단계부터 관계조직을 명확히 하여 과제를 공유화하고 협력관계를 구축하는 노력이 성공의 비결이다.

안전활동과 사고·재해 예방의 바람직한 모습

- 안전목표가 구체적으로 설정되어 있고, 안전활동계획이 일상업무 중에서 종업원으로부터 지지를 받으며, 그 활동에 모든 종업원이 참여하고 있다.
- 조직, 작업장의 안전수준을 측정하기 위하여, 사고·재해건수 및 아차사고보고(발굴)건수 등의 사실정보를 활용하는 구조가 확립되고 관리수단으로 활용되고 있다.
- 안전성적은 사업의 경쟁력 향상에 필수적인 것이라고 인식되고 있다.
- 라인관리자는 개인목표관리업적을 면담할 때, '안전성적의 선행지표'를 지도의 재료로서 효과적으로 활용하고 있다.
- 안전순찰(패트롤)에서의 불안전상황의 개선지도, 아차사고보고, 개선제안 등의 제출상황, 작업장 안전회의에의 참가상황 등을 '안전성적의 선행지표(leading indicator)'로서 데이터화하고, 그것들의 경향과 내용을 분석하고 있다.
- 위험성평가, 안전순찰, 아차사고보고 등에서 파악된 유해위험정보, 안전성적의 선행지표 등을 반영하여 구체적인 안전활동을 수립하는 등 사고·재해예방에 지속적으로 노력하고 있다.
- 라인관리자는 위험성평가의 추진방법을 교육하고, 작업장의 전원이 자신의 작업장의 유해위험요인을 파악하여 위험성 감소대책을 추진하는 한편, 개선조치를 위한 경영자원을 항상 확보하고 있다.

다. 커뮤니케이션

표준국어대사전에 의하면, 커뮤니케이션이란 "사람들끼리 서로 생각, 느낌 따위의 정보를 주고받는 일이고, 말이나 글, 그 밖의 소리, 표정, 몸짓 따위로 이루어진다."고 설명되어 있다. 정보의 전달, 연락, 통신의 뜻뿐만 아니라, 의사소통, 마음의 상통(相通)이라는 뜻으로도 사용된다.

조직에서 효과적인 커뮤니케이션을 위한 대표적인 사항으로 '보고, 연락, 상담'이라는 것이 있다. 일을 안전하고 원활하게 추진하기 위해 결코 빠뜨릴 수 없는 커뮤니케이션의 핵심 수단이다.

건설현장에서는 매일 아침 작업 개시 전에 안전보건총괄책임자인 현장소장이 모든 작업자를 모아 놓고 조회를 개최한다. 이것은 짧은 시간 중에 정보전달, 안전지시사항 등을 일방적으로 전달하는 것으로서 '일방향 커뮤니케이션'이다.

전체회의가 끝난 후 작업팀별로 작업지휘자(감독자)가 실시하는 TBM(Tool Box Meeting, 위험예지활동의 일종) 또는 작업지시미팅

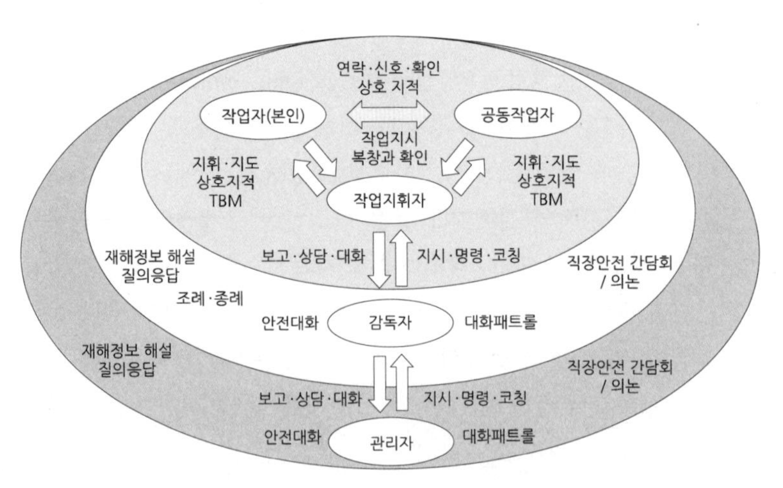

[그림 8-8] 계층 간의 쌍방향 커뮤니케이션

에서는 작업지휘자와 종업원 간에 쌍방이 질문, 의논 등을 통해 작업내용, 위험요인 등에 대한 이해도를 높인다. 이러한 커뮤니케이션 형태가 '쌍방향 커뮤니케이션'이라고 할 수 있다.

그림 8-8은 계층 간의 커뮤니케이션을 정리한 그림이다. 각각의 계층 간, 종업원 간에 여러 가지 쌍방향 커뮤니케이션이 실시되고 있고, 그 커뮤니케이션의 좋고 나쁨이 일의 성패에도 밀접하게 관련되어 있다.

피라미드 구조를 가지고 있는 계층조직의 경우, 커뮤니케이션은 상사로부터 부하로의 지휘명령이라고 하는 형태의 상명하달은 용이하게 이루어지지만, 반대의 루트는 여러 가지 이유에 의해 용이하게 작동하지 않는다.

예를 들면, 라인관리자와 감독자, 감독자와 종업원, 원청사[도급인(都給人) 회사]와 협력사[수급인(受給人) 회사], 직장의 선배와 후배 등의 관계에서는 상하관계, 권위 차이에 의한 장애물이 있고, 상위자(권위자)에 대해서는 어떤 것을 말하기 어려운 것이다.

하물며 상위에 있는 자가 부하, 협력사에 대해 위압적인 태도를 취하면, 부하들은 무언의 압력을 느껴 무엇도 말할 수 없게 되어 버린다. 그렇게 되면 쌍방향 커뮤니케이션은 성립하지 않는다. 만약 감독자, 선배가 무의식적으로 에러를 저지르고 있어도 하위에 있는 자는 말하는 것이 불가능할 것이다. 따라서 상위자에게는 적당한 입장의 차를 유지하면서 과잉으로 권력을 유세(有勢)하는 행동을 자제하는 노력이 요구된다.

쌍방향 커뮤니케이션을 위해서는, 상위자가 말하기 쉬운 분위기를 조성하는 것과 함께, 하위자가 상위자에게 보고하거나 말을 붙였을 때 위압적이지 않게 응답하는 태도도 중요하다.

예를 들면, 부하가 자신의 아차사고를 보고하였을 때, "지금 바빠! 그 정도의 사항은 각자가 주의하면 방지할 수 있으니 보고하지 않아도 돼" 식으로 말해 버리면, 그 부하는 "모처럼 보고했는데 들어주지 않는구나. 다음부터는 보고하지 않아야겠다." 식으로 생각하고 두 번 다시 보고하지 않을 것이다. 이와 같은 때 "잘 보고해 주었네. 수고했어."라고 감사함을 표하고, 거기에다 "자네의 귀중한 체험이 다른 사람에게도 도움이 되도록 아침 미팅 때 이야기하는 게 좋겠네. 모두 같이 의논해 보도록 하세."라고 전향적으로 접근하면, "내 보고를 중요하게 생각해 주는구나."라고 하는 보람이 생기고 아차사고보고가 활성화할 수 있을 것이다.

산업안전보건위원회에서의 논의, 안전간담회, 작업 전·후 미팅, 대화패트롤, 안전대화, 상호 간 주의(지적) 등의 모든 것이 쌍방향 커뮤니케이션에 의해 기능하는 것이므로, 각종 안전활동을 실시할 때 상위자는 먼저 듣는 역할을 자처하여 하위자의 말에 귀를 기울이고 이야기하기 쉬운 분위기를 조성하면, 보다 적극적인 커뮤니케이션이 이루어지게 된다.

쌍방향 커뮤니케이션은 여러 정보를 공유화하는 것만이 아니라, 상호이해, 공감을 이끌어내는 중요한 방법이기도 하다. 작업절차를 제정하거나 위험성평가를 실시할 때 또는 안전설비를 설치할 때에도 활발한 수평적인 커뮤니케이션을 거치는 것이 실효성·정확성과 높은 준수도를 확보하기 위해 반드시 필요하다.

커뮤니케이션의 바람직한 모습

- 모든 종업원이 안전활동에 관여하고 달성목표, 실행계획, 실적 및 과제를 알고 있고, 활동에의 참여는 업무의 중요한 일부라고 인식하고 있다.
- 회사와 종업원 간의 커뮤니케이션 수단이 상시적으로 오픈되어 있고, 종업원은 아차사고정보를 보고하고 안전문제를 제안하는 것은 자신들의 작업의 안전성 향상을 위하여 필수적인 것이라고 인식하고 있다. 그리고 종업원은 자신의 제안이 회사에 받아들여지고 있다는 느낌을 가지고 있다.

- 산업안전보건위원회를 비롯하여 업무에 관련된 회의, 협의 등의 정보는 종업원들에게 시의 적절하게 피드백되어 설명이 이루어지는 한편, 종업원 전원이 정기(주례, 월례 등) 안전회의에 출석하고 있다.
- 라인관리감독자는 작업장의 안전회의를 효과적인 안전대책이라고 생각하고 효과적으로 개최하기 위한 준비와 실천을 적극적으로 추진하고 있다.
- 안전에 관한 의견교환은 모든 부서 및 계층 간에 빈번하게 이루어지고 있다.
- 사고·재해에 관련된 정보, 최종보고서, 안전보건규칙(rule) 등의 개정사항은 시의 적절하게 정보가 제공되어 종업원 전원에게 주지되고 있다.
- 안전기준 및 작업절차는 모든 종업원에게 주지되고 있다.

라. 사고·재해의 보고·조사와 재발방지

기업에서는 업무의 진행과정에서 사고·재해 또는 중대한 아차사고(잠재사고)가 발생하면 사고조사를 실시하고 발생상황을 보고하며 원인을 규명하여 재발방지대책을 실시한다. 이때 사고조사의 구성원·진행방법, 재해에 이른 근본원인규명의 진행방법, 구체적인 대책방안, 개선실시계획과 실시결과의 사후관리방법을 명확히 해 둘 필요가 있다.

다음 표 8-2는 주요한 사고분석방법이다. 일반적으로는 4M 기법, 5Why분석법(5Whys), M-SHELL법, FTA(결함수법: Fault Tree Analysis)법 등이 이용되고 있다.

[표 8-2] 주요 재해분석방법

분석방법	분석방법의 개요	비고
4M기법	사고·재해에 이르기까지의 경과의 상세를 시계열적으로 밝혀내고, 그것들을 4M으로 분류하여 분석을 진행한다. 정성적 분석에 특히 유효하다.	• 가장 일반적인 방법 • 선입관 배제 가능 • NASA가 개발
5Why 분석법	4M기법 분석결과의 배후요인을 더욱 분석하여 근본원인을 밝혀낸다.	• '왜'를 5번 물어 근본적인 원인을 밝혀내는 데 효과적 (도요타류)
M-SHELL법	소프트웨어, 하드웨어, 작업환경, 인간(본인과 관계자)의 각 경계면에 존재하는 요인과 이것에 관리(management)를 부가하여 분석하는 기법이다.	• 휴먼에러 분석에 효과적
FTA법	분석조건에 시스템 구성요소, 환경조건, 인적 요소(human factor)를 추가하는 방법으로 요인의 누락을 방지할 수 있고, 발생요인을 직접요인으로부터 배경요인으로 순차적으로 전개하는 방법으로서 근본원인의 규명에 적합하다.	• 재발방지대책의 결정에 효과적

사고·재해의 보고·조사와 재발방지의 바람직한 모습

- 사고·재해가 적절하게 보고·조사되어 재발방지대책이 실행됨으로써 유사사고·재해가 계속적으로 감소하고 있다.
- 사고·재해의 사실정보 및 원인규명에서 얻어진 (개선)정보는 유사재해방지활동, 위험성평가, 위험예지활동, 교육훈련, 안전순찰 등의 실시방법의 향상을 위하여 활용되고 있다.
- 중대재해로 연결될 가능성이 있는 아차사고는 인적 손상, 물적 손해가 없어도 조사되고, 원인규명을 통해 밝혀진 불안전(상태·행동) 정보는 재발방지를 위하여 주지되고 활용되고 있다.
- 재해·사고의 사실정보 및 원인규명에서 얻어진 (개선)정보는 회사의 전 사업장 및 협력사와 시의적절하게 공유되고 있다.

- 재해·사고는 원인, 재발방지대책 및 그 대책의 실시일정, 담당자를 포함한 정식보고서가 작성되고, 그것에 근거한 재발방지대책 상황을 확인하는 구조가 마련되어 기능하고 있다.
- 재해·사고조사에서 얻어진 사실정보에 근거하여 직접원인, 기본원인, 근본원인이 적절하게 규명되어 위험성 감소효과가 높은 재발방지대책이 강구되고 있다.
- 라인관리감독자는 재해·사고발생 후 신속하게 관리자, 감독자, 현장종업원, 기술스태프, 안전보건스태프 등을 위원으로 하는 사고·재해조사위원회를 설치하여 사실정보조사와 원인규명의 중심적 역할을 다하고 있다.

마. 행동감사(안전패트롤)와 조직감사(안전진단)

안전패트롤은 많은 사업장에서 작업현장의 불안전상태, 불안전행동을 시정하기 위해 실시하고 있다.

그러나 안전패트롤에 의한 지적사항은 불안전상태가 대부분이고 대부분의 재해원인이 되고 있는 불안전행동의 지적은 적다. 그리고 그 지적방법은 단속형이고 위압적인 경우가 많아 현장의 종업원은 안전패트롤 일행이 현장에 오면 아예 작업을 하지 않는 경우도 있다.

그리고 작업현장에서 떨어진 보이지 않는 곳에서 망원렌즈로 불안전행동의 실태를 사진촬영하여 산업안전보건위원회 등에서 어떠한 예고도 없이 많은 사람 앞에서 보이면서 규탄하는 등 반감을 살 만한 방법도 발견된다.

"종업원은 엄하게 단속하지 않으면 규칙(룰)을 지키지 않고, 지시한 것을 지키지 않는다."와 같은 성악설에 입각한 단속형의 안전패트롤로는 종업원의 반감을 유발하기 쉽고 긍정적인 영향을 미치는 데는 한계가 있다. 안전패트롤에 의해 종업원에게 좋은 영향을 주고, 능동적으로 작업의 태도를 개선해 가는 방향으로 지향해 나가야 한다.

안전패트롤을 '어디까지나 종업원에게 밀착하여 그들에게 좋은 영향을 줌으로써 종업원 스스로 바람직한 방향으로 변화해 가는 것을 지원하는' 방식(대화패트롤)으로 하면 종업원의 행동에 가시적인 변화가 보일 것이다.

안전우수기업에서 실시하고 있는 '대화패트롤'을 소개한다. 갑자기 불안전상태·행동을 지적하는 것이 아니라 인사와 자기소개부터 시작한다. 상대방의 사정이 좋은 타이밍을 기다려 말을 걸고 먼저 좋은 행동을 칭찬한다. 계속하여 순찰자가 발견한 문제사항을 종업원에게 전달하고, 종업원 자신의 불안전사항을 깨닫게 한 다음, 종업원으로부터 대책을 듣고 그 후의 실행을 약속받는 절차를 밟는다.

사람에게 좋은 영향을 주는 대화패트롤은 연속성 있는 안전감사의 한 형식이다. 나아가 기업으로서 안전보건관리시스템이 확실히 기능해 가는지 여부를 진단할 필요가 있는데, 이것은 1년 이상 주기로 실시하는 '공식적 안전감사' 차원에서 실시할 필요가 있다.

공식적 안전감사는 전사(全社)의 안전문화 요소를 감사대상으로 하는 '전사 안전감사'와 사업장별로 안전감사 요소를 감사대상으로 하는 '사업장 안전감사' 및 협력사의 안전문화 요소를 대상으로 실시하는 '협력사 안전감사'가 있다.

안전문화 감사를 정기적으로 실시함으로써 보다 높은 수준의 안전성적을 확보할 수 있게 된다.

행동감사(안전순찰)와 조직감사(안전진단)의 바람직한 모습

- 안전보건관리시스템의 운영상황, 종업원의 작업행동에 관한 안전감사는 사고·재해를 예방하고 높은 안전수준을 지속하기 위하여 효과적인 대처라는 것에 대해서 전 조직의 합의 형성이 되어 있다.
- 사업장 단위의 안전감사는 안전보건관리시스템의 운영상황에 대하여 훈련을 받은 감사원으로 구성되는 감사팀이 실시하고 있다.
- 감사자는 각 사업장에서 선출된 라인관리자, 안전담당자, 종업원으로 구성되고, 다른 사업장의 안전감사에 참가하고 있다.
- 사업장 단위의 안전감사결과는 설명회를 통해 사업장에 피드백되고, 합의·납득한 지도사항은 안전보건관리시스템, 안전활동계획의 개선에 활용되고 있다.
- 안전감사의 실시방법은 문서화되어 있고, 안전감사의 실천정보를 반영하여 개선이 이루어지고 있다.
- 안전감사에서는 문서의 열람뿐만 아니라, 사업장의 모든 계층의 종업원과의 면담 및 현장의 작업행동 관찰에 의해 우수사례와 해결과제의 추출이 이루어지고 있다.
- 현장의 작업행동 관찰에서는 현장에서 일하는 종업원과 순찰자의 대화를 통해 불안전행동을 깨닫게 하고, 그 후에 안전행동을 하도록 동기부여하는 노력이 이루어지고 있다.

5. 협력사 안전관리 분야

제조업, 건설업을 비롯하여 많은 업종에서는 많은 협력사(수급인)가 도급인과의 계약관계하에서 사업장(공장) 구내에서 제조업무, 유지보수업무, 물류업무, 경비·보안업무 등에 종사하고 있다. 도급인의 생산시스템 속에 협력사의 존재가 편입되어 있고,

협력사 없이는 기능하지 못할 정도로 외주화가 많이 진행되어 있다.

협력사 안전관리는 산업안전보건법령 등 법령에 근거한 사업주 책임의 발휘가 최저요건으로서 공사·작업의 도급계약관계에서는 이 최저요건의 이행이 강하게 요구되고 있다. 따라서 도급계약관계에서 최저요건을 이행할 수 없는 회사는 익년도부터는 일을 수주받을 수 없다고 하는 사태가 발생할 수도 있다.

그러나 우리나라의 도급관계, 특히 사업장(공장)에 상주하는 작업의 경우에는, 이것은 표면상의 방침이고 실제는 그렇게 간단하지 않다. 즉, 협력사와의 관계를 드라이하게 단절해 버리면, 그것에 대신하는 회사를 확보, 즉 전문기술을 가진 노동력을 안정적으로 확보하는 것이 간단한 것은 아니라는 사정이 있다.

따라서 우리나라 특유의 접근방식일지 모르지만, 협력사 안전관리에서는 도급계약서에 입각하여 요구하는 것뿐만 아니라, 도급인으로서 적극적으로 지원하여 협력사 각각의 안전수준, 작업능력의 향상 등에 노력하는 것에 의해, 도급인과 협력사 쌍방이 Win-Win관계를 만들어 나갈 필요가 있다. 이 Win-Win관계 구축에 의해 쌍방에 신뢰관계가 구축됨으로써, 생산설비 사고의 복구 대응 시 등과 같은 긴급사태에도 유연하고 신속한 대응이 가능하게 될 것이다.

선진적인 회사에서는 안전에 관한 도급인의 방침·가치관을 협력사와 공유하면서 공통목표를 가지고 노력하며, 안전확보의 전제로서 도급인은 '안전한 작업의 조건'을 매번 협력사에 제공하고 협력사는 안전한 작업행동을 실천하여 그것에 응하고 있다.

즉, 도급인은 안전에 관한 건전한 총괄책임을 발휘하여 수급인 근로자를 보호하고, 협력사 역시 고용주로서의 건전한 책임을 발휘하여 자신의 근로자를 보호한다.

도급인과 협력사의 관계에서 다음 5가지 항목은 도급인과 협력사가 양호한 Win-Win관계를 구축하는 데 있어 특히 중요한 사항이라고 생각한다.

① 가치관의 공유화
② 쌍방향의 커뮤니케이션
③ 역할의 발휘(안전보건관리체제에서 각자의 역할상의 차이에 맞추어 실행)
④ 교육훈련
⑤ 쌍방 협력에 의한 과제해결활동

'③ 역할의 발휘'에 있어서는, 1차 도급인인지 2차 도급인인지에 따라, 일의 전부를 도급하는지 일의 일부를 도급하는지에 따라, 건설업인지 조선업인지 일반제조업인지 서비스업인지에 따라, 도급작업이 사업장 내에서 수행되는지 사업장 밖에서 수행되는지에 따라 도급작업의 성질에 차이가 있고, 이에 따라 도급인의 역할이 다르다는 점에 유의할 필요가 있다.

'④ 교육훈련'은 협력사에 대한 지원대책 중에서 핵심적인 사항이다. 왜냐하면, 협력사의 사업규모는 도급인과 비교하면 교육시설, 강사, 교재 등의 교육자원에 한계가 있고, 협력사만으로는 도급인의 요청에 응할 수 있을 만큼의 능력이 없는 것이 현실이기 때문이다. 따라서 도급인이 교육자원을 제공하여 보다 높은 요청에 응할 수 있도록 지원할 필요가 있다. 그리고 이들 지원이 각각의 협력사의 안전수준을 높이고 사업성적의 향상에도 기여하는 것으로 연결될 수 있다.

도급인과 협력사의 역할과 책임(총괄체제)의 바람직한 모습

- 협력사는 도급인의 안전에 대한 가치관, 안전활동계획, 작업규칙(rule)을 공유하고, 보다 안전하고 위생적인 작업이 이루어지도록 노력하고 있다.
- 협력사는 도급인과의 쌍방향 커뮤니케이션을 중시하고 적극적인 의견교환을 통해 신뢰관계를 구축하고 있다.
- 도급계약관계에서 협력사는 산업안전보건법령 등 법령에 근거하여 사업주 책임을 발휘하는 것이 기본적 요건이라는 점을 이해하고 실천하고 있다.
- 안전보건관리체제하에서 각 관계회사가 역할을 다하여 혼재작업에서의 작업 간의 연락조정이 확실하게 이루어지고 있다.
- 도급인은 협력사의 안전수준 향상을 위하여 안전교육의 기회를 제공하고, 협력사는 적극적으로 종업원에게 수강하도록 하고 있다.
- 도급인은 협력사와 공동으로 안전상의 문제해결을 위한 대처를 하고 있다.
- 도급인은 협력사에서 재해가 발생한 경우에는, 협력사가 실시하는 재해조사를 지도하고, 근본원인의 규명과 효과적인 재발방지대책의 강구를 지원하고 있다.

제 9 장

안전대책과 안전문화

Ⅰ. 안전대책의 기본

Ⅱ. 안전대책의 접근방법

I. 안전대책의 기본

1. 안전대책의 관점

가. 관리기반대책만으로는 안전의 확보에 한계가 있다

오랫동안 안전활동을 추진해온 기업이 직면하는 문제가 있다. "여러 안전활동을 실시하고 설비의 자동화도 가능한 범위에서 추진해왔고 안전보건관리시스템(OSHMS)을 도입하여 안전기준, 작업절차를 마련하여 교육훈련도 실시하는 등 나름대로 열심히 노력하고 있는데도 규칙(룰)위반, 휴먼에러가 없어지지 않는다." 등과 같이 안전성적이 향상되지 않고 안전활동이 막다른 곳에 다다랐다는 것을 느끼는 기업이 대기업을 포함하여 의외로 많은 것이 엄연한 실정이다.

실제 주변에서도 공장장이나 안전팀장으로 근무하고 있는 분들이 "무언가 하고 싶은데, 어떻게 하면 좋을지 모르겠다."

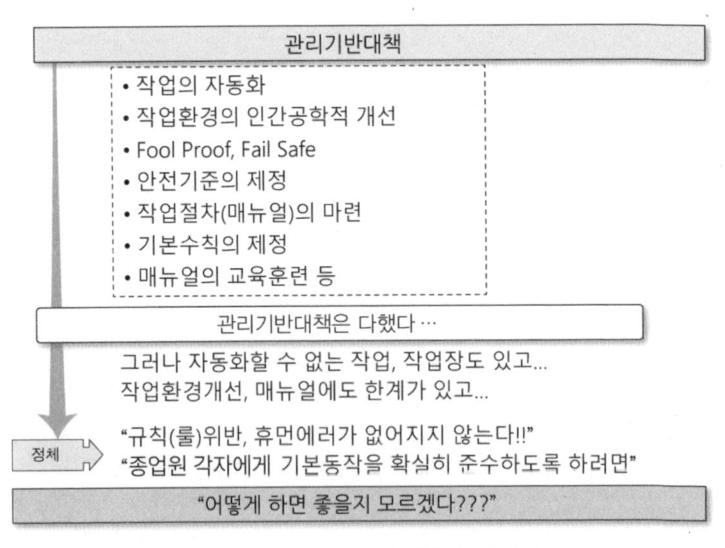

[그림 9-1] 관리기반대책의 막다름

고 하는 절실한 고민거리를 호소하곤 한다(그림 9-1 참조). 이러한 상황에서 그동안 많은 회사들에서는 무언가 문제가 있으면 바로 규칙(룰)을 만들어 그것을 작업자에게 강제하거나 작업절차서를 필요 이상으로 상세하게 하는 등 작업자 입장에서 보면 부하가 늘어나는 귀찮기 짝이 없는 대책을 취하여 왔다.

그렇다고 하면 회사에서는 어떻게 하는 것이 좋을까? 이것에 효과적으로 대응할 수 있는 것이 인간행동에 초점을 맞추어 대처하는 것이다.

나. 인간행동에 초점을 맞춘 대응에 착목한다

리스크 저감대책으로서 기계·설비대책, 작업절차서의 작성 등 관리기반대책에 의한 사고·재해방지의 효과는 어느 정도의 레벨까지는 사고율을 저하시키는 효과가 있지만, 그 후에는 잔류리스크, 불안전행동 등의 영향에 의해 사고율 저하가 멈추어 버린다. 그림 9-2는 주된 대책(관리기반대책과 행동기반대책)과 사고율의 관계를 시간의 경과로 표현한 것이다.

이 저하의 정체현상을 막기 위해서는, 종래의 관리기반대책을 유지하면서 인간행동에 초점을 맞추고 안전문화를 높이며 종업원의 안전행동을 촉진하는 행동기반대책으로 주된 시책을 전환하여 갈 필요가 있다.

이 '관리기반대책'에서 '행동기반대책'으로의 전환은 우리들이 지금까지 추진하여 온 안전활동에서 인식하기 어려웠던 관점이고, 이것을 깨닫는 것을 통해 그 후의 안전활동이 크게 진화할 수 있게 된다. 즉, 관리자 주도의 관리적 대책은 리스크 저감효과가 높은 중요한 대처이지만, 그것만으로는 충분한 안전확보는 곤란하고, 계속적으로 안전문화를 높이는 노력을 통하여 종업원 전원의 능동적인 안전행동을 습관화하고 현장력을 높이는 노력이 필수불가결하다.

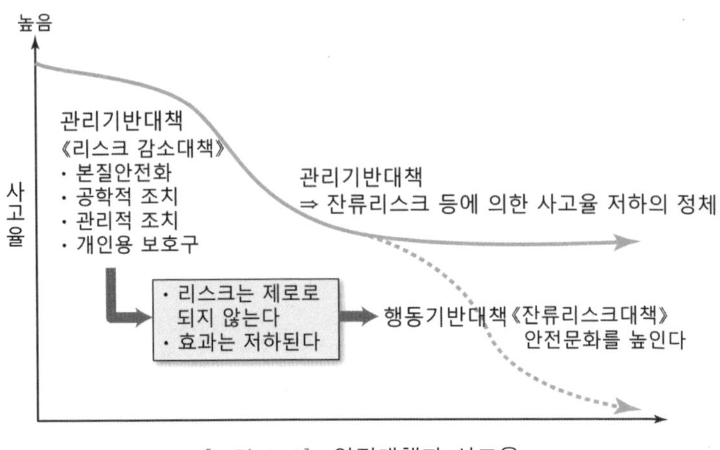

[그림 9-2] 안전대책과 사고율

2. 안전대책의 포인트

가. 관리시스템이나 작업절차는 사용하지 않으면 기능하지 않는다

관리기반대책은 안전한 설비, 안전한 환경, 안전한 작업방법을 제공하기 위하여 관리자 주도로 실시하여야 하는 것이다.

특히 위험성평가 실시결과, 리스크를 감소시키는 조치로 실시하는 안전조치의 4계층에 의한 안전성 향상효과를 쌓아 올리면 그림 9-3과 같은 피라미드 구조로 표현할 수 있다.

이 피라미드의 높이가 재해방지효과를 표현하고 있다고 할 수 있다. 본질안전화, 공학적 대책은 물(物)에 의존하는 조치로서 확실한 효과를 기대할 수 있다. 반면, 관리적 대책,[1] 개인보호구 사

1) '관리기반대책'은 관리(management) 차원에서 top down 방식으로 이루어지는 대책을 가리키고, 후술하는 '관리적 대책'은 하드(hard)한 대책과 대비되는 성격의 소프트(soft)한 대책을 가리킨다.

용은 사람에 의존하는 대책으로서 그 효과는 유동적이다.

특히 관리적 조치, 보호구는 작업자가 확실하게 잘 사용하지 않으면 그 효과는 기대할 수 없고, 역으로 확실하게 잘 사용하면 계획대로의 재해방지효과를 기대할 수 있게 된다. 즉, 관리기반대책은 사람에 의존하는 부분에서 현장력의 관여가 필요하다.

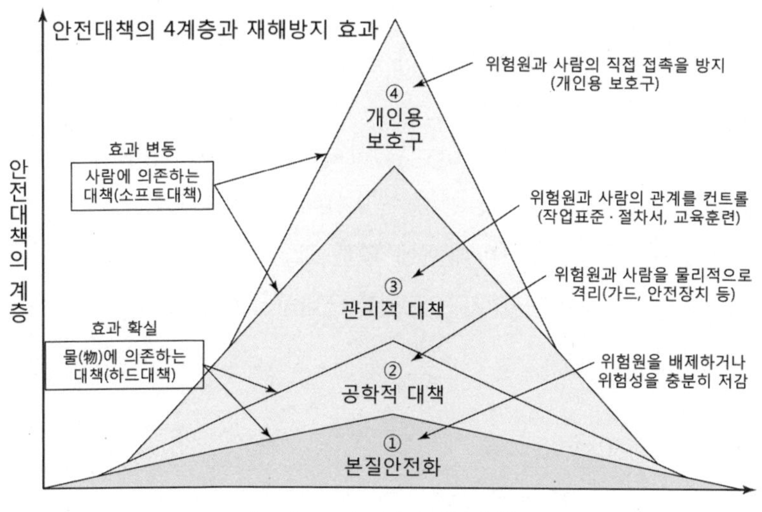

[그림 9-3] 관리기반대책

그림 9-4의 좌측 피라미드가 관리기반대책에 의한 재해방지효과의 누적으로서, 안전대책의 4계층 각각의 재해방지효과가 최대한 발휘되는 것을 전제로 한 높이이다. 그러나 각각의 안전대책의 계층의 내용에 따라 재해방지효과가 다르고, 아래에서 설명하는 내용과 같이 저하되어 간다.

① 본질안전화

재해방지효과의 저하가 거의 발생하지 않는다.

② 공학적 대책

기계 · 설비의 고장, 경년열화(aging deterioration) 등에 의해 재해방지효과의 저하가 발생할 수 있다.

③ 관리적 대책

작업자의 에러, 작업조건·환경의 변화, 교육훈련의 부족 등에 의해 재해방지효과의 저하가 발생할 수 있다.

④ 개인보호구 사용

작업자의 미사용 또는 잘못된 사용방법, 보호구의 열화 등에 의해 재해방지효과의 저하가 발생할 수 있다.

아래 그림의 우측 피라미드는 관리기반대책에 의한 재해방지효과의 부족분(잔류분)과 전술한 요인에 의한 재해방지효과의 저하분을 아울러 행동기반대책에 의해 보완함으로써 지향하는 안전수준으로 끌어올려 가는 것을 나타낸 것이다.

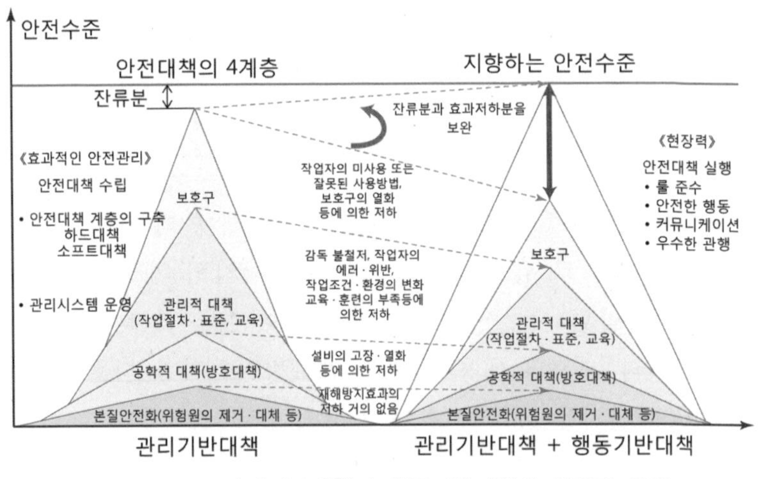

[그림 9-4] 관리기반대책과 행동기반대책의 일체적 운용

나. 안전대책은 현장력에 의해 기능한다

안전작업의 4요소(① 안전한 작업설비, 도공구, ② 안전한 작

업환경, ③ 안전한 작업방법, ④ 안전한 작업행동) 중 ①~③, 즉 관리기반대책은 경영자원의 투입을 필수적 요소로 하고 있기 때문에 이것을 안이하게 현장력에 의존하는 것으로 대체하여서는 안 되고 제일 우선적으로 도입되어야 한다.

그러나 아무리 훌륭한 관리시스템, 작업표준(절차) 등을 구축하거나 준비하더라도 재해방지효과에는 한계가 있을 수밖에 없다. 안전대책 ①~③이 확실히 운용되지 않는 한 기대한 대로는 기능하지 않기 때문이다.

따라서 안전대책 ①~③을 확실히 기능하도록 하는 한편, 관리기반의 재해방지효과의 저하분을 보완하는 것이 필요하다. 그것이 '강한 현장력'이라고 할 수 있다. 환언하면, 관리기반대책으로 만들어낸 안전대책은 현장에서 일하는 사람들(협력사를 포함한다)의 적극적인 관여와 한 사람 한 사람의 안전한 작업행동에 의해 비로소 기능한다.

현장력 강화로 직결하는 행동기반대책에 대해서는 다음에서 상세하게 해설하기로 한다.

[표 9-1] 안전대책과 현장력

관리(management) 주도 관리기반대책(관리력)	작업자의 적극적 관여 행동기반대책(현장력)
① 안전한 작업설비, 도공구 • 본질안전화 • 도공구의 안전화 • 기능안전화 • 인간공학대책 • 가드의 설치	④ 안전한 작업행동 • 규칙(룰) · 작업절차의 준수 • 자립적인 안전행동 • 다른 사람의 배려 • 일에 대한 책임감과 긍지
② 안전한 작업환경 • 위험원의 배제 또는 저감 • 동력원의 차단과 에너지 해방 • 가동부의 고정조치	《요건》 양호한 커뮤니케이션 팀워크 약한 계층의식 높은 모럴과 직무규율 높은 안전의식과 위험감수성 계속적인 교육훈련
③ 안전한 작업방법 • 위험작업의 배제 • 위험작업의 원격화 • 안전한 작업절차화 • 인간공학적 대책 • 안전조건이 갖춰진 작업의 확대	
효과적인 운용(안전문화)	

3. 안전문화 조성과 관리시스템

IAEA는 관리시스템(management system)과 관련하여 안전문화의 요건을 다음과 같이 규정하고 있다.[2)]

> 강력한 안전문화를 촉진하고 지원하기 위해 관리시스템을 다음과 같이 이용하여야 한다.
> - 조직 내의 안전문화의 중요한 측면에 대해 공통의 이해를 보증한다.
> - 개인, 기술 및 조직 간의 상호작용을 고려하여 개인과 팀이 임무를 안전하고 양호하게 하는 것을 조직이 지원하기 위한 수단을 제공한다.
> - 조직의 모든 레벨에서 학습하는 자세 및 질문하는 자세를 강화한다.
> - 조직이 안전문화를 계속적으로 개발·개선하기 위한 수단을 제공한다.

관리시스템을 이용하여 안전문화를 촉진하고 지원하는 것이란, PDCA를 돌려 계속적으로 개선해 간다는 것이다. 이를 그림으로 나타내면 다음 그림 9-5와 같다.

IAEA는 안전, 환경, 보안(정보관리 등), 품질, 경제성을 통합한 하나의 관리시스템에서 관리할 것을 요구하고 있다. 이들 요소 중에서도 안전을 가장 중요시하면서, 안전 이외의 요소가 안전과 분리되어 고려되는 일이 없는 것을 확실히 하기 위해서이다.

그러나 안전, 환경, 품질, 보안 등과 같은 관리시스템은 근거 법률과 담당부처가 달라 완전하게 하나의 관리시스템으로 하는 것은 현실적으로 용이하지 않다. 그렇다면 관리시스템은 달라도 이들의 상호관련성을 알 수 있도록 해 두는 것이 바람직하다.

---

2) IAEA, Application of the Management System for Facilities and Activities, IAEA Safety Standards, Safety Guide, No. GS-G-3.1, 2006.

즉, 안전 이외의 관리시스템 속에 안전이 모든 것에 우선한다고 하는 취지가 반영되는 것이 바람직하다.

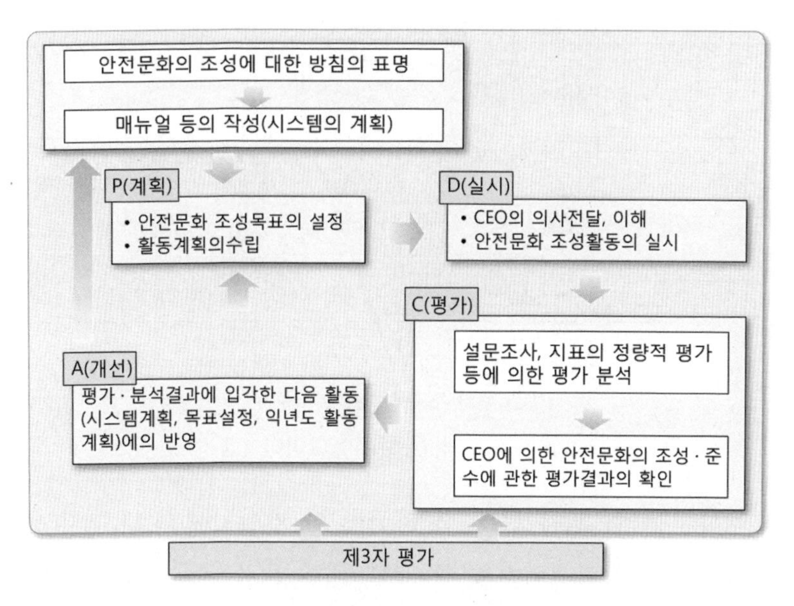

[그림 9-5] 안전문화 조성을 위한 관리시스템

Ⅱ. 안전대책의 접근방법

1. 많은 작업리스크는 ALARP 영역에 있다

당근(carrot) 다이어그램으로 잘 알려져 있는 ALARP(As Low As Reasonably Practicable) 원리라는 것이 있다. 이 원리에 따르면, 허용한도를 초과하는 영역(Ⅳ)에 있는 리스크는 인정되지 않고, 널리 수용 가능한 영역(Ⅰ)의 리스크라면 반드시 대응할 필요는 없다. 리스크가 양 영역 사이에 있는 경우에는, 그 리스크 영역을 ALARP 영역이라고 부르고, 리스크를 합리적으로 실행

가능한 최저한의 수준까지 낮추기 위해 노력하여야 한다는 것이 ALARP 원리의 포인트이다.

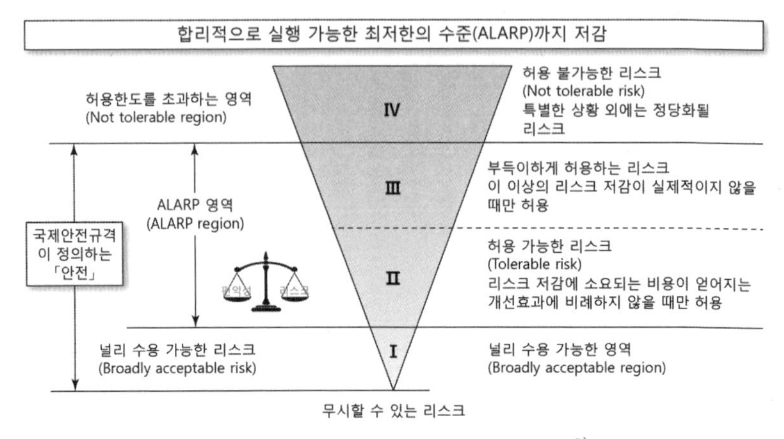

[그림 9-6] 당근(carrot) 다이어그램[3)]

이때 어디까지 저감노력을 하여야 할 것인지에 대해서는, 그 저감노력이 합리적이지 않을 때까지, 즉 비용을 들여서라도 이 이상의 리스크 저감이 기술상의 제약, 비용 대 편익의 현저한 불균형 등으로 실제적이지 않은 레벨(부득이하게 허용하는 리스크: Ⅲ) 또는 이 이상의 리스크를 저감하려고 하면 이를 위한 비용이 편익을 능가하는 레벨(허용 가능한 리스크: Ⅱ)이 되는 경우를 제외하고는, 널리 수용 가능한 리스크 레벨(Ⅰ)이 될 때까지 리스크를 낮추어야 한다고 이해되고 있다.

현재 많은 기업에서는 작업의 허용요건으로서 리스크 저감조치 후의 리스크 레벨이 (Ⅰ)인 것을 조건으로 하고 있기 때문에, 리스크 저감효과가 낮은 대책이지만 리스크 레벨을 (Ⅰ)로 하고 있는 사례가 자주 발견된다.

3) IEC 61508 : 2010(Functional safety of electrical/electronic/programmable electronic safety-related systems) Part 5 Annex B, 2nd ed. 참조.

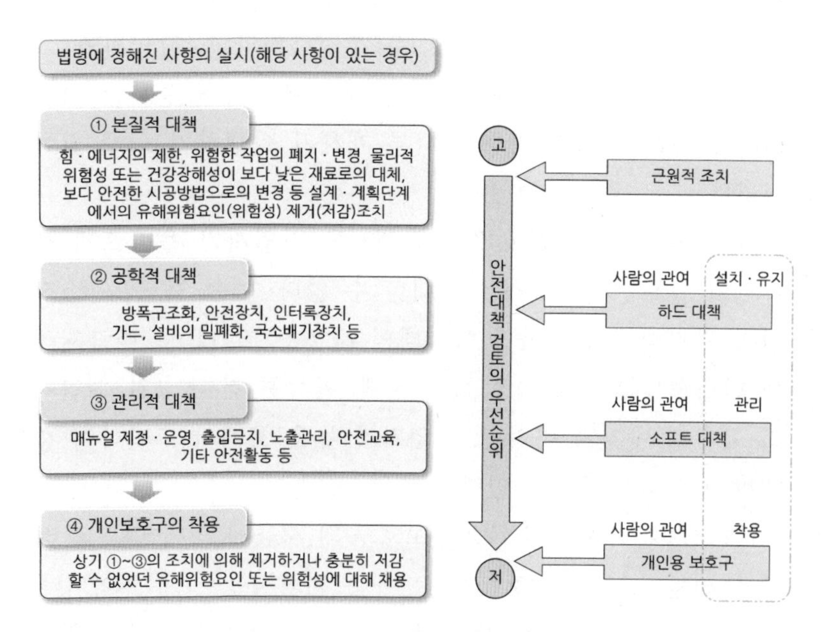

[그림 9-7] 안전대책의 계층(hierarchy)

위험성평가에서 리스크 저감효과는, 그림 9-7에서 제시하고 있듯이, '본질적 대책'이 가장 확실하고, 그 다음으로 '공학적 대책'이 그것을 뒤따르지만, 안전설비의 고장, 사람이 개재하는 유지관리의 좋고 나쁨 등이 리스크 저감효과의 저해요인으로 내재하고 있다.

리스크를 합리적으로 실행 가능한 한 낮은(ALRAP) 수준까지 저감하는데 성공하기 위해서는 여러 대책을 조합하는 것이 일반적이다.[4]

한편, 작업기준, 작업절차서의 작성 및 그 교육훈련 등을 행하는 '관리적 대책'은 일정한 리스크가 존재하는 상태에서 작업자가 이를 확실하게 실행하는 것에 의해 재해를 회피하

4) ISO 45001 : 2018(Occupational health and safety management systems - Requirement with guidance for use) A.8.1.2.

는 것이다. 리스크 레벨을 (Ⅰ)로 추정하더라도, 작업자가 고의로 작업절차를 변경하거나 무언가의 에러가 발생하는 경우에는 본래의 리스크 레벨에 따른 재해가 발생하기 쉽게 되어 버린다.

마찬가지로, 개인보호구에 관해서도 작업자가 올바르게 사용하지 않으면 그 효과는 기대할 수 없다. 예를 들면, 고소작업의 안전대책의 하나인 안전대의 사용을 조건으로 추락재해의 리스크 레벨을 (Ⅰ)로 한 경우에, 확실히 건 후크가 무언가의 이유로 벗겨져 버리면, 작업자가 높은 곳에서 추락하여 중대한 재해를 입을 수 있다.

따라서 '관리적 대책', '개인보호구'의 사용에 의해 리스크 레벨을 일률적으로 (Ⅰ)로 낮추는 것은 바람직한 자세는 아니다. 오히려 적정하게 리스크를 추정한 결과가 ALARP 영역에 있고 이 이상의 리스크 저감이 합리적이지 않다고 판단되는 경우는, 작업자에게 높은 잔류리스크의 존재를 충분히 인식시키고, 높은 직무규율에 근거한 행동을 정착시킬 필요가 있다.

2. 안전대책의 우선순위와 재해방지효과

위험성평가 등에 근거하여 재해예방을 목적으로 한 안전대책(리스크 저감조치)을 검토할 때에는 다음 3가지 사항에 대해 고려할 필요가 있다.

① 법령에 정해진 최저한의 조치사항에 해당하는지 유무
② 검토순위는 재해방지효과가 높은 순으로 행할 것. 즉, 비용 대 효과의 측면에서 현저한 불균형이 생기는 균형을 제외하고 보다 상위의 저감조치를 실시할 것
③ 리스크 저감조치의 구체적인 효과

표 9-2는 앞의 그림과 다소 중복되지만 리스크 저감조치 검토의 우선순위(hierarchy)와 리스크 저감조치의 사례를 제시한 것이다. 이 순위에 따라 검토를 함으로써 보다 합리적인 안전

[표 9-2] 리스크 저감조치의 우선순위

대책의 우선순위			리스크 저감조치의 사례
	STEP 필수	법령에의 대응 (최저조건)	• 해당 사항이 있는 경우 법령에 정해진 조치사항을 실시
고(高)	STEP 1	본질안전화 (위험원의 제거·대체 등)	• 대상: 위험작업의 폐지·변경, 물리적 위험성·건강장해성이 낮은 재료로의 대체 등 설계·계획단계에서 위험원(위험성)을 제거(저감)하는 조치 • 내용: 본질적으로 안전한 재료·물질, 기술의 채용, Fail Safe, Fool Proof, 자동화·기계화, 원격화, 고소작업의 유니트 공법화
↓	STEP 2	공학적 대책 (위험원의 격리)	• 대상: STEP 1의 조치로 위험원을 제거하거나 위험성을 충분히 저감하는 것이 합리적으로 가능하지 않은 경우 • 내용: 가드(덮개, 울 등), 인터록, 안전장치[스토퍼, 록핀(lock pin) 등], 안전설비(작업대, 난간, 승강설비 등), 가설안전설비(비계, 계단, 사다리 등), 국소배기장치의 설치 등의 조치
저(低)	STEP 3	관리적 대책 (위험원의 제어)	• 대상: STEP 1과 STEP 2의 조치로 제거할 수 없었던 리스크에 대하여 • 내용: 매뉴얼(절차서 등)의 작성·운영, 출입금지조치, 노출관리, 교육훈련, 기타 안전활동 등 작업자를 지휘·감독, 지도·교육하는 것에 의한 조치
	STEP 4	개인보호구의 사용 (접촉 방지)	• 대상: STEP 1~3의 조치로 제거되지 않은 리스크에 대하여 • 내용: 호흡용보호구, 안전모, 보안경, 귀마개, 안전대, 보호장갑, 안전화, 보호의 등 안전위생보호구의 사용을 의무화하는 것임. 이 조치가 STEP 1~3의 대체로 여겨져서는 안 됨

대책을 채용하는 것이 가능하게 된다.

그러나 통상적으로 리스크 저감조치는 안전보건스태프, 감독자, 하급관리자 등 상급관리자(경영진)의 부하 선에서 끝나는 경우가 많고, 경영자원 면에서 부담이 적은 관리적 조치, 개인용보호구의 사용 등의 대책으로 타협해 버리기 쉽다.

따라서 관리자, 특히 상급관계자(경영자)는 부하가 검토한 리스크 저감조치 내용을 자세히 검토하고, 경영자원을 선제적으로 투입하여 합리적이고 효과적인 리스크 저감조치가 되도록 적극적으로 관여할 필요가 있다.

가. 본질안전화(위험원의 제거·대체 등)

본질안전화는 위험원 그 자체를 배제하거나 물리적 위험성·건강장해성이 보다 적은 재료로 대체하는 것 등에 의해 리스크를 저감하는 조치이고, 가장 효과적인 리스크 저감조치로 자리매김되어 있다. 기계·설비, 작업의 본질안전화의 대표적인 예는 다음과 같다.

① 위험원을 배제하거나 위험성을 충분히 저감한다.

- 위험·유해물질의 배제, 위험성·유해성이 보다 적은 것으로 대체한다.
- 위험한 작업을 폐지·변경한다. 보다 안전한 반응과정 또는 보다 안전한 시공방법으로 변경한다.
- 기계적으로 위험한 부분을 없앤다.
  (돌기물, 예리한 각의 제거, 손가락이 들어갈 수 있는 간극의 제거 등)
- 물리적으로 사람과 기계·설비의 교차를 없앤다.
  (철도·도로의 교차부분의 입체교차화, 보도교의 설치 등)
- 에너지를 작게 한다.

(고소작업의 지상작업화, 안전전압화 등)

② 작업자가 위험영역에 들어갈 필요성을 없앤다/줄인다.

- 기계·설비의 고장을 줄이고, 작업자가 위험원에 접촉할 기회를 감소시킨다.
- 작업자가 행하는 작업을 기계화·자동화함으로써 작업자가 위험원에 접촉할 기회를 줄인다.

③ 기계·설비의 부적절한 설계 등에 의해 오기동, 오작동 등이 발생하는 것을 방지하기 위해 제어시스템에 본질적 안전설계방안을 적용한다.

- 기계·설비의 기동은 제어신호 에너지가 낮은 상태에서 높은 상태로의 변화에 의하도록 한다. 기계·설비의 정지는 제어신호 에너지가 높은 상태에서 낮은 상태로의 변화에 의하도록 한다.
- 내부동력원의 기동, 외부동력원으로부터의 동력공급의 개시만으로 기계·설비가 갑자기 운전을 개시하지 않도록 한다.
- 동력원으로부터의 동력공급의 중단, 보호장치의 작동 등에 의해 기계·설비가 운전을 정지한 경우에는, 기계·설비가 운전 가능한 상태로 복귀한 때라도 재기동 조작을 하지 않으면 운전이 개시되지 않도록 한다.
- 프로그램 가능한 제어장치에서는 고장 또는 과실에 의한 프로그램 변경을 용이하게 할 수 없게 한다.
- 전자노이즈 등에 의한 기계·설비의 오동작과 함께, 오동작을 일으키는 다른 기계·설비로부터의 불필요한 전자에너지의 방사를 방지하는 조치가 강구되어 있도록 한다.

④ 안전 기능의 고장확률을 최소화한다.

- 기계·설비의 구성요소에 신뢰성이 높은 것을 사용한다.

- 비대칭고장모드(oriented failure mode)[5]를 갖춘 구성요소를 사용한다.
- 구성요소를 이중화(용장화)[6]하거나 자동감시(automatic monitoring)[7]를 활용한다.

특히 심각성이 높은 리스크 작업은 가능한 한 본질안전화를 도모하여 돌이킬 수 없는 재해에 이르지 않도록 확실한 대책을 채용하는 것이 바람직하다.

나. 공학적 대책(위험원의 격리: 하드웨어대책)

공학적 대책은 본질안전화에 의해 위험원을 제거하거나 위험성을 충분히 저감하는 것이 합리적으로 가능하지 않은 경우에 물리적 수단으로 위험원을 격리하여 위험원과 접촉하는 일이 없도록 하는 리스크 저감조치를 말한다.

이것의 구체적 조치는 가드(덮개, 울 등), 인터록, 안전장치(스토퍼, 록핀 등), 안전설비(작업대, 난간, 승강설비 등), 가설비계, 국소배기장치 등에 의해 사람과 위험원을 격리하는 조치가 그 주된 것이다.

공학적 대책의 리스크 저감효과는 확실한 효과를 기대할 수 있지만, 각각의 하드웨어대책은 시간의 경과와 함께 열화가 진행되기 때문에 적절한 유지관리가 되지 않으면 리스크 저감조치는 소멸되어 버린다.

---

5) 안전 측(일반적으로 기계 · 설비가 정지하는 측)으로 고장날 확률이 위험 측(일반적으로 기계 · 설비가 정지하지 않는 측)으로 고장날 확률보다 현저히 높은 특성을 말한다(Fail Safe 특성이라고도 한다).

6) 일부의 구성요소에 고장이 발생하더라도 다른 구성요소로 유지하는 구조를 말한다.

7) 자기진단(self check) 기능을 갖게 하여 고장, 이상을 정기적으로 자동적으로 감시하는 기능을 말한다.

따라서 공학적 대책(하드웨어대책)을 선택하는 경우는 그 기능의 유지관리를 계속적으로 할 필요가 있다는 것을 사용 조건으로 집어넣어 놓아야 한다.

다. 관리적 대책(위험원의 제어: 소프트웨어 대책)

관리적 대책은 본질적 안전화, 공학적 조치 등 이른바 하드웨어대책으로 완전히 제거되지 않고 남아 있는 위험원에 대해 취하는 안전조치이다.

구체적인 조치로서는 다음에 제시하는 방안이 대표적인 것이다.

① 안전하게 작업을 하기 위한 작업절차서, 작업표준의 제정
② 안전하게 작업을 하기 위한 교육훈련
③ 산업보건에 관한 작업관리, 건강관리
④ 위험원 주변에의 출입금지조치
⑤ 에러를 깨닫게 하기 위한 주의환기

관리적 대책은 이와 같은 구체적 방안을 실천하는 것에 의해 위험원이 존재하는 상황하에서도 위험원을 안전하게 컨트롤하여(또는 제어) 위험원과 사람의 접촉을 방지하여 산업재해를 방지하는 방안이다. 이 조치는 많은 기업에서 중심적인 대응이 되고 있는데, 특히 작업표준, 작업절차 또는 작업매뉴얼 등은 그 완성도가 아무리 높아도 작업자가 무언가의 이유로 그대로 실시할 수 없었거나 또는 그대로 이행하지 않는 경우에는 재해로 연결되어 버리는 약점을 지니고 있다는 점을 잊어서는 안 된다.

관리적 대책은 그 내용의 완성도와 함께 작업자의 확실한 실천이 수반되어야 비로소 재해 리스크가 저감될 수 있다. 따라서 관리적 조치는 작업자의 올바른 실천이 동반되지 않으면 그림의 떡이 되어 버린다.

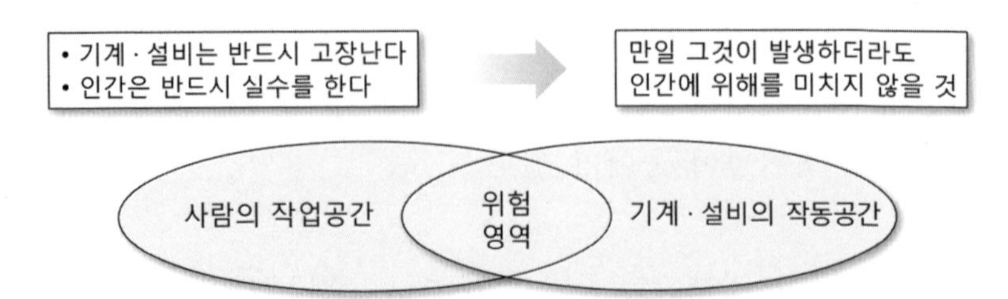

사람과 기계 · 설비의 움직임이 동일공간 내(위험영역)에 존재하는 경우에
사람이 기계 · 설비의 가동부 등에 접촉하면 사람은 위해를 입게 된다.

기계 · 설비 재해방지의 기본 ⇒ 위의 조건이 성립하지 않도록 할 것
• 공간적인 겹침을 없앤다
• 시간적인 겹침을 없앤다

[그림 9-8] 기계 · 설비 재해방지의 원칙

생산설비를 일시적으로 정지하여 행하는 기계·설비 수리작업 등 비정상작업(abnormal work)에서의 조건 설정은 안전확보의 대전제가 된다. 조건 설정은 배제의 원칙(유해에너지, 유해물질 등을 배제), 정지의 원칙(전원차단, 기계의 운전정지, 가동체의 고정 등), 격리의 원칙(덮개, 울타리 등으로 사람과 위험원을 격리)이라는 3개의 원칙(조건 설정의 3원칙)에 입각하여야 한다.

일시적으로 정지한 기계·설비는 그 정지조치가 해제되면 재기동하게 되므로, 그 정지조치는 확실하여야 하고 사람의 에러 등의 영향이 미치지 않도록 할 필요가 있다. 그림 9-8에서 사람의 작업공간과 기계·설비의 작동공간이 겹치는 영역이 위험영역이라고 불리는 곳인데, 기계·설비의 수리·정비작업은 작업자가 이 영역에 들어가 직접 생산기계·설비에 접촉하면서 작업하게 되므로, 수리·정비작업 중에는 기계·설비를 완전히 정지시키고 그 영역 내에 리스크가 잔류하지 않도록 하여야 한다.[8)]

8) 기계 · 설비의 수리 · 정비 시 안전을 위해 가장 중요한 것이 전기, 압

[표 9-3] 조건 설정의 대상과 조치내용(예)

	대상		조치내용
①	전원	동력자원, 조작전원 등	이중차단+ 조작금지표시
②	유압원 (油壓源)	유압펌프, 제어기기, 어큐물레이터(accumulator),[9] 배관, 실린더, 유압호스 등	이중차단+압력제거+조작금지표시
③	공압원 (空壓源)	압축기, 레시바 탱크(receiver tank),[10] 배관, 실린더 등	이중차단+압력제거+조작금지표시
④	기계자중 (機械自重)	요동체(암, 레버 등), 경사·수직승강체[리프터(lifter), 밸런스웨이트(balance weight) 등]	고정조치+ 조작금지표시
		수평이동체(대차 등), 불안전한 회전체[워킹빔(walking beam 등)	
⑤	유해위험 물질	기체 … CO, 황화수소, 산소, 질소, 수소, 산소결핍공기, 증기 등	배관이중차단, 잔류물질제거+ 조작금지표시
		액체 … 산, 알칼리, 타르, 유기용제, 위험물, 열탕 등	
		고체 … 유해분진, 가연물, 독극물, 방사성물질 등	

축공기, 유압 등 에너지를 차단하는 것인데, 이를 위한 대표적인 방법이 LOTO(Lock Out + Tag Out)이다. Lock Out(잠금)은 잠금장치가 제거될 때까지는 기계·설비가 작동되지 않도록 에너지 차단장치에 잠금장치를 체결하는 것이고, Tag Out(표지 부착)은 표지를 제거할 때까지는 제어 중인 기계·설비를 작동시키지 않도록 경고하는 표지를 부착하는 것이다.

9) 일시적인 에너지를 축적하는 장치를 말한다.

10) 왕복동 공기압축기에서 압축공기가 토출할 때 발생되는 맥동현상을 잡아주고 압축공기의 공급을 원활하게 하며 기름 및 응축수를 분리시키기 위하여 설치된 탱크를 말한다.

라. 개인보호구의 사용(위험원과의 접촉방지)

(1) 보호구

개인보호구는 작업자가 위험원과 직접 접촉하는 것에 의해 발생하는 인체의 상해, 질병을 방지 또는 경감하는 것을 목적으로 한다. 용도에 따라 안전보호구와 위생보호구 2종류로 구분된다.

(2) 리스크 저감조치로서의 개인보호구의 위상

리스크 저감조치로서의 개인보호구의 사용은 안전대책 계층에서는 우선순위가 네 번째에 해당하는 보조적인 안전확보를 위한 조치이다. 즉, 개인보호구는 그 상위의 본질안전화, 공학적 조치 등에 의해 완전히 제거할 수 없었던 위험원에 대하여 작업절차의 제정 등의 관리적 조치와 함께 이용하여야 하는 것으로서 제일 우선적으로 채용하여야 하는 것은 아니다.

어디까지나 개인보호구의 사용목적은 사람의 에러, 불안전한 사건(incident)이 발생하였을 때의 영향을 완화하기 위한 보조적인 것이고, 개인보호구의 사용을 상위의 안전대책의 대체로 여겨서는 안 된다.

3. 심각성이 높은 리스크에의 대응방법

심각성(중대성)이 높은 상해가 상정되는 리스크가 큰 작업에 대해서는 특단의 고려가 필요하다. 위험성평가를 실시한 결과, 상정되는 심각성이 큰 사망, 후유장해 등이 발생하거나 남는 작업에서는 휴먼에러가 그대로 재해로 연결되는 일은 부적절한 작업이라고 말하지 않을 수 없다. 중대재해가 발생하고 나서 대책을 생각하는 것만큼 공허한 것은 없다.

심각성이 높은 고위험작업은 설비개선, 작업개선 등의 리스크 저감효과가 높은 대책에 의해 우선적으로 리스크 수준을 낮추는 것을 생각해야 한다. 설비라면 본질안전화, 공학적 조치에 의해 리스크를 낮추는 것이 필요하다. 공사 등의 현장작업이라면 고소작업을 최대한 지상작업화하여 높은 곳에서의 작업량을 삭감하는 조치를 취하고, 해체공사 등에서는 사람에 의한 해체작업을 최대한 기계에 의한 해체로 바꾸는 등의 대체조치에 의해, 작업자가 위험원에 접촉하는 기회 자체를 줄이는 것이 필요하다.

이러한 종류의 발상 전환은 경영자원의 투입권한을 갖고 있지 않은 현장 사람들에게 기대하는 것은 무리이고, 경영자·상급관리자가 적극적으로 관여하여야 할 중요한 대처이다. 경영자·상급관리자는 심각성이 높은 작업을 작업절차, 규칙(룰)의 준수 등의 작업자에게 의존하는 대책으로 충분하다고 볼 것이 아니라, 항상 문제의식을 가지고 리스크 저감효과가 높은 대책을 채용하여 리스크 수준을 낮추고 중대재해의 발생을 방지하는 관점을 잊지 않도록 하여야 한다.

4. 작업절차서는 실천되지 않으면 재해방지효과 제로

리스크 저감조치 중 관리적 조치의 대표적인 것으로 '작업절차서'가 많은 기업에서 작성되어 현장에서 사용되고 있다. 이 작업절차서는 작업을 '보다 안전하게(재해 없이), '보다 하기 쉽게', '보다 좋게(예정된 품질로)'를 목적으로 작성되는 것으로서 일상작업을 진행하는 데 있어서의 중요한 개별작업 규칙이다.

이 작업절차서를 안전이라는 관점에서 보면, 아래와 같은 사항 이외에도 작업의 내용에 따라 여러 제약조건이 작업절차서에 기재되어 있는 것이 일반적이다.

① 임의로 변경해서는 안 되는 중요한 작업절차가 지정되어 있을 것
② 사용할 수 있는 도구가 지정되어 있을 것
③ 작업자의 위치, 작업자세가 지정되어 있을 것
④ 작업 중에 착용하여야 할 보호구가 지정되어 있을 것
⑤ 화기 사용에 제한조건이 설정되어 있을 것
⑥ 작업영역 내에 출입금지구역이 설정되어 있을 것
⑦ 조건 설정의 대상과 조치내용이 지정되어 있을 것
⑧ 작업지휘자 등의 배치가 지정되어 있을 것

작업절차서 중에 지정되어 있고 작업팀에 실천을 요구하고 있는 내용은 그 모든 것을 정해진 대로 실천하여야 비로소 작업을 안전하게 수행할 수 있게 된다. 따라서 작업팀의 일원이 한 사람이라도 그 작업절차서에 지정된 사항을 준수하지 않으면, 작업의 안전성이 저하되어 재해를 회피할 수 없게 되어 버리고, 작업절차서에 의한 재해방지효과는 소멸하여 버린다.

이와 같이 작업절차서 자체에는 리스크 저감효과는 없고, 그 작업절차서를 작업자가 성실하게 실천하여야 비로소 재해를 회피하는 효과를 기대할 수 있다.

많은 기업에서 실시하고 있는 위험성평가의 리스크 저감조치로서의 작업절차서 설정효과를 아무 조건 없이 리스크 수준 I로 하고 있는 경우가 많이 발견되는데, 이것은 작업절차서에 의한 리스크 저감효과 산정의 접근방법에 잘못이 있는 것이다. 작업절차서 설정만으로는 본래 리스크는 내려가지 않고, 작업절차서의 확실한 실천에 의해 재해를 회피할 수 있다고 생각해야 한다. 즉, '작업절차서는 실천하지 않으면 재해방지효과 제로'라고 말할 수 있다.

제 10 장

리질리언스와 안전문화

Ⅰ. 리질리언스란

Ⅱ. 안전의 추구와 리질리언스를 갖춘 시스템

I. 리질리언스란

1. 개설

고전적인 안전관리에서 안전은 일반적으로 "허용할 수 없는 리스크가 존재하지 않는 것"이라고 정의된다. 리질리언스는 동일한 방식으로 다음과 같이 정의될 수 있다. "리질리언스란, 시스템이 상정된 조건과 상정 외 조건하에서 요구되는 운영을 지속할 수 있도록, 자기 자신의 기능을 후속되는 변화와 외란의 발생 전, 발생 중 또는 발생 후에 조정할 수 있는 본질적인 능력이다."

이 정의는 명백히 안전에 대한 고전적인 정의를 포함하고 있다. '요구되는 운영을 지속할 수 있는 능력'은 '허용할 수 없는 리스크가 존재하지 않는 것'과 동일한 의미이기 때문이다. 그러나 여기에 제시된 리질리언스의 정의는 안전을 시스템의 핵심적인 프로세스(또는 비즈니스)와 분리하여 보는 것은 불가능하다는 것도 분명히 하고 있고, 따라서 단순히 실패를 피하는 것보다는 '상정된 조건과 상정 외 조건' 둘 다에서 '기능할 수 있는' 능력에 중점이 두어져 있다. 이 능력이야말로 시스템을 안전하고 효율적으로 만드는 것이고, 리질리언스 엔지니어링은 이 안전과 효율성 둘 다를 다루는 것이다.

이 두 관점의 차이를 그림 10-1에 제시한다. 이 예에서는 안전을 향상시키기 위한 두 가지 방법이 저울을 이용하여 설명되고 있다. 방법의 하나는 잘못되어 가는 사물의 수를 줄이는 것이다. 이것은 안전 방향으로 기울어지게 한다. 또 하나의 방안은 잘되어 가는 사물의 수를 증가시키는 것이다. 이 조치는 앞의 방법과 동일한 효과를 낳지만, 동시에 생산성과 핵심적인 비즈니스 프로세스에 공헌할 것이다. 리질리언스 엔지

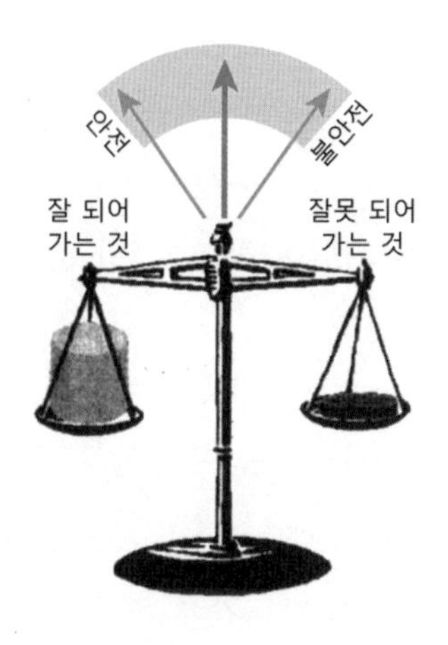

[그림 10-1] 리질리언스의 관점에서 본 안전

니어링은 두 번째의 접근방법을 선호한다. 리질리언스 엔지니어링의 목적은 잘못되어 가는 사건의 수를 줄이기보다는 잘되어 가는 사건의 수를 증가시키는 것이다. 이 경우 레질리언스 엔지니어링은 전자가 후자의 결과로서 발생한다는 점에 주목한다.[1)]

자동차운전을 예로 들어 생각해 보자. 안전하게 목적지에 도착하기 위해서는 먼저 기계인 자동차를 올바르게 조작해야 한다. 엑셀레이터와 브레이크를 잘못 밟아서는 안 된다. 전진하는데 시프트 레버를 'R(후진)'으로 넣어서는 안 된다. 이러한 휴먼에러를 없애는 것이 필수이다. 그리고 막상 운전을 시작하면 도로상황에 맞는 운전이 필요하다. 교통흐름에 맞추는 것, 해 질 녘에는 라이트를 켜는 것, 교차점에서는 서로 양보하는 것 등이 필요한데, 이러한 주의, 재치, 임기응변이 없으면 사고를 초래한다. 여러분의 직장도 살아 꿈틀거리고 있을 것이다. 그때그때 상황에 맞는 적

1) E. Hollnagel, J. Paries, D. D. Woods and J. Wreathall(eds.), *Resilience Engineering in Practice: A Guidebook*, Ashgate, 2011, p. 6(prologue).

절한 대응을 취하여야 안전하게 생산이 이루어질 수 있다. 이러한 적절한 대응도 리질리언스의 일부라고 말하고 있다. 리질리언스 능력이 높으면 상당히 큰 상황변화에 대해서도 잘 대처하여 조직을 강인하게 보존할 수 있다. 그러나 능력이 낮으면 작은 변화에도 제대로 대처할 수 없어 사고로 발전한다.

리질리언스란 이러한 강한 대응능력뿐만 아니라 강한 예견능력, 감시능력 및 학습능력까지를 포함한다. 물론 이 네 가지 능력은 서로 밀접한 관계에 있다. 조직이 이러한 리질리언스를 갖추는 것은 안전문화를 조성하는 것과 그 지향점과 콘텐츠에 있어 많은 부분 일맥상통한다고 말할 수 있다. 따라서 조직의 안전문화 조성방안을 모색하는 데 있어 리질리언스 능력은 많은 도움을 줄 수 있다. 이하에서는 리질리언스 능력을 구체적으로 살펴보기로 한다.

2. 리질리언스 능력

리질리언스는 어떠한 상황변화가 발생할 수 있는지를 '예견'하는 것, '감시'하는 것, 변화가 발생하였을 때 신속하고 효과적인 방법으로 '대응'하는 것, 그리고 이를 위해 실패로부터도 성공으로부터도 '학습'하여 경험으로 축적해 두는 것이다. 상황이 항상 변화하고 있는 '살아 있는 현장'에서 이 리질리언스 능력들을 갖추는 것은 안전의 확보를 위해 매우 중요하다.

조직의 리질리언스 능력에는 개개인, 팀이 가지는 가치관, 태도, 행동이 깊이 관련되어 있다. 이것들은 조직의 안전문화의 영향을 강하게 받으면서 형성되므로, 조직의 안전문화 형성이 조직의 리질리언스를 떠받치게 된다. 한편, 리질리언스 능력을 조직의 안전문화로 양성(釀成)하는 것에 의해, 시스템의 안전성 향상과 조직의 관리능력의 향상을 동시에 실현할 수 있다. 따라서 리

질리언스 능력은 안전문화 조성을 위한 필수적인 요소라고도 말할 수 있다.[2)]

리질리언스의 사고방식을 제창한 홀나겔은 리질리언스의 이 4가지 본질적 능력(요소)에 대해 보다 구체적으로 다음과 같이 설명한다.[3)]

- 학습하기(learning): 무엇이 일어났는지를 아는 것, 또는 경험으로 학습할 수 있는 것, 특히 적절한 경험으로부터 적절한 교훈을 학습할 수 있는 것이다. 이것은 발생한 사실을 다룰 능력을 의미한다. 아래 3가지 능력은 시스템이 환경, 자기 자신에 기인하는 변화에 대한 적절한 대응을 행하고 위기에 빠지는 것 없이 동작을 지속시키기 위해서는 반드시 필요한 능력이다. 그러나 이들 3가지 능력은 설령 어떤 시점까지는 충분히 높았다고 하더라도, 그대로 만족하고 있으면 라스무센(Jens Rasmussen)이 지적하는 '위험으로의 표류(drift to danger)'가 발생하는 것을 피할 수 없다. 따라서 이들 능력을 끊임없이 향상시키는 것, 즉 학습하는 기능이 구비되어 있는 것이 필요하다. 효과적인 학습을 위해서는 착목할 사건의 선택과 사건으로부터의 교훈 도출방안 쌍방이 적절할 것이 요구된다.
- 예견하기(anticipating): 예상되는 일을 알고 있는 것, 또는

2) 리질리언스 엔지니어링(resilience engineering)이라는 용어도 사용되고 있는데, 이것은 시스템이 리질리언스가 있는 방식으로 기능하는 것을 가능하게 하는 데 필요한 원리, 실천을 개발하는 것을 목적으로 하는 과학적 방법이라는 의미를 가지고 있다. 리질리언스 엔지니어링은 조직이 생산성, 경제성 등의 압력하에서 사고의 미연방지를 위하여 자원을 사용할 수 있는 능력을 제고하는 방안에 초점을 맞춘 안전관리를 위한 새로운 패러다임이다.

3) E. Hollnagel, J. Paries, D. D. Woods and J. Wreathall(eds.), *Resilience Engineering in Practice: A Guidebook*, Ashgate, 2011, p. 279 이하 참조.

잠재적 혼란, 운영조건의 변동 등과 같은 사태의 진전, 위협, 기회를 좀더 먼 미래까지 예견할 수 있는 것이다. 이것은 가능성을 다루는 능력을 의미한다. '감시'보다도 앞의 시간영역에 대해 사건의 진전, 새로운 위협 또는 호기의 가능성을 살펴보는 능력이 필요하다. 예견이 가능하면 감시, 대응 둘 다에 대해서도 사전에 상당 정도의 준비가 가능한 점을 생각하면, 이 능력의 역할도 안전상 매우 중요하다. 감시할 수 있는 것뿐만 아니라 예견할 수 있는 것을 별도로 요청하는 것에는 또 하나의 커다란 이유가 있다. 감시하는 것은 미래에 관한 행위이지만, 어디까지나 관측되는 데이터에 의해 변동되는 성질을 가진다. 이에 반해, 예견하는 행위는 반드시 데이터가 입력되는 것을 요청하지 않는다. 우수한 리더, 경영자는 특히 경계해야 할 데이터가 들어 있지 않은 상황하에서도 자율적으로 자신이 책임을 가지는 시스템, 조직에 관련된 위협, 호기에 대해서는 예견적으로 계속하여 생각하고 있을 것이다. 그 의미에서 예견능력은 안전에 책임을 가지는 인간의 기본자세에 밀접하게 관련되어 있다.

- 감시하기(monitoring): 무엇을 주목해야 하는지를 알고 있는 것, 또는 변화하거나 변화할 수 있는 것으로서 아주 가까운 시일에 대응이 요구되는 것을 감시할 수 있는 것이다. 감시는 시스템 자체의 업무수행과 환경변화 쌍방을 포함해야 한다. 이것은 위험을 다루는 능력을 의미한다. 현상에 비추어 경계해야 할 위험을 인식할 수 있는 능력과 함께, 그 위험이 현실에서 발생했는지, 발생할 가능성이 있는지를 알기 위해 어떤 징후에 대해 주의를 기울여 중점적으로 감시해야 할지를 알고 있고 실제로 감시할 수 있는 능력도 필요하다. 일반적으로 시스템이 운영을 건전

하게 계속하기 위해서는 직면하는 외란, 변동에 수동적으로 대응하는 것만으로는 불충분한 경우가 많다. 수동적 대응뿐만 아니라 선제적으로 대응하는 능력을 갖추는 것이 바람직하다. 그 의미에서 위험에 대한 감시스킬을 높은 수준으로 유지하는 것이 필요하다.

- 대응하기(responding): 무엇을 해야 하는지를 알고 있는 것, 또는 통상적·이례적인 변화, 장애, 기회에 대해 사물의 추진방식을 조정하거나 기존의 대응수단을 가동함으로써 대응할 수 있는 것이다. 이것은 직면한 상황에 대응하는 능력을 의미한다. 현재 발생하고 있는 변동, 외란 등에 적절하게 대응할 수 있는 능력은 당연히 필요하다. 내용으로는, 현재의 시스템 동작상태를 수정하는 것, 사전에 준비된 대응방안의 실시, 나아가 임기응변적인 대응까지를 포함한다. 뭔가 바람직하지 않은 상태변화가 발생하였을 때에 적절한 대응이 가능한 것은 어떤 시스템에서도 그것의 지속을 위해서는 불가결한 조건이다.

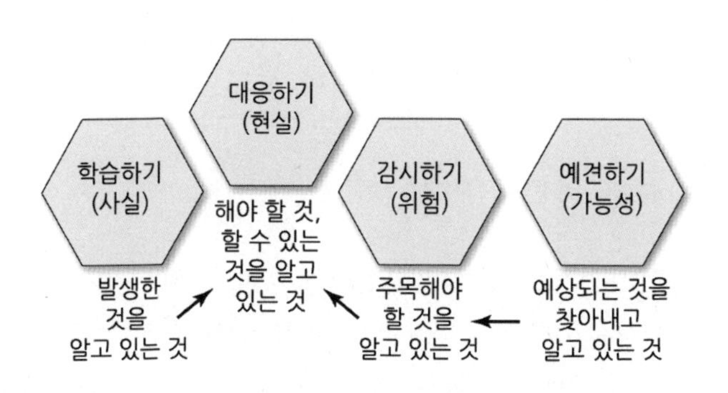

[그림 10-2] 리질리언스의 4가지 본질적 능력

이상의 설명에서 이 4가지의 본질적 능력이 리질리언스 엔지니어링에서 중요시되는 이유는 명백하다. 4가지의 본질적 능력은 상호 간에 독립되어 있는 것은 아니다. 대응, 예견 등의 능력은 학습능력이 높은 시스템에서 필연적으로 높고, 사전의 예견이 정확하면 대응능력도 향상될 거라는 것은 쉽게 이해할 수 있다. 그렇다 하더라도 시스템이 리질리언스를 갖추기 위해서는 네 가지의 본질적 능력 모두가 불가결하다.

3. 보완적 요건[4]

위 4가지의 본질적 능력이 그 역할을 확실하게 할 수 있기 위해서는 다음과 같은 보완적 요건이 충족될 필요가 있다. 구체적으로는 다음과 같은 요건이 알려져 있다.

가. 자원배분의 적절성

장래의 위협을 예견할 수 있고 감시해야 할 사항도 인식하고 있더라도, 필요한 자원(물자, 인원, 장비, 기자재 등)이 준비되어 필요한 부서에 적절하게 배분되어 있지 않으면, 실제의 사건에 대응하는 것은 불가능하다. 즉 전술한 네 가지의 주요한 능력, 특히 대응·감시능력이 기능하기 위해서는, 필요한 자원이 상정되어 적절하게 배분되는 것이 중요한 요건이다.

나. 미묘한 변화의 인지

대응, 감시와 같은 행동이 확실하게 효과를 발휘하기 위해서는 동작을 개시하는 계기가 필요하다. 이를 위해서는 대상으로 하는 시스템, 환경에 생기고 있는 변화를 정확하게 인지(awareness)하

4) C. P. Nemeth and E. Hollnagel, *Resilience Engineering in Practice, Volume 2: Becoming Resilient*, Ashgate, 2014; E. Hollnagel, D. D. Woods and N. Leveson(eds.), *Resilience Engineering: Concepts and Precepts*, Ashgate, 2006 참조.

고 평가하여 대응, 감시에 관련된 활동의 레벨을 높이는 능력이 요구된다. 그 의미에서 미묘한 변화를 착실하게 검출하는 한편, 그것이 의미하는 바를 분명히 파악할 수 있는 인지능력이 불가결하게 된다. 전술한 '지속적인 불안감'과도 밀접하게 관련되어 있는 점을 유념할 필요가 있다.

다. 선제적 행동의 중시

예견하는 것은 데이터 입력이 없어도 가능한 행위라는 것은 전술한 바대로인데, 대응하는 것, 감시하는 것 등도 반드시 수동적으로 이루어질 필요는 없다. 상황의 추이를 정확하게 살펴 필요할 수 있는 조치 중에서 신속하게 손을 쓰는 것이 좋다고 판단되는 것에 대해서는 선제적(proactive)으로 실시하는 것이 리질리언스 능력을 갖추기 위해 필요하다. 단, 선제적인 조치는 때로는 허사로 끝나는 경우도 있다. 그러나 이와 같은 '희생을 수반하는 판단(sacrificing judgement)'[5)]을 어느 정도 허용하지 않으면 비판을 걱정하여 적절한 타이밍에서 판단을 하지 못하는(타이밍을 놓치는) 조직풍토가 형성되는 경우도 있다. 리질리언스를 중시하는 조직에서는 희생을 수반하는 판단을 어느 정도 허용하는 경영자세도 필요하다.

라. 성공사례의 착안

안전분야에서는 지금까지 사고, 아차사고 등의 사례에 착목하여 분석하고, 그것에서 교훈을 얻는 학습방식이 중심이었다. 이 접근방식은 자연스러운 것이고 이해할 수 있지만, 큰 딜레마가

5) D. D. Woods, "Essential Characteristics of Resilience", in E. Hollnagel, D. D. Woods and N. Leveson(eds.), *Resilience Engineering: Concepts and Precepts*, Ashgate, 2006, pp. 30-33.

숨어 있다. 안전성이 향상된 시스템에서는 사고, 아차사고 등 사례의 발생빈도는 필연적으로 적어진다. 안전성이 향상되는 만큼 학습의 기회는 잃어져 가는 것이다. 게다가 이와 같은 시스템에서 생기는 사고, 아차사고는 본질적으로 희귀한 사건이기 때문에, 거기에서의 학습결과가 그 후의 안전성 향상에 효과적으로 기여할 가능성은 크지 않다.

한편, 어떤 기술의 안전성이 높은 수준으로까지 도달하면, 사회는 그 시스템이 거의 고장 나지 않는 것으로 강하게 의존하는 경향이 있다. 그 결과, 사고에 대한 사회의 반응은 특히 엄격해진다.[6] 즉 안전성의 딜레마라고도 말해야 하는 경향이 존재한다. 이 딜레마를 극복하기 위해서라도, 학습을 효과적으로 하기 위해서는 실패사례뿐만 아니라 성공사례에도 착목하는 것이 중요해진다. 이러한 인식에 따라 리질리언스 엔지니어링에서는 성공사례에서도 교훈을 찾아낸다는 주장을 하고 있다. 항공기의 경우를 예로 들면, 겉보기에 평온한 운항사례에서도 출발 전, 비행 중에 여러 가지 변동, 외란이 발생하고 있다. 그것들에 정확하게 대처할 수 있었기 때문에 비로소 결과적으로 운행계획대로의 비행이 실현되고 있는 것이다. 이와 같이 생각하면, 높은 안전성을 이미 달성하고 있는 시스템에서도 학습대상으로 하여야 할 교훈을 충분히 찾아낼 수 있다는 인식이 이 요건의 배경을 구성하고 있다.

이들 네 가지 본질적 능력과 보완적 요건은 실무담당자 개인도 준비하고 있는 것이 바람직하지만, 개인의 능력은 한정되어 있다. 따라서 리질리언스 엔지니어링에서는 대상 시스템의 운용

---

6) R. Amalberti, "Optimum System Safety and Optimum System Resilience: Agonistic or Antagonistic Concepts?", in E. Hollnagel, D. D. Woods and N. Leveson(eds.), *Resilience Engineering: Concepts and Precepts*, Ashgate, 2006, pp. 253-271.

을 담당하는 조직이 이와 같은 능력과 요건을 구비하고 있는 것을 요청하고 있다.

4. 리질리언스의 행동

위에서 설명한 리질리언스의 능력이 적절하게 실현되기 위해서는 개인의 자질을 높이는 것이 요구된다. 구체적으로는 i) 상황변화에 대한 '간파력', ii) 대응하기 위한 '스킬과 지식', iii) 선제적으로 생각하고 행동하는 '태도'가 다 같이 동반되지 않으면 적절한 리질리언스의 행동은 이루어지지 않는다. 따라서 작업자와 관리감독자에 대해 이들 세 가지의 요소를 향상시키는 지속적이고 다양한 교육훈련을 실시하는 것이 중요하다.

가. 간파력을 높이는 지식

임기응변을 살리기 위해서는 먼저 상황의 변화를 알아차리는 것이 필요하다. 예를 들면, 기계가 평소와는 다른 소리로 작동하고 있다고 하자. 그것에 이상하다고 깨닫지 못하면 이후의 대응은 무엇도 이루어질 수 없다. 따라서 알아차리는 것이 중요하다.

(1) 일어날 수 있는 좋지 않은 상태를 알아 둔다

일어날 수 있는 좋지 않은 상태를 전해 두는 것, 알아 두는 것, 배워 두는 것이 필요하다. 예컨대 자동차 운전을 할 때 "낙석 주의!"의 표지가 있으면 그 구간을 통과할 때의 운전태도, 낙석에 대한 생각은 크게 다를 것이다.

마찬가지로 사고사례, 아차사고사례 등을 읽어두는 것, 선배의 체험담을 듣는 것, 설명이나 논의 등을 통해 정보공유를 해 두는 것, 위험예지(일어날 수 있는 좋지 않은 상태를 예견하는 것)를 하는 것도 매우 중요하다.

(2) 올바른 것을 알아 둔다

올바른 것, 보통의 것을 알고 있으면, 무언가 이상한 것을 알아차릴 수 있다. 기계의 평상시의 작동음을 알고 있으면 여느 때와는 다른 소리를 알아차릴 수 있고 무언가 이상하다는 것을 느낄 수 있다. 그리고 무언가 다르다고 느꼈을 때는 대체로 이상한 경우가 많다. 구체적으로 무엇이 이상한 것인지는 알지 못하더라도 깨달은 것에 근거하여 예방적인 대응을 해나가는 것이 안전으로 연결된다.

나. 대응하는 스킬·지식

상황의 변화를 깨달았다면 적절하게 대응해야 한다. 대응하려면 스킬이 필요하고, 그것을 위한 지식도 필요하다. 기계에서 이상한 소리가 나는 것을 알아차려도 그 후의 대응의 방식을 모르거나 스킬이 없으면 수수방관할 뿐 속수무책이다. 따라서 대응을 위한 '학습'도 필요하다.

학습해야 할 것으로는 스킬도 있지만, 다양한 상황지식을 갖는 것도 중요하다. 예를 들면, 베테랑 외과의사는 수술 전에 몇 개의 케이스 시나리오를 만들고 머릿속에 시뮬레이트해 놓고 수술개시 후에는 변화하는 환자의 상태에 맞추어 가장 적절한 수술 진행방식을 결정해 간다. 말하자면 머릿속에 많은 메뉴가 있고 그 하나하나에 대해 대응계획과 그 진행방식이 지식으로 쌓여 있다는 느낌이 든다. 그리고 그것에 의해 상황에 맞춘 적절한 대응을 취할 수 있다고 생각된다.

다. 선제적인 태도

현장력에서는 상황변화의 조짐을 파악하여 선수를 치는 것이 요구된다. 예를 들면, 베테랑 어부는 풍향, 구름의 움직임에서 "지금은 쾌청하지만 구름의 형상이 무언가 이상하다."고 느끼고 출어를 보류하는 경우가 있다. 그리고 실제 잠시 후에 급속도로 기후가 악화해 간다. 그리고 베테랑 선반공은 절삭음, 절삭편의 상태에서 "지금은 순조롭게 절삭되고 있지만, 무언가 상태가 이상하다."는 것을 느끼고, 주의 깊게 절삭을 진행한다. 자녀교육 경험이 있는 사람이라면 알 수 있다고 생각되는데, "지금은 원기 있게 놀고 있지만, 무언가 용태가 이상하다."는 것을 느끼고 만일을 위하여 해열제를 준비하는 경우가 있다. 그리고는 밤이 되어 실제 열이 오르는 경험을 한 적이 있을 것이다. 이와 같은 이야기는 '현재의 상황을 기초로 장래 상황을 예측하고', '그 장래 상황을 준비하여 현재 할 수 있는 대응을 결정하고', '실시한다'고 하는 것의 중요성을 제시하는 것이라고 할 수 있다.

이것에 대해서는 상황인식 모델로 표현할 수 있다. 이 모델을 간략화하면 다음 그림과 같이 표현할 수 있다. 먼저 상황을 지각하는 것, 다음으로 상황을 이해하는 것, 마지막으로 예상(전

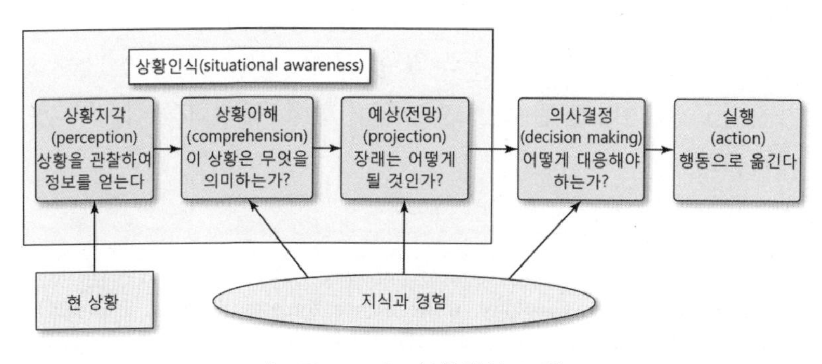

[그림 10-3] 상황인식 모델

망)을 하는 것, 이 세 가지의 단계를 토대로 의사결정과 실행이 이루어진다.

상황지각과 이해를 위하여 질이 좋은 많은 정보를 획득하는 것이 중요하다. 따라서 다른 사람이 파악한 것도, 느낀 것도, 생각한 것도 상황을 이해하기 위한 중요한 정보원이다. 어부는 바람, 구름, 파도뿐만 아니라 바닷새의 비행모습, 우는 소리 등도 기상을 예상하는 데 참고한다고 들은 적이 있다. 숫자로는 나타낼 수 없을지 모르지만, 그렇기 때문에 신뢰할 수 없는 것은 아니고, 올바른 정보를 파악해 두거나 오감을 중요하게 여기는 것이라고 생각한다.

이와 같은 것은 인간의 감성과도 관계가 있으므로 좀처럼 취급하기 어려운 것이지만, 이와 같은 감성에 의해 장래의 트러블, 사고의 사전 회피가 이루어질 수 있는 측면이 있다는 것은 무시할 수 없다고 생각한다.

5. 리질리언스와 그 효과

웨스트럼(Ron Westrum)은 자신의 논문 《A Typology of Resilience Situations》에서 "트러블로부터의 조직의 방어는 트러블이 발생하기 전, 발생하고 있는 중, 또는 발생한 후에 이루어진다."[7]고 말하고 있다. 이들 3가지 각각이 리질리언스의 요소이지만, 각각은 다른 요소라고 설명하고 있다. 그가 말하는 요소는 다음 3가지이고, 우리나라 말로는 면역력, 저항력, 복원력을 합쳐 놓은 개념이다.

---

7) R. Westrum, "A Typology of Resilience Situations", In E. Hollnagel, D. D. Woods and N. Leveson(eds.), *Resilience Engineering: Concepts and Precepts*, Ashgate, 2006, p. 59.

① 나쁜 것이 발생하지 않도록 하는 능력(면역력)
② 나쁜 것이 악화하지 않도록 하는 능력(저항력)
③ 발생한 나쁜 것에서 회복할 능력(복원력)

리질리언스는 '트러블로부터의 조직의 방어'에 필요한 능력이라고 할 수 있지만, 리질리언스를 향상시키는 것은 바꿔 말하면 '안전문화'를 조성하는 것에 다름 아니다. 즉, 안전문화 조성의 목적은 안전에 관련되는 트러블을 미연에 방지하는 것, 트러블이 발생하더라도 그것의 악화(트러블이 사고가 되는 것)를 방지하는 것, 그리고 트러블로부터 회복하는 것으로 바꾸어 말할 수 있다.

그렇다면, 리질리언스를 향상시키는 것에 의해 사고는 방지할 수 있을까. 리즌은 앞에서 설명한 바와 같이 다음과 같이 말하고 있다.[8)]

"안전은 절대적인 상태는 아니므로, 달성 가능한 안전목표는 무재해(zero accident)는 아니다. 오히려 시스템의 잠재적인 위험에 대해 최대한의 내재적 저항력을 갖추고 유지하는 것이다."

그리고 리질리언스의 수준과 일정한 기간 내에 그 조직에서 발생한 좋지 않은 사상(事象)의 수 사이에는 아마도 일정한 관계가 있겠지만, 그 관계성은 낮다. 그 이유는 우연이 사고발생에 크게 영향을 미치기 때문이다. 그 결과, 리질리언스를 갖춘 조직에서도 사고는 발생할 수 있고, 가장 취약한 조직에서도 일시적으로는 사고를 회피할 수 있다. 특히 항공, 원자력과 같이 사고의 발생률이 매우 낮은 경우에는, 사고가 발생하는지 여부로는 리질리언스의 수준을 판별할 수 없을 것이다. 리질리언스를 갖춘 조직에서는 장기간 나쁜 사건이 발생하지 않은 것이 '충분히 안전

8) J. Reason, *The Human Contribution－Unsafe Acts, Accidents and Heroic Recoveries*, Routledge, 2008, p. 268.

하다'는 것을 의미하지는 않는다. 그것을 위험이 높아진 기간이라고 바르게 인식하고 그에 따라 자신의 방호수단을 검토하고 강화한다. 요컨대, 리질리언스를 갖춘 조직은 나쁜 결과가 발생하지 않았을 때조차 그것은 운이 좋았을 뿐이라고 생각하고 '지능적인 경계심(intelligent wariness)'의 상태를 유지하고 더욱 리질리언스를 향상시키는 노력을 한다. 이것이 안전문화의 진짜 본질이다.[9]

즉, 안전문화를 높이더라도 사고를 완전히 방지하는 것은 불가능하지만, 트러블의 발생확률을 낮추고 트러블로부터 사고로 발전하는 것을 최대한 방지하고 사고의 영향을 최소한으로 하는 것은 가능하다.

이것은 매우 중요한 포인트이다. 안전문화의 조성을 담당하고 있는 부서에게 있어 가장 힘든 것은 성과가 그다지 보이지 않는 것이다. 안전문화 수준이 높더라도 트러블은 발생하기 마련이다. 트러블이 발생하면 조직의 안전문화 상태가 어떠한지를 스스로 물어볼 필요가 있다. 즉, 담당부서에서는 현재의 안전문화 상태에 정말 문제가 없는지를 계속하여 자문자답할 필요가 있다.

그러한 때에 필요한 것은 경영진의 지원이다. 경영진이 신념을 가지고 담당자의 노력과 성의를 인정하고 계속하도록 하는 것이 중요하다.

9) Ibid., 2008, p. 274 참조.

Ⅱ. 안전의 추구와 리질리언스를 갖춘 시스템

1. 서설

안전이라는 말은 안전하다는 것보다는 안전하지 않다는 것에 의해 정의된다. 여기에서는 안전에 관한 드러난(포지티브한) 얼굴과 숨겨진(네거티브한) 얼굴의 각 측면을 강조하는 2개의 모델을 제시하여 균형을 회복하고자 한다.

안전공간 모델에서는 안전목표의 설정, 운영상의 위험요인에 대한 내재적인 저항력, 사전적인 과정평가(proactive process measure)와 사후적인 부정적 결과데이터(reactive negative outcome data)의 관계, 본래 갖추어진 저항력을 최대한 발휘할 수 있는 상태로 하기 위한 문화적 요인, 안전공간의 항행장치(navigational aids)의 중요성에 대해 설명한다. 이 모델의 귀결로서, 중요한 문화적 요인인 3개의 C, 즉 의지(commitment), 인식(cognisance), 역량(competence)과 관리인 4개의 P, 즉 원칙(principle), 방침(policy), 절차(procedure) 및 실천(practice)이 어떻게 관련되어 있는지를 제시함으로써 리질리언스(resilience)를 갖춘(resilient) 안전한 조직이란 어떠한 것인지를 개괄적으로 설명한다.

두 번째 모델은 결절(結節)이 있는 고무밴드의 특성을 이용하여 '동적인 비사건(non-event)'으로서의 안전의 개념을 상세하게 서술한다.

두 개의 모델은 모두 안전의 성질에 대해 우수한 관점을 제시하고 있다. 안전공간 모델은 안전을 전략적인 측면에서 취급하는 반면, 고무밴드 모델은 현장의 안전관리에서의 전술적인 문제에 초점을 맞추고 있다.[10)]

---

10) J. Reason, *The Human Contribution－Unsafe Acts, Accidents and Heroic Recoveries*, Routledge, 2008, p. 265.

2. 안전이라는 말의 의미

'건강'이라는 단어와 마찬가지로 '안전'이라는 단어를 이해하려면 '안전하지 않다'는 것을 이해하여야 한다. 안전이 장기간 지속되는 것(presence)보다 안전이 순간적으로 없는 것(absence) 쪽이 훨씬 알기 쉽다. 우리들은 안전한 것이 무엇을 의미하는지를 설명하는 것보다, 매우 구체적으로 재해, 상해, 손실, 사고, 위기일발로 표현되는 안전상태로부터의 이따금씩의 일탈을 설명하고 이해하며 정량화하는 것에 훨씬 능숙하다.

사전에서는 안전을 무언가의 결여로서 표현하고 있어 우리에게 그 이상 도움이 되지 않는다. 예를 들면, Concise Oxford Dictionary에서는 안전을 "위험 또는 리스크로부터의 자유(freedom from danger or risks)"로 정의하고 있다. Shorter English Oxford Dictionary는 "부상 또는 상해로부터 벗어나는 것, 위험으로부터의 자유……부상 또는 상해를 일으킬 것 같지 않은 성질(exemption from hurt or injury, freedom from dangerousness……the quality of being unlikely to cause hurt or injury)"로 정의하고 있다.

이러한 일상적인 사용법은 안전학 또는 위험관리에 관계하고 있는 사람들에게는 거의 도움이 되지 않는다. 일상적인 사용법이 중력, 지형, 기후, 에러, 원내감염, 방사성물질 등의 위험요인이 있는 항공, 의료, 원자력발전과 같은 활동의 현실을 잘 표현하지 못할 뿐만 아니라, 위험요인을 가지고 있는 시스템에서 일하고 있는 사람들이 노력하여 달성하여야 하는 목표들의 성격에 대해 많은 것을 말해주는 것도 아니다. 위험요인을 가지고 있는 시스템에서 일하는 사람들은 당연하지만 그들의 목표를 손해와 손실의 저감 및 제거에 두고 있다. 그러나 이것은 부분적으로만 컨트롤 범위 안에 있다. 나아가 가장 현대적이고 잘 방호된 기술분야에서 불행한 결과는 매우 희박하기 때문에, 나쁜 사건을 제한하거나 방지하는 방법에 관한 지침이 거의 또는 전혀 제시되지 않기도 한다. 물론 이것은 채광, 수송, 의료 및 건설과 같은 보다 '위험에 근접한(close encounter)' 업종에 대해서는 반드시 타당한 것은 아니다. 여기에서는 주로 위험이 잠재적으로 크고 광범위하게 미치고 있지만, 부정적인 사건의 빈도가 대체로 낮은 첨단기술 활동에 초점을 맞춘다.

특정 이론이 얼마만큼의 실증적인 활동을 만들어 내는가에 의해 가치가 평가되는 자연과학과 비교하여, 안전학자는 추가적인 도전에 직면한다. 관심을 유발할 뿐만 아니라, 연구성과가 실용적이지 않으면 안 된다. 이것을 실현할 수 있는 것은 위험요인을 가지고 있는 시스템의 안전관리를 담당하고 있는 사람들과 용이하게 서로 연락할 수 있는 경우뿐이다. 여기에서는 행동과학(behavioral science)에서 그런 것처럼 모델, 이미지, 비유, 및 유추가 중요한 역할을 담당하고 있다. 이것들은 복잡한 아이디어들을 간결하고 이해하기 쉽게 전달할 뿐만 아니라, 위험한 시스템에서 일하는 안전전문가가 그들의 조직에 이 아이디어들을 보급하는 것을 보다 용이하게 하고 있기도 하다. 안전의 추구보다도 복잡한 일은 거의 없다.

모델들은 문자 그대로 '진실'일 필요는 없다. 모델 간에 일관될 필요도 없다. 오히려 각 모델은 파악하기 어렵고 불가해한 현상의 중요한 점을 설명하거나 그림으로 표현하여야 한다. 가장 도움이 되는 모델은 지금까지 명확하게 밝혀지지 않거나 적어도 주목되지 않은 안전프로세스의 중요성을 강조하는 내적 논리, 설명력 또한 가지고 있다. 그러나 궁극적인 기준은 매우 실용적인 것이다. 즉 모델에 의해 전달된 아이디어가 시스템의 운영상의 위험요인에 대한 저항력을 높이는, 즉 안전성을 향상시키는 수단이 되어야 한다.[11)]

---

11) J. Reason, *The Human Contribution – Unsafe Acts, Accidents and*

3. 안전의 2가지 얼굴

안전에는 이하에 제시하는 네거티브한 얼굴과 포지티브한 얼굴이 있고, 주의를 끄는 것은 네거티브한 얼굴이다.[12)]

- 안전의 네거티브한 얼굴은 사고, 사망, 부상, 자산손실, 환경피해, 의료사고 및 모든 종류의 부정적인 사건의 사후적인 결과(outcome) 평가에 의해 드러난다. 나아가 위기일발(close call), 아차사고 및 '무료교훈'을 평가하기도 한다. 이것들 모두 용이하게 정량화되고, 이 때문에 숫자를 바라는 많은 기술 관리자들에 의해 많이 선호된다. 이들 숫자는 편리하고 취급하기 쉬울지 모르지만, 어느 지점을 넘어서면 그 타당성은 매우 의심스러워진다.
- 안전의 포지티브한 얼굴은 시스템의 운영상의 위험요인에 대한 내재적인 저항력과 관련되어 있다. 이것은 생산과 안전의 쌍방에 관련된 조직의 '건전성(health)'을 반영하는 사전적인 과정평가에 의해 측정된다. 이들 지표에 대해서는 후술한다.

'안전공간' 모델의 주된 목적은 안전의 포지티브한 얼굴이 정확하게 무엇을 의미하는가를 설명하는 것이다. 이와 관련하여 취약성과 저항력의 개념을 설명하는 하나의 비유를 하고자 한다. 그림 10-4는 여러 가지 형태의 블록 위에 있는 강구(ball-bearing)를 나타내고 강구는 시스템을 의미한다. 강구와 블록은 어느 쪽도 강구를 블록에서 떨어뜨리려고 하는 계속적인 흔들림, 섭동(攝動)[13)]의 영향을 받고 있다. 강구가 떨어진다는 것은 사고가 발생한다는 것이다.

Heroic Recoveries, Routledge, 2008, pp. 265-267.

12) 이하의 내용은 주로 Ibid., pp. 267-268 참조.

13) 일반적으로 역학계에서 주요한 힘의 작용에 의한 운동이 부차적인 힘의 영향으로 인하여 교란되어 일어나는 운동.

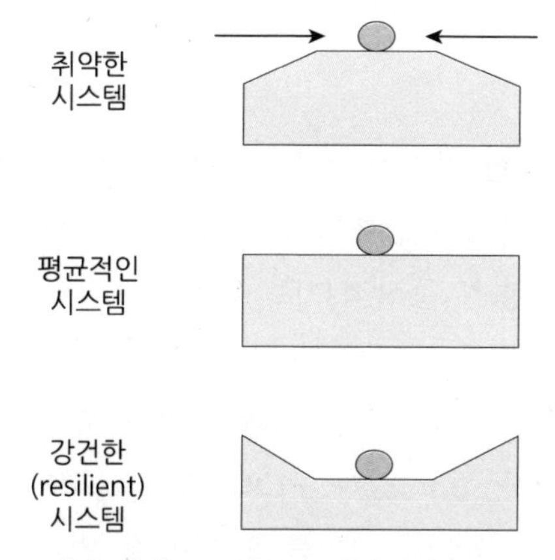

주) 맨 위에 있는 그림의 화살표는 섭동을 나타낸다.

[그림 10-4] 취약성과 저항력

확실히 맨 위에 있는 강구와 블록은 가장 취약하고(쉽게 강구가 블록에서 떨어진다), 맨 밑에 있는 세트가 가장 저항력이 크다. 그러나 맨 밑에 있는 세트라 하더라도 강구를 떨어뜨리는 것이 가능하다.

4. 안전공간 모델[14)]

안전공간 모델은 유사한 조직들이 그들의 일정한 활동들에 수반하는 위험에 대한 상대적인 취약성 또는 저항력에 따라 분포될 수 있는 '안전공간'의 모습을 설명한다. 조직들은 이 공간 내에서 이곳저곳으로 자유롭게 돌아다닐 수도 있다. 이 모델의 주요한 특징은 현실 세계의 시스템들이 달성할 수 있는 안전목표를 구체화하는 것이다. 안전은 절대적인 상태는 아니기 때문에 달성할 수 있는 안전목표는 무사고는 아니다. 오히려 시스템의

14) J. Reason, *The Human Contribution – Unsafe Acts, Accidents and Heroic Recoveries*, Routledge, 2008, pp. 268-275.

운영상의 위험요인에 대한 내재적인 저항력을 최대화하고 유지하는 것이다.

이 모델은 동일한 기간에 걸쳐 비슷한 위험요인에 노출된 집단에 의해 경험된 사고수에 개인차가 있다는 분석에서 탄생하였다. 이 개인차의 경향은 통상적으로 우연에 관한 이론분포[푸아송(Poisson)분포, 지수분포, 감마분포]의 예측치와 관계지어 표현된다. 푸아송분포[15]는 대체로 종형(鐘形) 정규분포의 우측 반분(半分)과 같은 형태를 하고 있다. 사고경향의 분포는 당연히 한쪽만 있다. 그것은 사고경향의 정도를 평가할 수 있을 뿐이다. 우리들의 관심은 반대편이자 이전에 등한시되었던 종형의 좌측 반분에 있고, 특히 집단의 반분 이상은 무사고라는 사실에 있다. 이것은 단순히 우연에 의한 것이었을까? 이 사람들은 단순히 운이 좋았을까? 그들 중 일부는 그런 사람도 있었을 것이다. 그러나 다른 사람들은 사고피해를 덜 입게 하는 특징을 가지고 있었을 가능성 또한 있다.

환언하면, 어떤 기간 내에서의 '불안전'의 정도를 식별해 주는 사고경향의 한쪽 방향만의 설명은 높은 수준의 내재적 저항력에서부터 상당한 취약성까지 걸치는 개인의 안전에서의 차이를 반영하는 양쪽 방향의 분포를 실은 감출 수 있다. 개인의 사고경향이 양쪽 방향으로 분포한다는 개념에서 그림 10-5에 제시되어 있는 안전공간 모델로 발전하였다.

안전공간의 수평축은 좌측으로는 시스템의 운영상의 위험요인에 대한 달성 가능한 최대한의 저항력 상태, 우측으로는 생존 가능한 가장 취약한 상태를 나타내고 있다. 동일한 위험상태 속에서 활동하는 수많은 가상조직들의 위치를 이 저항력과 취약성의

15) 푸아송분포는 주어진 시간 내에 어떤 사건이 일어나는 횟수를 나타내는 이산확률분포로서, 주어진 시간뿐만 아니라, 주어진 길이, 넓이, 부피 안에 어떤 사건의 횟수를 나타내는 데에 사용할 수도 있다.

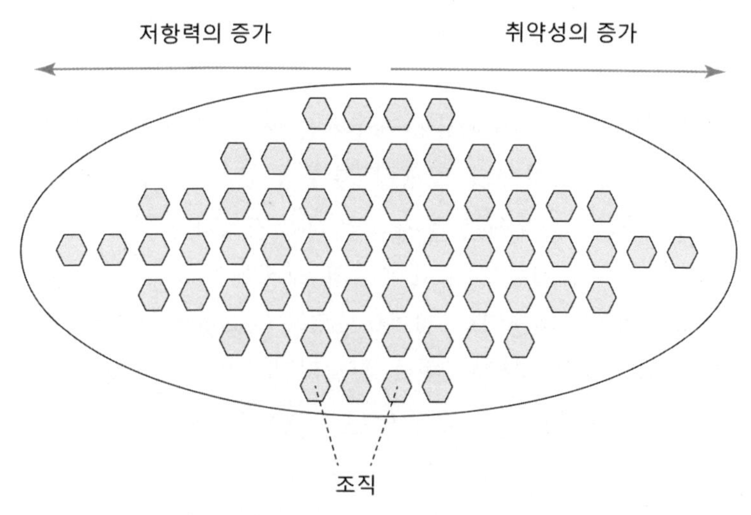

[그림 10-5] 안전공간 전체적으로 분포된 동일한 위험영역 내의 많은 가상조직들

공간상에 점으로 표현하고 있다. 양극단에 위치하는 조직은 거의 없고, 많은 조직은 중앙부분에 위치하고 있다.

저항력과 취약성의 공간상에 있는 조직의 위치와 어떤 기간 중에 그 조직에서 발생한 나쁜 사건의 수 사이에는 아마도 얼마간의 관계가 있을 것이다. 그러나 그것은 매우 약한 관계일 것이다. 만약 시스템 관리자가 그들의 조직 내의 재해를 일으키는 모든 조건을 완전히 컨트롤하고 있다고 가정하면, 해당 조직들의 재해와 사고의 발생률은 그들의 노력의 질과 직접적인 관계가 있을 것으로 예상할 수 있다. 그러나 사실은 그렇지 않다. 우연 또한 사고 인과관계에서 큰 역할을 하고 있다. 시스템의 운영상의 위험요인, 현장의 변화 및 인간의 오류가 계속 존재하는 한, 우연은 그것들과 결합하여 시스템의 방호수단을 파괴할 수 있다. 이 때문에 가장 저항력이 높은 조직에서도 나쁜 재해(bad accident)가 발생할 수 있고, 마찬가지로 가장 취약한 조직이라 하더라도 적어도 일시적으로는 참사(disaster)를 피할 수 있다. 운은 어느 쪽의 방향으로도 작용한다. 운은 가치 있는 것에 피해를 입힐 수도 있고 가치 없는 것을 보호할 수도 있다.

저항력-취약성 공간(dimension)에 있는 조직의 위치와 어떤 기간 중에 그 조직에서 발생한 부정적인 사건(adverse event) 간의 불완전한 관계에는 추가적인 의미가 있다. 항공, 원자력 발전과 같이 각 활동범위 내에서의 재해율이 매우 낮은 수준으로 떨어지면, 부정적인 결과(negative outcome, 재해)의 발생 여부는 안전공간 내에서 조직의 위치를 거의 보여 주지 못한다. 이것은 재해율이 비교적 낮은 수준의 조직은 저항력-취약성 공간에서 전혀 다른 위치를 차지할 수 있다는 것을 의미하고, 따라서 그 위치를 알 수 없다. 그럼 어떻게 하면 조직은 안전공간 내에서 자신의 위치를 파악할 수 있을까. 요컨대, 어떤 항행장치를 이용할 수 있을까?

어떤 영리조직도 2가지의 명제를 가지고 있다. 리스크를 가능한 한 낮게 하는 것과 사업을 계속하는 것이다. 위험한 상황에서 영리목적의 사업을 계속하는 조직에게 있어 최대의 저항력을 가지려고 해도 완전하게 피해로부터 벗어날 수 없다는 것은 명백하다. 저항력을 최대로 높이는 것이 한정된 자원과 최신의 기술로 조직이 할 수 있는 최선의 대책이다. 이들 제약을 가정하면, 조직에는 안전공간 내에 스스로의 위치를 파악하는 2가지 방법이 있다. 사전지표에 의한 평가와 사후지표에 의한 평가이다.

중대사고가 많지 않거나 아주 드물게 발생하는 경우에는, 사후지표(평가)는 주로 아차사고와 사고보고시스템, 즉 '무료교훈'에서 얻어질 것이다. 이러한 안전정보시스템은 다음과 같은 장점을 가지고 있는 것으로 요약할 수 있다.

- 만약 이러한 과거의 데이터에서 올바른 교훈이 학습된다면, 교훈은 백신과 같이 장래의 보다 심각한 사건의 발생에 대한

조직의 방호기능을 높인다. 그리고 백신처럼 시스템에 해를 끼치는 것도 없다.

- 이들 데이터는 어떤 안전조치, 방호(barrier)가 효과적인지를 우리에게 알려주고, 이를 통해 보다 많이 손해를 끼치는 사건이 발생하는 것을 방지할 수 있다.
- 위기일발, 아차사고 및 '무료교훈'은 방호수단의 작은 결함이 어떻게 결합되어 중대사고를 일으킬 수 있는지에 대한 정성적인(qualitative) 통찰력을 제공해 준다.
- 이러한 데이터는 보다 광범위한 정량분석에 필요한 빅데이터를 산출할 수 있다. 몇 개의 분야에서 이루어지는 사고분석에 의하면 단일사건 조사에서는 거의 명확하지 않은 원인과 결과의 패턴을 나타낼 수 있다.
- 보다 중요한 것은, 이들 데이터의 이해와 보급은 (드물게 경험하는) 운영상의 위험에 대해 두려워하는 것을 잊어버리는 불가피한 프로세스를 늦추는 데 기여한다는 점이다. 특히 오퍼레이터가 컨트롤하는 프로세스 및 이 프로세스와 관련된 위험요인에서 물리적으로 떨어져 있는 원자력발전소와 같은 시스템에서는 특히 도움이 된다.

사전평가에서는 장래의 사건의 발생에 영향을 미칠 가능성이 있는 요인을 사전에 특정할 수 있다. 적절하게 이용하면, 시스템을 운영하고 관리하는 사람들은 위험한 기술의 필수불가결한 부분인 잠재적인 상황요인, '내재하는 병원체' 등을 볼 수 있게 된다. 이것들의 커다란 이점은 재해, 사고를 기다릴 필요가 없다는 점이다. 사전평가는 지금 그리고 언제라도 적용될 수 있다. 사전평가에는 설계, 건설, 예측, 스케줄링, 예산, 사양(specifing), 유지보수, 훈련, 선발, 절차서 작성 등 조직의 방호수단과 다양한 필수적인 프로세스에 대하여 행하는 정기적인 체크도 포함된다. 조직의 '안전상태(safety health)'를 단 하나의 기법으로 평가할 수 있는 포괄적 기준(척도)은 없다. 건전성(fitness)을 정하는 것은 의료분야에서와 같이 시스템의 다양한 생명징후[16]를 반영하는 대량의 선행지표(leading indicator)의 일부분을 표집(sampling)하는 것을 의미한다.

효과적인 안전관리에는 사전평가(proactive measure)와 사후평가(reactive measure) 두 가지가 필요하다. 이것들을 조합시킴으로써 방호수단의 상태와 나쁜 결과의 발생에 기여하는 것으로 알려져 있는 시스템 요인들 및 작업현장 요인들에 대한 핵심적인 정보가 얻어지는 것이다. 아래 표에 그 주된 요소를 제시한다.

안전공간에서의 항행장치는 필요하지만 충분하다고는 할 수 없다. 내적인 추진력이 없으면, 조직은 안전공간 내에 존재하는 흐름에 몸을 맡기게 될 것이다. 이들 외적인 힘이 반대방향으로 작용하고, 강하면 강할수록 조직은 어느 한 쪽의 끝에 점점 가까워져 간다.

[표 10-1] 사후평가와 사전평가의 주된 요소

	안전공간에서의 항행장치의 유형	
	사후평가	사전평가
작업현장 및 조직의 상태	많은 사고(incident)의 분석에 의해 원인과 결과의 재발 패턴을 명확히 할 수 있음	저항력 또는 '건전성(fitness)'을 지속적으로 증진시키기 위해 개선이 가장 많이 필요한 상태를 파악함
방호수단, 방호 및 안전장치	각각의 사건은 방호수단을 관통한 궤적의 일부 또는 전체를 나타냄	정기적 체크에 의해 결함이 지금 어디에 존재하는지, 다음에는 결함이 어디에서 생길 가능성이 높은지가 명확하게 됨

16) 체온, 맥박, 호흡과 혈압 등을 가리킨다.

조직이 안전공간 내의 취약성이 높은 쪽으로 가까워질수록, 이것이 결코 불가피한 것은 아니지만, 좋지 않은 사건을 경험할 가능성이 높아진다. 손실 또는 식겁한 아차사고보다 사업의 위험성을 경영진에게 잘 전달하는 것은 거의 없다. 규제 및 국민의 압력과 함께 이들 사건은 조직을 안전공간의 저항력이 높은 쪽으로 이동시키고, 안전대책을 강화시키는 강력한 추진력이 된다. 그러나 이러한 개선은 대체로 오래 지속되지 않는다. 경영자는 두려워하는 것을 잊고 한정된 자원을 다시 안전 쪽보다도 생산 쪽으로 돌리기 시작한다. 조직은 외관상의 안전한 상태에 익숙해지고 취약성이 큰 영역 쪽으로 방향을 전환하여 버린다. 안전 '엔진'이 없으면, 조직은 안전공간 내에서 작용하는 외적인 힘에만 영향을 받고 표류물과 같이 떠돌 것이다.

캐나다의 경영학자인 민츠버그(Henry Mintzberg)는 안전 엔진을 움직이는 동력으로서 의지(commitment), 역량(competence), 인식(cognisance)이라는 세 가지 문화적 추진요인(cultural driver)을 제시하고 있다.[17]

의지(commitment)에는 적극성(motivation)과 자원이라는 2가지 구성요소가 있다. 적극성 문제는 조직이 안전 측면에서 우수한 조직이 되려고 노력하는가, 아니면 단순히 규제요건을 충족하는 것에 만족하는가에 의해 결정된다.[18] 자원 문제는 중요하지만 단순히 금전의 문제가 아니다. 이것은 시스템의 안전관리를 지휘하기 위하여 배치된 사람들의 역량 및 지위와도 관계가 있다. 즉, 시스템의 안전관리를 지휘하는 일이 구성원을 빠른 승진코스에 놓이게 만드는가? 아니면 능력이

17) H. Mintzberg, *Mintzberg on Management : Inside Our Strange World of Organizations,* The Free Press, 1989.

18) 앞(제6장 Ⅰ. 3. 안전문화의 수준)에서 설명한 창조적 조직과 병적 조직의 차이를 참고하면 이해하기 쉬울 것이다.

부족하거나 의욕이 부족한 관리자를 배치하기 위한 한직으로 여겨지고 있는가?

의지만으로는 충분하지 않다. 조직에는 안전을 향상시키기 위하여 필요한 전문적 역량(competence)이 요구된다. 위험요인과 안전상 중요한 활동은 정해져 있는가? 얼마나 많은 위기에 대비하고 있는가? 위기관리계획은 업무복구계획에 밀접하게 연관되어 있는가? 방호수단(defence), 방호(barrier), 안전장치(safeguard)에는 적절한 다양성과 용장성(redundancy)이 구비되어 있는가? 조직구조는 충분히 유연하고 적응성이 높은가? 안전 관련 정보가 적절하게 수집·분석되고 있는가? 이 정보는 주지되고 있는가? 정보에 따라 행동하고 있는가? 효과적인 안전정보시스템은 리질리언스를 갖춘 시스템의 전제조건이다.

조직이 그 활동을 위협하는 위험을 충분히 인식하고 있지 않으면 의지와 역량으로 충분하지 않을 것이다. 인식(cognisance)이 높은 조직은 리질리언스를 향상시키기 위한 노력의 진정한 의미를 이해하고 있다. 인식이 높은 조직에 있어서는 좋지 않은 사건이 없는 긴 기간은 '충분히 안전하다'는 것을 의미하지는 않는다. 그들은 그것을 위험이 높아지고 있는 기간이라고 올바르게 인식하고 그에 맞추어 그들의 방호수단을 검토하고 강화한다. 즉, 인식이 높은 조직은 나쁜 결과가 없을 때조차 지능적인 경계심(intelligent wariness)이 있는 상태를 유지한다. 이것이 바로 안전문화의 본질이다.

그림 10-6은 지금까지 설명한 것을 요약하고 있다. 안전관리의 제일의 목표는 내재적인 저항력이 최대한으로 달성 가능한 수준과 연관된 안전공간의 영역까지 도달하고 그곳에 머무는 것이다. 단순히 올바른 방향으로 움직이는 것은 비교적 용이하다. 그러나 이 목표 상태를 유지하는 것은 매우 어렵다. 역행하는 강한 흐름에 맞서 그 위치를 유지하는 것은 안전공간에서의

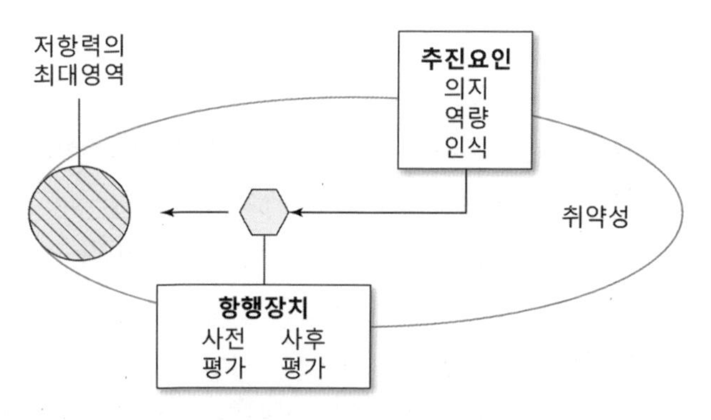

[그림 10-6] 저항력의 최대영역으로 조직을 나아가게 하기 위해 필요한 추진요인과 항행장치

항행장치 — 사후평가(reactive measure)와 사전평가(proactive measure) — 의 솜씨 있는 활용과 현 경영진의 의향에 관계없이 추진력을 계속하여 발휘하는 강력한 문화적 '엔진'이라는 두 가지를 필요로 한다. 양호한 안전문화는 어떠한 최고경영자에 대해서도(최고경영자가 바뀌더라도) 견뎌내는 것이어야 한다. 최고경영자들은 본래 철새와 같다. 즉, 자주 자리를 바꾸는 것은 그들이 현재 있는 장소(직책)에 도달한 방법이다. 앞으로 그들이 지금까지와 다르게 행동할 것이라고 생각하는 것은 근거가 없다.

이러한 실현 가능한 안전목표를 달성하는 것은 관리 가능한 것을 관리하는 것에 크게 의존한다. 많은 조직에서는 안전관리를 생산프로세스의 마이너스 측면이나 마찬가지인 것으로 취급한다. 그와 같은 조직에서는 부정적인 결과의 레벨을 약간 낮추는 것을 목표로 설정한다. 그러나 예상외의 사건은 그 성질로 보아 직접적으로 컨트롤할 수 없다. 따라서 예상외의 사건이 초래하는 많은 변화는 조직의 영향권 밖에 있다. 안전공간 모델은 그 대체수단으로서 장기적 건전화 프로그램을 제안하고 있다. 조직은 이미 낮고 아마도 점점 낮아지고 있는 좋지 않은 사건의 수준을 낮추기 위해 부질없이 노력하기보다는, 좋지 않은 사건의 발생가능성에 영향을 미치는 것으로 알려져 있는 기본적인 프로세스 — 설계, 하드웨어, 소프트웨어, 유지보수, 계획, 절차서, 스케줄링, 예산, 정보전달 — 를 정기적으로 평가하고 개선하는 것이 바람직하다. 이것들은 시스템의 운영상의 위험요인에 대한 시스템의 내재적인 저항력을 결정하는 관리 가능한 요소들이다. 어쨌든 관리자는 이것들을 관리하기 위하여 고용되어 있는 것이다. 이렇게 해서 안전관리는 조직의 핵심사업의 본질적인 부분이 되고 단순한 부가물이 아니게 된다.

5. 고무밴드 모델[19)]

가. 연속적 제어 프로세스에 적용되는 모델

이하에서는 고무밴드의 특성을 이용하여 '신뢰성이란 동적인 비사건(non-event)이다'는 것을 설명하고자 한다. 여기에서는 프로세스 또는 장치를 관리하는 시스템의 제일선에서 일하는 사람들의 행동에 주목한다.

중앙에 결절이 있는 고무밴드를 생각해 보자. 결절은 관리 대상 시스템을 나타내고, 그 결절의 위치는 고무밴드의 양 끝에 가해지는 수평적 힘에 의해 결정된다. 고무밴드의 3가지 상태는 그림 10-7과 같다.

그림의 중앙에 있는 점으로 그려진 부분은 안전한 활동이 가능한 안전영역이다. 관리자(controller)의 일은 결절을 안전영역에서 끌어내려는 힘을 상쇄하기 위하여 고무밴드의 다른

19) J. Reason, *The Human Contribution – Unsafe Acts, Accidents and Heroic Recoveries*, Routledge, 2008, pp. 280-284 참조.

쪽 끝으로 적절한 보정을 가하여 결절이 안전영역에 계속 머물러 있도록 하는 것이다. 상단의 그림은 밴드의 양 끝에서 적절하고 균등한 장력으로 인해 결절이 안전영역 내에서 유지되고 있는 상대적으로 안정된 상태이다. 중간의 그림은 불균등한 힘이 밴드의 한쪽 끝에 가해져 결절이 안전영역 밖으로 끌어내어진 불안정한(또는 불안전한) 상태를 나타내고 있다. 하단의 그림은 안전영역 밖으로 끌어내려는 이전의 섭동이 반대방향의 균등한 견인력에 의해 상쇄되어 보정된 상태를 나타내고 있다. 물론 이외에도 다른 많은 상태가 있을 것이지만, 결절이 있는 고무밴드를 직접 실제로 조작함으로써 가장 잘 이해될 수 있다.

고무밴드에는 또 하나의 중요한 특성이 있다. 안전영역에 결절이 머물러 있도록 하기 위해서는 미리 섭동에 대해 동일한 크기의 보정을 '동시에' 반대방향으로 가할 필요가 있다. 이 보정이 늦어지면 결절이 적어도 잠깐 동안 안전영역 밖으로 나가 버린다. 이것을 '동시성 원리(simultaneity principle)'라고 한다.

원자력발전소, 화학공장, 현대의 민간항공기와 같은 복잡하고 고도로 자동화된 기술에서는, 대부분의 예측 가능한 섭동에 대

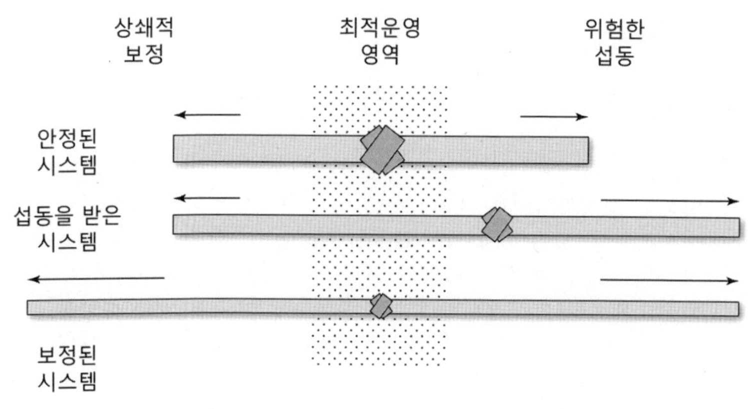

[그림 10-7] 결절이 있는 고무밴드의 3가지 상태

해서는 미리 설계자에 의해 공학적인 안전장치들이 구비되어 있다. 시스템 조건이 허용할 수 있는 운용한계에서 일탈하면, 이것들이 자동적으로 작동하기 시작한다. 따라서 잔류된 섭동의 대부분, 즉 설계자에 의해 예측되지 않은 것은 현장상태의 예기치 못한 변화 또는 시스템의 인간 요소들[관리자(controller), 조종사, 유지보수작업자, 정비원 등] 측에서의 예상치 못한 행동에 기인할 것으로 예상된다. 후자는 에러와 (안전)작업절차 위반 둘 다를 포함할 것 같다.

잔류된 섭동의 특성을 고려할 때, 복잡한 기술을 관리하는 인간에 대한 동시성 원리의 결과는 무엇일까? 하나의 함의는, 적정한 보정의 시의적절한 적용은 섭동의 발생을 예측하는 능력을 요구한다는 점이다. 이것은 무엇이 이들 섭동을 일으키는가에 대해 상당한 이해를 필요로 한다. 즉, 이것은 여러 가지 것 중에서도 시스템 관리자 자신의 불완전성(오류를 범하기 쉬움)의 근원과 관련된 그들의 지식과 경험에 의존할 것이다. 웨익(Karl E. Weick)이 주장하듯이, 이 특성(섭동 발생의 예측능력)은 운전조건(operating parameter)이 장기간 일정한 상태로 있는 안정된 시스템보다는 상당히 빈번하게 섭동이 발생하기 쉬운 시스템에 존재할 가능성이 크다. 물론 일반화하는 것에는 한계가 있다.

여키스-도슨 법칙(Yerkes-Dodson law)[20]의 거꾸로 된 U자형 커브가 사람의 최적의 성과(작업성적)는 각성도가 낮은 상태

---

20) 미국의 심리학자이자 유전학자인 여키스(Robert M. Yerkes)와 미국의 심리학자인 도슨(John Dillingham Dodson)에 의해 1908년에 개발된 사람의 각성도와 성과 사이의 경험적 관계를 나타내는 법칙이다. 이 법칙은 인간의 성과가 일정한 지점까지는 심리적 또는 정신적 각성과 함께 증가하지만, 각성 수준이 너무 높으면 성과는 오히려 감소한다는 것을 나타낸다. 이 과정은 종종 그래프에 의해 성과가 일정지점(거꾸로 된 U자 꼭대기 지점)까지는 각성이 증가함에 따라 증가하고 그 이후에는 다시 감소하는 종형의 커브로 설명된다.

와 높은 상태 사이에 있을 것이라고 예상하는 것과 마찬가지로, 시스템의 최적의 성과는 유사하게 사실상의 불변(안정)의 한쪽 끝과 관리할 수 없는 섭동 사이에 있을 것으로 예상된다.

원자력발전, 항공모함의 비행갑판작업 및 항공교통관제를 대상으로 한 현장연구 관찰도 이 견해를 지지하고 있다. 에러를 유발할 것 같은 상황을 예상하기 위하여, 시스템 운용자는 모의훈련 때뿐만 아니라 그들 자신과 타인의 에러로부터 배우는 것을 통해 에러를 유발할 것 같은 상황을 직접 경험할 필요가 있다. 에러 검출과 에러 회복은 획득하여야 할 기술이고 연습되어야 한다. 배의 조타수가 일반적인 해로(seaway)상황에서 필요 이상으로 다른 선박에 가깝게 조종하는 것은 정교하게 연마된 기술을 유지하기 위해서이다. 당직선원(watchkeeper)은 의도적으로 만들어낸 근접으로부터 중요한 피하기 기술을 습득하는 것이 권고되고 있다.

나. 생산자원과 안전자원 간의 긴장관계에 적용되는 모델

그림 10-8은 조직의 자원배분의 균형을 설명하기 위한 고무밴드 모델이다. 모든 조직은 생산성과 안전성의 최적 균형을

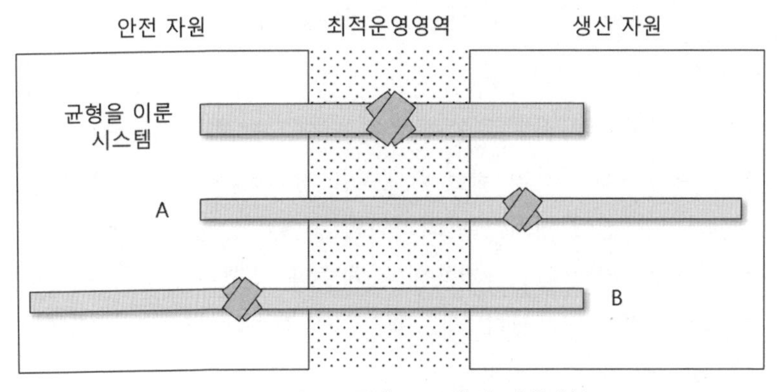

[그림 10-8] 고무밴드 모델의 자원배분

필요로 하고 있다. 여기에서는 점으로 그려진 영역이 최적운영영역(optimal operating zone)으로 되어 있고, 양 끝에는 직사각형으로 표현된 생산 자원과 안전 자원이 있다. 고무밴드는 제한된 자원 시스템이다. 늘어날수록 고무밴드를 제어하는 잠재력은 작아진다. 이것은 물론 어느 한쪽의 장력을 해제하는 경우는 적용되지 않는다.

상단의 그림은 결절이 중앙에 위치해 있는 균형 잡힌 상태로서 보정조치에 대한 상당한 잠재력을 가지고 있는 (생산에도 안전에도 여유가 있는) 상태이다. 그림 A는 생산 목표의 추구가 결절을 최적운영영역 밖으로 끌어낸 불균형적인 상태를 나타낸다. 그림 B는 반대방향이지만 A와 유사하게 균형에서 벗어나 있다. 그림 A와 B 모두 바람직하지 않은 자원배분이다. 그림 A에서는 생산목표 쪽으로의 추가적인 당김을 상쇄할 가능성이 거의 또는 전혀 없고, 잠재적으로 위험한 상태이다. 한편, 그림 B에서는 안전성에 필요 이상의 자원이 투입되어 시스템에 중대한 경제손실이 된다. 전자의 리스크는 운영상의 위험요인이 증가된 경우에 안전 자원을 추가로 이용할 수 없는 상태이고, 후자의 리스크는 극단적으로는 파산이다.

다. 대처능력의 저하에 적용되는 모델

결절 있는 고무밴드는 감당할 수 있는 것을 초과하는 용량을 가지고 있어 추가적으로 늘어날 수 있고, 그 결과 고무밴드는 결절의 위치를 보정하기 위한 잠재력을 상실하게 된다. 예를 들면, 부정적인 사건에 대처하는 외과의의 능력은 수술하는 동안 마주치는 크고 작은 여러 사건들의 전체수와 역관계에 있다. 이것이 의미하는 것은 명백하다. 대처자원은 유한하다. 반복되는 스트레스 요인에 의해 대처자원은 소진되어 버리는 것이다.

부정적인 사건에 대처하는 것은 각각의 섭동을 상쇄하기 위하여 고무밴드를 늘리는 것을 필요로 한다. 부정적인 사건이 많으면 고무밴드가 너무 늘어나게 되고, 장력이 양쪽에서 균등하게 해제되지 않는 한 이들 섭동에 대처할 수 없게 된다.

6. 적극적인 안전의 특성 정의하기

여기에서는 위에서 소개한 안전에 대한 두 개의 모델을 조합하여, 드물게 발생하는 '불안전'의 에피소드에만 전적으로 의존하지 않는, '안전'에 대한 하나의 견해를 제시하고자 한다. 먼저 각 모델의 주요한 특징을 요약하면 다음과 같다.

가. 안전공간 모델의 주요 특징 요약

- 부정적인 사건에 노출되는 빈도와 운영상의 위험요인에 대한 내재적인 저항력은 사람에 따라, 조직에 따라 다르다.
- 저항력은 무작위적 특성이라기보다는 예정된(determined) 특성이다. 인과관계에서 우연의 요소가 큰 재해와는 달리, 내재적 저항력의 정도에 기여하는 요인들은 상당히 광범위한 정도로 시스템을 관리하고 운영하는 사람들의 통제하에 있다. 이것들에는 예측, 설계, 사양, 계획, 운전, 유지보수, 예산, 정보전달, 절차서 작성, 관리, 교육훈련 등과 같은 일반적인 프로세스들이 포함된다.
- 우연의 요소 때문에 리질리언스가 매우 강한 시스템에서조차 여전히 부정적인 결과를 경험하는 경우가 있다. 안전은 절대적인 것은 아니다. 위험으로부터의 완전한 자유는 없다. 반대로, 취약한 시스템에서도 장기간 재해를 피할 수 있다. 이와 같이 시스템의 저항력 또는 취약성과 재해기록 간의 관계는 장기적인 안목으로 보면 일반적으로 플러스의 관계이지만,

특정한 기간 내에는 상당히 희미할 수 있다.

- 안전에 관한 대부분의 정의의 내용과 달리, 부정적인 결과에 관한 데이터는 시스템의 내재적인 저항력의 상태를 나타내는 지표로서는 불안전하고 오해를 초래하기까지 한다. 현대의 많은 업종에서와 같이, 재해율이 매우 낮거나 그에 근접해 있는 경우에는 특히 그러하다.
- 조직의 현재 안전수준은 운영상의 위험에 대해 높은 정도의 저항력과 취약성을 양 끝으로 가지는, 옆으로 퍼진 다이아몬드 형상의 공간 내의 위치로 나타내는 것이 제안된다.
- 모든 조직은 자신들을 안전공간의 양 끝에서 밀어내기 위하여 작용하는 외부로부터의 힘을 받는다. 만약 조직들이 안전공간 내의 흐름에 단순히 몸을 맡기기만 하면, 조직은 상대적인 취약성과 상대적인 저항력의 사이를 이동하면서 단순히 왔다 갔다 표류할 것이다.
- 모든 조직에게 있어 유일한 달성 가능한 안전목표는 무사고가 아니라 최대의 실현 가능한 저항력의 영역에까지 도달하고 그곳에 가능한 한 오랫동안 머무르기 위해 노력하는 것이다. 이를 위하여 각각의 조직은 신뢰할 수 있는 항행장치와 내부 추진수단 두 가지를 필요로 한다.
- 항행장치는 사후적인(reactive) 데이터와 사전적인(proactive) 데이터로 구성된다. 효과적인 안전정보시스템에서는 시스템의 '활력 징후'[21]에 대한 정기적인 진단 체크 및 항상적으로 많은 주의를 필요로 하는 프로세스들의 계속적인 개선과 관련하여 사용되는 재해, 사고 및 아차사고에 관한 정보를 수집, 분석 및 주지를 행한다.

---

21) 생명을 유지하는 데 필요한 우리 몸의 체온, 호흡조절기능과 심장기능의 측정값을 말한다. 이를 통해 대상자의 건강상태 변화를 체크할 수 있다.

- 조직의 안전엔진은 본질적으로 문화와 관련되어 있다. 이상적인 문화는 현 경영진의 영리적인 관심에도 불구하고 안전공간의 저항력이 있는 쪽으로 조직을 계속적으로 운영하는 문화이다.

나. 결절 있는 고무밴드 모델의 주요 특징 요약

- 이 모델은 시스템을 신뢰성이 있고 안정된 상태로 유지하기 위하여 필요한 관리조치의 동적인 성격을 강조하고 있다.
- 고무밴드 모델의 물리적인 특성은 결절(시스템)을 안전운영 영역 내에서 유지하기 위하여 균등하면서 양쪽으로 동시에 작용하는 보정의 필요성을 강조하고 있다.
- 복잡하고 엄중하게 방호된 시스템에서의 예측 가능한 섭동의 대부분은 설계자에 의해 예측되고 공학적 제어장치에 의해 자동적으로 보정된다. 나머지 섭동은 현장에서의 변화 그리고/또는 불안전한 행동에 기인할 것으로 예상된다. 이들 인적 요소로는 조직의 상층부에서 생성된 장기간의 잠재적 상황 및 인간과 시스템의 접점(interface)에 있는 인간들에 의해 저질러지는 즉발적(卽發的, active) 실패(에러와 위반)를 생각할 수 있다.
- 잔류된 섭동을 시의적절하게 보정하기 위해서는 시스템 운영자는 섭동 발생의 전조가 되는 상태를 인식할 수 있어야 한다. 이를 위해서는, 그들은 현실 또는 시뮬레이션에서 그것들을 경험하고 필요한 에러 검출과 회복의 기술을 연마할 필요가 있다.
- 이 관점에 따르면, 섭동이 비교적 빈번한 시스템의 운영자는 비교적 안정된 시스템을 관리하는 사람들보다도 이들 기술을 소유하고 있을 가능성이 높다. 이들 비정상상태가 직접적인

경험을 통해 이해되는 시스템은 이 기회가 거의 없는 시스템보다도 안전할 것으로 예상된다.

- 조직이 구축하려는 시스템과 마찬가지로, 고무밴드 모델도 자원이 한정되어 있다. 보정의 잠재력 — 필요한 장력(張力)의 어느 지점을 넘는 경우 — 은 고무밴드가 늘어나는 정도와 역관계에 있다. 밴드가 한계점 근처까지 신장될 경우, 결절이 이동할 수 있는 유일한 방법은 한쪽 또는 양쪽의 장력을 줄이는 것이다.
- 밴드의 한쪽에 가해지는 힘이 안전이고, 다른 쪽에 작용하는 힘이 생산이라고 가정하면, 2개의 균형이 잡히지 않은 시스템 상태가 모델화될 수 있다. 하나는 생산의 힘이 결절을 최적운영영역 밖으로 잡아두고 있는 상태이고, 다른 하나는 과도한 안전의 힘이 작용하고 있는 역의 상태이다. 쌍방의 상태 모두 잠재적으로 위험하다. 전자에서는 나쁜 결과로 이어지는 섭동을 보정할 수 없는 리스크가 있다. 후자의 리스크는 운영상의 위험요인에 대응하기 위해 요구되는 것 이상의 안전투자에 의한 경제적인 파탄이다.
- 모델의 세 번째 적용은 대처자원의 한정된 수용능력에 관한 것이다. 각각의 섭동에 대해 고무밴드를 늘려 보정할 필요가 있으면, 고무밴드는 결국 과도하게 늘어나게 되어, 추가적인 섭동에 대응하는 능력이 부족하게 된다.

어떻게 하면 이들 모델의 특징을 안전에 대한 하나의 수미일관한 설명에 통합하는 것이 가능할까? 2개의 모델이 상호 보완적이고 다소 다른 레벨의 설명을 하고 있는 사실을 생각하면 간단해진다. 안전공간 모델은 안전에 관한 보다 광범위한 전략적 측면에 중점을 두고 있는 반면, 고무밴드 모델은 보다 전술적이고 그때그때의 관리과제를 취급하고 있다.

안전공간 모델은 운영상의 위험요인에 대한 최대한의 실행 가능한 저항력 상태의 달성과 유지라고 하는 안전관리의 목표를 명확히 하고 있다. 또한 이 모델은 안전관리의 목표를 달성하기 위하여 사전적이고 사후적인 항행장치의 사용(사전평가와 사후평가)과 문화적 원동력의 필요성을 주장한다. 결절 있는 고무밴드 모델은 시스템 관리의 부분적인 세부사항, 특히 에러를 유발하는 상황의 예측, 보정의 타이밍, 생산자원과 안전자원의 배분의 적절한 균형에 대한 필요성에 초점이 맞추어져 있다.

7. 4P와 3C의 매핑(mapping)[22]

미국의 저명한 인간공학 전문가인 비너(Earl Wiener)는 조직관리 활동의 여러 가지 측면을 분류하는 4개의 P, 즉 철학(philosophy)=지도원리(guiding principle), 방침(policy), 절차(procedure) 및 실천(practice)의 프레임워크를 고안하였다.[23] 여기에서는 이 4개의 P를 차용하여 종축으로 하고, 앞에서 제시한 3개의 C, 즉 의지(commitment), 인식(cognisance) 및 역량(competence)을 횡축으로 하는 4행 3열의 표를 제시하고자 한다.

각각의 12개 cell에서 각 문화적 요인(3Cs)은 조직관리의 4개의 P(4Ps)에 어떻게 나타날 것인가? 예를 들면, Cell 1은 최고경영자의 의지가 조직의 기본적인 철학(원칙)에 어떻게 나타날 것인가를 가리킨다. 각 cell에는 각 P에 대한 3개의 C

22) J. Reason, *The Human Contribution - Unsafe Acts, Accidents and Heroic Recoveries*, Routledge, 2008, pp. 276-279.

23) A. Degani and E. L. Wiener, "Philosophy, policies, procedures and practice : The four 'P's of flight deck operations", in N. Johnston, N. Mcdonald and R. Fuller(eds.), *Aviation Psychology in Practice*, Routledge, 1994.

의 영향을 나타내는 일련의 지표들이 있다.[24] 표 전체로 보면, 매트릭스의 각 지표들은 리질리언스를 갖춘 조직이 어떤 모습인지를 간략하게 나타내고 있다. 아래 숫자는 표 10-2의 cell들에 해당한다. cell들의 일부 컨텐츠는 의료를 염두에 둔 것이지만, 콘텐츠는 다른 위험영역에도 쉽게 일반화될 수 있다.

[표 10-2] 12개의 지표를 생산하기 위한 4P와 3C의 조합

	의지	인식	역량
원칙(철학)	1	2	3
방침	4	5	6
절차	7	8	9
실천	10	11	12

가. 원칙과 의지

- 안전은 위험관리팀뿐만 아니라 모든 사람의 책임이라고 인식되고 있다.
- 사시(社是)에서 안전을 최우선의 목표로 하고, 이것은 리더십의 언동, 영향력(presence) 및 자원배분에 의해 계속적으로 지지되고 있다.
- 최고경영진은 에러, 실패 및 예기치 못한 좋지 않은 일(nasty surprise)을 피할 수 없는 것으로 받아들이고, 종업원에게 반복해서 방심하지 않고 경계를 늦추지 않도록 상기시킨다.
- 안전 관련 문제는 나쁜 사건이 발생한 후뿐만 아니라 일상적으로 고위층 회의에서 고려되고 있다.

24) 이하에서는 비너의 philosophy(철학)라는 단어를 principle(원칙)이라는 단어로 대체하여 사용하기로 한다.

나. 원칙과 인식

- 과거의 사건은 철저하게 고위층 회의에서 검토되고, 거기에서 얻어진 교훈에 근거하여 국소적인 개선이 아니라 전체적인 개혁이 이루어진다.
- 어떤 불행한 일이 발생한 후, 최고경영진의 일차적인 목표는 현장 제일선의 특정 개인에게 책임을 지우려고 하는 것보다 결함이 있는 시스템 방호수단을 찾아내어 그것을 개선하는 것이다.
- 효과적인 위험관리는 연관된 안전 관련 정보의 수집, 분석 및 주지에 의해 크게 좌우된다는 것을 이해하고 있다.

다. 원칙과 역량

- 최고경영진은 안전에 대하여 선제적인 입장을 취한다.
  - 에러를 재발시키는 함정을 발견하여 제거하는 노력을 한다.
  - 시스템에서 에러를 유발하는 요인들을 제거한다.
  - 새로운 실패 시나리오를 브레인스토밍한다.
  - 조직의 '활력 징후(vital sign)'에 대한 정기적인 '건전성' 체크를 한다.
- 최고경영진은 에러를 유발하는 시스템 요인이 형상이 없는(fleeting) 심리적 상태보다 교정하기가 용이하다는 것을 인식하고 있다.

라. 방침과 의지

- 안전 관련 정보는 최고경영자에게 곧바로 전달될 수 있다.
- 안전관리는 승진의 장기(long-term) '주차장'이 아니라 고속승진코스(fast-track)이다.
- 안전에 관계되는 회의는 광범위한 계층과 부서의 구성원이 참석한다.

마. 방침과 인식

- 조직은 안전하지 않은 작업수행이 설령 가능할지라도 작업종사자에 대한 안전목표를 안전 외의 요구보다 우선시한다.
- 작업장에서 작업과 관계가 없으면서 주의를 산만하게 할 수 있는 요인을 줄인다.
- 고위험 절차에서는 시종 선임 직원이 현장에 있고 그의 도움을 받을 수 있다.

바. 방침과 역량

- 보고시스템에 관한 방침
  - 제재로부터의 조건부(제한된) 면책
  - 기밀성 및 / 또는 비식별성
  - 데이터 수집의 징계조치로부터의 분리
- 징계제도에 관한 방침
  - 허용할 수 있는 행위와 허용할 수 없는 행위 간의 합의된 구별
  - 징계절차에의 (능력·자격·연령 등이) 동등한 사람들의 관여

사. 절차와 의지

- 하급 직원(junior staff) 훈련생이 미리 설정된 능력기준에 도달하고 충분한 지도와 감독을 받도록 절차가 적절하게 준비되어 있다.
- 베테랑 직원(senior staff)의 재교육과 계속적인 전문적 능력개발을 촉진하는 절차가 시스템 내에 적절하게 준비되어 있다. 특히 새로운 물질과 기법에 관하여 그러하다.

아. 절차와 인식

- 규정이 에러의 인식 및 회복에 관한 훈련에 의해 뒷받침되고 있다.
- 종업원은 에러의 재발 패턴에 관한 피드백(의견)에 의해 정보를 제공받는다.
- 현장의 상태에 관한 충분한 커뮤니케이션이 이루어질 수 있도록 작업의 인수인계가 절차화되어 있다.
- 한 공정에서 다른 공정으로의 안전한 전환을 보장하기 위하여 절차가 적절하게 준비되어 있다.

자. 절차와 역량

- 감독자는 부하직원에 대해 안전을 확보하고 효과적인 업무수행을 하는 데 필요한 전문적 기술(skill)뿐만 아니라 정신적 기술에 대해서도 교육한다.
- 복잡한 절차 또는 통상적이지 않은 절차를 시작할 때에는 작업팀에게 충분히 지시된다(정보가 제공된다). 필요한 경우에는 사후에도 정보가 제공된다.
- 작업을 하는 데 필요한 지식을 절차서, 메모 등으로 공유하고 있다.

차. 실천과 의지

- 필요가 생겼을 때는 언제라도 안전 관련 문제가 모든 종업원에 의해 논의된다.
- (많은 경우 만성적인) 시스템적 결함을 극복하는 데 있어 '임시변통의 문제해결'을 취하는 것이 만류된다.

• 시스템적 결함에 상사의 주의를 향하게 한 작업자에게 보상한다.

카. 실천과 인식

• 현장 제일선의 직원에게 리스크가 높은 상황을 인식하는 데 필요한 수단과 정신적 기술을 제공하고 있다.
• 불충분하게 교육받은 상황, 현장 감독이 없는 상황, 에러가 발생하기 매우 높은 상황에서는 하급직원에게 작업에서 물러날 권한이 부여되어 있다.

타. 실천과 역량

• 학습된 교훈, 필요한 행동에 대해 신속하고 유용하며 이해하기 쉬운 피드백이 있다.
• 상향식 정보에 귀를 기울이고, 필요한 경우에는 그것에 근거하여 조치가 이루어진다.
• 작업자의 참가 및 솔직함이 장려된다.
• 사고가 발생한 경우
  – 책임을 인정한다.
  – 사과한다.
  – 학습된 교훈이 재발가능성을 줄이게 될 거라고 피재자와 그 친인척에게 확신시킨다.

제 11 장

Safety Ⅱ와 안전문화

Ⅰ. Safety Ⅱ와 리질리언스 엔지니어링

Ⅱ. Safety Ⅰ과 Safety Ⅱ

리질리언스 엔지니어링을 주장하는 대표적인 학자인 홀나겔은 안전의 개념을 '사고가 일어나지 않는 상태'에서 '성공을 계속하는 상태'로 전환할 것을 제안하고, 전자를 'Safety Ⅰ', 후자를 'Safety Ⅱ'라고 명명하였다. 즉, 안전의 접근방법에는 Safety Ⅰ과 Safety Ⅱ가 있다고 주장하면서, Safety Ⅰ에서 Safety Ⅱ로 발전되어야 한다는 것이다. 이 경우 Safety Ⅱ의 개념은 Safety Ⅰ을 부정하는 것은 아니다. 환언하면, Safety Ⅰ에 기반한 안전을 추구하면서 Safety Ⅱ를 기본으로 한 안전을 지향하는 접근방법을 취하고 있다. 홀나겔이 말하는 이러한 Safety Ⅱ는 많은 부분에 있어 안전문화 조성에 필수적인 요소를 그 내용으로 포함하고 있어, 이하에서는 Safety Ⅰ과 함께 Safety Ⅱ를 상세하게 소개하고자 한다.

Ⅰ. Safety Ⅱ와 리질리언스 엔지니어링

1. Safety Ⅱ 등장배경

안전이란, 어떻게 정의되어야 할까? 일상적으로는 '안전이란, 위험이 없는 것이다'와 같이 바람직하지 않은 것의 존재를 부정하는 형태로 정의되는 경우가 많다. 학문적으로는 '리스크'라는 개념을 매개로 하여 '안전이란, 허용(수용)할 수 없는 리스크가 없는 것이다'와 같은 정의가 이용되고 있는데, 부정형인 것은 동일하다. 이들 정의에서는 위험, 리스크로 연결되는 요인을 제거하면, 높은 레벨의 안전을 실현할 수 있다는 사고방식이 도출되게 된다.

이 사고방식은 직관적으로 자연스럽고, 특별히 의문을 가질 필요는 없는 것처럼 생각된다. 실제로 안전수준이 낮고 사고가 다발하고 있던 시대, 대상 시스템이 단순하였던 시대에는 이 사고방식에 따른 대책을 취하는 것으로 대상 시스템의 안전수준은 확실히 향상되었다. 그러나 현대사회에서도 과연 이 사고방식이 적용될 수 있을까? 사고는 있다고는 하지만, 업무량과 비교하여 보면, 그 발생률은 격감하고 있다. 게다가 대상 시스템의 복잡성은 비약적으로 증대하고 있다. 현대사회의 안전을 생각할 때에는 이러한 실태에 눈을 돌려 보는 것이 필요하다.

홀나겔은, 기술시스템에서 발생하는 사고·트러블은 위험·리스크로 연결되는 요인을 제거하는 종래의 방책만으로는 완전히 피할 수 없다는 점에 주목하였다. 이 점과 관련하여, 그는 '잘못되어 갈 수 있는 것(Things that might go wrong)'을 제거할 뿐만 아니라, '잘되어 가는 것(Things that go right)'의 이유를 조사하고, 그것이 발생할 가능성을 증대시키는 것이 중요하다고 강조하고 있다. 그는 전자의 안전대책을 Safety Ⅰ, 후자의 안전대책을 Safety Ⅱ로 정의하면서 현대사회에서의 Safety Ⅱ의 필요성을 주장하고 있다.

Safety Ⅱ가 필요한 이유에 대하여, 그는 항공분야에서의 숫자를 열거하여 다음과 같이 설명하고 있다. 2012년에는 사고의 수가 75건으로, 비행수(이착륙의 횟수)는 약 3,000,000,000회였다. 그렇다면 사고가 발생하는 비율은 40,000,000회에 1회(39,999,999회는 사고가 없었다)가 된다. Safety Ⅰ 사고방식(접근방법)에서는 이 1회의 사고에 대해 조사가 실시되어 원인규명과 그것에 근거한 대책수립이 이루어진다. 그러나 사고를 경험하지 않은 39,999,999회의 비행에는 배워야 할 교훈은 포함되어 있지 않을까. 그렇지 않다. 사고가 발생하지 않았다는 것(성공한 것)은 여러 사람들(예컨대, 조종사, 승무원, 항공관제사, 지상의 지원스태프 등)이 다종다양한 조치와 조정을 시의 적절하게 실시했기 때문이다. 그렇다면, 그 성공을 계속하기 위해서는, 성공으로부터 필요한 교훈을 끌어내는 것을 통해 안전수준이 향상될 수 있다는 것이 Safety Ⅱ 사고방식(접근방법)이 제창되는 이유이다.

Safety Ⅱ의 개념은 현재 빠르게 발전되고 있는, 이하에서 설명하는 리질리언스 엔지니어링의 방법론과도 밀접하게 관련되어 있다. Safety Ⅱ를 실현하기 위한 구체적인 방법의 하나가 리질리언스 엔지니어링이다. 홀나겔은 Safety Ⅱ에 직결된 방안으로서 현장에서 '잘되어 가는 것'의 조사를 통해 찾아내는 방법을 제창하고 있다. 단, 전술한 바대로 홀나겔이 Safety Ⅰ을 부정하고 있는 것은 아니다. Safety Ⅰ이 필요한 시스템은 현실적으로 많이 존재하고 있기 때문이다.

2. 리질리언스 엔지니어링의 기본적 관점[1)]

가. 개설

리질리언스 엔지니어링은 안전(관리)방안의 단순한 대체가 아니다. 안전(관리)은 전통적으로 발생할 수 있는 사건과 결과의 일부에 초점을 맞추어 왔고, 거기에는 타당한 이유가 있었다. 이것은, 시스템과 프로세스가 관리될 수 있고 다루기 쉬워, 그에 따라 행동의 가변성을 한정하거나 제약을 가함으로써 정상적인 기능(작동)을 보장할 수 있는 경우에는 많은 점에서 만족스러웠다.

그러나 최근 20년 사이에 사회기술시스템[2)]의 발전에 의해 다

1) E. Hollnagel, "Resilience: The Challenge of the Unstable", in E. Hollnagel, D. D. Woods and N. Leveson(eds.), *Resilience Engineering: Concepts and Precepts*, Ashgate, 2006; E. Hollnagel, J. Paries, D. D. Woods and J. Wreathall(eds.), *Resilience Engineering in Practice: A Guidebook*, Ashgate, 2011 참조.

2) 기계시스템은 상세설계까지 명확하게 되어 있고, 그 동작, 기능 등은 정확하게 정의되어 있다. 이들 시스템은 제어가 용이한 시스템이다. 이에 반해 인간을 구성요소로 포함하는 사회기술시스템은 인간의 행동에 불가피하게 포함되어 있는 행동의 가변성(performance variability)의 영향을 받는다. 이 가변성을 제약하기 위하여 동작제약(limit)에 추가하여 제약조건(엄격한 훈련, 행동장벽, 절차, 표준화, 규칙, 규제 등)이 부과

루기 쉽지 않은 시스템과 프로세스가 증가하고 있다. 그 결과로서, 이와 같은 시스템에서는 행동의 가변성은 필요성이 높고, 부채라기보다는 자산이 되고 있다.

리질리언스 엔지니어링은 실패 또는 일이 잘못되는 이유를 이해하기 위해서는 실패뿐만 아니라 성공에 대해서도 상세하게 음미하는 것이 필요하다고 주장한다. 사고가 발생하려고 하는 바로 그때 마법처럼 작동을 하기 시작하지만 그 외의 시기에는 휴면 상태에 있는 것과 같은 특별한 '에러 생성' 프로세스는 없다는 것이 이 주장의 근거이다. 이와 반대로, 실패로 이어지는 행동과 성공으로 이어지는 행동 간에 근본적인 차이는 존재하지 않는다. 따라서 개인, 집단, 조직 어느 쪽의 행동에 초점을 맞추든, 행동을 성공·실패에 관계없이 일반적으로 이해하려고 노력하는 것이 가장 유용하다.

나. 대상 시스템의 이해방법

리질리언스 엔지니어링의 배경에는 대상이 되는 사회기술시스템 및 환경의 특성의 현실에 입각한 이해방법이 있다. 리질리언

되어 있다. 그러나 구성요소에 인간이 포함되어 있으면, 거기에 가변성이 포함되는 것은 피할 수 없다. 이것은 인간의 결점을 의미하고 있는 것은 아니다. 완전한 기계적 동작을 기대한다면, 기계시스템으로 인간을 치환하면 된다. 인간의 존재는 사회기술시스템이 목적을 달성하기 위하여 불가결하다. 그리고 인간의 행동에는 가변성이 포함된다. 이 가변성은 즉흥적 행동, 적응, 조정, 효율성-완전성의 역관계, 희생을 수반하는 의사결정, 창조성 등 여러 가지 방식으로 불리지만, 어차피 사전에 명시적으로 기술하는 것은 사실상 불가능에 가깝다. 그러나 이 가변성은 부채가 아니라 자산으로 간주되어야 한다. 필연적으로 시스템은 동작의 상세까지를 기술하는 것은 불가능하기 때문에, 기계론적 의미에서의 제어는 용이하지 않게 된다. 홀나겔은 이와 같은 시스템의 전형적인 예로 원자력발전소, 항공관제 등을 열거하고 있지만, 철도시스템, 대규모화학공장, 병원, 송배전망 등 이것에 해당하는 사례는 무수하게 존재하고 있다.

스 엔지니어링 연구의 선구자에게 공유되어 있는 이해방법은 다음과 같다.

- 인식 1: 사회기술시스템과 그것이 놓여져 있는 환경은 시간불변계는 아니고 항상 변화하고 있다.
- 인식 2: 사회기술시스템에서의 중요한 의사결정은 불완전한 정보밖에 얻을 수 없는 상태인 경우가 보통이다.
- 인식 3: 사회기술시스템에서는 이익, 효율의 추구가 요구된다. 이 요구를 충족하려는 노력은 필요하지만, 그 결과 안전의 여유가 배려되지 않은 채 삭감되는 경우도 많다.
- 인식 4: 안전은 당연히 중요하지만, 단 안전 자체가 시스템 운영의 목적은 아니다. 목적은 변화하는 조건하에서도 운영을 계속할 수 있는 것이다. 그리고 안전의 확보는 시스템 운영을 계속하기 위한 가장 중요한 요건이다.

인식 1은 당연하다고 생각하는 사람도 있을 것이다. 그러나 많은 경우, 대상이 되는 시스템은 시간적으로 불변의 형식을 띠는 모델화를 통해 표현되어 '변화하고 있다'는 것을 적극적으로 인식한 이해방법은 되어 있지 않다.

인식 2는 인식 1의 결과로서 필연적이다. 시스템 및 환경 변화의 많은 것은 불확실성을 포함하는 이상, 완전한 정보를 얻은 후의 문제해결은 불가능하기 때문에, 시몬(Herbert A. Simon)의 표현[3]을 빌리면, 한정된 합리성(bounded rationality) 범위에서 의사결정이 이루어지는 것이 통례이다. 이것은 문제해결의 지침으로서 최적의 해결책(optimal solution)보다는 조건만족 해결책(satisfying solution), 나아가 경우에 따라서는 희생을 수반하는 해결책(sacrificing solution)을 지향해야 한다는 것을 의미하고 있다.

---

3) H. A. Simon, Administrative Behavior, 4th ed., The Free Press, 1997.

인식 3은 안전연구자 사이에서는 공유되고 있다. '안전을 확보하는 작업은 무거운 짐수레를 끌어 비탈길을 오르고 있는 것과 동일해서 힘을 느슨하게 하면 내려가기 시작한다', '조금이라도 어물어물 넘기면 안전의 열화는 시작된다', '비용 삭감이 필요한 상황에서는 경영자는 제일 먼저 안전관리 경비를 삭감하는 경향이 있다', '좋은 안전성적이 계속되면, 안전관리에 관한 인원과 경비는 삭감되는 경향이 있다' 등의 이야기를 듣는 경우가 적지 않다. 안전의 유지·향상에 각별한 노력을 기울이지 않고 현상유지로 좋다고 생각하게 되면, 시스템은 라스무센(Jens Rasmussen)이 지적하는 '위험으로의 표류(drift to danger)'[4]가 시작된다는 시각이 폭넓게 공유되어 있다.

인식 4는 의아하게 생각하는 사람도 적지 않을 것이다. '안전제일'이 아니라 '시스템 운영의 계속을 목적으로 한다'는 주장에 대해서는, 인식 4는 안전을 경시한다는 비판이 있을 수 있다. 그러나 그 비판은 맞지 않는다. 시스템 운영이 계속될 수 없으면 안전의 확보가 무의미해지기 때문에, 인식 4는 안전중시와 모순되는 것은 아니고, 시스템 운영의 계속을 지향하는 것을 통해 합리적인 안전확보가 가능하다는 것을 의미하고 있다. 인식 3과 조합하여 생각하면, 안전성 향상을 위해서는 당면의 이익, 효율에는 불리한 영향이 있어도 필요한 안전상의 조치는 피해서는 안 된다고 하는 지침이 도출된다. 이와 같은 조치를 리질리언스 엔지니어링 분야에서는 '희생을 수반하는 판단(sacrificing judgement)'라고 명명하고, 상황에 따라 그와 같은 판단이 가능한 것의 필요성을 강조하고 있다. 이와 같은 인식 4는 현실을 직시한 관점에 입각한 사회기술시스

---

4) A. Hale and T. Heijer, "Defining Resilience", in E. Hollnagel, D. D. Woods and N. Leveson(eds.), *Resilience Engineering: Concepts and Precepts*, Ashgate, 2006, pp. 35-40.

템 안전실현방안과 밀접하게 관련되어 있다.

다. 일이 잘되어 가는 이유

리질리언스 엔지니어링에서는, 안전을 변화하는 조건하에서 성공하는 능력이라고 정의하고, 시스템이 올바르게 기능하는 것은 사람들이 작업내용을 작업환경에 맞추어 조정하는 것이 가능하기 때문이라고 설명한다. 사람들은 설계상의 불비(不備), 기능상의 결함을 파악하고, 문제를 해결하는 방법을 습득한다. 그리고 실제의 요구를 인식하고, 스스로의 행동을 그것에 맞추어 조정하며, 그리고 조건에 맞출 수 있도록 절차·방법을 해석하고 적용한다. 나아가 뭔가가 잘못되어 가려고 할 때, 사람들은 그것을 검지하고 수정하는 것이 가능하다. 이 때문에, 상황이 심각해지기 전에 개입하는 것이 가능하다. 이것은 행동의 가변성으로 설명할 수 있다. 행동의 가변성이란, 규범·표준으로부터 일탈이라고 하는 나쁜 의미가 아니라, 안전·생산성에 있어 필요한 원활한 조정이라는 좋은 의미이다.

행동의 가변성 또는 행동의 조정은 오늘날의 사회공학적 시스템의 기능에서 필수적인 요건이다. 행동의 가변성은 바람직하고 허용할 수 있는 결과에 작용한다. 따라서 행동의 가변성을 제거하거나 제약하는 것에 의해 허용할 수 없는 결과, 실패를 방지하는 것은 불가능하다. 그 대신에, 어떤 상황에서의 자원, 제약을 명확하게 제시하고, 행동의 결과를 보다 예측하기 쉽게 함으로써, 요구되는 행동의 조정을 촉진하기 위한 노력이 필요하다. 행동의 가변성은 그것이 잘못되어 가고 있다고 생각될 때에는 약화시키는 방향으로, 그리고 그것이 잘되어 가고 있다고 생각될 때는 강화하는 방향으로 관리되어야 한다. 그것을 달성하기 위해서는, 먼저 행동의 가변성을 피할 수 없고 필요하다는 것을 인식하는 한편, 다음으로 감시하고 제어하는 것이 필요하다.

라. 평가지표의 역할

안전과 관련된 모든 조직은 허용할 수 있는 안전레벨에 그 조직이 존재하고 있는지 여부를 판정하기 위한 평가지표를 한 개 이상 가지고 있다. 조직은 안전에 대한 공통된 정의에 따라 '허용할 수 없는 리스크가 존재하지 않는지' 여부를 알고 있을 필요가 있다. 이 평가지표로는 사고의 수·비율, 일정한 기간 중의 부상자 수(또는 사망자 수) 또는 사건 사이의 시간이 이용되는 경우가 많다.

이러한 평가지표는 지금까지 안전이 전혀 관리되지 않은 것은 아니라는 다소의 안심을 줄지는 모르지만, 앞으로 어떻게 안전을 관리할지를 검토할 때에는 거의 쓸모가 없고, 오히려 유해할 수도 있다. 그 이유로서는, 첫째, 재해 또는 중상과 같은 최악의 결과는 그 발생에 우연이라는 큰 요소를 가지고 있다. 둘째, 사건은 그 자체로는 원인과 해결책에 관한 정보를 제공하지 않는다. 셋째, 평가지표가 일정 기간 양호한 성적을 나타내면, 자기만족이 찾아오기 시작한다. 그리고 성공적인 활동기간이 기록에 접근하면, 사람들에게 될 수 있는 대로 중요하지 않은 사건은 보고하지 않고 어떻게든지 '게임에 지는 일'이 없도록 하라는 강한 압력이 있을 수 있다.

무재해기록과 같은 평가지표는 예상된 재해이든 예상되지 않은 재해이든 그것에 대비하는 데 있어서 또는 안전하고 효율적인 성과를 달성하는 수단인 선제적인 프로세스를 관리하는 데 있어서는 거의 또는 전혀 도움이 되지 않는다. 조직을 둘러싼 환경 및 그 조직 자체의 내부 프로세스는 둘 다 다이내믹하기 때문에, 작년(또는 전월 또는 어제)의 안전성적은 기껏해야 오늘 또는 내일의 안전성적이 어떻게 될지를 나타내는 약한 지표에 불과하다.

과정(프로세스)의 측정은 모든 조직의 필수적인 부분이다. "측정하지 않은 것은 관리할 수 없다."는 말은 관리(management)에 관한 오래된 격언이다. 리질리언스 엔지니어링을 발전시킬 때에도 지표의 역할은 매우 중요하지만, 측정의 다른 측면과 비교하여 지체되어 있는 영역이다.

리질리언스가 어떻게 조직의 관리에 적용되는가에 대해 많은 비유가 있지만, 측정과 지표의 맥락에서 유용한 것의 하나로, 그림 11-1에 제시된 고전적 제어이론 모델(the classical control theory model)이 있다. 조직 내의 활동은 '프로세스'라 명명된 사각형으로 표시된다. 이들 프로세스는 (다양한 형태의) 생산, 조정, 재무 등과 같은 조직 내의 주요활동으로 이루어진다. 조직은 물리적 생산, 안전, 경제적 성과 등을 포함하는 여러 가지 출력을 달성한다. 고전적 제어이론 모델에서는 이들 결과는 '프로세스 모델'(Model of the Processes)에 의해 평가된다.

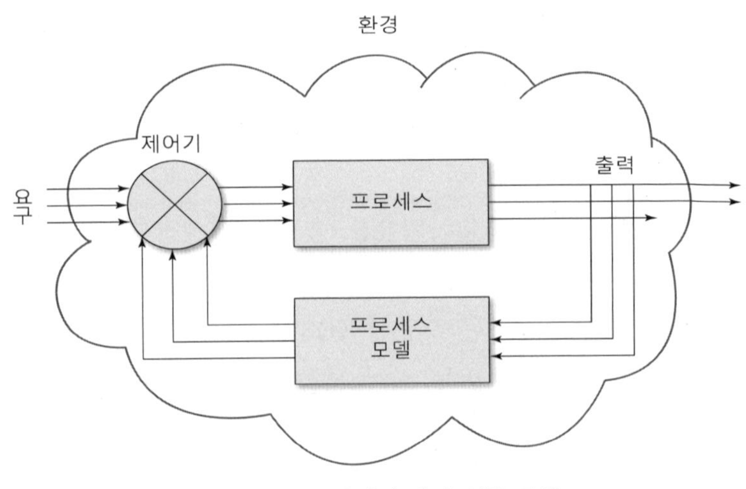

[그림 11-1] 고전적 제어 이론 모델

즉, 제어기를 통해서 요구대로의 프로세스가 되도록 입력이 조정된다. 이 일련의 활동은 어떤 환경(공공단체, 규제당국, 금융·사업환경 등) 속에서 전개된다. 요구는 당해 조직 자체 또는 환경(공공연한 안전목표, 재정적 또는 업무 수요 등)에 의해 설정된다. 그렇게 하여 출력 중 일부는 예컨대 생산품, 재무문제(세금, 대출이자를 포함한다) 등처럼 환경으로 나가는 것이 있는 반면, 일부는 내부에 남는다(문서보존, 잉여금 등).

안전의 관리는 전통적으로 고전적 제어이론 모델을 답습해 왔다. 안전활동, 안전방침의 변화는 사망, 중상, 폭발, 충돌, 기타 중대한 사건과 같은 프로세스의 '안전 출력(결과)'에서 변화가 없으면 일반적으로는 생기지 않는다. 경영진은 프로세스의 '모델'을 이용하여 그 사건을 검토하고, 무언가의 변경(아마도 새로운 안전방침 또는 새로운 안전강화책의 도입)을 행하며, 사업을 계속한다. 예컨대 무재해기록 표지판은, 종업원에게 단순히 출력(결과)을 보다 잘 보이게만 하면, 작업자 안전이 성과라는 것을 그들에게 상기시킴으로써, 프로세스를 변화시킬 것이라는 생각을 반영한 것이다.

리질리언스 엔지니어링은 안전을 포함하지만 이에 한정되지 않는 핵심 프로세스의 관리에서 선제적일 필요성, 그리고 안전, 기타 중요한 성과영역에서 주요한 변화를 예견(그리고 바라건대 미연에 방지)할 필요성을 강조한다. 그림 11-1에서 제시되고 있듯이, 결과에 단순히 의존하는 것으로는 충분하지 않다. 선제적이 되기 위해서는 그림 11-2에서 제시되고 있듯이 보다 많은 정보가 요구된다. 여기(그림 11-2)에서는, 데이터는 프로세스의 결과에서뿐만 아니라, 프로세스에서 모델로의 몇 개 점선에서 제시되고 있듯이 프로세스 도중의 중간활동에서도 수집된다. 이 데이터들을 우리들은 지표라고 부른다. 그 목적은 결과가 현저하게 변화하기 전에 프로세스의 중간단계에서 무엇이 일어나고

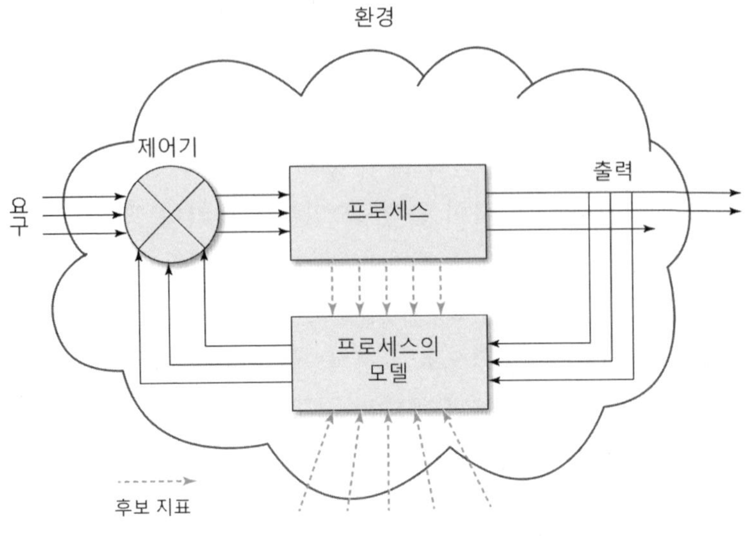

[그림 11-2] 지표가 있는 제어 이론 모델

있는지에 대한 정보를 제공하는 것이고, 그것을 통해 경영진이 부정적인 결과를 미연에 방지하는 조치를 취할 수 있다.

시스템에 영향을 줄 가능성을 가지고 있는 환경변화에 대한 지표를 개발하는 것도 가능하다. 이해하기 쉬운 예는 프로세스에 영향을 줄 가능성이 있는 금융환경의 다가오는 변화(예를 들면, 원재료 비용의 변화, 고객요구의 변화, 금융긴축)를 감지하는 것이다. 환경변화를 예측하고, 그것에 적합하기 위하여 프로세스에 미리 변경을 가해 놓는 것은 모든 조직의 장기적 안전성의 중요한 부분이다.

웨스트럼(Ron Westrum)은 '희미한 징조'를 이용하는 것은 대부분의 경우 리질리언스를 갖춘 조직의 중요한 특성이라고 지적하였다. 희미한 징조란 프로젝트 내에서 발생하기 시작한 문제의 초기 징후 또는 프로세스에서 다가오는 트러블의 암시이다. 하나의 예는, 고객으로부터 일이 어떻게 진행되고 있는지에 대한 질문형 전화의 증가이다. 명확하지 않은 것이 문제가 밝혀진 후에는 종종 초기 경고였던 것으로 인식되게 될 것이다.

Ⅱ. Safety Ⅰ과 Safety Ⅱ

1. Safety Ⅰ

홀나겔은 "안전이란, 바람직하지 않은 사태가 발생하지 않는 것", "안전이란, 허용할 수 없는 리스크가 없는 것"과 같은 종래의 정적(static) 개념, 부정형으로 정의되는 안전을 Safety Ⅰ으로 명명하였다.

Safety Ⅰ은 나쁜 결과가 발생하지 않는 상태를 의미하고, 나쁜 것이 발생하는 것을 피하는 것만을 목표로 한다. 나쁜 결과를 초래하는 원인을 모두 제거하면 안전이 달성된다고 생각한다. Safety Ⅰ을 목표로 하는 안전관리는 재해, 사고, 아차사고 등 일이 원활하게 진행되지 않은 사건(실패)에 주목하고, 그 원인을 찾으며, 그 원인을 제거함으로써 재발을 방지하는 것에 주안점이 두어진다. 이 근저에는 '성공의 원인과 실패의 원인은 다르다'고 보는 '상위원인가설(hypothesis of different causes)'이 있다. 즉, 상위원인가설은 위험한 사건의 원인, 메커니즘은 잘되어 가는 사건의 그것과는 다르다는 가설이다.[5] 잘되어 가지 않는 케이스에 해당하지 않는 경우, 이와 같은 원인의 제거, 메커니즘의 무효화는 일이 올바른 방향으로 갈 확률을 낮추게 될 수도 있다. 즉, 역효과가 발생할 수 있다.

안전은 전통적으로 위험한 결과(사고, 우발적인 사건, 아차사고)가 가능한 한 적은 상태라고 정의되어 왔다. 이것을 Safety Ⅰ이라고 부를 수 있다. 안전관리의 목적은 결과적으로 이와 같은 상태를 달성하여 유지하는 것이다. 이 안전의 정의는 간단하다.

5) 이 가설에 의하면, 허용할 수 없는 결과는 그것에 선행하는 실패, 기능부전이 원인으로 작용하여 발생하고, 반면 허용할 수 있는 결과는 사람을 포함한 모든 것이 기대한 대로 기능하고 있기 때문에 발생한다.

그러나 안전하지 않은 상태, 즉 안전을 달성하지 못하고 있는 경우에 무엇이 일어나는가에 의해 안전이 정의되고 있으므로, 이 정의는 문제를 내포하고 있을 수도 있다. 그리고 이 정의에서 안전은 그 존재가 아니고, 그리고 그 질도 아니며, 안전하지 않은 경우에 발생하는 결과에 의해 간접적으로 평가된다.

Safety I 에서는, 시스템은 원활하게 설계되고 세심한 주의를 기울여 유지관리되고 있으며, 각종의 절차·방법은 완전하고 올바르며, 설계자는 그다지 중요하지 않은 우발적인 사건조차도 미리 예측하고 통찰하는 것이 가능하며, 사람들은 기대된 대로(나아가 교육받거나 훈련받은 대로) 행동하므로, 시스템은 올바르게 기능한다는 것을 암묵적으로 가정하고 있다. 이것은 일이 진행되는 과정에서 준수(compliance)가 중요시되는 것의 불가피성으로 이어진다. 즉 Safety I 접근방법에서는, 실패를 방지하기 위한 규칙(룰)을 정하고, 그것을 준수하도록 하는 것에 힘을 기울인다. 위반을 엄하게 비난하고, 위반자에게 엄벌이 가해지기도 한다. 안전과 생산이 대립개념이 되고, '안전인가 생산인가'라고 하는 1 아니면 0의 선택이 요구되고, 실패한 때에는 '안전보다 생산을 우선시했다'라고 후지혜 또는 사후확신편향(hindsight)으로 비난받는 경향이 있다.

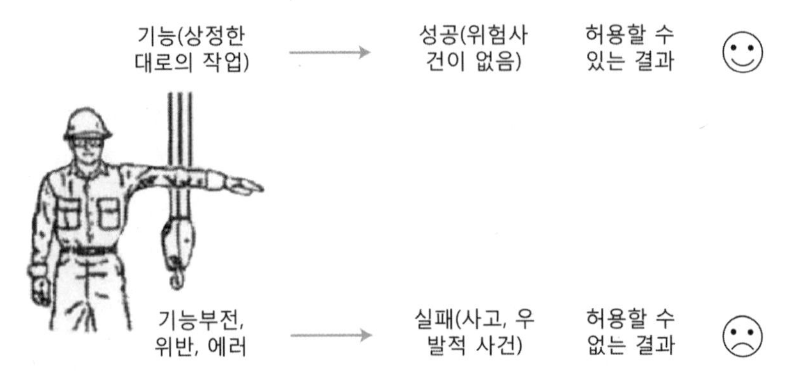

[그림 11-3] Safety I 에서의 실패와 성공의 사고방식

리질리언스 엔지니어링에서는 Safety I 접근방법이 안전을 너무 단순화하고 있다고 생각한다. 리질리언스 엔지니어링은 '상위원인가설'을 채용하지 않고, 그 대신에 일이 잘되어 가는 것과 일이 잘못되어 가는 것은 기본적으로 같은 방법으로 발생한다고 생각한다. 이것은 허용할 수 있는 결과가 어떻게 발생하는지를 먼저 이해하지 않고서는, 허용할 수 없는 결과가 어떻게 발생하는지를 이해할 수 없다는 것을 의미한다.

잘못되어 가는 것에 초점을 맞추는 것은 규제를 하는 자, 경영진 등에 의해 요구되고 있다. 그리고 셀 수 없을 정도의 데이터베이스, 논문, 서적, 학술회의집에 설명되어 있는 모델, 방법론에 의해서도 지지되고 있다. 이것들의 최종결론은 어떻게 해서 일이 잘못되어 가는지에 대한 것과 이와 같은 결과를 피하기 위하여 무엇을 하여야 하는지에 대한 것이다. 그리고 이들 방안은 실패와 기능부전을 발견하고, 원인을 규명하여 원인을 제거하고 장해를 개선하는 것에 노력한다는 것이다. 즉, 이것은 '발견과 수정'으로 알려진 간단한 원리원칙이다.

무엇이 잘되어 갈 때, 예컨대 10,000건 중 9,999건이 성공하는 상황을 생각해 보자. 일이 잘되어 가는 것에 초점을 맞추는 것은 거의 장려되지 않는다. 그것은 규제자, 경영진 등에 의해 요구되는 일도 없고, 인간, 조직적 행동이 어떻게 성공을 거두는지에 관한 이론과 모델은 거의 없다. 실제 데이터를 발견하는 것은 곤란하고, 논문, 서적, 기타 형식의 과학적인 문헌을 발견하는 것도 어려우며, 이것에서 가치를 찾아내는 사람도 거의 없다. 달리 말하면, 왜 일이 잘못되어 가는지를 이해하기 위한 노력에 많은 시간이 투여되어 왔지만, 왜 일이 잘되어 가는지를 이해하기 위한 노력은 거의 이루어져 오지 않았다는 것이다. 우리들은 안전의 존재보다도 안전의 부재(不在)에 대해 주로 생각하고 검토하고 있는 것이다. 이러한 접근방법을 바로 Safety I 이라고 부른다.

2. Safety Ⅱ[6)]

홀나겔은 “시스템이 외란 등에 의해 통상 시의 운영상태를 유지할 수 없는 경우, 성능은 저하되더라도 운영을 계속할 수 있다.”, “파국적인 상태는 회피할 수 있다.”, “상황이 회복되면 신속하게 원래의 상태 또는 그것에 준하는 상태로 복구할 수 있다.” 등과 같은 유연하고 회복력이 우수한(즉 리질리언스를 갖춘) 행동이 가능한 것을 Safety Ⅱ로 명명하였다. 이 설명에서 명백하듯이, Safety Ⅱ는 “○○가 발생하지 않는 것”이 아니라, 외란, 고장 등에의 대처를 포함한 다이내믹한 개념으로 되어 있다.

Safety Ⅱ는 변화하는 상황 속에서 요구되는 성과를 높은 수준으로 유지하는 것, 즉 일이 원활하게 진행되는 것을 보장하는 것이 목표이다. 고도의 사회기술시스템[7)] 속에서 일하는 사람들은 변동하는 환경, 조건, 때로는 사전에 상정할 수 없었던 상황하에서 다양한 시스템 요구(첨단치료, 수지균형, 효율성, 환자만족)를 충족시키기 위하여 매일 노력하고 있다. 그것에는 탄력적인 판단, 정확한 예측, 유연한 대응, 즉 리질리언스가 요구된다. 대개는 일이 원활하게 진척되지만, 때로는 나쁜 결과가 초래되는 경우도 있다. 성공과 실패는 백지 한 장 차이이고 근본은 동일한 것이라고 말할 수도 있다.

Safety Ⅱ를 목표로 하는 안전관리, 즉 리질리언스 엔지니어링에 근거한 안전관리는 드물게 발생하는 실패사례가 아니라 일상의 업무수행의 실태에 주목한다. 다양한 시스템 요구를 모두

---

6) E. Hollnagel, *Safety Ⅰ and Safety Ⅱ: The Past and Futuer of Safety Management*, Ashgate, 2014 참조.

7) 사회기술시스템이란, 생산, 교통, 물류, 정보통신, 전력, 의료 등 사회인프라가 되는 기술시스템을 말한다. 많은 것은 대규모화·복잡화되어 가고 있다. 이 시스템은 시스템 내외에 존재하는 여러 요소에 의해 교란되고 안정을 잃을 가능성에 항상 노출되어 있다.

완전하게는 충족시킬 수 없으므로, 현장에서는 '효율성-완전성의 역관계(ETTO: efficiency-thoroughness trade-off)'하에 있다. 이 속에 바로 '사고의 싹'이 숨어 있다.

Safety Ⅱ의 안전관리는 생산성·효율성의 압력하에 두어진 조직이 탄력적이고 유연한 프로세스를 창조하고, 리스크 모델을 감시·수정하며, 사고의 미연방지를 위하여 자원을 사용할 수 있는 능력을 높이는 방법을 모색한다. 다시 말해서, Safety Ⅱ의 안전관리는 현장제일선이 어떻게 궁리하고, 유연하게 조정을 하며, 안전과 생산의 양립을 도모하는지를 알고, 그 가능성을 신장시키는 한편, 그곳에 잠재하는 리스크를 예견하여 대책을 강구한다. 이와 같이 Safety Ⅱ의 안전관리는 생산성·효율성의 압력하에서 어떻게든 안전을 확보하려고 하는 현장의 노력을 지원하는 것이 된다.

과연 일정수준의 안전을 담보하려면, 매뉴얼은 편리하고 효율적인 수단이다. 그러나 안전은 매뉴얼만으로는 확보되지 않는다. 모든 것을 매뉴얼화하여 매뉴얼을 지키기만 하면 된다고 하는 생각하에서는, 현장제일선이 자신의 머리로 생각하는 것을 하지 않게 되고, 일에 자긍심이 없으며, 의욕을 잃게 되고, 감시가 없는 곳에서는 매뉴얼을 지키지 않으며, 만일의 경우에는 무엇을 하면 좋을지를 스스로 판단할 수 없는 종업원을 만들 것이다.

Safety Ⅱ의 안전관리를 가능하게 하는 리질리언스 엔지니어링의 접근방법의 새로운 점의 하나는, 인간을 시스템의 안전성을 위협하는 요소로만 생각하는 것이 아니라, 본질적으로 위험한 시스템을 어떻게든 변통하여 효율성, 생산성, 비용절감의 압력과도 절충하면서, 안전하게 운영(조업, 치료, 간호, 운행, 운항)하는 존재라고 포착한다. 인간의 능력은 상정 외 사건(예상치 못한 사건)이 일어난 경우 시스템을 안전하게 또는 적어도 피해를 최소한으로 억제하여 사태가 수습되도록 임기응변[8]으로 대응할 때에도 발휘된다.

임기응변으로 대응하였음에도 불구하고 또는 임기응변으로 대응하였기 때문에 나쁜 결과에 이른 경우에 책임이 물어진다면, 사람들은 매뉴얼대로만 일하거나, 스스로 판단하지 않고 무슨 일이든 상사로부터 지시를 구하는 경향에 빠지게 된다.[9]

Safety Ⅱ 상태를 실현하기 위하여 사회기술시스템이 구비하여야 할 요건으로서, 리질리언스 엔지니어링에서는, 앞에서 소개한 대로 네 가지 주요한 능력과 네 가지의 보완적 요건이 제시되고 있다. 이들 능력과 요건을 정확하게 활용함으로써, 이 Safety Ⅱ 개념의 형태로 정의된 안전을 실현하기 위한 구체적 방안으로 이어질 수 있다.

이와 같이 안전개념을 확대하는 것은 종래의 '안전', 즉 Safety Ⅰ을 부정하는 것은 아니라는 점을 유념하여야 한다. 종래의 정적인 안전도 그것을 실현하기 위한 종래의 여러 기법, 예를 들면 설계단계에서의 안전의 반영, 관리시스템의 구축·운영, 절차서의 작성과 준수, 기본조작훈련의 철저, 위험예지활동(훈련)의 실시 등은 모두 중요한 현실적 방안이다. 바꿔 말하면, Safety Ⅰ의 관점에서 개발되어 온 안전성 향상을 위한 여러 기법은 앞으로도 충분히 활용될 필요가 있다. 다만, 이들 활동을 열심히 한 결과, 무재해가 오랫동안 지속되어 예컨대 '무재해가 ○○○일 계속 중'과 같은 표어가 현장에서 과도한 영향력을 미치는 것과 같은 부작용도 발생할 수 있다는 점에 유의해야 한다. 인간, 그 집단이 구성하는 조직은 '현상 긍정

8) 앞에서도 설명한 대로 그때그때 처한 형편에 따라 알맞게 일을 처리한다는 의미이다.

9) 이 문제에 대해서는 데커(Sidney Dekker)가 자신의 저서인 《Just Culture: Restoring Trust and Accountability in Your Organization, 3rd ed., CRC Press, 2017》에서 상세하게 논하고 있다.

형'의 발상에 빠지기 쉬운 존재이기도 하다. '안전이 계속되면 안전 관련 예산, 인원이 삭감된다'는 딜레마는 안전의 세계에서는 거의 상식화되어 있다. 그리고 "이 정도로 철저히 안전을 확보하고 있으니 사망사고와 같은 것은 일어날 리가 없다."고 하는 근거 없는 자기만족이 조직 내에서 공유되어 버릴 가능성도 있다.[10] 2011년 3월 11일 동일본 대지진이 발생하기 이전 몇 년간 쓰나미, 모든 전원 상실에 관한 경고가 몇 번이나 있었음에도 동경전력이 적극적으로 쓰나미, 대형사고에 대한 대책을 수립하지 않고 규제당국도 그것을 묵인하고 있었다고 하는 현실은 이 자기과신의 영향일 가능성이 크다.

통상 시의 운영은 언제까지나 유지될 수는 없는 점, 그럼에도 파국적인 상태는 회피할 수 있는 점을 기본요건으로 하고 있는 Safety Ⅱ에 기반한 안전확보의 관점에 입각한다면, 이와 같은 자기과신에 빠질 가능성은 훨씬 적다. 그리고 미래는 항상 불확실로 가득 차 있다. 오늘날 기술의 고도화·복잡화, 이상기후의 상태화, 국제화의 진전 등이 가져오는 사회의 불안정화는 사회기술시스템 환경에서의 예견 곤란한 요소의 증가를 의미한다.

따라서 사회기술시스템에서는 Safety Ⅰ을 기본으로 한 안전을 달성하는 것만으로는 부족하고, 추가적으로 Safety Ⅱ를 기본으로 한 안전을 추구하는 것이 지속가능하고 합리적인 접근이다.

특히, 강력한 정보기술의 혜택 덕분에 우리들을 둘러싼 사회공학적 시스템은 계속해서 발전하고 보다 복잡하게 되어 가고 있다. 이 때문에 Safey Ⅰ 모델·방법론에 따라 요구되는 '안전한 상태'를 실현하는 것은 점점 어려워지고 있다. Safey Ⅰ의 각종 방법을 한층 무리하게 계속 사용하기보다는, 안전의 정의를 '무언

10) 경험적으로 보면, 대형사고가 발생한 기업 중에는 그전에 오랫동안 눈에 띄는 재해가 발생하지 않았던 경우도 적지 않다.

가 잘못되어 가는 것을 피한다'에서 '모든 것이 잘되어 가는 것을 보장한다'로 변경하는 것이 필요하다. 보다 정확하게 표현하면, 허용할 수 있는 결과(이것은 매일의 활동이라고 말할 수도 있다)의 수를 가능한 한 늘릴 수 있도록, 가변적인 상황하에서 성공하는 능력을 신장시키는 것에 주력하는 접근이 필요하다. 이것을 Safety II 라고 부른다. 안전의 기초, 안전관리는 오늘날에 이르러서는 왜 일이 잘되어 가는지를 이해하는 것이 되고 있다. 이것은 일상적인 활동을 이해하는 것을 의미한다.

결과에 관계없이, 기본적으로 모든 것은 동일한 방식으로 일어나고 있으므로, 일이 잘못되어 가는 것(사고·재해, 우발적인 사건)과 일이 잘되어 가는 것(일상적인 작업)에 서로 다른 원인, 메커니즘을 생각하는 것은 더 이상 필요하지 않다. 안전관리의 목적은 후자(일이 잘되어 가는 것)를 보장하는 것이다. 그리고 그렇게 하는 것에 의해 전자(일이 잘못되어 가는 것)를 감소시키는 것이다. 따라서 Safety I 과 Safety II 는 둘 다 바람직하지 않은 결과를 감소시키는 것으로 이어진다. 그러나 그것들은 근본적으로 다른 접근방법을 취하고 있고, 생산성, 질은 물론 어떻게 프로세스가 관리되고 평가되는지에 중대한 영향을 미친다.

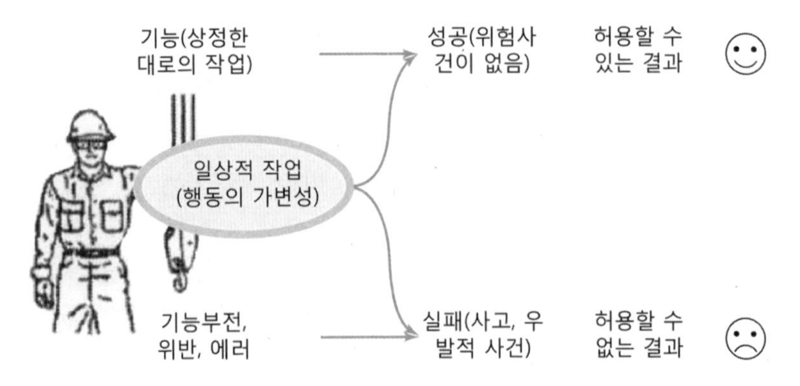

[그림 11-4] Safety II 에서의 실패와 성공의 사고방식

Safety Ⅱ의 접근방법에 따르면, 안전관리의 목적은 가능한 많은 것이 잘되어 가는 것과 매일의(일상적인) 작업이 소기의 목적을 달성하는 것을 보장하는 것이다. 즉, Safety Ⅱ에서는 안전관리의 목적을 일이 잘못되어 가는 것을 방지하는 것(보호적 안전: protective safety)에서 일이 잘되어 가도록 노력하는 것(생산적 안전: productive safety)으로 변경하는 것이다. 이것은 무언가에 반응하는 것만으로는 달성할 수 없다. 왜냐하면 반응이란, 발생한 것을 수정할 뿐이기 때문이다. 그래서는 안 되고, 안전관리는 선

[표 11-1] Safety Ⅰ과 Safety Ⅱ의 비교[11]

분 류	Safety Ⅰ	Safety Ⅱ
안전의 정의	잘못되어 가는 일이 가능한 한 거의 없는 것이다.	잘되어 가는 일이 가능한 한 많은 것이다.
안전관리의 원칙	사후대응적이고, 어떤 일이 발생하거나 허용할 수 없는 리스크로 범주화되면 대응한다.	사전대책적이고, 발전과 사건을 예견하기 위해 끊임없이 노력한다.
사고의 설명	재해는 실패와 기능부전에 의해 발생한다. 사고조사의 목적은 원인과 기여요인을 파악하는 것이다.	일은 결과에 관계없이 기본적으로 동일한 방법으로 발생한다. 사고조사의 목적은 이따금 일이 잘못되어 가는 방법을 설명하기 위한 기초로서 통상적으로는 일이 잘되어 가는 방법을 이해하는 것이다.
인적 요인에 대한 태도	인간은 주로 골칫거리 또는 위험요인이다.	인간은 시스템 유연성과 리질리언스를 위한 필요자원으로 간주된다.
행동 변동의 역할	유해하고 가능한 한 방지되어야 한다.	피할 수 없지만 유용하기도 하다. 모니터링되고 관리되어야 한다.

11) E. Hollnagel, *Safety Ⅰ and Safety Ⅱ: The Past and Futuer of Safety Management*, Ashgate, 2014, p. 147.

제적(사전대책적)이어야 한다. 이것을 기능하게 하려면, 무엇이 일어날 수 있는지를 예견하고 무언가의 대책을 강구하기 위하여 적절한 수단(사람과 자원)을 확보하고 있을 필요가 있다. 이를 위해서는, 어떤 시스템이 운영되고 있는지를 이해하고, 환경이 어떻게 발전하고 변해 가는지를 이해하며, 각종의 기능이 어떤 식으로 상호의존하고 서로 영향을 미치는지를 이해할 필요가 있다. 이 이해는 개별적인 일의 원인을 탐구하기보다는 복수의 일이 걸쳐 있는 패턴·관계를 탐구하는 것으로 심화되어 간다. 이와 같은 패턴을 발견하고 이해하기 위해서는, 모든 자원을 장해로부터 복구하는 데 사용할 것이 아니라, 무엇이 일어나고 있는지를 예견하고 감지하는 데에도 시간과 자원을 투자하는 것이 필요하다.

3. Safety Ⅱ의 안전에 대한 투자관

매우 드물게 발생할 수도 있지만 발생하지 않을 수도 있는 큰 외란, 큰 변동에 대비하여 안전을 위한 적지 않은 투자를 하는 행위에 대해 생각해 보자. 여기에서 말하는 투자는 금전적인 내용뿐만 아니라, 리질리언스 엔지니어링이 중시하는 학습활동, 토론, 커뮤니케이션 등의 활동도 포함하는 폭넓은 내용을 의미한다.

종래의 Safety Ⅰ에 기반한 안전관에서는 무엇도 일어나지 않는 것이 바람직한 것이라고(암묵적으로) 가정하고 있다. 이 때문에 이와 같은 투자행동에는 보험료를 납부하고도 재해(상해)가 발생하지 않으면 보험료의 환불을 받지 못하는 보험과 유사한 것으로 이해되는 경우가 많아 저항이 생기기 쉽다. 반면, Safety Ⅱ에 기반한 안전관에 따라 생각하면, 목적은 운영의 계속이기 때문에, 그 가능성을 높이는 투자는 가령 큰 외란, 큰 변동이 발생하지 않아도 정당성을 주장할 수 있다. 이 사정에 대해 홀나겔은 표 11-2, 표 11-3과 같은 의사결정 행렬의 형태로 결과를 요약하여 제시하고 있다.

[표 11-2] Safety I 을 기본으로 한 의사결정 행렬

		결과(사건)와 그 결과의 평가	
		큰 외란 발생 ○	큰 외란 발생 ×
선택지	리스크 저감 투자 ○	투자는 정당	투자는 헛된 비용
	리스크 저감 투자 ×	오판단, 불운	합리적인 비용 절감

[표 11-3] Safety II 를 기본으로 한 의사결정 행렬

		결과(사건)와 그 결과의 평가	
		큰 외란 발생 ○	큰 외란 발생 ×
선택지	업무수행 향상용 투자 ○	투자는 정당	매일의 업무수행 향상
	업무수행 향상용 투자 ×	오판단, 불운	업무수행 종래대로

이 의사결정 행렬에서는 투자판단을 한 후 일정기간(예컨대, 6개월 또는 1년) 경과한 단계에서 투자를 한 경우와 하지 않은 경우, 큰 외란이 있었던 경우와 없었던 경우에 대해 2×2 매트릭스의 형태로 결과를 정리하고 있다. 단, Safety I 의 접근방법에서는 투자는 장래의 리스크의 저감을 목표로 한 것인 반면, Safety II 의 접근방법에서는 투자는 운영계속능력, 즉 업무수행(performance)의 향상을 위한 것이라는 위상 부여가 이루어지게 된다.

사고로 이어지는 큰 외란(또는 큰 변동)이 발생한 경우에는, Safety I 접근방법과 Safety II 접근방법 간에 차이는 없다. 투자

를 하고 있으면 그 투자는 정당화되고, 하고 있지 않으면 잘못된 판단을 했다(또는 불운이었다)는 평가가 이루어지기 쉽다. 그러나 큰 외란이 발생하지 않은 경우, Safety I 의 접근방법에서는 헛된 비용으로 간주되고 투자하지 않은 쪽의 판단이 합리적이었다고 사후적으로 평가하게 된다.

현실문제로서 투자판단에 관한 평가를 행하는 대상기간은 수개월에서 수년이기 때문에, 매우 드물게 발생하는 큰 외란은 그 대상기간에는 발생하지 않을 가능성이 높다. 따라서 Safety I 의 접근방법을 취하는 한, 리스크 저감투자가 소극적으로 되는 편향(bias)이 발생할 가능성이 높다는 것은 쉽게 예상할 수 있다. 그러나 Safety II 의 접근방법을 취하면, 동일한 투자이고 그와 같은 외란이 발생하지 않은 경우라도 매일의 업무수행은 향상되고 있는 것이고, 확실히 투자를 하는 판단은 긍정적으로 평가받게 된다. 이와 같이 조직의 안전중시방침을 활성화하는 의미에서라도 Safety II 의 접근방법에는 효용이 기대된다.

이와 같이 Safety II 를 목표로 하는(즉, 리질리언스 엔지니어링에 기초한) 안전관리는 Safety I 을 목표로 하는(즉, 종래의 사후대응적 또는 재발방지형) 안전관리에 비하여 보다 '선제적'이다. Safety II 의 취지와 특성이 이러할 진대, 이것은 안전문화와 궤를 같이 한다고 볼 수 있다.

제 12 장

안전문화의 평가 및 평가지표

Ⅰ. 안전문화의 평가

Ⅱ. 안전문화의 평가지표

I. 안전문화의 평가

안전문화의 전체상을 보는 것은 불가능하므로, 안전문화의 상태를 직접 평가(측정)하는 것은 불가능하다. 따라서 안전문화 자체를 직접 평가하는 방법으로 실용화된 것은 필자가 아는 한 발견되지 않는다. 간접적으로 평가하는 방법은 있지만, 보편화된 것이라고 말할 수 있는 단계는 아니다. 시행착오를 통해 개선하면서 사용하고 있는 것이 엄연한 현실일 것이다. 여기에서는 안전문화 평가의 의의와 실천적인 부분에 대해 설명하고자 한다.

1. 안전문화 평가의 의의

오늘날 대부분의 관리감독자는 자신들이 안전에 대해 의무가 있다는 것을 알고 있고, 자신들이 무엇을 해야 하는지도 알고 있다. 그러나 그들은 그것을 좀처럼 행하지 않는다. 왜? 그들은 대개 책임을 지지 않기 때문이다. 다시 말하면, 그들은 안전에서 사실상 평가되지 않는다![1)]

조직이 마련하거나 제정한 것을 측정할 수 없다면 결과책임(accountability)은 존재하지 않는 것이나 마찬가지이다. 누군가가 책임지도록 하려면, 그들이 자신들 업무의 역할과 기능을 정확하게 수행하고 있는지를 알아야 한다. 그 성과를 파악하기 위해서는 그들의 실적을 평가해야 한다. 평가 없이는 책임은 공허하고 의미 없으며 실행할 수 없는 개념이 된다.

많은 관리자들이 의도하는 평가와 안전활동에 그것(의도하는 평가)을 적용하는 방법을 이해하지 못하여, 평가는 안전에

1) D. Petersen, *Safety by Objectives: What Gets Measured and Rewarded Gets Done*, 2nd ed., Van Nostrand Reinhold, 1996, p. 5 참조.

서 수년 동안 파멸의 주요한 원인으로 작용하여 왔다.

미국의 안전관리 전문가인 피터슨(Dan Petersen)에 따르면, "라인관리자에게는 평가하는 것이 동기부여하는 것이다." 이 주장은 20년 전에는 다소 터무니없게 들렸을지도 모르지만, 피터슨은 그것이 최소한 라인조직의 안전성과의 관점에서는 심오한 진실을 표현하고 있다고 주장한다. 관리자들은 '조직의 수장(boss)'에 의해 사용되는 평가에 반응한다. 그들은 수장이 어떤 업무가 평가할 만한 가치가 있다고 생각할 경우에만 그것을 중요하다고 인식한다. 이것은 어느 조직에서든 일반적이다.[2]

모든 라인관리자(line manager)는 경영자 측이 '평가'하고 있는 영역에서 성과를 올리기 마련이다. 이 평가에서 '결과책임(accountability)'의 개념이 중요하다. 라인관리자들은 결과책임을 질 때에 정해진 사전책임 = 실행책임(responsibility, 의무)을 받아들이는 경향이 있다. 그들이 결과책임을 지지 않으면 대부분의 경우 정해진 사전책임(의무)을 받아들이지 않는 경향이 있다. 그들은 경영자 측이 평가하고 있는 것들(생산, 품질, 비용 또는 현 경영진 측의 압력이 있는 것은 어느 것이든)에 대해 노력을 기울일 것이다.[3]

아마도 요구되는 평가를 창출할 능력의 결여는 훌륭한 안전성과가 부족한 것에 대한 하나의 이유가 될 것이다. 관리자들의 안전성과에 대한 좋은 척도를 개발하는 데 많은 시간을 투자하지 않은 것이 라인조직으로부터 훌륭한 안전성과를 얻어내지 못하는 것을 설명해 줄 수 있다.[4]

---

2) J. E. Roughton and J. J. Mercurio, *Developing an Effective Culture*, Butterworth-Heinemann, 2002, pp. 155-157.

3) D. Petersen, *Safety by Objectives: What Gets Measured and Rewarded Gets Done*, 2nd ed., Van Nostrand Reinhold, 1996, p. 9.

4) Ibid., p. 43.

2. 안전문화의 평가에 이용하는 기법

안전문화에 관련된 평가를 실시하는 경우에 사용되는 기법은 다음과 같다. 어느 하나의 조직에 대한 평가라 하더라도, 하나의 기법만을 사용하지 않고 복수의 기법을 조합하여 평가하는 것이 일반적이다. 각 조직에서는 여기에 제시된 기법 외에도 다양한 궁리를 통해 시행착오를 겪는 일이 있더라도 새로운 기법을 발견하는 노력을 계속적으로 실시해 나갈 필요가 있다.

가. 설문조사/인터뷰

정기적으로 설문조사, 인터뷰를 실시하는 것은 가장 일반적인 기법이다. 일반적이기 때문에 쉽게 생각하는 경향이 있지만, 설문조사, 인터뷰의 기법은 쉽지 않고, 전문적인 지식을 가진 자가 실시하지 않으면, 활동을 잘못된 방향으로 유도할 가능성이 있으므로 주의할 필요가 있다.

먼저, 설문조사, 인터뷰는 응하는 측에 상당한 부담감이 생긴다. 부담감은 불만으로 연결된다. 부담감, 불만을 가진 상태에서 실시하면 안이한 회답으로 흘러 버려 "어느 쪽도 아니다."라든가 "모른다."와 같은 애매한 회답이 증가하여, 평가의 의미를 퇴색시킨다. 다음으로, 실시하는 측과 응하는 측에 신뢰가 없으면 안 된다. 무엇을 위하여 실시하고, 그 결과가 어떻게 사용되고, 어떤 효과가 있을지를 정확히 설명하고 이해를 얻는 것이 필요하다. 응하는 측에 자신들의 안전문화의 상태를 알고 싶다는 절실한 생각이 있으면 회답의 유효성은 높아진다.

설문조사는 연속성과 시의성이라는 두 가지 문제가 있다. 전회와 동일한 설문을 가지고 개선되고 있는가, 변하지 않고 있는가, 나빠지고 있는가라는 방향을 알기 위하여 연속성은 중요하다. 본래 안전문화에서는 절대적(수치적)인 평가가 어렵기 때문에, 연속성이 있는 설문 쪽이 평가하기 쉽고 결과의 납득감도 높다. 그러나 연속성을 너무 생각하면 설문조사의 개선에 소극적이 되거나 문제점을 시의성 있게 발굴하거나 하는 것이 어려워지고, 설문조사 결과의 수치가 어떤 곳에서 멈춰 버리는 일도 생긴다. 어느 정도의 연속성을 가지면서, 시의성도 고려한 설문을 만드는 방법을 궁리할 필요가 있다.

설문의 수도 중요하다. 설문의 수가 많아지면 회답의 신뢰성은 떨어진다. 즉, 100문이나 되면 부담감도 크고 엉터리 회답도 증가한다. 가능하면 20~30문, 많아도 50문 정도가 한도일 것이다. 처음부터 끝까지 동일한 회답을 한 것, 회답시간이 현저하게 짧은 것 등은 부적절한 회답으로서 통계에서 제외할 필요가 있다.

결과의 평가도 의외로 어렵다. 일반적으로 안전에 관한 문제해결의 진전은 다음과 같은 과정을 거치는 경우가 많다. 이 과정의 어딘가에서 단절되면 문제해결에까지 이르지 못하게 되는 것이다.

개인에 의한 문제인식 → 조직에 대한 불만 → 개인적인 해결책의 모색 → 조직적 인식 → 조직적 대응 → 문제해결

설문조사에서 부정적인 의견이 적은 것은, 실제로 좋은 상태이어서 그런 경우도 있지만, 문제가 있는데 개인적으로 인식조차 되어 있지 않아 그런 경우도 있다. 또는 개개인은 인식하고 있지만, 해결을 포기하고 있는(무력감) 상태도 가능성으로 존재한다. 즉, 설문조사에서는 보통의 상태로 보이는 상태가 실제로는 양극단일 수 있는 것이다. 안전문화의 평가에서 가장 중요한 것이 이와 같은 '숨겨져 있는 문제점'을 찾아내는 것이기도 하다.

설문조사에서는 선택식과 기술식을 조합하는 것이 유효하다.

설문조사와 인터뷰의 조합도 그와 같은 과제의 발굴에는 효과적이다. 즉, 의견을 기술하는 란도 두는 것이 좋다. 애써 기술하였다는 것은 상당히 강한 의견이라고 보아야 하고 단순한 한 사람의 의견으로 처리해서는 안 된다. 단 한 명의 의견이라 하더라도 동일한 생각을 하고 있는 자는 수십 명이나 있을 수 있다.

부정적인 의견이 제시되는 경우에도 그 상태가 조직에 대한 불만으로 끝나고 있는지, 개인적으로 해결책을 모색하고 있는지, 조직 차원에서 인식되고 있는지, 조직 차원에서 대책을 검토·실시하고 있는지, 즉 부정적인 결과의 이면에 긍정적인 의견이 있는지 여부에 따라 평가결과가 달라져야 한다. 이 점도 유의해야 한다.

설문조사로 올바른 평가결과를 얻으려면 회답에 편차가 없도록 주의할 필요가 있다. 회답자의 성명의 익명성, 회답결과의 개시·공유, 회답결과를 책망하지 않는 직장풍토의 확립, 설문조사의 내용(회답의 용이성, 의미의 명확성, 질문의 적절성, 회답에 요하는 시간 등)을 충분히 음미한다.

한편, 인터뷰는 설문조사와 조합하여 실시하면 효과적이다. 설문조사 결과 중에서 특정의 문제점, 의문점이 있는 경우, 그것을 보다 심층적으로 검토하기 위하여 인터뷰를 실시하는 것이 바람직하다. 인터뷰는 시간이 걸리므로 초점을 좁혀 실시하여야 한다. 인터뷰 후에 더욱 초점을 좁혀 설문조사를 실시하는 것도 평가에 효과적이다.

나. 평가지표

안전문화의 상태, 열화 징후를 간접적으로 평가(측정)하기 위한 지표를 설정하여 트렌드를 감시하기 위하여 사용할 필요가 있다.

안전문화의 평가지표에서 주의해야 할 점은 하나의 결과에 두 가지로 해석될 수 있는 경우가 많다는 점이다. 예를 들면, '보고받은 부적합(또는 휴먼에러)의 수'를 지표로 하는 경우, 이 수치의 증가에는 다음의 해석을 생각할 수 있다.

- 안전의 상태가 열화되고 있다: 안전문화('안전의식'이라는 관점)의 열화
- 부적합을 적극적으로 보고하게 되었다: '안전문화('실패로부터 배운다'는 관점)의 향상

즉, 안전문화의 어떤 요소로 생각하는가에 따라 보는 방법이 180도 달라져 버리는 것이다. 부적합 보고 수는 안전문화의 향상에 의해 먼저 증가하는 경향이 일정 기간 계속되고, 일정 기간이 지나고 나서 비로소 감소하기 시작하는 것이 일반적인 경향이다.

안전문화의 지표는 복수의 해석이 가능하기 때문에, 단독 지표로는 평가할 수 없는 경우가 많다. 즉, 하나의 지표만으로 안전문화를 평가하는 것은 부정확하고 위험할 수 있다. 따라서 여러 가지 평가지표를 조합하여 평가하는 것이 바람직하다.[5)]

이하에 평가지표의 예를 열거한다.

- 법령 위반건수
- 부적합·트러블건수
- 부적합·트러블 처치율(1주일 후, 1개월 후), 처치에 걸린 일수
- 부적합·트러블의 발견에서 보고까지의 시간
- 아차사고보고건수
- 부적합·트러블에 대한 예방조치율
- 휴먼에러에 의한 부적합 발생건수

5) 평가지표의 특성과 평가지표 선정 시 고려할 사항에 대해서는 뒤에서 별도로 설명한다.

- 룰준수 의식, 모럴 부족에 의한 부적합·트러블건수
- 절차서 등의 불비에 의한 부적합·트러블건수
- 커뮤니케이션 부족에 의한 부적합·트러블건수
- 책임·역할분담 불명확에 의한 부적합·트러블건수
- 지식·기능부족에 의한 부적합·트러블건수
- 심리적 스트레스에 의한 부적합·트러블건수
- 산업재해 발생건수, 발생률
- 토론활동 참가율
- 안전최우선, 규정준수에 관한 경영진의 메시지횟수
- 경영진과의 의견교환 개최횟수, 의견교환회의에서의 의견 대응수
- 간부에 의한 현장 패트롤횟수
- 부문 간 커뮤니케이션 활동실적
- 협력사와의 대화실시 상황, 의견반영 상황
- 중요문서 개선횟수
- 표창건수
- 위험성평가 실시건수
- 개선제안 제출건수
- 교육훈련시간, 교육훈련 이해도
- 교육훈련 취소율
- 법정자격 취득건수
- 변경처리의 처치효율

다. 부적합 평가

일정한 레벨 이상의 부적합에서 안전문화에 관련되는 문제점이 있는지를 평가하고 그 트렌드를 보는 방법이 있다. 부적합의 평가는 안전보건부서에서 통일적으로 실시하는 방법과 여러 부

서에서 선발된 사람들이 참가하는 회의체 등에서 평가하는 방법이 있다.

부적합의 원인에 조직적인 요인이 있는지 여부와 있다고 하면 어떤 요소인지에 대해서도 파악할 필요가 있다. 그리고 설정한 안전문화 요소마다 1년 정도의 건수를 집계하여 정해진 기준건수를 초과하면, 그 요소에 대해 열화의 가능성이 있다는 평가를 한다.

라. 관찰

관찰은 활동의 실시상황을 파악하여 문제점을 추출하는 방법의 하나이다. 관리감독자가 업무의 수행상황을 파악하는 방법으로도 활용되고 있다. 2종류의 관찰을 생각할 수 있다. 하나는 통상업무의 관찰이다. 그 결과로부터 안전문화에 관련된 문제점을 추출하여 평가한다. 또 하나는 안전문화 조성활동의 관찰이다. 안전문화 조성활동을 실시하고 있는 장(場)에 제3자가 입회하여 활동상황을 체크하는 것으로 활동의 평가에 활용할 수 있다. 이 경우 평가의 관점, 체크항목을 미리 정해 두는 것이 바람직하다. 이하에서는 관리감독자에 의한 관찰을 상세하게 살펴보기로 한다.

관찰은 관리감독자에 의한 현장을 관찰하는 활동이다. 관리감독자, 특히 관리자가 부하, 협력사(수탁기관)의 업무수행상황을 파악하는 것은 보고서 등의 문서에 의한 경우도 적지 않다. 그러나 보고서에 포함되어 있는 정보는 적고, 경우에 따라서는 허위로 기재되어 있는 경우도 있다. 보고서를 보는 것만으로는 실제로 업무가 요구사항을 만족하고 있는지 여부를 판정하는 것이 곤란하고, 업무수행상의 부적합, 개선사항이 있어도 보고서에 기재되어 있지 않으면 알기 어렵다.

따라서 관리감독자가 스스로 현장에 발품을 팔아 업무의 수행

상황을 관찰하는 것이 필요하다. 어디까지나 관찰이므로 명백한 위험이 있는 경우 이외는 지시 형식의 발언은 하지 않는 것이 바람직하다. 때로는 하나의 작업을 처음부터 끝까지 계속하여 관찰하는 것도 필요하다.

관찰할 때는 해당 업무에 대한 요구사항뿐만 아니라 관리감독자로서 무엇을 기대하고 있는가라는 기대사항을 미리 설정하여 임하는 것도 바람직하다. 이와 같은 기대사항을 간결하게 표시한 체크시트(check sheet)를 이용하면 관찰의 품질을 용이하게 확보할 수 있다.

물론 시간적 제약이 있으므로 관리감독자에 따라서는 자신이 관여하고 있는 업무를 매일 모두 다 볼 수는 없을 것이다. 그렇다고 하면, 부하, 수탁기관은 관찰을 하고 있을 때만 안전한 행동을 하고 관리감독자가 없을 때에는 안전한 행동을 철저하게 하지 않을 수 있다는 걱정이 들기도 한다. 따라서 매일은 아니더라도 자신이 관여하고 모든 업무를 관찰 대상으로 하여야 한다.

관리직은 관찰결과를 명확히 하고, 문제점, 개선해야 할 점이 있으면 부적합의 시정조치의 프로세스 등 공식 루트에 올릴 필요가 있다. 이것도 안전문화 개선의 중요한 계기와 수단이 될 수 있다.

관찰에는 의외의 상승효과도 있다. 현장에서 일하고 있는 사람들과의 커뮤니케이션이 원활하게 된다는 점, 현장에서 일하는 사람들의 의욕도 향상되는 점 등이 그것이다. 작업자들은 처음에는 감시되고 있다는 느낌에 싫어할 수도 있지만, 감시가 목적이 아니라 안전의 향상, 직장환경의 개선 등으로 연결된다는 것을 알게 되면 긍정적인 반응을 하게 될 것이다.

예전에 듀폰사의 관리자에게 "월에 몇 회 관찰을 합니까?"라고 물어보았을 때 그로부터 "매일 하고 있다."는 대답이 돌아와 놀란 적이 있다. 높은 안전문화 수준을 가지고 있는 회사에서는 관찰이 그만큼 일상적으로 이루어져 관리감독자의 주요한 업무로 자리매김되어 있다.

3. 안전문화의 간접적 평가

안전문화를 직접 평가하는 것은 불가능하지만, 안전문화의 주요한 부분을 차지하는 '기본이 되는 전제·상정'이 반영된 행동, 성과물을 통하여 안전문화의 상태를 간접적으로 평가하는 것은 가능하다고 생각된다. 단, 행동, 성과물에는 외부환경의 영향도 많이 반영되고 있다. 이것을 완전하게 배제하는 것은 무리이지만, 외부환경에 큰 변화가 없으면 트렌드를 보는 것을 통해 평가할 수 있다.

안전문화를 간접적으로 평가하는 경우, 안전문화 조성의 (세부)요소, 목적, 기대사항에 대한 달성상황을 평가하는 것이 일반적이다. 안전문화의 상태는 단기간에 크게 변화하는 것은 아니기 때문에 연 1회 정도 평가하는 것으로 충분하다.

하나의 요소에 대하여 복수의 기법으로 평가하는 것이 좋다. 예를 들면, '항상 묻는 자세' 요소에 대해서는, 설문조사/인터뷰의 결과, 수치지표의 값과 트렌드, 관련 부적합 수의 추이, 근본원인분석(RCA)의 결과 등이다. 설문조사, 수치지표에 대해서는 2종류의 평가가 가능하다. 하나는 전회의 결과와 비교하여 상향되고 있는지 여부를 평가하는 방법(트렌드 평가), 즉 '전회보다 좋아지고 있다/변화가 없다/나빠지고 있다'는 평가이다. 또 하나는 각각의 질문, 지표에 대하여 달성해야 할 목표를 설정하고 그것에 도달하고 있는지를 평가하는 방법이다.

4. 안전문화의 열화 징후의 파악

안전문화상태의 열화 징후의 파악에서 중요한 것은 어느 정도 단기적(수개월)인 체크와 조기의 파악이다. 연 1회 정도 실시하는 설문조사/인터뷰는 오히려 보완적인 평가라고 이해하고, 수치지표, 부적합 평가의 단기적 트렌드로 평가하는 것이 바람직하다. 그리고 열화 징후의 파악 레벨을 낮은 곳에 설정하고 조기에 대응하는 것이 바람직하다.

열화 징후의 파악도 요소마다 실시하고 복수의 기법으로 평가하는 것이 바람직하다. 일례로서, 수치지표의 트렌드를 3개월마다 감시하여 저하가 어느 레벨에 도달하면 경보를 발한다. 그리고 부적합 평가를 3개월마다 집계하여 건수가 어느 레벨에 도달하면 경보를 발한다. 두 개의 경보가 양쪽 다 발해지면 열화 징후가 실제 있는 것으로 보아 대책을 강구해야 한다.[6)]

5. 안전문화 조성활동의 평가

안전문화 그 자체의 평가, 열화 징후의 파악은 안전문화가 보이지 않는 것이기 때문에 매우 어렵고 간접적으로 눈으로 보이는 것부터 평가하는 수밖에 없다. 안전문화 조성활동은 활동 그 자체가 보이는 대상이기 때문에 비교적 용이하다고 생각할 수도 있다. 그러나 특정 안전문화 조성활동이 안전문화의 개선에 어느 정도 공헌하였는가라는 관점에서의 객관적인 평가는 쉽지 않다. 여기에는 두 가지의 원인이 있다.

첫 번째는 안전문화가 얼마만큼 개선되었는가라는 점은 눈에 보이지 않으므로 평가가 곤란하다는 점이다. 두 번째는 안전문화

6) S. Kurata, et al., "Detection of the Symptoms of Weakening Safety Culture(ICONE20-POWER2012-54767)", ASME, 2012, pp. 181-189.

가 개선되었다고 하더라도 복수의 안전문화 조성활동이 동시에 병행적으로 실시되고 있기 때문에 어떤 활동이 어느 정도의 효과가 있었는지를 파악하는 것이 곤란하다는 점이다.

이러한 한계가 있지만 현재까지 다양한 평가방법이 개발되어 운용되고 있다. 설문조사/인터뷰, 수치지표, 부적합 평가, 관찰, 근본원인분석(RCA) 등이 그것이다.

안전문화 조성활동의 평가에서는 미리 평가방법을 정해두는 것이 바람직하다. '토론활동의 실시횟수·참가인수'와 같이 수치적인 지표를 설정할 수 있으면 좋겠지만, 활동에 따라서는 수치지표의 설정이 곤란한 경우가 있다. 설문조사의 결과를 이용하는 것도 유효하지만, 활동마다 설문조사를 실시하면 설문의 수가 많아지고, 회답자에게 필요 이상의 부담을 주기 때문에 주의해야 한다. 설문조사에서는 각자가 어느 정도 유용하다고 생각하고 있는가 하는 '유용도'와 어느 정도 참가하고 있는가 하는 '참가도'를 평가하여 활동을 계속해야 하는지, 강화해야 하는지, 그만두어야 하는지를 결정하는 방법도 있다.

어쨌든 안전문화 조성활동의 효과가 나타나기 위해서는 시간이 걸리는 경우가 많고, 효과가 잘 나타나지 않는다고 하여 단시간에 그만두어 버리는 것은 그다지 좋은 선택이 아니다.

6. 안전문화의 종합평가

안전문화의 종합평가는 요소마다 상술한 복수의 간접적 평가, 열화 징후의 유무, 활동의 평가를 종합적으로 판단하여 실시하는 것이 바람직하다. 하나하나의 평가가 모두 신뢰도가 높지는 않을 수 있으므로, 예를 들면 4개의 기법 중 모두가 좋으면 '청색', 하나가 나쁘면 '황색', 두 개가 나쁘면 '분홍색', 3개 이상이 나쁘면 '적색'과 같이 색깔 구분을 하여 어떤 요소를 중점적으로 강화해 가야 하는지를 판단하는 것도 하나의 방법이다.

그리고 제3자에 의한 안전문화의 평가를 정기적으로 실시하고, 자기평가와 비교하여 평가하는 것이 바람직하다. 안전문화에 관한 사항을 제3자가 평가하는 '제3자 평가'의 목적의 하나는 '자기평가'의 적절성을 체크하는 것이다. 자기평가는 형식적이 되거나 독선적이 되거나 할 우려가 있다. 특히 경영진은 좋은 결과를 원하는 경향이 있어, 평가자가 그것을 감안할 위험도 있다. 그것 자체가 안전문화의 열화이지만, 조직 내에 있으면 의외로 깨닫지 못하는 경우도 많다.

자신들의 조직은 안전문화가 잘 조성되어 있다고 생각하고 있지만, 제3자의 눈에는 그렇게 보이지 않는 경우도 있다. 특히 안전문화에 대한 이해가 부족하고 안전문화 조성활동을 단지 실시하는 것에 중점이 두어져 있는 경우, 즉 활동을 실시하는 것이 목적화되어 있는 경우에는 활동을 확실히 실시하고 있으므로 안전문화가 웬만큼 되어 있다고 오해하는 경향이 있다. 따라서 안전문화의 객관적인 상태는 제3자가 보다 정확하게 파악할 수 있다.

그리고 조직 안과 조직 밖의 시각이 전혀 다를 수도 있다. 동일한 조직, 직장에 있으면 어떻게 하더라도 사고방식과 생각하는 범위가 비슷해지기 마련이다. 폭넓게 검토해야 할 점을 "이것은 무리다."라든가 "이것은 실태에 맞지 않는다."라는 고정관념으로 폭을 좁히고, 그리고 상사에게 이런 것을 말하면 빈축을 사는 분위기이거나 문제시해서는 안 된다는 금기가 부지불식간에 형성되어 있을 가능성이 높다. 이것을 타파하려면 조직 외의 자에게 의뢰할 수밖에 없는 경우가 있다.

단, 안전문화가 단기간에 크게 변하는 경우는 적으므로, 직원의 부담을 고려하여 제3자 평가는 2~3년에 1회 정도가 바람직하다.

Ⅱ. 안전문화의 평가지표

1. 평가지표의 특성

프로세스의 평가는 모든 조직의 필수적인 부분이다. "평가할 수 없는 것은 경영(관리)할 수 없다."라는 말은 오래된 경영 격언이다. 안전을 발전시키는 데 있어 지표의 역할이 중요하지만, 안전지표는 다른 평가 분야에 비하여 충분히 개발되어 있지 않은 영역이다.[7)]

안전지표란 안전의 기본적 모델(들)에서 중요하다고 확인된 사항을 측정하는 대안(proxy measure)이다.[8)] 이러한 성격의 지표를 선정할 때의 가이드로서 지표의 바람직한 특성의 일람을 제안한 연구가 있는데,[9)] 선호되는 지표는 다음과 같은 특성을 가지고 있다(우선순위가 높은 순으로).

- 객관성: 관찰 가능하고 조작할 수 없는 정보원에 기반하고 있다.
- 정량적: 측정 가능하고 성과(performance)에서 변화가 있을 때 확인할 수 있다.
- 이용가능성: 기존의 데이터에서 입수할 수 있다.
- 이해가 용이하고, 가치가 있는 목표를 제시하며, 안면 타당도(face validity)[10)]가 있음: 지표가 확립되면 그 자체가

7) E. Hollnagel, J. Paries, D. D Woods and J. Wreathall(eds.), *Resilience Engineering in Practice: A Guidebook*, Ashgate, 2011, p. 62.

8) J. Wreathall, "Leading, Lagging? Whatever!", *Safety Science*, 47(4), 2009, pp. 493-494.

9) A. Jones & J. Wreathall, "Leading indicators of human performance – the story so far", *6th Annual Human Performance/Root Cause/Trending Conference,* 2000.

10) 검사문항이 당해 검사가 측정하고자 하는 바를 충실하게 측정하고 있다고 피검사자의 입장에서 보는 정도.

목표로 추구된다. 지표가 그것 자체로 무언가 가치 있는 것을 나타내면, 그것을 추구하는 것은 조직의 성과를 지원하게 된다.

- 다른 프로그램과의 관련성 및 양립성: 오늘날의 모든 기업에는 데이터가 아주 많다. 기존 활동에 추가의 데이터 생성 프로그램을 덧붙이는 것은 대체로 바람직하지 않다.

어떤 프로세스를 관리하려고 하면 3가지 조건이 필수적이다. 첫째, 현재의 상황(상태) 또는 위치를 아는 것이다. 둘째, 목적이 무엇인지를 아는 것, 즉 미래의 상황 또는 위치가 어떠해야 하는가, 어느 쪽의 방향으로 이동해야 하는가를 아는 것이다. 셋째, 어떻게 변화를 초래할 것인지를 아는 것, 특히 방향, 정도, 속도 등을 아는 것이다. 환언하면, 특정의 변화를 일으키기 위한 방안을 아는 것이 필요하다. 이들 3가지 조건은 리질리언스의 효과적인 관리를 위해서도 모두 필요하다.

3가지 조건 중 첫 번째 조건인 현재의 상황 또는 위치를 알기 위해서는 적절한 평가(측정)지표[평가(측정)법]를 발견할 필요가 있다. 평가지표는 다음과 같은 중요한 이슈를 포함하고 있다.[11)]

- 평가지표의 값은 정량적이든 정성적이든 간명한 방법으로 표현될 수 있는가?
- 평가지표는 명확하게 정의할 수 있고, 신뢰성이 있으며 타당한 것인가?
- 평가지표는 객관적, 즉 그 해석은 규범에 의해 정해지는가? 또는 주관적, 즉 그 해석은 그것을 행하는 사람에 의존하는가?

11) E. Hollnagel, J. Paries, D. D. Woods and J. Wreathall(eds.), *Resilience Engineering in Practice: A Guidebook*, Ashgate, 2011, p. 280.

- 평가지표는 변화에 대해 충분한 높은 감도를 가지고 있는가? 즉 변화의 효과는 적절한 시간범위 내에 검출할 수 있는가?
- 평가지표는 후행형, 현재형, 선행형 어느 것인가? 즉, 이 지표는 과거의 상태, 현재의 상태를 나타내는가? 또는 미래 또는 진전을 나타내는 것으로 해석될 수 있는가?
- 평가지표는 운영상황이 미치는 범위 내의 구체적인 조치를 위한 근거로서 이용될 수 있는가?
- 평가지표는 사용하기 용이한가(저렴한가)? 아니면 사용하기 어려운가(비싼가)?

평가지표의 예[12)]

1. 선행지표

- 법적 및 기타 요구사항에의 적합성 평가
- 제거된 위험원 수의 평가
- 아차사고 사례의 효과적인 활용
- 작업장 안전순찰·점검결과의 효과적인 활용
- 산업안전보건목표의 달성 및 이를 위한 조치의 이행
- 산업안전보건교육훈련의 효과성 평가
- 산업안전보건 행동을 바탕으로 한 관찰
- 산업안전보건문화 및 관련 종업원 만족도를 평가하기 위한 의식조사
- 내·외부 감사결과의 효과적인 활용
- 법령에서 요구되는 검사(점거) 및 기타 검사(점검)의 예정대로의 완료

12) ISO 45002 : 2023(Occupational health and safety management systems - General guidelines for the implementation of ISO 45001 : 2018) 9.1.1 a) 3).

• 계획이 이행된 정도
• 취업자 참가 프로세스의 효과성
• 건강진단의 활용
• 노출 모델링 및 모니터링
• 산업안전보건 우수사례의 벤치마킹
• 위험성평가

2. 후행지표

• 나쁜 건강(ill health) 모니터링
• 사고 및 나쁜 건강의 발생 및 발생률
• 휴업 사고 발생률
• 휴업 나쁜 건강 발생률
• 규제당국에 의한 평가의 후속조치
• 이해관계자로부터 접수된 코멘트의 후속조치

2. 평가지표 선정 시 고려사항

안전의 평가(측정)지표가 종래부터 바람직하지 않은 결과에 주목하여 온 것은 납득할 수 있는 것이다. 바람직하지 않은 사건은 어떤 시스템에서도 피하고 싶은 것이기 때문이다. 그리고 바람직하지 않은 사건이 직접적인 영향(인명, 소유물, 금전 등의 손실)의 관점과 간접적인 영향(기능, 생산성의 혼란, 복구조작의 필요, 설계변경 등)의 관점 둘 다에서 자연스럽게 관심의 대상이 되기도 한다.

따라서 안전이 그와 같은 바람직하지 않은 사건이 발생하지 않는 것으로 정의된다면, 결과적으로 안전수준은 그와 같은 바람직하지 않은 사건의 상대적인 발생에 의해 측정된다(실제로 안전의 정의는 많은 경우 일정한 측정을 하는 능력에서 도출된다).

일례로서 석유산업분야에서 채용되고 있는 안전·보건·환경 분야 평가지표에서 상위의 5가지를 생각해 보자.

- 사망자 수
- 기록 대상 부상자 발생률(total recordable injury frequency: TRIF)
- (1,000,000시간당) 휴업 부상자 발생률(lost-time injury frequency: LTIF)
- 중대 HSE 사고 발생률(serious HSE incident frequency)
- 석유 누출(accidental oil spill)(건수와 양)

이들 지표는 적절한 객관성을 가지고, 정량화가 용이하며, 기존의 시스템에 비용이 드는 변경을 하는 것 없이 이용할 수 있다는 공통점이 있다. 이들 지표는 신뢰할 만하기도 하지만, 안전의 지표로서 타당한지 여부에 대해서는 의문이 있을 수 있다(타당성을 확인하는 다른 방법은 각 지표들이 안전에 대한 어떤 정의를 내포하고 있는지를 묻는 것이다). 이것들은 모두 후행지표(lagging indicator)이고, 변화를 관리하는 데보다는 효과를 얼마간 후에 확인할 때에 보다 유용할 수 있다. 이들 지표는 프로세스가 아니라 결과를 보여주기 때문에, 운영상황 범위 내의 조치에 대해서는 유용한 기초를 제공한다.

이와 같은 방법은 다른 산업분야에서도 발견된다. 예를 들면, 의료분야에서 환자의 안전에 관하여 OECD는 '수술 중 및 수술 후의 합병증', '감시 대상이 되는 이상사건', '병원 내 감염', '출산 관련 문제점', '기타 의료 관련 부적절한 사건' 등에 대한 지표를 제안하고 있다. 즉, 첫 번째 그룹에 관한 지표는 다음과 같다.

- 마취합병증
- 수술 후 고관절 골절
- 수술 후 폐색전증 또는 심부정맥혈전증

- 수술 후 패혈증
- 수술절차상의 기술적 곤란

해양안전지표에 대해서도 동일한 코멘트가 성립한다. 의료안전지표는 모두 명확하게 정의된 사건을 의미하고 있다. 여기에서 문제인 것은, 각 범주에 얼마나 많은 사건들이 있는지를 산출하더라도, 그 자체만으로는 안전수준이 어느 정도인지에 대해 많은 것을 전해 주지 못한다는 것이다.

마지막 실례는 유럽의 산업안전 기술플랫폼을 위한 작업프로그램에서 찾을 수 있다. 2020년까지 유럽의 산업에 '사고 제거문화'라고 명명된 새로운 안전패러다임을 이행하는 것이 이 그룹의 목적이다. 이 프로그램에서는 안전이 성공적인 비즈니스의 핵심요소 및 비즈니스 성과의 본질적인 요소로서 강조되어 있다. 목적은 다음에 제시하는 4가지 범주의 결과치의 감소를 통해 산업안전 성과의 뚜렷한 개선을 입증하는 것이다.

- 보고 대상 업무상 재해
- 직업병
- 환경사고
- 재해 관련 생산손실

유럽의 산업안전에 관한 기술플랫폼은 2가지의 마일스톤(milestone)을 정하고 있다. 그 하나는 2020년까지 재해를 25% 감소시키는 것이고, 또 하나는 이 프로그램이 2020년까지 재해감소가 매년 5% 이상의 비율로 지속되도록 적절해야 한다는 것이다. 이 마일스톤은 매우 구체적이고 검증할 수 있다는 장점을 가지고 있지만, 흔하게 이용되는 안전지표들에서의 주요한 문제점을 시사하고 있기도 하다. 즉, 이들 안전지표는 안전수준이 낮은 초기단계에서는 아주 잘 작동하지만, 안전수준이 좋아지게 되면 잘 기능하지 않는다. 그 이유는 간단하다. 안전보건 프로그램의 운영 초기에서와 같이 보고되는 재해건수가 많으면, 부정적인 결과(사건)의 수가 감소되는 것을 용이하게 확인할 수 있을 것이다. 그러나 프로그램이 성공적으로 운영되면(안전수준이 향상되면), 평가(측정) 대상이 되는 보고건수가 매우 적어질 것이다. 이 사정은 그림 12-1과 같이 도식화될 수 있다[초기에 일정한 수준의 노력(ΔE)에 의해 얻어지는 효과 Δ_1은 나중에 동일한 수준의 노력(ΔE)에 의해 얻어지는 효과 Δ_2보다 훨씬 크다].

제어 또는 관리의 관점에서 결과치(측정치)가 감소해 가는 것은 문제이다. 적정한 측정치를 얻을 수 없게 되는 것은 피드백의 소멸로 이어지고, 그 결과 프로세스를 관리할 수 없게 되는 것을 의미하기 때문이다. 이에 대한 논리적 귀결은 상황이 개선(안전보건수준이 향상)됨에 따라 감소하는 측정치(예:

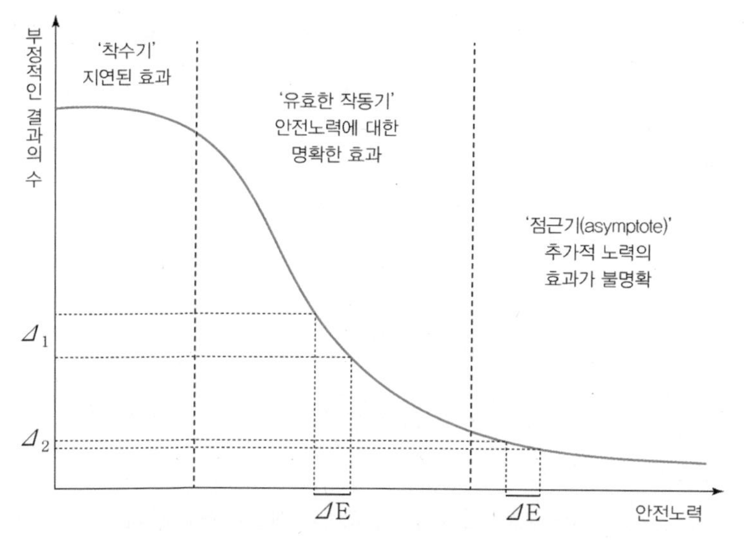

안전이 일정 수준 이상인 시스템에서는 종전과 동일한 노력량을 투입해도 부정적인 결과의 평가가 곤란해진다.

[그림 12-1] 안전의 기초(근거)를 부정적 결과 평가에 두는 것의 딜레마

재해건수)가 아니라 증가하는 측정치(예: 아차사고보고건수)를 찾는 것이다.[13]

3. 평가지표의 유형과 바람직한 모습

가. 평가지표의 유형

전술한 바와 같이 오늘날 안전실적(성적) 지표는 크게 두 가지 유형이 광범위하게 사용되고 있다. 한 유형은 결과와 관련되고, 다른 또 하나의 유형은 활동 및 프로세스·절차 준수와 연관된다.

- 유형 1: 결과 지향 지표는 개인적 및 조직적 기여를 포함한 측정 가능한 결과를 파악한다.
- 유형 2: 실행 지향 지표는 조치의 충실도, 방법, 자원 및 접근법의 업무에의 적용 시 준수도를 측정한다.

유형 1 지표들이 가장 일반적으로 사용되지만, 유형 2 지표들 또한 사용되고 안전을 포함한 일정한 영역에서는 중요한 역할을 한다. 두 가지 유형의 지표는 '목표'와 '수단'을 다룬다.[14]

나. 평가지표의 바람직한 모습

안전실적 지표들은 안전 상황을 정기적으로 체크하기 위하여 이용된다. 안전문화를 조성하기 위해서는 적절한 안전실적 지표를 만들어 올바르게 활용하는 것이 매우 중요하다.

---

13) Ibid., pp. 280-283.

14) IAEA, Safety culture in nuclear installations - Guidance for use in the enhancement of safety culture(IAEA-TECDOC-1329), 2002, p. 46.

전통적으로 많은 조직들은 재해와 안전관련사건의 수를 기록한다. 이 지표들은 유용한 정보를 제공하지만, 소극적(사후적)인 성격을 가지고 있다. 소극적 지표(사후지표)는 사고·재해를 일으켜서는 안 된다는 압박이 되어 사고·재해를 보고하지 않고 숨기고 싶다는 유혹으로 이어질 수도 있다. 많은 조직들은 이러한 전통적인 소극적 지표를 보완하기 위하여 보다 적극적(사전적)인 성격의 지표를 이용한다. 적극적 지표(사전지표)는 안전의 맥락에서 안전을 향상시키고 사고를 방지하기 위하여 무엇이(양), 어떻게(질) 실시되고 있는지를 평가한다. 적극적 지표(사전지표)의 예는 다음과 같다.

① 일정기간에 이행된 안전개선제안의 비율
② 일정기간에 실시된 상급관리자에 의한 안전점검의 수
③ 일정기간에 실시된 안전교육훈련에 참가한 직원들의 수
④ 안전감사 제언 중 일정기간에 이행된 수
⑤ 일정기간에 보고된 아차사고의 수 및 질
⑥ 일정기간에 제·개정된 (안전)작업절차의 수 및 질
⑦ 일정기간에 실시된 위험성평가의 질

위 목록은 종합적(망라적)인 것이 아니라 예시적인 것에 불과하다. 적극적 지표들의 가치는 그것이 안전을 향상시키려는 사람들의 노력을 인정하기 위한 수단으로서의 역할을 한다는 점이다. 인정은 계속적인 개선을 촉진하는 강력한 원동력이다. 안전실적 트렌드는 모든 종업원들이 진전 상황을 알 수 있도록 그들에게 전달되어야 한다.[15]

---

15) Ibid., pp. 43-44.

제 13 장

안전문화 조성방안

Ⅰ. 안전문화 조성의 추진방향

Ⅱ. 안전문화 조성을 위한 실천방안

Ⅲ. 안전문화 조성을 위한 관리감독자의 자세

Ⅰ. 안전문화 조성의 추진방향

안전문화 조성을 위해서는 무엇보다 먼저 조직의 최고경영자가 안전문화 수준을 높이겠다는 강한 의지(각오)를 가져야 한다. 그리고 그 의지를 자신의 언어로 표현하는 것이 중요하다. 최고경영자의 의지표명은 모든 종업원에 대해 이루어지는 것이므로 최고경영자의 얼굴이 보이는 방식으로 하는 것이 효과적이다. 가능하면 모든 종업원에 대하여 최고경영자가 직접 설명하는 기회를 만드는 것이 바람직하다. 자신의 언어로 말하는 것에 의해 최고경영자의 각오를 알 수 있다.

최고경영자의 의지표명은 일반적인 내용(망라적)일 필요는 없다. 사고, 불상사가 발생한 후이면 그것을 언급하면서 어떤 조직으로 하고 싶은지를 말하는 것이 좋다. 개인적인 취향일 수 있지만, 요란스러운 수식어를 너무 많이 사용하지 않는 것이 바람직하다. 언어의 유희에 빠져서는 안 된다.

예를 들면, 최고경영자의 선언으로 "안전을 확보하는 것은 나의 사명, 우리 회사의 사명"과 같은 방침을 내걸고, "안전을 무엇보다 우선하겠다.", "안전을 위하여 적극적으로 자원을 투입하겠다.", "안전을 위하여 보수관리를 계속적으로 실시하고, 제조사, 협력사와의 협력체제를 구축하겠다.", "안전 노력을 정기적으로 평가하고 그 결과를 널리 알리겠다."를 제시하는 것이 필요하다.

항공업계에서 높은 안전문화 수준으로 유명한 콴타스항공(Qantas Airways)[1]은 "Safety comes before schedule."(스케줄보다 안전이 우선), "Better late than never."(도착하지 않는 것보

1) 항공사 안전순위 평가기관인 '에어라인 레이팅스'(AR)는 매년 세계 405개 항공사의 안전을 평가하여 가장 안전한 항공사를 발표하는데, 콴타스항공은 지난 2014년 이후 6년째 세계에서 가장 안전한 항공사로 선정되었다.

다 늦는 것이 낫다)이다.

이와 같은 표어적으로 기억하기 쉬운 단어를 끼워 넣어 꾸미면서, 자신은 조직을 어떻게 하고 싶은지, 개개인에 대하여 안전을 위해 요구되는 바람직한 자세와 행동은 무엇인지를 호소하는 것이 좋다.

여기에서 유의해야 할 점은 안전문화의 조성은 최고경영자에 의한 슬로건으로 끝나서는 안 된다는 점이다. 최고경영자의 의사를 현장이 이해하고 흡수하는 것에 의해 행동으로 연결되어 나타내고, 그 행동이 규범이 되고 문화로 승화하며, 그 문화가 최고경영자의 생각과 행동에 긍정적인 영향을 미치는, 상명하달(top down)과 하의상달(bottom up)의 쌍방향의 커뮤니케이션이 기능하여야 한다. 그것에 의해 안전문화의 상승적 순환(spiral up)이 가능하게 된다.

1. 정의를 하다

안전문화 조성활동을 실시하려면 안전문화를 정의해 둘 필요가 있다. 안전문화에 대한 이해가 없으면, 안전문화 조성활동의 목적도 목표도 설정할 방법이 없게 된다. 그리고 안전문화의 정의 이전에 무릇 자신들이 지향하는 '안전'이란 무엇인가의 정의가 필요하다. 예를 들면, 원자력의 경우 가장 중요한 안전은 산업안전도 환경안전도 아닌 원자력안전이다. 그런데 단순히 '안전문화'라는 말을 사용하면, 그 안전은 구성원들에게 가장 가까운 산업안전이라고 생각되는 경우가 적지 않다. 다소 길지만 '원자력안전문화'라는 말을 사용하는 것도 하나의 방법이다.

예를 들면 원자력안전이란, "원자로의 노심이 용해하는 것과 같은 중대사고를 방지하는 것, 중대사고가 발생하더라도 격납용기에서 방사성물질이 방출되는 것을 방지하는 것" 등이다. 철도의 경우는 예를 들면 “탈선사고, 충돌사고를 방지하는 것, 그와 같은 사고가 발생하더라도 승객을 지키는 것, 플랫폼에서 선로로 떨어지는 것을 방지하는 것” 등이다. 안전은 절대적인 것은 아니므로, 가능한 한 전단 부정(○○을 방지한다. 그럼에도 ○○는 발생할 수 있다고 생각하고 추가적인 대책을 취한다) 방식을 도입하는 것이 좋다.

안전이 정의되면, 다음은 안전문화를 정의하는 것이 필요하다. 그 경우 가장 잘 알려져 있는 IAEA의 정의를 사용하는 것이 좋지만, 너무 일반적이고 구체성이 결여되어 있다. 가능한 한, 조직이 속하는 특수한 상황을 고려하는 것이 바람직하다.

2. 요소를 설정한다

안전문화 조성활동을 실시하는 데 있어 안전에 관련되는 구성원들이 안전문화에 대하여 공통적인 이미지를 가질 필요가 있다. 여기에서 이미지라고 말하고 있는 것은 일반종업원에게 있어 눈에 보이지 않는 안전문화라는 것을 이해하는 것이 적잖이 어렵다는 사정에 의한다. 따라서 안전문화에 의해 영향을 받는 행동, 태도와 같은 것으로 치환하여 이해를 촉진할 필요가 있다. 이를 위해 안전문화에 대한 공통적인 이미지로서 안전문화의 요소라는 표현을 사용할 필요가 있다.

안전문화의 요소는 안전문화 조성활동을 계획하고, 실시하고 평가하는 데 있어 기본이 되는 것이고, 모든 종업원이 이해하지 않으면 안 된다. 이 때문에 내용이 알기 쉽고 기억하기 쉬운 것이어야 한다.

요소를 설정하는 경우 어디까지 구체화할지 골치를 앓게 된다. 구체화를 하게 되면 이미지는 알기 쉽게 되지만, 문장이 길어져 기억하기 어렵게 되는 단점이 있다.

3. 목표를 설정한다

조직 내의 모든 종업원이 평상시의 업무 중에 높은 안전문화 상태에서 업무를 실시하기 위해서는 어떤 행동, 태도가 높은 안전문화를 나타내는 것인지(지침이 되는 것)를 명심할 필요가 있다. 업무를 실시하는 데 있어, 상사로부터 "높은 안전문화를 실시하자."라는 지시를 받아도 구체적으로 무엇을 하면 좋을지 알 수 없는 경우가 많다. 지시는 구체적이어야 한다. 예를 들면 "무언가 의문을 느끼면 보고·연락·상담을 하도록"이라든가 "경보가 울리면 중단하고 운전원에게 연락하도록"과 같은 식이다.

높은 안전문화를 보이는 행동, 태도가 안전문화 조성활동의 목표가 될 것이다. 공통목표를 가짐으로써 안전문화 조성활동을 더욱 구체적으로 계획하고 이행하며 평가하는 것이 가능하게 된다. 전술한 안전문화의 요소를 목표로 할 수 있는데, 목표는 가급적 구체적으로 기술하는 것이 안전문화 조성활동을 용이하게 한다.

4. 의지표명과 피드백

안전문화를 조성하기 위해서는 먼저 눈에 보이는 부분인 '규범'을 변화시켜야 한다. 이를 위해 최고경영자 외에 많은 경영진이 '안전제일'의 의지표명을 하는 한편 '기대사항'을 구체적으로 제시하는 것이 필요하다.

다음으로 관리직이 경영진의 방침과 기대사항을 이해하고, 자신의 부서에서의 기대사항을 제시한다. 관리직이 부하에게 제시하는 기대사항은 경영진의 기대사항을 토대로 더욱 구체화한 것이어야 한다. 기대사항을 제시할 뿐만 아니라 그것을 달성하기 위한 구체적 방안을 계획하고 실시하여야 한다.

각각의 종업원은 관리직이 계획한 내용에 기초하여 활동을 실시한다. 이때 중요한 것은 종업원으로부터의 피드백이다.

안전문화는 각각의 활동 속에 반영되어 실천되어야 한다. 현장에서 일하는 자들은 현장에서 어떻게 행동하는 것이 안전문화 조성에 바람직한지를 생각하고 실행하며, 활동결과를 주위사람들과 서로 협의하고 평가한다. 그리고 활동결과를 상사에게 보고하고, 상사는 그 내용을 음미하고 기대사항에 반영하여야 할 것이 있으면 반영해 간다. 이와 같은 하의상달(bottom up)의 나선(spiral)이 돌아가는 것에 의해 경영진의 방침, 기대사항이 현장의 상황, 수요에 합치하는 것이 되고, 현장은 스스로의 경험, 의견이 반영됨으로써 이를 실천하고 개선하려는 의욕이 강해진다.

상명하달(top down)과 하의상달(bottom up)을 균형 있게 기능하게 하기 위해서는 무언가의 방법을 생각하는 것이 바람직하다.

상명하달에 대해서는, 전술한 바와 같이 최고경영자의 얼굴이 보이고 각오를 알 수 있도록 하는 수단을 강구한다. 먼저, 최고경영자 스스로가 전원에 대하여 자신의 말로 이야기하는 것, 한 번만으로는 안 되고 기회 있을 때마다 정기적으로 기회를 만들어 반복하는 것이 중요하다. 다음으로, 최고경영자의 얼굴사진과 함께 그 결의를 포스터화하여 직장에 게시하는 것, 카드로 만들어 전 종업원에게 배부하는 것이 효과적이다.

관리직도 부하에 대하여 적극적으로 이야기하는 것이 필요하다. 최고경영자의 앵무새가 아니라 '자신의 언어'로 바꾸어 이야기하는 것이 필요하다. 그리고 동일한 레벨의 관리직끼리 논의하는 기회도 적극적으로 만드는 것이 바람직하다.

bottom up에 대해서는 현장감독자를 안전문화의 현장 구현자로 지정하고 소집단에서의 의견발굴·집약활동을 적극적으로 추진할 필요가 있다. 감독자는 부서를 하나의 방향으로 견인하는 것이 아니라, 구성원 모두와 자주 이야기하고 커뮤니케이션을 원활하게 하여 불평·불만, 제안을 해결해 나가야 한다. 접수된 불평·불만, 제안은 반드시 조직 내에서 공유하고 당사자에게 피드백하는 것이 필요하다. 이를 통해 개인과 조직의 신뢰가 구축될 수 있다.

5. 계획의 수립

안전문화 조성활동의 계획을 수립할 때에는 활동의 목적, 활동내용, 평가의 관점 및 방법을 명확히 할 필요가 있다.

안전문화 조성활동의 성과가 오르는 데는 시간이 필요한 경우가 많다. 따라서 예컨대 1년 정도 실시하여 성과가 없다고 하여 그만두거나 면밀한 평가 없이 변경하거나 하는 것은 바람직하지 않다. 형해화를 방지하고 활동을 개선해 가기 위해서는 목적의 명확화와 평가의 중요성을 잊지 않아야 한다. 활동에 따라서는 계속하는 것이야말로 중요한 것도 있는데, 이러한 활동은 보다 형해화되기 쉽고 수동적인 반응으로 연결될 수 있다. 정기적으로 평가하고 개선하는 것이 필요하다.

일반업무에서는 수립한 계획에 따라 실시하면 성과에 이르는 것이 보통이고, 성과를 거둘 수 있는 계획을 만드는 것이 중요하다. 그러나 안전문화는 조금 다르다. 계획에 유연성이 필요하다. 최초부터 상세하고 엄밀한 계획을 만들면, 그 계획에 억지로 끌려 다니고 효과가 미약한 활동을 마지못해 계속하는 상황에 빠지기 쉽다. 활동을 추진하면서 참가자의 의견을 잘 듣고 좋은 제안이 있으면 적극적으로 채용하여 활동을 활성화해 가는 것이 필요하다. 안전문화 조성활동은 아이디어가 승부를 가르는 점이 있다. 많은 자의 의견을 듣고 좋은 아이디어를 채용하는 한편, 이것을 발전시켜 효과적인 활동으로 해 나간다는 창조적인 프로세스라고 할 수 있다.

구체적으로 계획을 수립하는 경우의 추진방법은 목표의 수립

→ 목표를 향한 활동내용의 설정 → 평가방법의 결정이 된다.

목표로부터 활동을 생각하는 것은 일반적인 방법이다. 예를 들면, "최고경영자의 안전방침을 종업원 전원이 이해하도록 한다."는 목표에 대해 "최고경영자가 정기적으로 각 사업장을 방문하여 안전방침에 대하여 이야기한다."라는 활동을 계획하는 것이 이것에 해당한다.

평가는 목표에 대하여 얼마만큼 달성하였는가라는 것을 확인하는 것이 목적이다. 그러나 안전문화 조성이라는 목표에서는 달성도를 평가하는 것이 쉽지 않다. 이 때문에 '활동의 평가'와 '활동결과(성과)의 평가'라는 2단 구조로 하는 것이 바람직하다.

'활동의 평가'란 예를 들면 '위험예지훈련을 주 1회 실시한다'고 하는 목표에 대하여 평가하는 것이다. 1년 모두 실시하였다면 실시율 100% 또는 본래 참가해야 하는 사람수에 대한 실제의 참가율로 평가할 수도 있다. 그러나 이것으로는 실제로 효과적인 훈련이 이루어졌는지 어떤지 알 수 없다. 그래서 다음으로 생각하는 것이 위험예지훈련 참가자에게 설문조사를 실시하여 만족도, 유효도를 평가하는 것이다. 이것도 '활동의 평가'의 하나이다.

'활동결과의 평가'는 본래 그 활동에 의해 안전문화(의 요소)가 얼마만큼 개선되었는지를 평가하여야 하지만, 이것은 쉽지 않으므로, 그 활동의 목표에 대하여 얼마만큼 효과가 있었는지를 평가하게 된다. 활동의 목표는 행동, 의식이기 때문에, '행동이 얼마만큼 개선되었는가', '의식이 얼마만큼 변하였는가'를 평가한다. 이것은 설문조사뿐만 아니라 관찰의 결과, 관련된 부적합, 트러블의 수를 확인하는 것으로도 평가할 수 있다.

설문조사는 이 같은 평가에 가장 일반적으로 사용되는데, 목표에 대하여 어떻게 생각하는지를 평가에 사용하기 위해서는 질문내용을 상당히 궁리할 필요가 있다. 목표에 대하여 직접적으로 묻는 질문으로는 좀처럼 진실된 답변이 나오지 않으므로, 복수의 사항을 조합하여 우회적으로 질문하는 것이 실태를 파악하는 데 효과적이다.

설문조사에서는 2가지의 관점으로 확인하는 것이 바람직하다. 하나는 전회(前回)로부터 좋아졌는지 나빠졌는지의 방향을 확인하는 방법이다. 또 하나는 설문마다 어느 정도의 긍정적인 회답이 얻어지고 있는지의 레벨을 설정하여 평가하는 것이다. 이들 2가지의 관점을 조합함으로써 개선 여부와 달성도를 측정하는 것이 가능하다.

6. 활동사례

이하에서는 안전문화 조성활동의 사례를 제시한다. 안전문화 조성활동은 어떤 조직에서 원활하게 작동하였다고 하여 다른 조직에서도 원활하게 작동한다고는 말할 수 없다. 자신들의 문화를 이해하고 어떤 활동이 효과적인지를 스스로 잘 검토하여 실행하여야 한다.

가. 토론

안전문화에 관한 트러블사례, 회복사례 등에 대해 소수의 인원으로 논의하고 안전문화상의 문제점, 양호사례를 파악·공유함으로써 각자의 행동에 반영시킬 힌트를 준다. 논의는 하나의 그룹 단위로 실시해도 좋지만, 권위 기울기가 심하면 아래로부터의 의견이 나오기 어렵고, 상사, 베테랑이 일방적으로 이야기할 가능성이 크다.

필요한 경우 조직횡단적 논의를 실시하는 것도 효과적이다. 가급적 동일한 레벨의 직위의 구성원을 모아 주제를 정하여 논의한다. 부서에 따라 미묘하게 문화가 다른 경우도 있고, 그것을 실감하는 것도 유의미하다. 이 방법은 자칫하면 불만을 말하는 장이 되기 쉬우므로 주의가 필요하다. 대응이 필요한 문제점에 대해서는 진지하게 대응하고 본인에게 피드백하는 것이 중요하다.

논의를 진행하는 자에게는 스킬이 필요하다. 교육, 강연을 받게 하는 것이 좋다. 매너리즘화, 형해화를 방지하기 위해서는 사례를 풍부하게 준비하는 것, 다른 부서에서의 실시내용을 소개하는 등의 대책이 효과적이다.

나. 강연회

안전문화 분야의 전문가에 의한 강연회를 실시한다. 안전문화의 전문가는 많지 않으므로, 안전심리학, 안전관리학, 인간공학 등의 전문가에 의한 강연도 효과적이다. 강연회는 일방향의 커뮤니케이션이 되기 쉬우므로, 강연회를 듣는 사람들이 수동적인 자세로 일관하지 않도록 강연을 하는 과정에서 질문을 하거나 질문을 유도하는 것이 효과적이다. 그리고 강연회의 효과는 일과성으로 끝나버리는 경우가 많으므로, 나중에 피드백하기 위한 노력을 하는 것이 바람직하다.

다. 안전문화의 연수·교육

안전문화에 관련하여 이러닝, 대화, 논의 등을 활용한 연수, 교육을 실시한다. 안전문화의 지식을 얻기 위한 교육은 조직의 전원에 필수라고 생각한다. 기초적인 지식이 없으면 안전문화 조성활동의 효과는 소멸한다. 자신도 안전문화 조성활동에 참가한다는 의식을 갖기 위해서도 안전문화에 관한 기초적인 교육을 받을 필요가 있다.

라. 경영진과 현장의 토론 활성화

경영진과 현장담당자 간의 직접 대화를 통하여 현장의 요망, 과제를 파악하고 경영진과 현장의 심리적 거리를 짧게 한다. 현장의 담당자가 경영진에 직접 전화를 하는 것은 부담스럽지만, 전자메일이라면 심리적 저항이 적다. 얼굴을 알고 있으면 더욱 의견을 말하기 쉽게 될 것이다.

회의에 참가하는 인원수는 수명 정도가 바람직하다. 경영자는 일방향의 커뮤니케이션이 되지 않도록 충분한 주의가 필요하다. 자신의 업적을 자랑하는 이야기는 엄금사항이다. 이러한 회의는 원래 현장의 의견을 듣기 위해 개최하는 것이기 때문에 적극적으로 경청하는 마음가짐이 중요하다.

마. 커뮤니케이션 향상

(1) 조직 내의 커뮤니케이션 향상

본사와 공장, 공장 간, 공장 내 등의 커뮤니케이션을 원활하게 하기 위한 활동과 조직의 일체감을 높이기 위한 활동을 실시한다. 본사 조직과 현장(공장)조직에는 벽이 생기기 쉽다. 이와 같은 벽을 낮추는 활동은 상급조직이 적극적으로 실시하지 않으면 용이하지 않다. 본사의 임원이 적극적이고 정기적으로 현장을 방문하여 논의하는 기회를 마련하는 것이 바람직하다.

(2) 조직 외의 관련조직과의 커뮤니케이션 향상

조직의 구성원과 협력사, 수탁기관의 종업원 간의 커뮤니케이션도 중요하다. 도급인 또는 위탁기관이라는 의식이 강하면 아무리 해도 상하관계처럼 되어 버린다. 손실과 이익밖에는 작동하지 않는다. 얼마나 대등한 의식을 가지고 커뮤니케이션을 할지가 관건이다.

먼저 커뮤니케이션의 장을 만드는 것이 중요하지만, 수급사(수탁사)에는 “문제점을 솔직하게 이야기하면 일이 끊어져 곤란하게 된다.”라는 의식이 있어 솔직한 말을 하지 않는 경향이 있다. “알코올이 들어가면 솔직한 의견이 나온다.”고 말하는 사람도 있지만, 필자는 그 말을 그다지 신용하지 않는다. 술자리에서의 말은 술자리일 뿐이라고 생각하는 사람이 많아, 술자리에서의 이야기는 진지한 논의로는 향하지 않을 가능성이 크다. 역시 진지하게 논의하는 것이 중요하고, 그 진지함이 신뢰로 연결된다.

중요한 점으로는, 소수일 것, 상대방의 멤버와 상하관계가 없을 것, 그 장에서의 발언에 대해서는 일체 책임을 묻지 않을 것 등이 제시된다. 상호의 관계를 좋게 하려고 하는 취지가 철저하게 관철되면 실효성 있는 논의가 가능하지 않을까 생각한다.

바. 방침의 이해촉진과 의식고양

최고경영자의 방침이 종업원 전체에게 이해되려면, 그것을 친근한 것으로 할 필요가 있다. 집무실, 공장 현장에의 게시, 포켓 사이즈의 카드로 전원에게 배부하는 것 등을 생각할 수 있다. 그리고 조회 등에서 제창하는 것도 유효하다. 그러나 이들 활동은 모두 방침의 존재를 의식하게 하는 점에서는 효과가 있겠지만, 이해를 촉진하는 효과가 있을지는 의문이다. 단지 외우고 있는 것만으로는 충분하지 않다.

중요한 것은 종업원 전원이 최고경영자의 방침과 자신의 업무를 어떻게 연결시키는 것이 가능할 것인가이다. 예를 들면, 당신이 안전에 관련된 회의의 간사라면, ‘안전최우선’이라는 최고경영자의 방침을 실천하려면, 안전에 관한 회의에서 논의를 활성화하고, 실천적인 논의에 의해 안전상 유효한 결론을 도출할 수 있도록 노력하는 것이 필요하다. 이와 같이 최고경영자의 방침을 자기의 업무 속에 어떻게 반영해 나갈 것인지를 전원이 생각함으로써, 최고경영자의 방침에 대한 이해가 진전되고 의식의 고양으로도 연결될 것이다.

사. 기술의 향상

업무를 정확하게 실시하려면 업무에 대한 '충분한 지식과 기능' 및 업무수행에 대한 '높은 의식'이 필요하다. 지식과 기능은 안전문화와 직접 관계가 없는 것은 아닌가라고 생각할지 모르지만 그렇지 않다. 지식과 기능을 높임으로써 업무에 대한 자신감이 생기고 안전에 대한 의식도 높아진다. 그리고 여유가 생김으로써 개선의 '씨앗'을 발견하는 것이 용이해진다.

기술력의 향상을 위해서는 교육훈련을 실시하는 것이 필요한데, 교육훈련 실시 자체가 중요한 것이 아니라 어떻게 해야 효과적인 교육훈련이 활성화될 수 있을 것인지가 중요하다. 우리나라에서는 교육을 수강해도 시간만 빼앗기고 자신의 업무가 줄어드는 것은 아니므로 가급적 교육을 받고 싶지 않다고 생각하는 사람이 적지 않다. 종업원들이 이러한 자세를 취하지 않도록 하기 위해서는 교육훈련의 환경정비도 필요하다. 그리고 어떻게 해야 종업원들이 스스로 수강하고 싶은 교육이 될 수 있는지를 궁리해야 한다. 교육훈련 후에는 반드시 어떤 형태로든 확인테스트를 실시하고, 수강자로부터 교육훈련에 대한 평가(만족도)를 받는 것도 필요하다.

훈련의 한 방법으로 OJT를 채택하고 있는 현장이 많이 있는데, 실효가 오르고 있지 않는 경우도 적지 않은 것 같다. OJT에 관한 설문조사를 하면, 훈련을 실시하는 측과 받는 측에서 전혀 다른 결과를 얻는 경우가 자주 있다. 실시하는 측에서는 충분히 실시하고 있어 효과도 오르고 있다고 생각하는 반면, 받는 측에서는 정반대의 답변을 한다. 이와 같은 상황은, 특히 받는 측에게 커다란 스트레스가 되고 현장에서의 상사와 부하의 관계를 악화시키는 원인이 되기도 한다. 이런 경우 관리직은 어떤 문제가 있는지를 확실히 파악하여, 개선을 위한 노력을 전원에게 제시하는 형태로 대응해야 한다.

아. 실패의 풍화 방지

실패는 조직의 재산이다. 안타깝지만 인명을 잃거나 대규모의 설비손해를 입거나 하는 경우는 특히 같은 실패를 두 번 다시 겪지 않도록 현재의 종업원과 후세에게 전해야 한다. 많은 기업에서 과거의 실패를 전시하는 시설을 설치하여 신입사원 연수, 종업원 연수, 관리직 연수 등에 활용하고 있다. 그리고 과거의 실패를 데이터베이스로 구축하고 누구라도 언제라도 접근할 수 있도록 하는 것도 중요하다. 이와 같은 데이터베이스가 있으면 트러블이 발생한 경우에 동일한 사례가 없었는지를 검색하고 활용하는 것이 가능하다. 매일 조회시간에 과거의 같은 날에 발생한 트러블을 소개하는 것도 하나의 아이디어이다.

자. 실패를 보고하는 문화

실패를 보고하는 문화를 조성해 나가기 위해 최초로 해야 할 것은 '비난하지 않는 문화(no blame culture)'를 철저히 하는 것이다. 이것은 고의적이거나 반복적인 실패가 아닌 이상 실패에 대하여 개인을 제재하지 않는다는 것이다. 이를 위해서는 먼저 최고경영자가 이것을 명확하게 선언할 필요가 있다. 그리고 관리직이 이를 실천할 것을 부하에게 약속해야 한다.

실패를 정직하게 보고한 경우에 이것을 칭찬하거나 포상을 하는 것도 필요하다. "실패한 자를 왜 칭찬하는 것인가?"라는 반대 의견이 나올 수 있지만, 실패를 칭찬하는 것은 아니고 정직하게 보고한 것을 칭찬하는 것이다. 반대로 보고하지 않고 나중에 발견된 경우에 대해서는, 중요한 실패에 대해서만큼은 불이익을 주는 것을 회사의 규칙으로 정해 놓을 필요가 있다.

이와 같은 활동은 정착될 때까지 계속해 나갈 필요가 있다. 정착하면 실패에 이르지 않은 아차사고사례의 수집도 하는 것이 바람직하다. 이것은 실패에 이르지 않은 만큼 허들은 낮지만, 품이 들기 때문에 보고해야겠다는 생각이 잘 들지 않는다. 어떻게 간단하게 단시간에 보고할 수 있는 시스템으로 만들 것인지가 관건이다.

차. 항상 묻는 자세

항상 묻는 자세를 정착시키기 위한 활동으로는 'STAR 운동'이 있다. STAR란 Stop(멈추고), Think(생각하고), Act(행동하고), Review(검토한다) 각각의 두문자이다. 작업을 시작하기 전에 각자가 'STAR'를 실천하는 것을 습관화할 필요가 있다.

항상 묻는 자세에 대하여 그 중요성을 기재한 소책자를 전원에게 배부하거나 잘 보이는 곳에 게시하는 것도 효과가 있다. 관리직이 부하에 대하여 일상적으로 '항상 묻는 자세'를 실천하도록 반복하여 말하는 것은 상당히 효과가 있다. 평상시 부하를 잘 관찰하고 묻는 자세의 실천도에 따라 '칭찬·질책·지도'하는 것은 관리직으로서의 중요한 직무의 하나이다.

카. 주인의식

담당자가 스스로 담당하는 설비, 절차 등에 대하여 주인의식을 가지는 것은 그 설비, 절차에 대한 전향적인 자세를 함양하고 자신의 일에 대해 자긍심을 가지는 것으로 연결된다. 예를 들면, 설비에 '내가 이 작업절차를 만들었다', '이 기계를 점검하는 것은 ○○○이다'라고 표시하고, 얼굴사진과 이름을 표시하는 것이 효과적이다.

자신들의 직장에 있을 때의 느낌(기분)을 좋게 하거나, 환경의 정비를 일하는 자 스스로가 계획하고 실천하도록 하는 것도 효과가 있다. 안전문화와 직접 연결되지 않는 것처럼 생각될 수도 있지만, 실제로는 많은 관련이 있다. 아름답고 청결하며 생활하는 느낌이 좋은 현장환경에서는 누구나가 일하는 것에 대해 긍정적인 마인드를 갖게 될 것이다. 이것도 주인의식의 하나이다.

설비, 절차, 현장환경 등에 주인의식을 갖게 되면, 설비, 절차, 현장환경 등과 관련된 안전규칙의 준수도가 올라가고, 직장에서의 일상행동을 하는 데 있어서도 신중하고 조심하게 될 거라는 점은 쉽게 예상할 수 있다.

타. 우려사항의 추출

큰 사고가 발생하는 경우는 대체로 '상정 외(想定 外)'이다. 대책을 실시하고 있던 곳에서 발생하는 경우는 큰 사고가 되지 않는 경우가 많다. 여기에서 '상정 외'란 '조직 차원에서 그것이 발생할 것을 상정하여 대책을 취하지 않았다'는 의미이다. 프로 집단인 조직 내의 누구도 상정할 수 없었던 사건의 경우는 그것을 방지하는 것은 매우 어렵지만 그와 같은 일은 별로 없다. 조직 차원에서는 상정하지 못했어도 조직 중의 누군가가 상정하고 있는 경우가 대부분이다. 그와 같은 개인의 우려사항이 조직 중에 묻혀버리거나, 제안이 있어도 무시하거나, 조직 차원에서 대응하지 않도록 결정하거나 하는 경우, 조직 차원에서 상정 외로 되어버린다.

그와 같은 개인의 우려사항을 추출하고 조직 내에서 검토 대상으로 올리는 것은 조직으로서 상정 외를 줄인다는 의미에서 중요한 활동이다. 개인이 가지고 있지만 조직에서는 파악할 수 없는 우려사항은 라인활동에서 파악할 수 없는 경우가 많다. 그것이 라인에서 금기시되고 있는 경우가 많기 때문이다. 그 때문에 조직횡단적인 활동이 필요하다. 구체적으로는, 조직횡단적으로 동일하거나 비슷한 직위에 있는 자를 모아 우려사항에 대한 브레인스토밍을 실시한다. 그 장에서의 발언에 대해서는 책임을 일절 묻지 않는다. 의사록은 만들지 않고 최종적으로 나온 우려사항만을 결과물로 하는 등의 배려가 필요하다. 나온 우려사항은 조직 내에 공개하고, 조직 차원의 검토결과도 조직 내에 공개하는 것이 중요하다.

파. 의욕의 향상

구성원의 의욕을 향상시키려면 먼저 개인의 업적을 공평·공정하게 평가하는 것이 중요하다. 자신의 업적에 대한 개인의 평가와 상사의 평가가 일치하는 경우는 적지만, 무언가의 이해, 만족을 주는 것에 의해 개인의 업무의욕은 확실히 향상된다. 개인의 업적을 객관적으로 평가할 수 있는 시스템의 도입이 중요하다.

개인의 동기부여는 업적평가, 보수만으로 결정되는 것은 아니다. 스스로의 업무의 중요도, 조직으로부터 얼마만큼 기대되고 있는가 등을 개인이 느끼는 것으로도 향상된다. 따라서 업무의 중요도, 그것이 어떻게 사회에 기여하는가 등을 적극적으로 이야기하는 것도 중요하다. 이것도 관리직의 중요한 책무이다.

개인이 단순히 조직 중의 작은 톱니바퀴에 지나지 않고 자신의 톱니바퀴와 맞물려 있는 전후의 톱니바퀴 외에는 모르고 있다면 의욕이 생길 리가 없다. 자신이라는 톱니바퀴가 조직의 어떤 위치에 있고 어떻게 작동하고 얼마만큼의 중요성을 가지고 있는지를 아는 것이 중요하다. 그리고 자신들의 조직이 사회의 어떤 위치에 있고 어떤 작용을 하고 있는지를 아는 것도 중요하다.

조직의 업적에 공헌한 자에 대한 인센티브 제도는 대부분의 조직이 가지고 있을 것이다. 그러나 안전문화라는 관점에서의 인센티브는 별로 보이지 않는다. 인센티브를 받는 자의 의욕을 높일 뿐만 아니라 주변사람의 의욕도 높이는 제도가 바람직하다. 그리고 작은 것에 대한 표창이 좋다. 작은 부적합을 많이 발견한 자, 아차사고사례를 많이 보고한 자, 교육훈련 후의 확인테스트에서 좋은 성적을 받은 사람, 실수 없이 성실하게 일을 한 자, 누구라도 조금 노력하면 받을 수 있는 것에 대한 표창이 효과적이다.

해외에서는 금주의 베스트 종업원, 베스트 부서와 같은 사람들의 얼굴이 들어간 사진이 게시되어 있는 것이 자주 눈에 띈다. 이와 같은 노력도 효과적이지 않을까 한다.

하. 규정 준수

준수(compliance)는 안전문화의 중요한 요소의 하나이다. 여기에서 말하는 준수는 단순히 법령 준수뿐만 아니라 조직 스스로 정한 룰의 준수, 약속을 준수한다고 하는 모럴적인 것까지 포함하고 있다. 신뢰라고 하는 것이 안전문화의 중요한 키워드의 하나이기 때문이다.

룰을 준수하려면 룰을 알고 있어야 한다. 룰이 그다지 상세하게 기재되어 있지 않은 경우는 룰의 배경을 알고 있지 않으면 올바른 행동을 할 수 없다. 그 룰을 준수하지 않은 경우에 어떤 결과가 발생하는지를 알고 있어야 한다. 그 의미에서 룰에 대한 이해를 높이는 활동이 중요하게 된다.

룰 자체가 너무 많아 알기 어렵고 좋지 않은 경우도 있다. 그러나 룰을 개정하는 것은 품이 들고 번거로우므로 그대로 놔둔 채 현장에서 그럭저럭 대응하고 있는 경우도 있다. 이러한 일을 방지하기 위하여 누구나가 룰의 변경을 제안할 수 있는 제도의 도입, 룰의 변경을 쉽게 하는 궁리, 룰을 사용하는 사람들의 요망을 듣는 제도의 도입 등 사용자 친화적인 시스템을 구축하는 활동이 필요하다.

룰을 준수하고 있지 않은 자를 발견한 경우에 누구라도 확실히 주의를 줄 수 있는 환경을 만드는 것도 중요하다. 룰 무시는 바로 주변사람에게 전염된다. 현장에서의 주의환기 운동, 감시요원에 의한 적극적인 모니터링 활동, 직장에서 짝을 지어 서로 체크하는 활동 등도 효과가 있다.

Ⅱ. 안전문화 조성을 위한 실천방안

1. 관리기반대책과 행동기반대책의 병행

안전문화를 높이고 높은 안전수준을 확보하기 위해서는 매니지먼트로서 행하는 관리기반대책과 현장을 중심으로 행하는 행동기반대책을 일체 운용하는 것이 필요하다.

관리기반대책은 시스템적 안전관리를 추진하기 위한 안전보건관리시스템의 확립, 안전관리체제와 계층별 역할[2]과 책임의 설정 등 관리로서 행하여야 할 다기에 걸친 관리대책을 실천하는 것이다.

행동기반대책은 실제로 작업이 이루어지는 현장에서 그곳에서

2) '역할(role)'은 '사전책임(resposibility)', '의무(duty)'와 동의어라고 볼 수 있다.

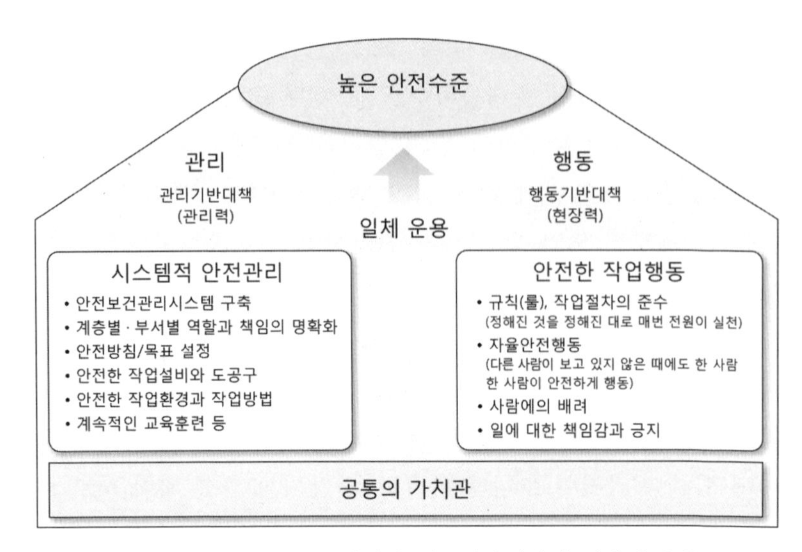

[그림 13-1] 관리기반대책과 행동기반대책의 일체적 운용

일하는 작업자 한 사람 한 사람이 규칙(룰), 작업절차를 준수하고, 다른 사람이 보고 있지 않아도 안전하게 행동하는 한편, 서로 신경 써주고 안전을 선취(先取)하기 위한 대책이다.

2. 작업의 4요소와 안전보건관리시스템의 효과적인 운용

기업이 작업의 안전성을 높이고 산업재해를 방지하기 위해서는 작업을 구성하는 4요소(이하 '작업의 4요소')에 대해 작업의 리스크를 낮추고 안전성을 높여 나가는 노력이 필요하다. 그리고 이 노력을 체계적이고 효과적으로 추진하기 위한 안전보건관리시스템을 구축하여 계속적으로 운용해 나가야 한다.

[작업의 4요소에서의 안전요건]

① 안전한 작업설비와 도공구의 제공
② 안전한 작업환경의 제공 … 관리기반대책
③ 안전한 작업방법의 제공

④ 안전한 작업행동을 위한 여건 조성 … 행동기반대책

안전보건관리시스템을 구축하여 작업의 4요소에서의 안전요건을 실현해 가는 노력은 기업에서의 가장 기초적인 안전관리 업무이다. 특히 ①~③은 경영자원의 투입이 필수적인 요소이기 때문에 이것을 안이하게 현장력으로 대체하려고 해서는 안 되고 최우선적으로 대처해 나가야 하는 분야이다.

리스크를 낮추어 안전성을 높이는 것을 실현하는 노력에 의해 달성되는 상황은 어떠한 것인가는 다음과 같이 정리할 수 있다.

가. 안전한 작업설비와 도공구의 제공

본질안전화, 공학적 대책 등의 보다 상위의 대책이 바람직하다. 그리고 주요한 작업설비에서 안전화를 필요로 하는 대상의 사례를 열거하면 다음과 같이 정리할 수 있다.

① 기계설비(동력전달부분, 작동부의 돌기물 등, 전동공기구 등)
② 전기설비(충전부분, 누전차단, 전동공기구 등)
③ 폭발화재의 우려가 있는 설비(가연성가스, 인화성증기 등)
④ 운반설비(적재된 화물의 낙하, 사람과의 접촉 우려가 있는 부위)
⑤ 붕괴·도괴의 우려가 있는 장소·설비
⑥ 추락재해의 우려가 있는 장소·설비

나. 안전한 작업환경의 제공

작업환경의 좋고 나쁨은 작업자의 안전뿐만 아니라 건강문제와 밀접한 관계가 있기 때문에 산업보건 3관리(작업환경관리, 작업관리, 건강관리)의 관점에서 양호한 환경을 만들고 계속적으로 작업자에게 제공할 필요가 있다.

① 물리적 요인(온도·습도, 조명, 소음, 진동, 방사선, 요통 등)
② 화학적 요인(산소결핍·황화수소, CO중독, 유기용제, 분진 등)
③ 생물적 요인(세균, 바이러스, 짐승털 등의 취급작업)
④ 사회적 요인(정신건강, 과중노동시간 등)

다. 안전한 작업방법의 제공

작업의 안전은 본질안전화, 공학적 대책의 실시가 바람직하지만, 여러 가지 제약조건하에서는 '작업방법', '작업절차'의 개선에 의해 작업자로부터 올바른 행동을 이끌어내기 쉬운 안전한 작업방법을 제공할 필요가 있다.

라. 안전한 작업행동을 위한 여건 조성

'정해진 것을 정해진 대로 매번 전원이 실천한다'고 하는 높은 직무규율과 '다른 사람이 보고 있지 않은 때에도 안전하게 행동한다'고 하는 높은 안전의식을 가진 직장을 만들기 위한 여건을 적극적으로 조성할 필요가 있다.

3. 안전하게 행동하는 사람과 직장을 만든다

가. 불안전한 상황에 타협하지 않는 사람과 직장 만들기

(1) 조직적 학습

많은 조직은 환경변화의 예견을 가능케 하는 창조적인 적응 그리고 적절한 대응책의 개발과 아울러 환경의 지속적인 재평가를 포함하는 접근을 채택하여 왔다. 그런 조직은 종종 '학습하는 조직'으로 불린다. 이 선제적인 접근은 안전을 개선하는 데 이상적이다. 학습하는 조직에서는 다른 사람으로부터 배우고, 외부집단과 정보를 공유함으로써 보답하는 데 적극적이다. 문제를 인식하고 진단하는 능력과 해결책을 찾는 능력은 조직에 학습 철학이 있을 때 향상된다. 학습조직은 안전성과에 대한 조직문화의 영향을 과소평가하지 않고, 안전의 개선을 달성하는 데 문화의 힘을 이용할 가능성이 더 높다.[3)]

높은 수준의 안전문화를 유지하기 위해서는 자신들의 조직에 문제가 없는지를 항상 생각하는 것이 중요하다. 즉, 기회가 있을 때마다 조직의 관점에서 개선점을 찾아내는 것이 중요하다. 조직 내에 있으면 좀처럼 보이지 않는 경우도 있으므로, 외부인들로부터 평가를 받는 것도 효과적이다.

(2) 동료의 안전을 배려하는 직장

작업의 실천을 담당하는 현장은 '주어진 일을 최후까지 올바르게 해내는 것'이 요구되고 있다. 올바르게 해낸다는 것은 작업표준, 작업절차서 등의 '당연한 것'을 '정해진 대로, 매번, 전원이 실천한다'고 하는 높은 직무규율에 근거하여 현장의 한 사람 한 사람이 스스로 생각하여 책임을 가지고 완수하는 것을 의미한다.

회사 공통의 가치관에 근거하여 사물을 올바르게 판단하고 주어진 일을 올바르게 해낼 수 있는 힘이 '현장력'이다.

직장의 전원이 '동료의 안전을 배려하는 힘'을 갖는 것에 의해 '상호 간 주의(지적)' 등의 직장 커뮤니케이션이 활발하게 되는 한편 문제의식의 공유화가 진전되고, 창의·아이디어가 점점 솟아나 직장이 활성화된다. 그리고 직장의 활성화가 일에 대한 역

3) IAEA, Safety culture in nuclear installations - Guidance for use in the enhancement of safety culture(IAEA-TECDOC-1329), 2002, pp. 41-42.

할의식, 긍지를 낳고, 당연한 것을 확실히 완수할 수 있는 강한 현장력을 형성시킨다.

그리고 강한 현장력이 '행동기반대책'을 추진하는 원동력이 되어, 관리기반대책의 노력으로는 다 감소시킬 수 없었던 잔류 리스크(불안전한 상황)에 대하여 직장의 한 사람 한 사람이 타협하지 않고 적극적으로 안전한 행동을 함으로써 리스크를 회피하고 사고·재해를 방지할 수 있게 된다.

관리기반대책과 행동기반대책을 일체 운용함으로써 비로소 높은 수준의 안전성적(사고 제로, 재해 제로)이 실현되는 한편, 안전문화 요소가 강화되어 협조행동형의 안전문화가 조직에 정착되어 간다.

(3) 누구도 보지 않을 때에도 안전하게 행동한다

구성원들의 행동양식에서 한 사람 한 사람이 '누구도 보지 않는 때에도 안전하게 행동하는 것'이 사고·재해가 없는 안전문화 수준이 높은 회사를 만들기 위한 필수조건이다.

인간은 누구라도 규칙(룰)을 준수하여 올바르게 행동해야 한다는 '이성(원칙)'과 함께, "편하고 싶다." "귀찮은 것은 하고 싶지 않다."고 하는 동물적인 '본능'을 함께 가지고 있기 때문에, 다른 사람이 보지 않는 때와 장소에서는 본능이 우세하여 불안전한 행동을 해버리는 경향이 있다.[4] 그리고 이와 같은 불안전한 행동은 횟수를 거듭하면 언젠가는 재해에 이르게 된다.

위험한 행동은 재해에 이를 가능성이 높기 때문에 발견 시에는 엄격한 자세로 대처해야 한다. 위험한 행동에 대해서는 '해서

4) 안전관리를 하는 데 있어서는 인간의 본능을 이해하는 것이 중요하다. 본능을 이해하고 그 토대 위에서 안전관리를 해야 안전관리를 할 때 본능의 긍정적 측면을 살피면서 부정적 측면을 효과적으로 억제할 수 있다. 본능을 이해하지 못하면 안전관리가 현실적이지 못하거나 비효과적인 것이 된다.

는 안 되는 것은 안 된다'고 말하는 엄격한 자세로 임하는 한편, 그 행위를 시정하는 것만으로 머물지 않고, 그 행위에 이른 이유를 잘 듣고, '왜' 그와 같은 행위가 안 되는지에 대한 이유를 말해 주는 안전행동에의 동기부여가 매우 중요하다. 그리고 이야기를 하는 중에 작업자에게 스스로 생각하도록 하여 '어떻게 해야 하는지'를 이해(납득)하도록 하고, 다음번부터는 안전한 작업을 하겠다는 것을 약속받는 식의 대응을 한다.

이와 같은 현장 차원의 대응에 추가하여, 지금까지의 바람직하지 않은 기능습득을 리셋(reset)하고 올바른 행동을 습관화하기 위하여 '올바른 행동 실천훈련', '위험체감훈련' 등을 정기적으로 실시함으로써 위험감수성과 안전의식을 높이는 대응을 하면, 보다 효과적인 동기부여가 된다. 이와 같은 노력을 조직적으로 계속해 가는 것에 의해 누가 보고 있지 않은 때에도 안전하게 행동하는 사람, 직장 만들기의 기초가 형성되어 간다.

(4) 정해진 것을 정해진 대로 매번 전원이 실시한다

제조업, 건설업을 비롯하여 많은 업종에서 실시되고 있는 일상적인 작업에서는, 회사가 작업절차서, 작업표준을 준비하고, 작업자는 작업절차서 등에서 제시된 것을 충실하게 실천하는 것에 의해 안전·품질·능률·비용이 확보될 수 있는 구조로 되어 있다.

이 구조를 뒤집어 말하면, 그 일에는 재해를 입을 리스크가 적지 않게 남아 있으므로 '작업절차서대로 일을 하지 않으면 재해를 입게 된다'는 것을 말하고 있는 것이 된다. 이 사고방식은, 많은 작업리스크는 앞에서 설명한 대로 ALARP 영역에 있다고 하는 사실에서 도출된다.

즉, 리스크 저감조치로 행하는 관리적 대책으로서의 작업절차서 등은 리스크 저감효과가 낮고, 오히려 그 조치사항을 확실히 실천함으로써 비로소 당해 리스크에 대해 재해를 회피하는 조치가 될 수 있다고 생각해야 한다. 따라서 일상작업의 각 상황에서 작업자 자신, 작업장의 동료가 '결정된 것을, 결정된 대로 매번 전원이 서로 확인하면서 실시'하는 것을 성실하게 계속하는 것이 작업의 안전을 확보하기 위한 전제가 된다.

회사의 일, 특히 유지보수작업 등 공사업무에서는 여러 가지 제약조건에 의해 설비·작업의 본질적 대책, 공학적 대책을 취할 수 없는 케이스가 많다. 그 경우 규칙(룰), 작업절차서를 설정하여 그 확실한 실시를 작업자에게 의존하지 않을 수 없는 것(관리적 대책)이 실태이다. 따라서 더더욱 한 사람 한 사람이 규칙(룰)을 준수하고 안전하게 행동하는 사람과 직장을 만들어 가는 것이 요구된다.

(5) 수급인의 참여

수급인(협력사)은 많은 조직(발주자, 도급인)에서 중요한 자원이고, 안전을 개선하는 노력에서 제외되어서는 안 된다. 수급인(협력사)이 안전문화에서 조직(발주자, 도급인)의 종업원들과 동일한 관심과 교육훈련을 받는 것이 도움이 된다. 이것이 안전성과를 개선하고 수급인(협력사)들 사이에 안전문화가 중요하다는 견해를 촉진하는 데 있어 조직(발주자, 도급인)과 수급인(협력사) 둘 다에 공통적으로 유용할 수 있다. 수급인(협력사)은 조직과 다른 조직문화를 가지고 있을 수 있다는 점이 인정되어야 한다. 적극적인 안전문화의 중요한 특성에 집중하고, 그 특성들이 수급인 조직에 구현되는 방식에서 얼마간의 유연성을 허용하는 것이 최선의 방법이다.[5]

중요한 포인트는 조직(발주자, 도급인)과 수급인(협력사)이 대

---

5) Ibid., p. 42.

등한 관계에 있는 것이고, 조직(발주자, 도급인)과 수급인(협력사) 간에 지나친 힘의 불균형이 존재하면 안전은 저해되기 쉽다.

(6) 자기평가과정

높은 수준의 안전을 달성하는 데 헌신하는 조직은 안전을 효과적으로 관리할 능력을 유지하고 발전시키기 위하여 자기평가를 활용한다. 조직은 자기평가를 통해 내부지표를 참고하거나 다른 조직의 성과와 비교함으로써 그들의 안전성과를 평가할 수 있게 된다.

자기평가는 자기검토, 자기감독 또는 자기감사를 포함한다. 역량 있는 사람이 자기평가를 수행하여야 한다. 감사가 포함되는 경우, 감사를 수행하는 사람은 감사 대상 영역 또는 활동으로부터 독립적이어야 한다. 이것은 외부컨설턴트나 다른 부서, 집단 또는 현장의 직원을 활용하여 이루어질 수 있다. 감사책임을 맡는 사람은 일반적으로 감사기법에 관한 특별한 훈련을 필요로 한다. 준수(compliance)에만 집중하는 감사는 종업원들의 눈에 부정적인 이미지를 낳고 감사자들이 일하는 데 있어 어려움을 초래할 수 있다. 일부 조직들은 감사의 역할을 준수사항만 취급하는 것에서 우수사례에 기반한 개선기회의 확인을 포함하는 것으로 확장하여 왔다. 감사자들은 그들 작업의 성격상 자신의 조직에서 또는 그들이 외부감사자이면 많은 조직에서 우수사례를 관찰할 기회를 갖는다. 감사 보고는 우수사례에 대한 정보를 전파하는 데 이용될 수 있다.[6)]

참고로, 감사에 대해서는 아무래도 방어적이 되고, 특수사정, 자원부족 등을 들어 변명으로 시종하는 경우가 있다. 이것을 방지하는 것은 조직의 장의 전향적인 자세이다.

---

6) Ibid., p. 43.

(7) 통합적 접근

안전문제는 여러 전문가들이 관여하는 다학제적(multi-disciplinary) 접근을 필요로 한다. 이것은 예컨데 주요설비 변경 계획·이행 또는 사고조사에서 작업이 통합적 접근을 허용하는 방식으로 조직될 것을 필요로 할 것이다. 따라서 안전문화 조성에도 다양한 문제에 대한 고려가 요구되는데, 기술적 측면, 인적 요인의 측면 및 조직적 측면이 조정되고 통합적인 방식으로 고려되어야 한다. 인적 요인의 지식까지를 일상적 작업에 반영하는 것은 안전성과를 개선하는 데 유용한 방식을 제공할 수 있다.[7)]

통합적 접근을 위해서는 회의의 중요성이 매우 높지만, 형식에 매몰되거나, 의견이 별로 나오지 않거나, 나오더라도 일부 부서에만 한정되는 등의 문제가 있을 수 있다. 이와 같은 회의의 유효성은 원활하게 결정(승인)이 이루어졌는지의 여부가 아니라, 가급적 많은 의견이 나왔는지에 의해 평가되어야 한다. 따라서 회의의 출석자 수를 고려하는 것, 사전에 충분한 정보를 주는 것, 인적 요인의 전문가가 참여하는 것 등의 궁리가 필요하다.

나. 인적 요인에 대한 대책

(1) 작업의 구성요소와 작업행동의 관계를 이해한다

레빈(Kurt Lewin)은 작업행동을 내적 요인과 외적 요인의 관계식으로 설명하고 있다(그림 13-2). 이 관계식에 의하면, 작업행동은 작업자의 능력과 기질만으로 결정되는 것이 아니라, 여러 가지 외적 요인의 영향을 받아 변동한다는 것을 알 수 있다. 예를 들면, 작업방법, 작업환경이 변하면 그 영향을 받아 작업행동도 변한다는 것이다.

---

7) Ibid., p. 43.

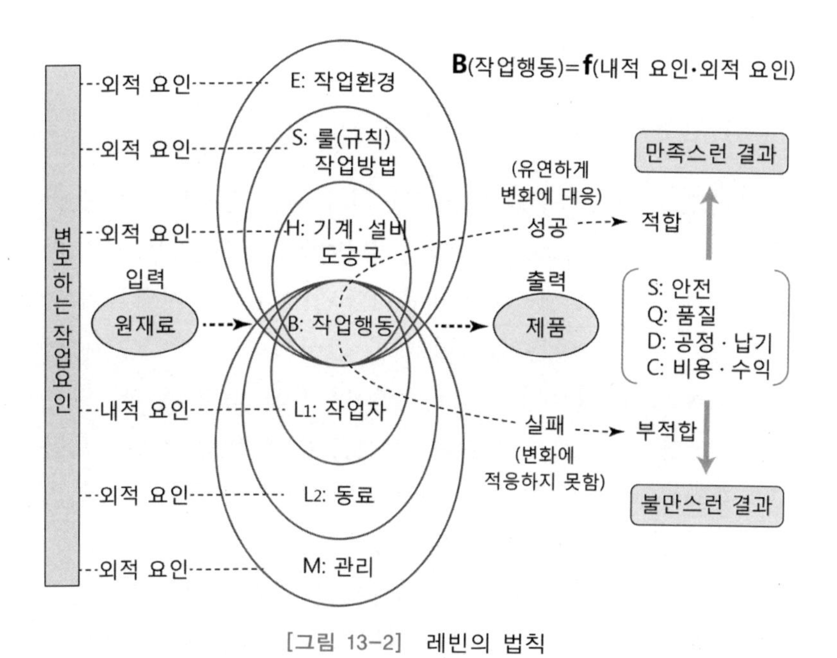

[그림 13-2] 레빈의 법칙

그리고 작업자 자신의 몸 상태 변화가 있는 경우에도, 그것이 작업에 영향을 미쳐 작업행동이 변하고 만다. 이와 같이 작업행동은 작업요인의 변동에 따라 유연하게 대응하고 있다.

작업요인의 변화에 대한 대응에 성공하면, 안전, 품질, 공정·납기, 비용·수익의 기준에 모두 적합하여 만족한 결과를 얻을 수 있다. 역으로, 변동에 대한 대응에 실패하여 안전, 품질, 공정·납기, 비용·수익 중 어느 것 하나라도 만족할 수 없으면 부적합하게 되어 불만족스러운 결과가 되고 만다. 따라서 안전대책을 생각하는 경우는, 레빈의 법칙을 잘 이해한 후에 작업요인의 변동을 가능한 한 작게 하는 한편, 변동에 적절한 대응을 하여야 한다.

(2) 안전의식과 위험감수성을 제고한다

(가) 안전의식이란

'안전의식'이란, 자신과 다른 사람의 안전을 염려하여 보다 확실한 안전을 확보하려는 마음작용을 말한다. 간단히 말하면, 안전하게 행동하려고 생각하는 마음이다. 안전의식은 사람들이 잠재적으로 가지고 있는 안전에 대한 관심이 구체적 행동과 실천으로 어떻게 결부되어 있는지를 '가지고 있다·없다' 또는 '높다·낮다' 등으로 표현한다. 안전은 알고 있는 것만으로는 불충분하기 때문에, 통상 지식으로서가 아니라 행동, 실천의 정도를 통해 안전의식이 강하거나 약하다고 말하고 있다.

안전의식은 개인의 자발적 의지로서 그 단적인 발상이 안전규칙(룰)의 존중이다. 재해원인 분석에서 불안전행동이 요인으로 제시될 때, 이 안전의식의 유무가 문제가 된다.

가령, 당신이 거래처의 담당자와 만나기로 했다고 가정하자. 출발이 늦어 타고자 하는 전철에 늦을지 모르는 상황이다. 평상시에는 위험하니까 하지 않겠지만, 이와 같은 때에는 역, 인파 속을 달리거나 위험한 지름길을 선택하는 경우가 많다. 대부분의 사람은 한 번쯤은 이와 같은 경험을 가지고 있을 것이다.

인간은 자신의 눈앞의 목표를 달성하기 위해 작은 위험을 감수하면서라도 목표 달성을 위한 행동을 하려는 의지가 강하게 작동하는 경우가 많다. 이것은 회사의 작업에서도 동일하다. 안전의식은 이와 같은 위험한 행동에 브레이크를 걸어 그 행동을 단념하게 하는 하나의 마음작용이다. 이와 같은 모험은 뭔가의 실패(에러)와 조합되면 사고·재해로 이어지기 쉽다.

안전의식과 안전문화의 관계는 조직의 안전문화가 구성원의 안전의식으로 발현되는 관계라고 말할 수 있다. 다음에 설명하는 위험감수성은 이러한 안전의식의 일종에 해당한다.

(나) 위험감수성이란

'위험감수성'이란, 무엇이 위험한지, 어떻게 행동하면 위험한 상태가 되는지를 직관적으로 파악하고, 리스크의 크고 작음을 민감하게 감지하는(알아차리는) 능력을 말한다. 요컨대, 위험한 것을 위험하다고 감지하는 능력을 '위험감수성'이라고 부른다. 안전을 확보하기 위해서는 경험, 지식, 기능만으로는 부족하고, 이에 추가하여 태도·의욕이 불가결한데, 위험감수성은 이 태도·의욕에 다름 아니다.

우리들 인간은 어린 시절부터 그리고 성인이 되고 나서도 여러 위험한 경험을 하거나 부모·선배 등으로부터 여러 가지를 배우거나 하면서 성장한다. 그 경험이 잊어버리지 않는 기억이 되어 신변의 상황을 보고 위험상태(정도)를 수시로 감지할 수 있게 된다.

무엇을 위험하다고 감지할 것인지는 사람에 따라 다르다. 즉, 사람에 따라서는 그것이 민감한 사람과 그렇지 않은(둔감한) 사람이 있다. 위험을 알아차리지 못하는 사람은 결과적으로 재해를 입기 쉬우므로, 재해를 입지 않도록 하기 위해서는 어떻게든 종업원들의 위험감수성을 높여 놓을 필요가 있다. 여러 회사에서 안전교육, 체험훈련, 모의훈련, 안전활동 등을 실시하는 것도 결국 종업원들의 위험감수성을 높이는 것이 목적이라고 할 수 있다.

위험감수성에 의해 위험은 격감된다. 위험을 감지하면 위험의 저감·회피의 수단을 생각할 수 있기 때문이다. 즉, 안전확보의 첫걸음은 위험을 감지하는 것이다. 위험을 감지할 수 없으면 위험을 저감하는 방법도 있을 수 없다. 따라서 '안전의 반대는 위험불감증'[8]이라고 할 수 있다. 위험감수성을 높

8) '위험불감증'의 반대말이 '위험감수성'이므로, 결국 안전을 확보하기 위해서는 위험감수성을 높여야 한다고 말할 수 있다. 이른바 '안전불

이기 위해서라도 우리들의 상식은 세상의 비상식일 수도 있다는 겸허한 마음을 항상 가지는 것이 중요하다.

(다) 위험감수성과 위험감행성

위험감수성의 향상을 생각하는 경우, 인간의 행동은 단순히 '위험감수성'만으로 결정되는 것은 아니기 때문에, '위험감행성'의 영향에 대해서도 이해해 둘 필요가 있다.

위험감수성이 '어느 정도 위험에 민감한가'를 나타내는 것인 반면, 위험감행성은 '어느 정도의 위험까지 받아들이는가'를 나타낸다. 위험감행성이 높은 사람은 위험하다고 느껴도 굳이 그 위험을 받아들여 행동하는 경향이 강하고, 반대로 위험감행성이 낮은 사람은 위험하다고 느낀 위험을 피하는 경향이 강하다. 이 위험감수성과 위험감행성의 조합에 따라 인간의 행동은 다음에 제시하는 네 가지의 유형으로 분류할 수 있다.

① 안전확보행동: 위험감수성이 높고, 위험감행성이 낮은 유형
- 위험을 민감하게 느끼고, 그 위험을 가능한 한 회피하는 경향이 강하다.

② 한정적 안전확보행동: 위험감수성, 위험감행성 모두 낮은 유형
- 위험에 둔감하지만, 기본적으로 위험을 회피하는 경향이 있기 때문에, 결과적으로 안전이 확보될 확률이 높다. 초심자에게 많다. 통상적으로는 위험을 피할 수 있지만, 상황의 위험에 대응하여 회피하고 있는 것은 아니기 때문에, 특수한 위험, 복잡한 상황 등에는 대응할 수 없다.

감증'이라는 말은 의미상 맞지 않는(말하고자 하는 의도와 정반대의 의미를 가지고 있는) 표현이고 '위험불감증'이라는 말이 타당하다. 참고로, 안전불감증이라는 용어는 경향신문 1989년 9월 18일자 보도에서 처음 사용된 것으로 보인다.

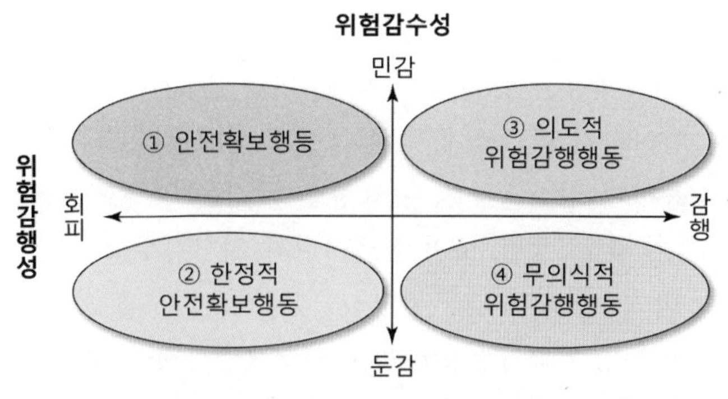

[그림 13-3] 위험감수성과 위험감행성의 관계

③ 의도적 위험감행행동: 위험감수성, 위험감행성 모두 높은 유형

- 위험을 민감하게 감지하고 있어도 굳이 그 위험을 피하려고 하지 않고 위험사태에 헤치고 들어간다.

④ 무의도적 위험감행행동: 위험감수성이 낮고, 위험감행성이 높은 유형

- 위험에 대하여 둔감하고 위험을 피하려고 하지 않는다.

말할 필요도 없이 ①의 유형이 가장 이상적이다. ②의 유형은 위험감수성을 훈련에 의해 향상시킬 수 있으면 큰 재해방지효과를 기대할 수 있다. ③의 유형은 단지 위험을 무릅쓰기 쉬운 자만 해당되는 것이 아니라, 현장을 맡고 있는 감독자가 '위험한 작업이고 부하에게 시키면 걱정되므로, 숙련된 자신이 대신하여 한다'고 하는 케이스이고, 감독자 자신이 피재(被災)하는 원인이 되기도 한다.

④의 유형은 '신입사원에게 자주 보이는 유형으로서, 의욕, 전향적인 자세는 있지만, 작업능력은 아직 낮은' 자이다.

이들 네 가지의 인간행동유형을 행동영향요인과 행동원리를 이용하여 '리스크 회피(안전행동)'와 '리스크 수용(불안전행동)'에 이르는 경위를 표현하면, 그림 13-4와 같이 정리할 수 있다.

리스크를 알아차리는 능력, 리스크를 평가하는 능력은 위험예지훈련, 위험체감훈련 등으로 그 능력을 높이는 것이 가능하다. 그러나 알아차린 리스크에 대해 그것을 회피할지, 또는 굳이 위험을 수용하여 리스크가 높은 행동을 할지는 영향요인으로서의 상황, 지식, 경험, 성별, 연령뿐만 아니라 위험감수성에 의해서도 영향을 받게 된다.

다시 말해서, 위험감수성이 다른 영향요인과 함께 리스크를 회피케 하고, 불안전행동, 즉 리스크 수용을 억제하는 힘이 된다. 이 리스크 수용을 억제하는 힘은 조직 전체에 침투한 안전문화에 의해 영향을 받는다고 말할 수 있다.

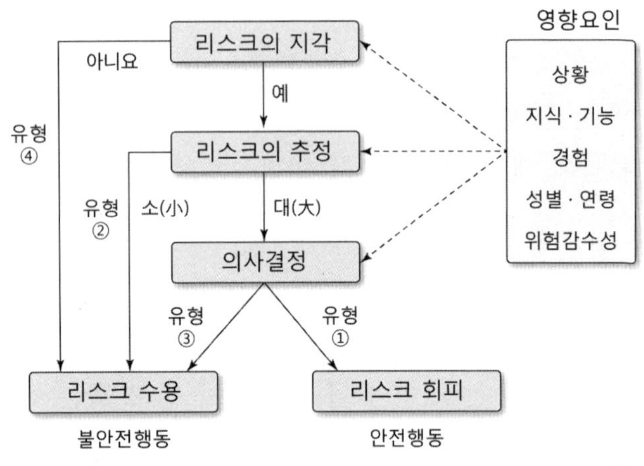

[그림 13-4] 리스크 회피와 리스크 수용에 이르는 경위[9)]

칼럼 "못 하나 줍는 마음에 사고는 없다"

못이 바닥에 떨어져 있어 그것을 밟으면 발이 찔릴 위험이 있지만, 그것을 주워 치우려고 하는 사람이 없는 경우,

9) 芳賀繁, 『事故がなくならない理由: 安全対策の落とし穴』, PHP研究所, 2012, p. 78을 필자가 약간 수정하였다.

못은 그대로 방치되어, 마침내 누군가가 그것을 밟는 사람이 생길 수 있다. "못 하나쯤이야."라고 가볍게 보고 있으면, 리스크에 대한 감각이 점차로 무뎌져, 급기야는 중요한 리스크까지 간파할 수 없게 되어 간다. 위 표어는 위험에 대한 무관심을 경계하고 타인의 안전을 염려하는 마음의 중요성을 전달하고 있다.

재해의 리스크는 넓은 범위에 걸쳐 있다. 설령 작은 리스크라 하더라도, 그것을 간과하지 않는 엄격함이 요구된다. 이 엄격함을 지탱하는 것이 '사람을 염려하는 마음'이다. 직장의 한 사람 한 사람이 이 '사람을 염려하는 마음'을 가지고 있는 것에 의해, 모두가 안전을 철저히 만들어 가게 되고, 그 직장의 안전성은 현격히 향상되어 갈 수 있다.

반대로, '사람을 염려하는 마음'이 없으면, 아무리 훌륭한 안전보건관리시스템을 도입하더라도 충분히 기능할 수 없고, 작업절차서를 제정하더라도 실질적으로 이행하는 것으로 이어지지 않는다.

그리고 '사람을 염려하는 마음'은 안전의 원점에도 존재한다. 사람이 딛고 서 있어야 할 기반은 어디까지나 직장에서 일하는 사람들이 '상호간의 안전을 서로 지킨다'고 하는 숭고한 인간애이어야 한다.

안전은 자신을 위한 것이고, 동시에 동료를 위한 것이기도 하다. 동료의 안전을 항상 생각하고 있으면, 그 동료들도 타인의 안전을 염려해 주게 된다. 즉, 자신이 알아차리지 못한 리스크를 동료들이 알아차려 주는 것이다. 언제나 동료의 안전을 생각하는 것을 지탱하는 기반은 따뜻한 '인간애'이다.

이와 같은 궁극적인 모습을 지향하여 노력하는 활동 또한 '안전문화 조성활동'이라고 할 수 있다.

다. 개인의 행동을 변화시키는 대책

(1) 경영진·관리자의 강한 의지를 실천한다

(가) 경영진의 실천

높은 수준의 안전을 추구할 때 상급관리자(경영자)의 관여는 대부분의 종업원들이 상급관리자의 말과 행동으로 무엇이 조직에서 중요한 것인지를 판단할 것이기 때문에 매우 중요한 실천 중 하나이다. 이것은 특히 상급관리자를 따르는 중간관리자, 초급관리자에게 해당된다. 상급관리자는 다음과 같은 것을 실천함으로써 안전문화의 조성을 지지하여야 한다.

① 안전문화의 개념에 대한 이해를 할 것
② 안전에 대한 관심을 가지고 있다는 것을 눈에 보이는 형태로 나타내고 안전을 다른 활동에 반영할 것
③ 종업원에게 안전문제에 대하여 항상 묻는 자세를 갖도록 장려할 것
④ 안전이 업무를 계획하는 활동에 포함되도록 할 것
⑤ 현재 및 장래의 상황에 대한 안전의 적절성을 보장하기 위하여 안전을 정기적으로 검토할 것
⑥ 안전목표를 달성할 수 있도록 안전의 트렌드를 모니터링할 것
⑦ 안전을 개선한 자를 인정할 것

또한 상급관리자는 자신의 조직이 높은 수준의 안전문화를 확보할 수 있도록 효과적인 안전보건관리시스템을 구축하는 노력을 다하여야 한다. 안전보건관리시스템의 주요한 요소는 아래 그림과 같다.

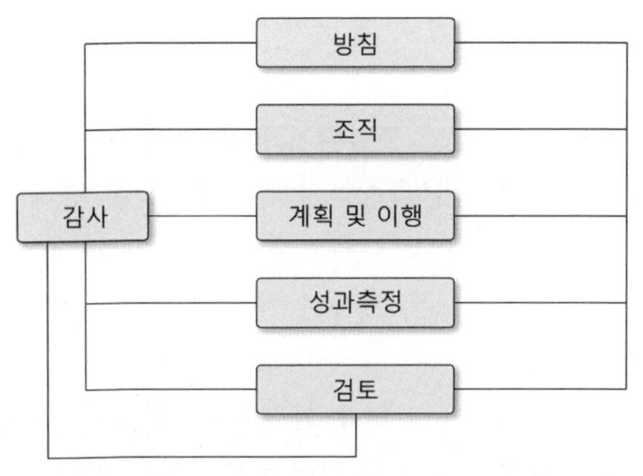

[그림 13-5] 안전보건관리시스템의 주요 요소

상급관리자는 그들의 관심을 사고나 재해와 같은 안전문제로 제한하지 말아야 한다. 이렇게 하는 것은 사후대응적 접근이다. 적극적인 안전문화를 조성하기 위해서는, 상급관리자들이 사고나 재해를 예방하기 위하여 무엇이 행해지고 있는지에 관심을 가져야 하고, 그렇게 함으로써 예방이 치료보다 낫다는 것을 확실하게 보여야 한다.[10]

(나) 신뢰감에 기초한 리더십

조직의 안전문화를 조성하는 것을 한마디로 말하면, '구성원의 생각과 행동을 바꾸는 것'이고, 안전문화는 하드웨어적 대책만으로는 그리고 담당부서에 일임해서는 확보할 수 없다. 부하가 있는 경영진, 라인관리자를 비롯한 리더의 역할이 클 수밖에 없다. 경영진, 라인관리자는 일상적인 관리(매니지먼트) 속에서 부하(종업원)를 향하여 안전에 대한 가치관을 반복하여 말하고 구체적인 행동으로 나타낼 필요가 있다(visual management).

10) IAEA, Safety culture in nuclear installations - Guidance for use in the enhancement of safety culture(IAEA-TECDOC-1329), 2002, pp. 40-41.

리더에게는 '종업원에 의해 느껴지는 리더십(Felt Leadership)'이 요구된다. 즉, "우리 회사는 종업원의 건강과 생명을 진심으로 생각해 주고 있다."고 종업원이 느낄 수 있는 리더십을 발휘하는 것이 원동력이 되어 종업원의 가치의식이 변해 갈 수 있다. 특히 최고경영자의 강력한 의지와 관심(commitment)을 언어와 행동으로 보이고 모든 계층이 체감할 수 있도록 하는 것이 필요하다.

다시 말해서, '안전을 어떻게 생각하고 어떻게 행동해야 하는가?'라고 하는 것을 스스로의 언어와 행동으로 제시하고 부하로부터 신뢰를 받고 이해·납득을 받는 것이 종업원의 사고방식을 바꾸는 가장 유효한 방법이다. 그런 의미에서 리더 자신의 일상적 행동이 매우 중요하다.

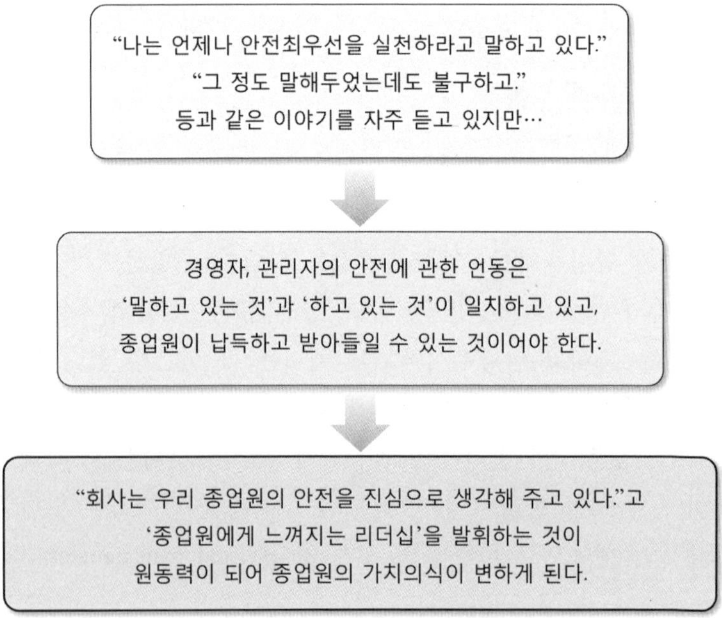

"나는 언제나 안전최우선을 실천하라고 말하고 있다."
"그 정도 말해두었는데도 불구하고."
등과 같은 이야기를 자주 듣고 있지만…

↓

경영자, 관리자의 안전에 관한 언동은
'말하고 있는 것'과 '하고 있는 것'이 일치하고 있고,
종업원이 납득하고 받아들일 수 있는 것이어야 한다.

↓

"회사는 우리 종업원의 안전을 진심으로 생각해 주고 있다."고
'종업원에게 느껴지는 리더십'을 발휘하는 것이
원동력이 되어 종업원의 가치의식이 변하게 된다.

[그림 13-6] Felt Leadership

서류, 표준에서 아무리 좋은 것을 말하고 있어도 리더의 실제 행동, 지시가 그것과 다르면 소용이 없다. 즉, 경영진, 관리자의 안전에 관한 언동은 '말하고 있는 것'과 '행하고 있는 것'이 일치하고 종업원이 납득하고 받아들일 수 있는 것이어야 한다.

안전문화를 조성하는 데 있어서 관리자의 필수적인 자질요건으로 부하로부터 "우리 상사는 항상 우리들의 안전을 진심으로 생각해 주고 있다."고 여겨지는 것이 거론된다. 관리자가 스스로 생각하여 실천하는 것뿐만 아니라 주위의 모두로부터 느껴지는 것도 중요하다. 물론 이러한 자질요건은 관리자뿐만 아니라 최고경영자로부터 감독자까지 부하를 가지고 있는 모든 리더에게 공통되는 것이다.

따라서 리더의 입장에서 보면, "느껴지도록 하려면 어떻게 해야 하는가?"를 생각하는 것도 중요하다. 그 기본은 리더가 안전에 대한 높은 수준의 가치관을 갖는 것이고, 그렇게 하면 언어, 행동에 그것이 나타나 부하는 상사의 생각을 감지할 것이다.

Felt Leadership을 발휘하는 것은 리더의 안전에 대한 생각을 부하의 시선에 맞추어 적극적으로 표출하는 것으로서, 부하에 대하여 보다 많은 좋은 영향을 줄 수 있게 되는 리더십의 올바른 모습이다. 이를 위하여 리더는 '커뮤니케이션', '코칭', '관리' 등에 대해서도 확실히 공부하여 습득할 필요가 있다.

그리고 안전뿐만 아니라 리더 자신이 가지고 있는 인간성으로서의 자유, 평등(공평), 인간존중에 대한 사고방식·태도 등이 '종업원에 의해 느껴지는 Felt Leadership'의 요소이다.

왜 '코칭'인가

'티칭'이 아니라 '코칭'의 시대다. '티칭'이 지식 전달 위주의 교육이라면, '코칭'은 지식을 터득하는 방법을 가르치는 교육이다. 즉, 코칭이란 자기주도학습을 이끌어내는 지도다. 지금 시대는 자기주도학습력을 필요로 한다. 현재 사회는 모든 면에서 변화가 너무 빠르고 불확실성이 증가하면서 새로운 지식이 계속 창출된다는 게 특징이다. 스스로 새로운 지식을 소화하고 학습하지 못한다면 자신이 살아가는 사회, 조직에 필요한 기본적인 사고역량을 개발하는 게 불가능하기 때문에, 안전에서도 그 어느 때보다 자기주도학습이 중요하다.

4차산업혁명, 불확실성 등이 가리키는 방향은 자기주도학습이다. 배움이 '대학 졸업'으로 끝나는 게 아니라 평생 배워야 하는 시대다. 정보량이 제한적이던 시대와 정보가 무한증식하는 시대의 교육법은 다를 수밖에 없다. 안전교육이 모든 지식을 '티칭'할 수 없다면, 지식을 터득하는 방법을 '코칭'해야 하는 것이다. 변화의 속도가 점점 빨라져서 구성원들이 스스로 배우고 변화하는 능력을 갖도록 해야 한다. 안전에서도 코칭이 중요한 이유이다.

근로자가 한 번의 코칭으로 드라마틱하게 변하는 게 아니기 때문에 소그룹으로 장기적으로 꾸준하게 코칭하는 것이 효과적이다. 하루 이틀 굶는 다이어트가 효과가 없는 것처럼, 이벤트로 한 번 듣는 코칭 특강보다는 학습근육을 만들 수 있는 꾸준한 코칭이 필요하다.

근로자들이 안전에 대한 학습을 왜 해야 하는지에 대한 철학을 세우고 근로자의 마음을 살피는 게 우선이다. 하지만 코칭이라고 해놓고선 막상 들어가 보면 티칭인 경우가 많으니 주의해야 한다.

학습은 원래 배움의 즐거움과 호기심을 채워주는 굉장히 귀한 것이다. 학습에 대한 즐거움 회복을 통해 내가 성장하고 내가 행복해지고 나아가 우리의 행복으로 연결되는 배움의 철학부터 코칭해야 한다. 상사, 동료와의 관계가 좋지 않으면 학습으로 넘어가지 못하고 관계가 좋으면 자연스럽게 학습동기가 생긴다. 코칭에서는 동기부여와 함께 관계를 챙기는 게 중요하다.

자기주도학습은 방법도 능력도 아닌 학습하고자 하는 마음에서 나오는데, 학습하는 마음에는 학습 재미, 학습 목표, 자기절제력 등이 포함된다. 코칭을 통해 왜 학습을 해야 하는지에 대한 동기부여와 함께 긍정적인 자기인식, 잘할 수 있을 거라는 효능감, 자존감, 자기조절력 등을 키워줘야 한다.

관리감독자로서 제대로 된 안전코칭을 하고 싶다면, 근로자에게 스스로 안전에 대하여 학습하는 마음의 근육을 우선적으로 길러주면서 안전에 대한 학습의욕을 갖도록 해야 한다. 이를 위해서는 조직 차원에서 관리감독자에게 안전코칭 역량을 지속적으로 길러주어야 한다.

(2) 안전교육훈련을 활성화한다

안전교육훈련은 안전지식과 안전의식을 높이는 데 중요한 기여를 할 수 있다. 안전교육훈련 수요는 직무·과제분석을 이용해서 그리고 위험성평가와 같은 다른 정보원을 참고하여 파악되어야 한다. 전술한 바와 같이 안전교육훈련은 지식과 기능을 증가시키지만, 종업원의 태도, 가치관 또는 행동을 변경시키지 못할 수도 있다. 트레이너는 그들의 교육훈련활동에서 적극적인 안전문화를 증진함으로써 이 어려움에 대응할 수 있다. 이것은 트레이너가 특정한 교육훈련 수요에 대한 그들의 이해를 높이기 위하여 정기적으로 공장과 작업장을 방문함으로써 도움을 받을 수 있다. 관리자들에게 조직문화의 기본적인 개념과 적극적인 안전문화의 특성을 교육훈련시키는 것은 그들이 안전문화를 조성할 때 리더십을 보이려고 할 경우 많은 도움이 될 것이다.[11]

한편, 미국의 행동과학자인 허시(Paul Hersey) 등의 저서인 《Management of Organizational Behavior》에 따르면, 사람이 일으키는 변용은 크게 네 단계의 레벨로 이해할 수 있다. 즉, 지식(기능을 포함한다)상의 변화, 태도상의 변화, 개인행동의 변화, 집단행동 또는 조직행동이다. 이들 각각의 레벨의 변화를 압력, 굴복을 수반하는 것 없이 일으키는 데 필요한 시간(육성시간)과 상대적 난이도(육성단계)를 개념화하여 제시하면 그림 13-7과 같다.[12]

지식과 기능의 변화가 상대적으로 용이하고 태도상의 변화(의식을 바꾸는 것)는 지식과 기능의 변화보다 어렵다고 말해진다.

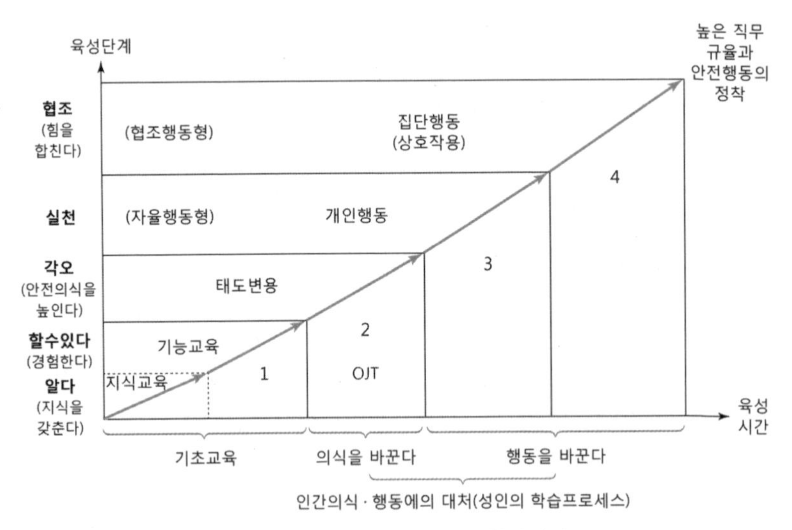

[그림 13-7] 육성단계와 육성시간

11) Ibid., p. 42.

12) P. Hersey, K. H. Blanchard and D. E. Johnson, *Management of Organizational Behavior*, 10th ed., Pearson, 2012.

지식교육, 기능교육에서 배운 것이 바로 실행으로 이어지는가 하면 좀처럼 그렇게 되지 않는다. 직장의 상사가 OJT 등으로 동기부여하는 단계를 밟을 필요가 있다. 즉, 교육훈련에서 배운 것을 실천하는 것이 얼마나 중요한지를 이해(태도변용)하지 않는 한 적극적인 안전행동(행동변용)은 이루어지지 않는다.

나아가, 개인행동에서 집단행동 또는 조직행동으로 이행해 나가기 위해서는, 집단에서의 가치관의 공유화, 안전문화의 요소가 필요하고, 그 실현에는 많은 시간과 노력을 필요로 한다. 인간의 의식과 행동을 변화시키는 노력은 직무규율, 안전행동 정착의 중요한 요소이다.

(가) 관리자의 역할과 안전교육훈련

일반적으로 라인조직을 맡고 있는 관리자는 안전관리, 환경·방재관리, 품질관리, 납기(공정)관리, 비용(수익)관리, 인사관리 등 여러 가지 직무를 어느 것 하나 빠트리지 않고 균형 있게 컨트롤해 가는 관리능력의 발휘가 기대되고 있다.

특히 안전에 관해서는 관리자의 관리능력(전문적 능력, 대인적 능력, 개념화능력)에 힘입는 바가 크고, 그 기대되는 역할에 따른 안전지식, 안전기술능력 등의 전문적 능력, 그리고 조직목표를 보이기 위한 개념화 능력, 나아가 관계자와의 협의·조정, 부하에 대한 동기부여 등의 대인적 능력이 요구된다.

(나) 감독자의 역할과 안전교육훈련

감독자란 산업안전보건법 제16조에서 "사업장의 생산과 관련되는 업무와 그 소속 직원을 직접 지휘·감독하는 직위에 있는 사람"(밑줄은 필자)이라고 정의되어 있는 바와 같이, 작업 중의 근로자를 '직접' 지도 또는 감독하는 위치에 있는 자를 가리킨다. 이 감독자를 나타내는 호칭은 기업에 따라 직장, 조장, 반장, 라인장, 파트장 등 여러 가지이다.

예컨대 유지보수작업에서는 고객의 공장(도급인)으로 출장을 나가 각종 생산설비의 수리작업을 실시하는데, 이 분야는 기계화, 자동화가 어려운 비정상작업이기 때문에, 많은 산업재해가 이러한 작업 중에 발생하고 있다. 특히 작업의 성질상 고소작업, 줄걸이작업, 도공구 취급작업 및 수리조건 설정의 불비에 의한 재해가 많은 비중을 차지하고 있다. 따라서 관리 측면의 충실은 당연하고, '안전시공사이클'을 진행할 때에 주도면밀한 작업계획과 앞을 내다보는 준비, 그리고 종업원 한 사람 한 사람의 안전행동 실천이 재해방지의 최후의 브레이크로서 필요불가결하다. 그리고 이 브레이크는 감독자에 의한 매일 매일의 세심한 대처에 의해 작동될 수 있는 것이다.

감독자에게 일반적으로 요구되는 직무와 역할 수행은 다음과 같다.

① 작업절차의 작성방법
② 작업방법의 개선
③ 작업자의 적정배치
④ 지도·교육방법
⑤ 작업 중의 감독·지시방법
⑥ 작업설비의 안전화
⑦ 작업환경개선과 작업환경조건의 유지
⑧ 안전점검방법
⑨ 이상 시의 조치
⑩ 재해발생 시의 조치
⑪ 재해방지에 대한 관심 제고
⑫ 재해방지의 창의성 인출

감독자를 대상으로 하는 교육에서는 위의 직무와 역할에 대한 지식, 기능, 태도를 습득할 수 있도록 계획을 충실하게 수립하여 실시할 필요가 있다.

(다) 작업자에 대한 안전교육훈련

현장 제일선에서 일하는 작업자는 유해위험요인에 노출되는 빈도가 높기 때문에 작업자에 대한 안전교육은 작업자 한 사람 한 사람에 위험으로부터 몸을 지키는 '자세'를 몸에 익히는 것이 주된 목적이 된다.

[표 13-1] 작업자 안전교육훈련의 종류와 내용(예)

<table>
<tr><th colspan="2">종류</th><th>내용</th><th>생각의 포인트</th></tr>
<tr><td rowspan="8">능력개발</td><td rowspan="4">지식교육</td><td>• 취급하는 공사기계, 도공구의 구조, 기능, 성능을 안다.</td><td rowspan="4">알아야 할 것을 머릿속에서 만들게 한다.</td></tr>
<tr><td>• 작업에 관련된 위험성·유해성을 알고, 대응방법을 안다.</td></tr>
<tr><td>• 작업에 필요한 룰(rule), 작업절차를 안다.</td></tr>
<tr><td>• 자사의 재해사례로부터 재해발생의 원인과 대책을 이해한다.</td></tr>
<tr><td rowspan="4">기능교육</td><td>• 작업에 필요한 요소기능, 응용기능을 몸에 익힌다.</td><td rowspan="4">반복 트레이닝에 의해 기능을 몸에 익힌다.</td></tr>
<tr><td>• 재해를 입기 쉬운 요소기능의 매년 반복 트레이닝을 한다.</td></tr>
<tr><td>• 안전보호구, 위생보호구의 올바른 사용법을 몸에 익힌다.</td></tr>
<tr><td>• 점검의 방법, 이상 시의 조치기능을 몸에 익힌다.</td></tr>
<tr><td rowspan="4">인격형성</td><td rowspan="4">태도교육</td><td>• 직무규율, 안전규율을 몸에 익힌다.</td><td rowspan="4">'왜'를 이해시켜 몸에 밸 때까지 코치한다.</td></tr>
<tr><td>• 유해위험요인에 대한 자세와 각오를 다진다.</td></tr>
<tr><td>• 역할의식을 몸에 익힌다.</td></tr>
<tr><td>• 다른 사람이 보고 있지 않아도 안전한 행동을 하는 가치의식을 몸에 익힌다.</td></tr>
</table>

이 목적에 맞는 안전교육훈련의 기본이 되는 것이 능력개발로서의 지식, 기능의 습득과 인간형성으로서의 태도 형성이다.

지식교육과 기능교육은 OJT, Off-JT에 의해 룰의 내용, 필요성 그리고 작업절차, 급소의 의미를 잘 이해하도록 하기 위해 작업에 필요한 기능을 반복적으로 트레이닝하는 것에 의해 올바르게 몸에 익히는 것이다.

그러나 지식, 기능 측면의 능력개발이 충분히 이루어지더라도 소위 '불안전행동'에 의한 사고, 재해가 많은 것은 작업자가 "잠깐이니까" 또는 "괜찮을 거야" 등이라고 생각하여 바른 행동을 하지 않는 경우가 있기 때문이다.

이 배경에는 '작업의 수행 곤란', '작업절차의 부적절' 등 관리 측면의 원인도 있지만, 많은 불안전행동의 원인은 작업자 자신의 태도의 기반이 되는 가치의식이 룰을 무시한 자기류의 판단기준(내적 규준)을 우선시하는 것에 있다.

태도교육은 습득한 바른 지식, 기능을 발휘할 때, 올바른 자세가 가능하고 동료의 불안전행동에 대해서도 기분 좋게 서로 주의를 환기시킬 수 있는 사람이 되기 위한 인간형성의 노력이다. 안전교육훈련에서 가장 어려운 것이 태도 형성이다. 바람직한 인간상을 설정하고 그 실현을 위한 노력을 교육내용으로 할 필요가 있다.

(라) Why를 가르치는 지도·교육

불안전행동의 방지는 작업에 필요한 지식·기능을 지도·교육하는 방법 또는 그 작업에 대한 지식·기능을 가지고 있는 사람을 배치하는 방법으로 해결하는 것이 기본이다. 여기에서 더 나아가 작업자의 태도까지를 변화시키려면 어떻게 접근하여야 할까?

지도와 교육에서 중요한 것은 Know What, Know How만 가르치는 것이 아니라 Know Why도 가르치는 것이다. 즉, 원리를 포함한 이유까지를 가르칠 필요가 있다. 지식·기능을 높이는 효과뿐만 아니라 태도를 변화시키는 효과를 거둘 수 있다.

일반적으로 무엇(what)을 어떻게(how) 하라고 지시하지만, 그 이유(why)까지를 말해주는 것이 효과적이다. 무엇(what)은 머리로 참여하게 만들고, 어떻게(how)는 손으로 참여하게 만드는 반면, 이유(why)는 마음을 움직이게 하고 정서적인 유대관계를 형성한다. 가장 전폭적인 지원을 이끌어내는 것이 바로 정서적 유대감이다. 머리와 손보다는 가슴을 움직여야 폭발적 힘을 이끌어낼 수 있다. 이유를 아는 사람들은 스스로 방법을 찾아낸다. 왜를 먼저 말해야 하는 이유이다.

1999년 일본에서 발생한 JOC 임계(臨界)사고는 충격적인 사고였다. 이 사고에는 여러 가지 요인이 관련되어 있었지만, 그중 하나는 Why와 관련된 것이었다. 즉, 작업자는 '저탑(貯塔: cylindrical tank)을 사용하여 이러한 절차로 하시오.'라는 How는 가르침을 받았지만, '우라늄을 취급할 때에는 왜 이 설비를 사용하여야 하는가', '왜 이러한 절차인가'라고 하는 Why는 알고 있지 못하였다. 즉, 임계라고 하는 것을 알고 있지 못하였던 것이다. 그래서 현장에서는 보다 능률적으로, 편하게 작업을 하려고 작업절차를 바꾸어 버린 것이다.

안전에 관한 지도와 교육에서도 How(어떤 식으로)뿐만 아니라 Why(왜 그러한가)라는 것도 말해줄 필요가 있다. 번거로운 절차, 하기 어려운 규칙일수록 그 이유도 알려주어야 한다. 인간이라고 하는 존재는 귀찮은 것, 하기 어려운 것은 보다 편하게, 간단하게 하려고 하는 본능이 있다. 특히, 우리나라 사람은 비용절감에 대한 의식과 본능이 강하다. 개선 마인드로서 비용절감으로 작용하고 있으면 좋은 것이지만, 문제는 규칙위반(절차생략 등)과 표리(表裏)의 관계에 있는 경우도 적지 않다는 것이다.

JOC 임계사고에서도 형상이 관리되고 있던 저탑을 사용하는 이유, 임계라고 하는 것에 대해 누군가가 확실히 알고 있었다면, 양동이로 하자거나 침전조로 하자는 의견이 제시되었을 때, "그것은 위험하기 때문에 안 된다."라는 의견이 나왔을 것이다.

참고 JCO 우라늄 가공공장 임계사고[13]

정규 매뉴얼에서는 분말우라늄을 초산에 용해하여 액체우라늄연료를 제조하는 공정에서 임계(핵물질은 일정량이 1개소에 집적되면 반응한다)에 이르지 않도록 형상이 정해진(키가 크고 내경이 좁은) 저탑(貯塔)이라고 불리는 장치를 이용하도록 규정하고 있었다. 그러나 작업성이 나쁘다는 이유로 작업의 효율화를 도모하기 위해 사고 전날부터는 냉각수로 둘러싸인 땅딸막한(키가 작고 내경이 넓은) 형상의, 임계에 이르기 매우 쉬운 구조인 침전조(沈殿槽)라고 하는 다른 장치[이면(裏面) 매뉴얼]를 사용한 관계로[14] 임계가 발생하여 3명의 작업자가 피폭되어 2명이 사망한 사고이다.

정규 매뉴얼은 반드시 준수하여야 하는 것이었지만, 작업자들에게는 이 매뉴얼의 준수이유가 세심하게 가르쳐지지 않았다. 만약 이들이 정규 매뉴얼의 준수이유를 충분히 이해하고 있었더라면 아무리 작업성이 나쁘더라도 정규 매뉴얼을 준수하였을 것으로 생각된다.

---

13) 1999년 9월 30일 일본 茨城県 那珂郡 東海村에 있는 주식회사 JCO사의 핵연료(우라늄) 가공시설에서 발생한 원자력사고(임계사고)이다. 일본에서 처음으로 사고피폭에 의한 사망자가 발생한 사고로서, 지근거리에서 중성사선에 피폭된 작업자 3명 중 2명이 사망하고 1명이 중상을 입은 외에 667명의 피폭자가 발생하였다.

14) 키가 크고 내경이 좁은 형상의 저탑은 일회의 처리용량이 적었기 때문에 많은 양의 작업을 처리해야 하는 당시의 상황에서 신속한 작업을 위해(작업의 효율화를 위해) 용량이 큰 침전조를 이용한 것이다.

일본의 어떤 대학병원에서는 수련의가 자신의 판단으로 환자에게 진통제 대신에 마취약을 주사하는 바람에 환자가 쇼크로 사망하는 사고가 발생한 적이 있다. 약을 잘 알지 못한 상태에서 일을 하다가 이러한 일이 발생한 것으로 분석되었다. 이러한 경우에 본인을 책망하더라도 근본적인 문제해결이 되지 못한다. 물론 '알지 못하는 것을 한' 본인의 책임도 있다. 그러나 보다 근본적인 문제는, 일에 대하여 요구되는 지식, 스킬을 관리 측이 확실히 정의하고, 그것에 맞는 지식을 가지고 있는 자를 현장에 배치하지 않은 점에 있다고 할 수 있다. 수련의가 마취의 약리(藥理)를 알고 있었으면 해당 환자에게 마취약을 투여하는 것은 이상하다는 것을 직감적으로 알아차렸을 것으로 생각된다.

Why를 가르치는 것은 시간이 걸리고 힘들지도 모르지만, 적어도 관리감독자는 원리를 충분히 이해하고, 이를 토대로 현장지도할 수 있어야 한다. 그리고 Why를 가르치는 교육은 조직적으로 확실히 실시하는 것이 필요하다. 때때로 지도와 교육이 OJT라는 이름을 빌린 일손부족 대책이 되는 경우도 있다. 신입사원의 배치 전에 지도·교육계획을 수립하고 지도·교육역(멘토)도 정하여 계획적으로 진행하는 것이 중요하다.

(3) 생명을 소중하게 여기는 의식을 강화한다

관리자들은 재해를 예방하기 위해서는 인간을 '사랑'하는 것(인간애)이 안전의 원점이라는 생각하에 항상 다음과 같은 마음가짐을 가질 필요가 있다.

① 어떤 일이 있어도 자신의 부하가 재해를 입는 일이 있어서는 안 된다.
② 관리자는 법률상의 관리책임은 아니더라도 사람을 맡고 있는 이상 사회적·인도적인 책임이 있다.

이러한 안전의 원점을 재해가 발생한 후의 마무리 반성으로 끝낼 것이 아니라, 평상시의 기본자세로 하여야 한다.

중요한 것은, 관리자뿐만 아니라 감독자를 포함한 종업원 전원이 평소부터 '인간의 생명을 중요하게 여기는 마음'을 공유하고, 자신들의 부하, 동료 중에서 재해를 입는 사람이 절대로 나와서는 안 된다는 강한 신념을 가지고, 모두가 서로의 안전을 배려하는 것이 가능한 직장, 조직을 만들어 가는 것이다.

(4) 일에 대한 긍지를 양성한다

일본의 안전심리학자인 시게루(芳賀繁) 교수는 그의 저서 《事故がなくならない理由: 安全対策の落とし穴》에서 일에 대한 긍지(직업적 자존심)이 안전행동과 어떠한 관계가 있는지를 조사하는 연구를 진행하여 직업적 자존심과 안전행동 의도의 관계를 설명하고 있다.

이 설명에서는 "직업적 자존심은 일의 기량을 높이고 싶다고 하는 유형의 업무의욕과 안전태도를 떠받치고, 규칙(룰)을 어겨서라도 공정을 엄수한다고 하는 위험한 행동을 억제하고, 여러 심리적 요소를 매개로 하여 안전행동 의도에 긍정적인 영향을 미치는 것이 확실하다."고 주장하고 있다.[15)]

시게루 교수는 안전행동에 대한 동기요인을 다음과 같이 정리하고 있다.

① 생명을 소중하게 여기는 마음
② 일을 중요하게 여기는 마음
③ 동료에 대한 배려
④ 상사, 경영자에 대한 신뢰

15) 芳賀繁, 『事故がなくならない理由: 安全対策の落とし穴』, PHP研究所, 2012, p. 205 이하.

⑤ 가족, 친한 사람에 대한 애정

이와 같은 동기요인을 조성하는 것이야말로 '안전행동이 자연스럽게 이루어질 수 있는 직장'을 지향하기 위한 필수불가결한 요소 중의 하나라고 생각한다.

(5) 대화패트롤: 깨닫고 생각하고 약속한다

대화패트롤이란, 일상적인 작업자의 행동관찰과 시정지도를 목적으로 하는 안전감사의 한 형식이다.

제조현장, 공사현장에서는 안전관리의 중요한 대책으로서 안전패트롤이 이루어져 왔다. 종래의 안전패트롤은 규칙위반, 불안전행동, 불안전상태를 발견하고 일방적으로 엄하게 지도한다고 하는 단속형의 패트롤로서, 패트롤을 받는 자에게 있어서는

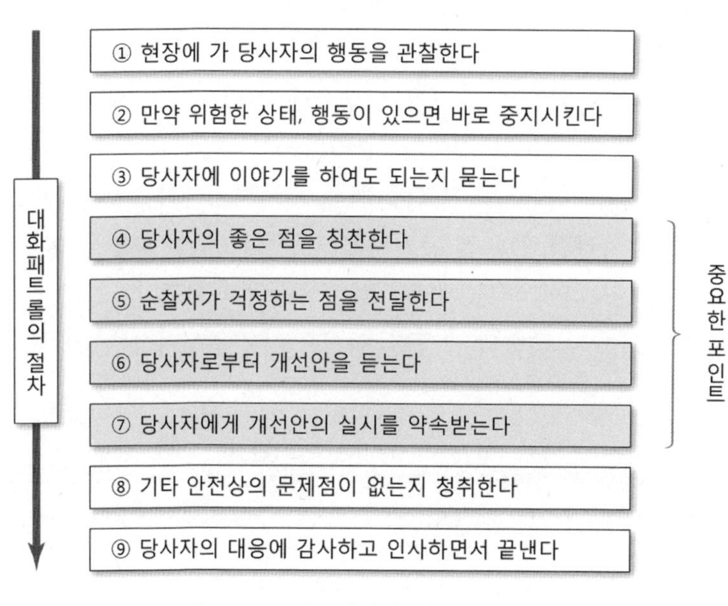

[그림 13-8] 대화패트롤의 절차

강압적이고 피동성이 강한 것이었다.

반면, 대화패트롤은 의논을 통하여 일하는 사람들 자신으로 하여금 생각하게 하고 답을 이끌어내는 패트롤로서, 작업하는 사람들에 대한 일방적인 성격을 없애고 위압감을 없앤 방법이다.

대화패트롤 매뉴얼을 이용하여 대화패트롤에 필요한 지식교육과 작업현장에서 실제의 작업자를 상대로 한 실천훈련을 통하여 대화패트롤능력을 높일 필요가 있다.

(6) 에러를 학습의 기회로 삼는다

종업원들이 에러를 학습의 기회로 생각하도록 장려하고, 관리자들이 종업원들에게 비난에 대한 두려움 없이 에러를 보고할 수 있도록 신뢰를 주는 것이 중요하다. 에러를 학습의 기회로 생각할 때 비로소 프로세스[16]가 개선될 수 있다. 이러한 접근방법에 따른 결과 중의 하나는 보고되는 사고·재해의 수가 실제로는 증가할 수 있다는 것이다. 이것은 보다 높은 안전의식과 에러를 보고하는 자신감의 결과이다. 이것은 안전이 열화되고 있는 징조가 아니다. 학습의 효과가 발생함에 따라, 사고·재해의 수는 장기적으로만 감소할 것이다. 관리자들이 사고·재해 수의 단기적인 증가를 나타내는 지표에 의해 오도되지 않는 것이 중요하다. 사고·재해를 일으킨 종업원에 의한 의도적인 태만이 있었던 경우에는, 조직에 의한 제재조치는 여전히 적용될 수 있다. 그리고 아차사고는 학습의 소중한 원천으로 간주되어야 한다.[17]

16) 여기에서 프로세스란, 투입을 산출로 전환하는 상호 관련되거나 상호 작용하는 일련의 활동을 의미한다[ISO 45001 : 2018(Occupational health and safety management systems – Requirement with guidance for use) 3.25]. 다시 말하면, 가치를 높이는 일련의 활동을 가리킨다.

17) IAEA, Safety culture in nuclear installations - Guidance for use in the enhancement of safety culture(IAEA-TECDOC-1329), 2002, p. 41.

(7) 아차사고보고(발굴)활동을 활성화한다

(가) 개요

아차사고보고(발굴)를 다른 말로 표현하면 '불안전행동에 의한 아차사고체험의 보고(발굴)'를 의미한다. 이 불안전행동을 "어떻게 하면 방지할 수 있을까?"에 대해서는 오래 전부터 연구대상으로 되어 과학적인 노력이 이루어져 왔다. 그 주된 분야는 인간공학, 행동과학이다.

'인간공학'에서는 인간이 보유하는 능력, 작업동작의 특성과 그 약점을 파악하고, 그것을 고려한 기계·설비, 작업환경의 정비, 개선, 작업방법의 개선에 도움을 주고 있다. '행동과학'에서는 인간의 작업행동을 전문분야별로 연구하고, 개인 또는 조직 집단을 대상으로 불안전행동의 발생요인 분석을 통해 그 예방에 도움을 주고 있다.

(나) 아차사고보고가 활성화되지 않는 이유

현장에서 아차사고보고가 충분히 올라오지 않는다는 것을 호소하는 관리자가 많다. 여기에는 '알지 못한다', '할 수 없다', '의욕이 없다'와 같은 이유가 제시될 수 있다.

① 알지 못한다

- 아차사고를 수집하고 있는 것 자체를 모른다.
- 아차사고를 어디에, 어떻게 제출해야 할지를 모른다.
- 아차사고란 무엇인지, 무엇을 보고하면 좋을지를 모른다.
- 아차사고의 중요성을 잘 모른다.
- 기타

② 할 수 없다
- 바빠서 할 수 없다.
- 기입내용이 많아 작성하는 데 시간이 많이 걸린다.
- 양식이 너무 복잡하여 보고할 수 없다.
- 기타

③ 의욕이 없다
- 작성하는 것이 귀찮다.
- 보고했지만 무엇도 달라지지 않는다.
- 자신 한 사람이 보고하지 않더라도 대세에 영향을 미치지 않는다.
- 불안전행동에 의한 자신의 실수를 제출하는 것이 부끄럽다.
- 모처럼 제출해도 관리감독자가 싫거나 귀찮다는 태도를 취한다.
- 보고하면 질책을 받거나 바보 취급을 받을 수 있다.
- 기타

(다) 아차사고보고의 문제점

아차사고보고를 활동으로 추진하는 경우 처음에는 성황을 이루기도 하지만 얼마 지나지 않아 사그라든다. 아차사고 보고가 활성화되지 않는 주된 원인을 제시하면 다음과 같다.

① 작업자(보고자)의 문제
- 작업자 자신이 아차사고체험에 문제의식을 가지려고 하지 않는다.
- 보고서를 작성하는 것에 거부감을 가지고 보고서를 쓰고 싶어 하지 않는다.
- 자신의 불안전행동의 보고는 자신의 프라이드에 손상을 가한다고 생각한다. 이러한 생각은 특히 고령자, 숙련자에게 많다.
- 보고서를 제출하면 상사로부터 싫은 소리를 듣게 되므로 꺼려한다.

- 만약 보고서를 제출해도 상사는 좋은 이해자 또는 조언자가 되어 주지 않는다.
- 보고서가 제출된 채로 두어져 보람이 없다.

② 감독자의 문제
- 감독자 자신이 아차사고보고에 친숙하지 않다. 아차사고보고가 많이 나오는 것이 감독의 불철저라고 생각되어 견딜 수 없어 한다.
- 아차사고보고 제도의 취지가 잘 이해되지 않아 작업자들에게 설명하는 것도 불가능하다.
- 아차사고보고에 대하여 보고서의 진단, 조언, 지도가 잘되지 않는다.

③ 관리자의 문제
- 아차사고보고활동의 매뉴얼이 갖추어 있지 않다.
- 아차사고보고를 활성화하기 위한 관리활동이 시스템화되어 있지 않다.
- 아차사고보고 양식에의 기재가 번잡하고 본인의 반성재료, 상사의 지도재료가 되도록 구성되어 있지 않다(양식의 결함).
- 아차사고보고의 활용방법으로서 아차사고의 분석진단방법, 재해예방대책에의 활용방법이 아직 마련되어 있지 않다.
- 아차사고보고가 나오더라도 활용방법이 불충분하고 소화되지 않은 상태로 방치되어 있다.
- 적극적으로 잘 하고 있는 작업장과 활동이 소극적인 작업장 간의 차이가 점점 커진다.

아마도 대부분의 회사에서 이들 문제 중 몇 개에 해당하는 문제를 가지고 있다고 생각된다. 따라서 다음 2가지 점에 대해 대응책을 마련할 필요가 있다.

• 아차사고보고를 무엇에 활용할 것인가
• 안전보건관리시스템상의 아차사고보고의 위상

현장사람들에게 아차사고보고를 받는 목적은 다음 2가지로 정리된다. i) 스스로 생각하고 자기반성하는 것을 통해 위험감수성을 높인다(현장 차원의 대처), ii) 보고를 데이터화하고 재발방지대책에 활용한다(관리 차원의 대처).

① 현장 차원의 대처

아차사고사례를 교재로 활용하고 작업장의 전원이 생각하고 무엇이 문제였는지, 어떻게 하면 좋았을지 등의 토론을 하고, 새로운 행동목표를 설정하여 일상적인 실천으로 행동을 개선해 갈 필요가 있다(생각 → 반성 → 목표 → 실천).

② 관리 차원의 대처

제출된 아차사고보고정보를 조사하여 정보로서 이것을 데이터화하고 재발방지대책에 활용할 필요가 있다.

아차사고보고(발굴)활동의 키포인트

1. 조기의 보고

기억은 시간이 경과됨에 따라 없어진다. 가능한 한 빨리 보고를 하는 것이 필요하다.

2. 보고자의 보호

보고내용에 따라 책임추궁을 해서는 안 된다. 안전활동에만 사용한다. 그렇지 않으면 보고가 위축될 가능성이 있다.

3. 조기의 개선

보고하더라도 개선이 이루어지지 않으면 참가자의 동기부여에 악영향을 미친다. 조기에 대응을 해야 한다.

4. 정보의 조기유통

아차사고보고는 유사작업을 하고 있는 사람들에게 조기에 알려 다시 유사한 일이 반복되지 않도록 한다.

아차사고는 그 내용이 시간의 경과와 함께 사라져 버리기 때문에, 특별한 사유가 없는 한 아차사고가 발생한 날의 종업(終業) 미팅, 익일 작업개시 전 미팅 등의 자리에서 보고하고, 모두 같이 의논하여 반성점을 발견하며, 앞으로의 행동목표에 반영하는 것을 습관화하는 것이 바람직하다.

이러한 대응을 통해 체험학습과 같은 효과를 기대할 수 있고, 작업자가 스스로 생각하고 반성하며 스스로 위험을 깨닫고 문제의식을 갖게 할 수 있다. 또한 이것이 평소의 안전행동의 동기부여가 되며 '태도변용'을 일으키게 된다.

즉, 자신들이 생각하고 스스로 결정한 행동목표는 준수되기 쉽지만, 관리 주도의 규칙(룰) 강제로는 '태도변용'은 일어나기 어렵고, 관리자가 그 장소에 있을 때만 안전한 행동을 한다.

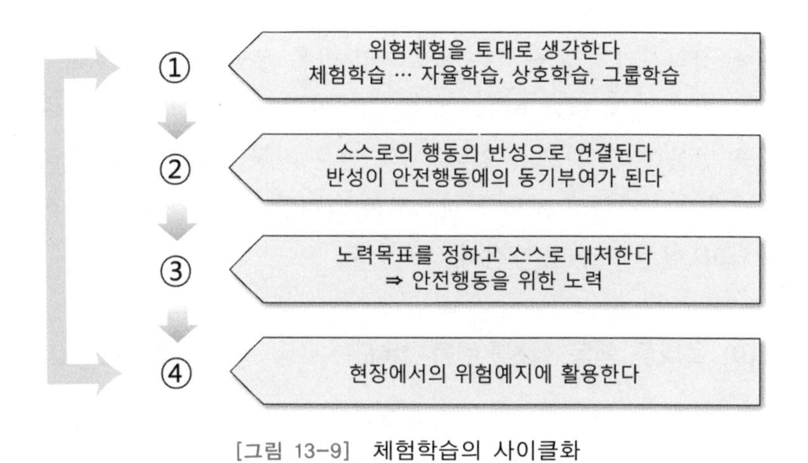

[그림 13-9] 체험학습의 사이클화

(8) 타인의 안전을 배려하는 상호 간 주의(지적)를 장려한다

일에 열중하고 있거나 트러블 처리에 집중하다 보면 주위의 위험을 깨닫지 못하거나 무심코 무리한 행동을 하는 경우가 자주 있다. 이와 같은 때에 주위사람이 주의를 환기시켜 깨닫게 함으로써 재해를 방지할 수 있다.

예를 들면, 해머를 휘두를 때 주위의 작업자에게 "지금부터 해머를 휘두를 거니까 떨어져 주세요."라고 말하여 퇴피를 촉구하는 것도 사람의 안전을 배려하는 상호 간 주의(지적)이다. 그리고 무거운 유압실린더를 무리하게 손으로 운반하려고 하는 자가 있으면, 대차를 가지고 와 "허리에 무리가 갈 수 있으니 이 대차를 사용하세요."라고 말하여 무리한 운반작업을 하지 않게 하는 것도 사람의 안전을 배려하는 상호 간 주의(지적)이다. 또 줄걸이작업 중에 줄거리 와이어를 손으로 쥔 채 와이어를 긴장시키고 있는 것을 발견하고 "잠깐!"이라고 주의를 주면서 들어 올리는 것을 그만두게 하는 것도 다른 사람의 안전을 배려하는 상호 간 주의(지적)이다.

상호 간 주의(지적)는 다른 사람의 안전을 신경 써주는 대응이지만, 하루아침에 가능한 것은 아니다. 상호 간 주의(지적)를 직장에 정착시키기 위해서는 동료끼리 마음 부담 없이 말을 하고 이를 기분 좋게 받아들이는 분위기를 가진, 안전의식이 높은 직장을 만들어 갈 필요가 있다. 이와 같은 직장 만들기를 경영진, 관리자가 장려하고 지원해 감으로써 그러한 노력의 중요성이 이해되고 실천도가 높아진다.

(9) 올바른 행동 실천훈련을 한다

생산설비를 수리하는 경우는 안전확보를 위하여 그 운전을 정지하고 수리 중에 기계가 절대로 움직이지 않도록 운전담당자, 설비담당자, 시공담당자의 입회·확인하에 각종 동력원, 조작회로의 차단, 유공압설비의 잔압(殘壓) 개방 등의 '수리조건설정(이중차단)'을 실시하고, 확실한 운전·조작금지 조치를 행한다.

그리고 동력원의 차단에 수반하여, 기계의 자중, 외력으로 작동할 가능성이 있는 부분은 떠받치는 등의 기계적인 고정조치를 아울러 실시한다.

생산설비의 수리작업은 작업계획에 기초하여 '안전시공사이클'의 절차에 따라 실시하는바, 고소작업, 중량물 줄걸이작업, 도공구 취급작업 등 작업자가 위험원에 접근할 기회가 많기 때문에, 안전지식은 물론이고 수리작업에 필요한 '기능'을 올바르게 습득한 시공자가 행하지 않으면 안전한 작업은 불가능하다.

종래부터 많은 기업에서는 행동에 관한 재해를 억지하기 위하여 규칙(룰)을 정하고 이 룰을 준수하도록 하기 위한 교육을 진행하여 왔지만, 현장작업 시 행동개선에는 높은 효과가 있었다고 보기는 어렵다.

보다 효과적인 방법으로서, 현장 제일선의 작업자가 작업 중에 언제라도 어디에서도 올바른 행동을 실천할 수 있도록 하기 위해, 종래부터의 규칙(룰) 중심의 교육을 개선하여, '왜 규칙을 지킬 필요가 있는가', '왜 올바른 행동을 할 필요가 있는가', '왜 하지 않으면 안 되는가'와 같은 태도변용과 행동변용을 위한 동기부여의 요소를 가미한 '올바른 행동 실천훈련'을 실시할 필요가 있다.

(10) 사고·재해사례에서 배운다

유감스럽지만 사고·재해는 근절할 수 없는 것이 현실이다. 무언가의 간과·불철저, 사소한 미스와 같은 틈새를 사고·재해의 악마는 항상 노리고 있다. 바로 진정될 사소한 이상, 아차사고로 끝나는 것도, 설비를 손상시키거나 지역에 폐를 끼치는 사고도, 사람을 다치게 하거나 기업의 존립까지 위태롭게 하는 사고에 이르게 하는 것도 작은 실패, 사소한 미스, 그리고 이들의 누적인 경우가 많다.

사고·재해를 일으키지 않기 위해서는 이러한 실패, 미스를 발생시키지 않으면 되기 때문에, 실패, 미스를 방지하는 감수성과 그 기초가 되는 지식을 어떻게 몸에 익히느냐가 중요하다.

지식은 기본적으로 교육으로 몸에 익힐 수 있지만, 역동적인 공장에서 안전을 확보하기 위한 살아 있는 지식은 이론, 기술이라고 하는 일반적인 교육만으로는 몸에 익힐 수 없다. 일반적인 교육도 물론 중요하고, 이것이 없으면 이론적으로 사고·재해방지를 생각하는 것은 어렵지만, 살아 있는 안전지식을 갖기 위해서는 스스로 경험한 사고·재해가 아니더라도 과거의 사고·재해사례를 이해하는 것이 매우 중요하다.

알지 못하는 것은 보이지 않는다, 경험한 적이 없는 것도 보이지 않는다,[18] 그리고 보고 싶지 않은 것도 보이지 않는다. 사고·재해는 미연에 그것을 알아차리게 해주는 최강의 교육자료에 해당한다.

생각하지도 않은 사건, 예측할 수 없었던 조건과 같은 것이 사고·재해가 발생하고 나서 비로소 눈에 보인다. 괜찮을 것이라고 생각해 왔던 재해방지대책의 맹점, 간과해 온 점, 깨닫지 못했던 점이 사고·재해가 일어나고 나서 비로소 눈에 보이는 경우가 많다.

“설마 그런 재해가 발생하리라고는…”과 같은 전혀 상정할 수 없었던(생각도 하지 않은) 재해를 피하기 위해서는 과거의 사고·재해사례를 통해 리스크를 알아차리는 것이 중요하다. 사고·

18) 우리가 모든 것을 경험하기에는 우리의 직장생활이 너무 짧다.

재해를 통해 스스로 깨달은 점, 동료가 느끼게 해준, 경우에 따라서는 쓰라린 느낌, 분한 생각을 통해 발견하게 해준 맹점을 절대 헛되게 해서는 안 된다.

자신의 작업장, 자신의 공장이라면 대체로 동일한 발상으로 재해방지를 도모해 왔을 것이기 때문에 동일한 맹점은 자신의 현장에도 반드시 있을 것으로 생각하고 접근하는 것이 필요하다. 사고·재해발생 작업장, 공장과 다른 작업장, 공장이라 하더라도 같은 기업이라면 비슷한 맹점이 존재할 가능성이 있다고 생각하면서 접근할 필요가 있다.

특히 자신들과 가까운 현장이라면 상황도 배경도 대책의 의미도 모두 이해할 수 있을 것이다. 이른바 손안에 있다고 할 수 있다. 자신의 공장의 사고·재해사례는 반복하여 반추하는 것이 풍화 방지이자 다음으로 진화하는 실마리가 된다.

한편, 동일기업의 다른 공장, 동종업종의 다른 기업의 사고·재해에 대해 많은 경우 사고·재해발생과정의 해석을 보고 이를 이해할 수 있으면 거기에서 안심하여 버리는 경향이 있다. 유사한 공정 또는 작업절차를 가지고 있는 경우는 물론이고 공정 또는 작업절차가 다르더라도, 다른 공장, 기업에서 깊이 배워야 하는 것은 사고·재해발생과정의 이해뿐만 아니라 사고·재해를 낳은 배경이다.

무엇이 부족하였는가, 무엇이 인식을 방해하였는가, 왜 그런 것을 그 현장이 몰랐는가(인식하지 못하였는가), 과연 방지조치가 불가능하였는가 등등 사고·재해는 발생하고 나서 생각하면 참으로 초보적인 "왜 그런 것이…"라고 생각되는 경우가 많다. 이것은 우리들 자신의 현장에도 반드시 동종의 맹점이 있는 것을 시사하고 있는 것에 다름 아니다. 자신들이 올바르다고 생각하고 있는 생각에 잠재하는 맹점을 검증하는 기회로 삼을 필요가 있다.

사고·재해사례는 귀중한 교재이고 다른 것으로 대체할 수 없는 재해방지대책의 보고(寶庫)에 해당하는 것으로서, 각 부서에서 이를 적극적으로 활용하는 것이 안전문화를 조성하는 데 있어 매우 중요하다.

사고·재해사례로부터 무엇을 배울지는 다음과 같이 배우려고 하는 자의 역할에 따라 배우는 내용이 다소 다르다. 조직에서는 이 점을 이해하고 현장의 관계자들이 사고·재해사례를 적극적으로 활용하도록 해야 한다.

① 안전·보건관리자 차원

안전보건관리시스템을 운용할 책임이 있는 안전·보건관리자의 경우는 근본원인까지 규명하고 많은 근본원인에 해당하는 관리시스템상의 결함을 파악하여 그 결함의 개선에 도움을 받을 수 있다.

② 관리감독자 차원

부하를 데리고 있고 작업장을 운영하며 작업을 지휘·감독할 책임이 있는 관리감독자의 경우는 자신들의 업무에 대해 안전에 관한 부족한 점을 파악하고 안전역량 향상에 도움을 받을 수 있다.

③ 작업자 차원

작업현장에서 일하는 작업자의 경우는 매일 실시하고 있는 작업과 직접적으로 관계있는 직접요인, 재해에 이른 직근(直近)의 배경 등을 배우고 매일의 위험예지활동, 작업행동에 반영하여 활용할 수 있다.

(11) 사고·재해의 심층적인 분석

사고·재해로부터 교훈을 도출하기 위해서는 그것들에 대

한 체계적이고 심층적인 분석이 기본적으로 중요하다. 분석은 인적 요인 등 다양한 요인을 포함하여야 하고 기술적 요인에 국한되어서는 안 된다. 분석은 근본적인 원인까지를 분명히 파악하기 위하여 그 전에 사고·재해의 직접적 원인과 기본적(간접적)인 원인을 찾아내려고 하여야 한다. 기본적 원인은 다음 요인들 중의 어느 하나 또는 여러 개일 수 있다: 인적 요인, 기술적(기계·설비) 요인, 작업환경·작업적 요인, 관리적 요인. 근본원인분석(RCA)은 사고·재해의 다중원인성(multi-causal nature)을 인정한다. 원인과 결과가 단일인 경우는 드물다. 근본원인분석을 수행할 때는, 특히 휴먼에러가 원인의 한 부분일 때는 인적 요인에 관한 지식을 가진 사람의 관여가 권장된다. 근본원인분석은 에러 또는 사고·재해가 공개적으로 그리고 정직하게 보고될 때만 효과적일 수 있다.[19)]

사고·재해를 심층적으로 파헤쳐 분석하는 것은 에러를 줄이는 단초이다. 표면적으로는 전혀 다른 에러 또는 사고·재해로 보이더라도, 파헤치면 공통적 요인이 잠재하고 있는 경우가 있고, 그런 공통적 요인의 대부분은 조직의 문제로 귀결된다.

(12) 위험관리

재해의 직접적인 원인은, 잔류하는 리스크에 추가하여 사람의 부적절한 행위, 기계의 좋지 않은 상태, 작업환경의 불량 그리고 작업방법의 문제 등에 의한 리스크 증대에 의한 것이 대부분이다. 따라서 재해를 방지하기 위해서는, '과거로부터 배우고, 미래를 읽고, 이 정보를 현재에 살린다'고 하는 종합적인 '위험관리'가 필요하게 된다. 이 위험관리는 안전문화를 조성하는 데 있어 기초를 형성하는 부분이다.

---

19) Ibid.

‘위험관리’의 하나는, 이미 발생한 사고·재해의 실패사례에 대해 그 발생원인을 규명하고, 적절한 조치를 실시하는 것에 의해 동일하거나 유사한 사고·재해의 재발방지를 목적으로 하는, 이른바 ‘사후대응안전’이라고 불리는 대처이다.

또 하나는, 사고·재해가 발생하기 전에 사고·재해를 예방해 나가는 대처이고, ‘선제적 안전’이라고 불리는 대처이다. 이 ‘선제적 안전’의 대처는 다음 두 가지의 대처에 의해 사고·재해의 예방효과가 보다 높은 것이 된다.

① 시설·기계·설비·환경·작업·재료에 잠재하는 위험요인을 파악하고 적절한 조치를 실시함으로써 리스크의 배제·저감을 행하는 ‘위험성평가’
② 위험성평가에 의한 리스크 저감조치를 실시한 후에도 남아 있는 리스크, 현장에서 새롭게 발견된 리스크를 회피하기 위한 작업팀에 의한 ‘위험예지활동(훈련)’

위험관리는 ‘사후대응안전’과 ‘선제적 안전’으로 구분하여 대처하는 것이 아니라, 오히려 각각에서 얻어지는 정보를 적극적으로 활용하여 종합적으로 대처해 나가야 한다.

(가) 위험성평가

종래에는 사업장의 재해방지대책은 발생한 산업재해의 원인을 조사하고 동종·유사재해의 재발방지대책을 수립하여 이를 작업장에 적용해 나가는 접근방식이 기본이었다. 그러나 종래의 재해사례에서 배운다고 하는 재발방지대책의 접근방식으로는 재해예방을 능동적으로 전개하는 데 근본적으로 한계가 있다. 특히 생산공정의 다양화·복잡화가 진전되고 새로운 기계·설비, 물질 등의 도입주기가 빨라지는 등 사업장에 존재하는 유해위험요인이 다양화되고 있는 상황에서는 재발방지대책의 접근방식만으로는 산업재해의 발생수준을 한층 낮추는 것이 점점 어려워질 것으로 생각된다.

따라서 잠재적인 유해위험에 대해서까지 눈을 돌려 재해방지대책을 도모해 가는 위험성평가(risk assessment)를 효과적으로 운용함으로써, 사업장에 존재하는 위험성을 감소시키고, 사업장의 본질적(근원적) 안전화를 촉진하며, 궁극적으로 안전문화의 수준 향상으로 이어나갈 필요가 있다.

이러한 위험성평가는, 종업원들이 위험성평가가 사고·재해의 결과에 어느 정도 통제를 할 수 있다고 생각할 때, 가장 효과적이다. 이 말은 인간이 자연에 대해 어느 정도 통제를 할 수 있다는 것이 조직의 기본적인 문화적 전제인식의 하나일 때 현실이 될 것이다. 생활에 대한 숙명론적 접근은 위험성평가에 도움이 되지 않는다.

참고로, 최근 위험성평가가 많은 기업에서 실시되고 있지만, 형식적으로 되고 있는 경우가 많은 것 같다. 위험성평가의 형해화를 방지하고 실질적으로 실행되도록 하는 것이 중요한 과제라고 할 수 있다.

(나) 위험예지활동(훈련)

1) 위험예지의 포인트

위험예지활동(훈련)은 작업, 직장에 잠재하는 위험요인을 발견하고 해결하는 능력을 높이기 위하여 개발된 기법으로서, 위험감수성을 예리하게 하고 안전한 행동에 대한 실천의욕을 강화하는 기법이다.

몇 년 전까지는 단독(1인)작업의 금지라고 하는 것이 안전대책의 하나로 채택되곤 하였다. 즉, 위험한 작업, 비정상작업에 대해서는 반드시 복수의 작업자가 행하고, 절대로 1인으로는 대응하지 않는다는 것이다.

그러나 최근에는 생인화(省人化), 생력화(省力化)를 도모하기 위하여 어떤 기업에서도 1인의 작업자가 여러 가지 작업을 처리하는, 이른바 다능공화가 진행되는 한편, 기계·설비는 자동화, 메카트로닉스화가 진척되고 있다.

기계·설비의 자동화 등에 동반하여 기계·설비의 안전성은 어떤 의미에서는 비약적으로 향상되었지만, 한편으로는 최근의 생산설비는 대부분 라인화·제어시스템화되어 일시 정지, 오작동 등과 같은 트러블이 다발하는 것으로도 이어진다.[20]

이들 트러블 대응은 보통 1인 작업자가 행하는 경우가 많아 비정상작업에서의 단독작업이라고 하는 것이 증가하게 되었다. 이와 같은 변화에 따라 비정상작업에서의 단독작업에서 재해가 다발하는 것이 최근에 큰 과제로 부상하고 있다.

비정상작업 중에서도 임시돌발작업은 대부분이 단독작업이라는 점이 특징이다. 재해발생률로 보면, 비정상작업에서는 임시돌발작업에서 재해가 압도적으로 많이 발생하고 있다.

그리고 작업(대응)의 긴급성과 함께, 트러블 등이 발생한 경우 자기 라인의 잘못이 작업장 전체의 흐름을 저해시켜서는 안 된다는 임무감으로 인해 베테랑 작업자(숙련자), 감독자층의 재해발생이 많은 것도 임시돌발작업에서 발생하는 재해의 특징이다.

계획적 비정상작업의 경우 계획적인 교육훈련을 실시하고 올바른 작업절차서에 입각하여 올바른 작업지시가 가능한 안전관리체제의 구축이 필요하다. 그리고 계획적 비정상작업에서는 사

---

20) 제어시스템은 반드시 일시 정지, 오작동 등의 트러블을 일으킬 가능성을 가지고 있다.

전에 충분히 내용을 음미하는 것이 가능하므로, 모든 사태를 감안하여 작업계획, 절차와 급소, 인원배치를 명확히 하고 관계작업자에게 주지시킨 후에 작업을 개시할 필요가 있다.

임시돌발작업에서는 정확한 상황판단이 요구된다. 임시돌발작업은 정상작업이나 계획적 비정상작업에 비하여 넓고 깊은 지식, 판단력, 기능과 기술을 필요로 하는 작업이 많이 있다. 작업의 분담, 배치를 평상시부터 충분히 고려해 두는 것도 임시돌발작업의 대응에 있어 중요하다. 따라서 임시돌발작업에 대해서는 항상 정확한 상황 판단과 급소 지시가 가능하도록 평상시에 판단력과 작업지시능력을 배양하는 '작업지시 위험예지훈련'이 필요하다.

그리고 하루 중 계속 1인 작업을 하는 작업자도 많고, 몇 명이 같이 작업을 하고 있어도 실질적으로는 1인 작업인 경우가 많다. 이에 대응하기 위해서는 작업자 한 사람 한 사람의 위험에 대한 감수성(위험예지능력) 향상을 도모하는 '1인 위험예지훈련'을 실시하는 것이 필요하다.

2) 위험예지에 필요한 능력

작업(공사)에 임할 때 위험예지에 필요한 능력은 그림 13-10

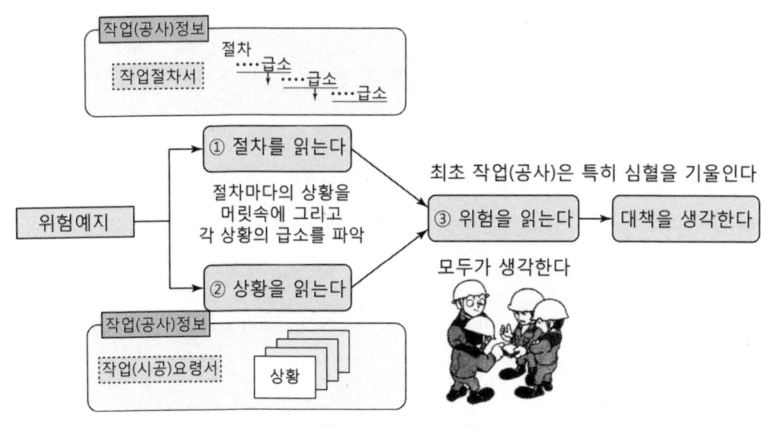

[그림 13-10] 위험예지에 필요한 세 가지 능력

에서 제시하고 있듯이 ① 작업절차를 읽는다, ② 작업절차별 작업상황을 읽는다, ③ 각각의 작업상황에 잠재하는 위험을 읽는다고 하는 '세 개의 능력'에 의해 구성된다. 위험예지에 필요한 능력은 작업에 잠재하는 위험요인을 정확하게 알아차리는 능력이라고 할 수 있는데, 누구나가 동일한 수준으로 알아차릴 수 있는 것은 아니다.

이들 위험예지에 필요한 능력은 작업경험에 의한 개인차가 크고, 작업경험이 적은 신규자·배치전환자의 경우에는 적절한 위험예지가 불가능하여 재해예방의 효과를 거두는 데 한계가 있다. 그리고 퇴직 등 베테랑층이 적어지고 있는 현재에는 경험에만 의존할 수 없으므로, 위험예지활동(훈련)과 아울러 사전에 작업단계별 급소를 포함한 작업절차서 작성과 작업단계별로 삽화 등에 의한 작업상황의 가시화 등의 방법을 통해 작업팀을 지원하여 재해방지효과를 높일 필요가 있다.

3) 위험성평가와 위험예지활동(훈련)의 차이

사업장을 방문하여 안전관리·활동을 살펴보면, 안전관리의 초석으로 평가받고 있는 위험성평가를 종전부터 안전활동의 일환으로 추진되어 온 위험예지활동(훈련)과 구분하지 못하고 위험성평가를 위험예지활동처럼 운영하는 사례를 자주 볼 수 있다.

위험성평가는 당일의 작업 개시 전에 행하는 단시간의 대응으로는 충분히 추출할 수 없는 유해위험요인을 파악하여, 특히 리스크 저감효과가 높은 대책을 취하기 위하여, 시간 축을 길게 볼 필요가 있다. 따라서 위험성평가와 위험예지활동(훈련)의 차이를 정확히 인식하고(표 13-2 참조), 각 활동을 원래의 취지를 살려 효과적으로 실시하는 것은 수준 높은 안전문화 조성을 위해 반드시 필요한 부분이다.

[표 13-2] 위험성평가와 위험예지활동(훈련)의 차이

구분		위험성평가	위험예지활동(훈련)
유사		절차1: 유해위험요인의 파악 • 유해위험요인(~로 인하여) • 사람(~을 하여) • 위험상태[작업·물(物)과의 접촉) • 위험사건(~가 된다)	제1라운드: 어떤 위험이 잠재되어 있는가? • ~로 인하여(유해위험요인) • ~을 하여(사람) • ~가 된다(사고의 유형)
차이	목적	• 사업주가 건설물(시설)·기계·설비·기구·재료·환경 또는 작업에서 발생하는 유해위험요인으로부터 작업자를 보호한다. • 위험의 배제, 저감 (본질안전화~보호구) • 주체는 사업주에 초점 • 개선대책의 비용이 발생	작업자들이 자신들의 의사로 재해방지를 위한 공통의 행동목표를 정하여 전원이 준수한다. • 위험의 회피(자세와 각오) (안전행동) • 주체는 작업그룹에 초점 • 특별한 비용은 불필요
	내용	• 절차2: 리스크의 추정·결정(판단) • 각각의 유해위험요인에 대하여 리스크의 추정·결정(판단)을 행한다.	• 제2라운드: 여러 유해위험요인들 중 그날의 작업에서 중대한 요인을 선정한다.
		• 절차3: 우선도의 저감조치 검토 • 리스크의 크기에 따라 리스크를 구체적으로 제거·저감하는 대책(조치)을 도출한다.	• 제3라운드: 당신이라면 이렇게 한다. • 경험에 근거하여 생각이 나는 대책(실시사항)을 서로 낸다.
	시기	• 작업계획 또는 작업절차 등을 수립할 때	• 작업계획 또는 작업절차 등을 수립한 후 작업개시 전에

(13) 지적확인(호칭)활동

지적(指摘)확인(호칭)활동은 인간의 심리적 결함에 근거한 확인미스, 판단미스, 조작미스 등을 방지하고 사고·재해를 미연에 방지하는 효과가 있다. 주의 대상에 눈을 돌려 팔을 뻗어 가리키

면서 큰 목소리로 호칭하고 그것을 자신의 귀로 듣는 것에 의해 주의의 수준을 명료한 수준으로 바꾸는 효과가 있다.

지적호칭의 효과에 대해서는 1994년에 일본 공익재단법인 철도종합기술연구소에 의해 효과 검증 실험이 이루어졌다(그림 13-11). 이 실험에 따르면, 'Ⓐ 대상물을 보기만' 하는 경우의 조작버튼을 잘못 누르는 에러 발생률은 2.38이었고, 'Ⓑ 대상물을 보고 호칭만' 하는 경우의 조작버튼을 잘못 누르는 에러 발생률은 1.00, 'Ⓒ 대상물을 보고 지적만' 하는 경우의 조작버튼을 잘못 누르는 에러 발생률은 0.75이었던 것에 비해, 'Ⓓ 대상물을 보고 지적과 호칭을 함께' 하는 경우의 조작버튼을 잘못 누르는 에러 발생률은 0.38이 되어, 이 경우의 잘못 누르는 에러 발생률이 'Ⓐ 대상물을 보기만' 하는 경우의 그것에 비해 16%(약 6분의 1)로 감소하였다.

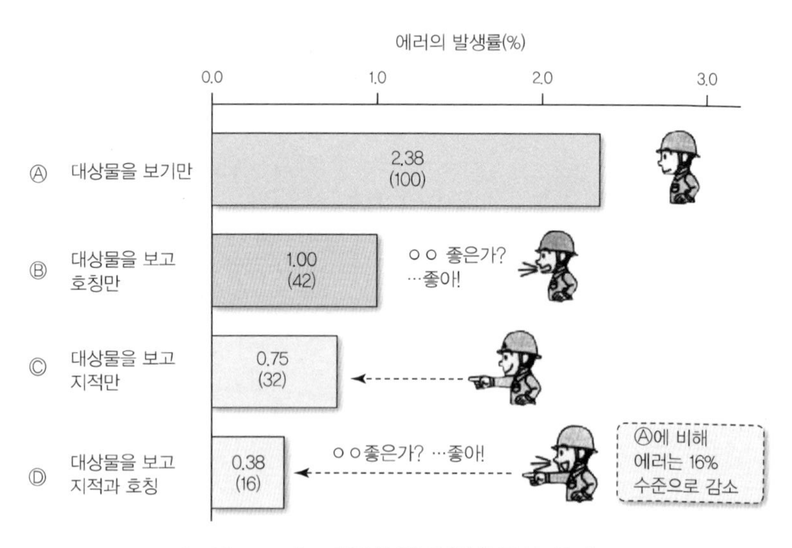

[그림 13-11] 지적확인(호칭)활동의 효과

현장에서 지적확인(호칭)을 실천할 때의 문제는 그 목적, 효과를 충분히 전하지 않고 지적확인(호칭)을 하는 것이 목적이 되어버리면 그 정착률은 낮고 형해화되기 쉽다는 점이다. 따라서 지적확인(호칭)의 목적과 효과를 작업자의 수준에 맞추어 확실하게 전달할 필요가 있다. 작업자 자신이 그것은 효과가 있고 자신을 위하는 것이라고 납득하고 이해하여야 비로소 마음을 담아 실천하게 된다.

(14) 사회와의 커뮤니케이션

사회에 큰 영향을 미치는 회사의 경우, 사회로부터 신뢰를 받는 것은 안전문화의 중요한 요소이다. 사회로부터의 신뢰를 느끼는 것에 의해, 종업원에게 사명감이 탄생되고 일하는 보람도 느낀다. 이것이 일상적인 업무수행에 큰 영향을 미친다. 사회와의 커뮤니케이션에 있어서는 안전에 관한 정보를 공개하고 올바르게 설명하는 것이 중요하다. 정보를 숨기는 것은 그 당시에는 좋을지 모르지만, 장기적으로는 큰 마이너스를 초래한다. 그리고 이와 같은 태도는 종업원의 사명감을 약화시키고 조직의 안전문화도 열화시킨다.

Ⅲ. 안전문화 조성을 위한 관리감독자의 자세

안전을 확보하는 데 있어 조직으로부터 위임을 받아 일하는 위치에 있는 관리감독자의 역할이 매우 중요하다는 것은 두 말할 필요가 없을 것이다. 안전문화의 조성을 위해서도 관리감독자는 중추적 역할을 다해야 하는데, 이들에게 요구되는 자세로는 다음과 같은 사항이 제시될 수 있다.

1. 라인 중심의 안전관리

선진적인 안전을 확보하기 위해서는 안전을 라인(line)관리화하여야 한다. 즉 라인관리감독자가 중심이 되어 안전관리가 이루어져야 한다. 라인관리감독자는 담당조직의 업무운영에 있어 우수한 안전관리는 필수요건이라고 생각하고, 안전목표 달성을 위하여 노력을 아끼지 않아야 한다. 라인관리감독자는 안전상 해결하여야 할 과제를 정하고 담당조직의 안전관리업무에 부하와 함께 대처하여야 한다.

그리고 라인관리감독자는 전문적인 안전기술·지식을 필요로 하는 과제에 대해서는 안전보건부서의 스태프에 지원을 요청하거나 안전보건스태프의 참여를 요청하여 효과적인 대책을 입안하고 종업원에게 대책 실시를 지시하여야 한다.

사고·재해예방을 위한 대책, 담당조직에서 발생한 사고·재해의 조사와 재발방지대책 등 주요한 안전관리업무는 라인관리감독자가 적극적으로 주도하여야 한다. 라인관리감독자는 담당조직의 안전관리책임은 스스로에게 있다는 것을 자각하고 있고, 안전보건스태프는 어디까지나 안전관리를 촉진시키기 위한 보좌역임을 인식할 필요가 있다.

2. 관리자의 솔선수범

안전관리상태의 열화의 징후는 품질관리, 비용관리 등과 같이 매일 정량적으로 확인하는 것이 어렵고, 사고·재해로 현재화(顯在化)하여 비로소 주목되는 숙명을 안고 있다. 그런 만큼 관리자가 안전을 중요하게 여기고 있다는 것을 스스로의 언어, 행동에 의해 종업원에게 계속적으로 보여주는 것이 요구된다.

관리자의 언동은 항상 종업원들의 관심 대상이고, 회사 내부에서의 행동뿐만 아니라 사생활의 행동에 대해서도 일상적으로 말하는 것과 일치하고 있는지 어떤지를 종업원들이 의식적으로든 무의식적으로든 항상 보고 있다는 것을 명심해야 한다.

예를 들면, 회사 밖의 횡단보도에서 적색 신호임에도 불구하고 건너가는 등의 행위를 본 종업원은 금세 그 상사를 신뢰하지 않게 되어 버린다. 따라서 관리자가 안전최우선을 장려하고 종업원에게 그 실천을 요구하는 이상은 스스로가 모범적인 행동을 솔선수범하는 것이 요구된다.

3. 재해사례의 적극적인 활용

안전의식을 향상시킬 수 있는 최대의 찬스는 직·간접적인 재해체험이다. 그리고 재해사례는 현장에서 일하는 동료가 알아차리지 못한 것의 결과인 만큼, 자신의 현장에도 동일하게 알아차리지 못하고 있는 점이 없는지 재점검할 절호의 기회이기도 하다.

따라서 재해사례는 전술한 바와 같이 귀중한 교재이자 최강의 교육자료이고, 다른 것으로 대체할 수 없는 재해방지대책의 보고(寶庫)에 해당하는 것이라고 말할 수 있다. 안전문화를 조성하기 위해서는 재해사례를 각 부서에 널리 전파하여 적극적으로 활용하도록 하는 것이 반드시 필요하다.

이를 위해 재해사례는 국내 및 해외(있다면)의 모든 공장 간에 서로 공유하는 시스템을 구축해야 한다. 같은 공장 안에서 발생한 재해의 경우는 현장에서 문제를 일으킨 현물을 보면서 어떠한 상태였는지(현실)를 확인하는 방식으로 재해 검토회(반성회)를 철저히 실시하면, 참가자는 유사체험을 한 것과 같은 효과를 거둘 수 있다.

재해정보를 단순히 뉴스로 받아들일 것이 아니라, 여러 각도에서 살펴보거나 의심을 가지고 접근하고, 재해를 아는 것은 재해를 방지하는 것에 직결된다는 의식으로 받아들일 필요가 있다. 재해사례를 중시할지 소홀히 할지는 경영진을 포함한 관리감독자의 안전의식과 위험감수성에 따라 다르다.

4. Know-Why 교육·지도 강화

전술한 바와 같이, 교육훈련에서 중요한 것은 Know How만 가르치는 것이 아니라 Know Why도 가르치는 것이다. 즉, 교육훈련에서는 How(어떤 식으로)뿐만 아니라 Why(왜 그러한가)라는 것도 이해시킬 필요가 있다. 이유(원리, 배경)까지를 가르치지 않으면 안 된다는 것이다.

번거로운 절차, 하기 어려운 규칙일수록 그 이유도 교육하여야 한다. 인간은 귀찮은 것, 하기 어려운 것은 보다 편하게, 간단하게 하려고 하는 본능이 있기 때문이다. 단순히 절차, 조작법 등을 아는 단계에서 더 나아가 왜 다음은 그 조작인지, 왜 그 절차인지까지를 이해하는 수준까지 이르게 하는 것을 안전교육·지도의 목표로 삼아야 한다.

Why를 가르치는 것은 시간이 걸리고 힘들지도 모르지만, 적어도 관리감독자는 원리를 충분히 이해하고, 이를 토대로 현장지도할 수 있어야 한다.

5. 안전의 전제적 지식

위험을 인식하는(아는) 것에 의해 위험은 격감될 수 있다. 알아차리면 리스크의 저감, 회피의 수단을 생각할 수 있기 때문이다. 즉, 안전의 반대는 무의식 또는 무지라고도 할 수 있다.[21] 안전확보의 첫걸음은 인식(앎)이고, 위험을 인식할(알) 수 없으면 위험을 저감할 방법도 없는 것이다.

지식, 기능 면의 능력개발이 충분히 이루어지더라도 이른바 불완전행동에 의한 사고, 부상이 많은 것은 작업자가 "잠깐이니까", "괜찮다고 생각해서" 등을 이유로 올바른 행동을 하지 않는 경우가 있기 때문이다.

이 배경에는 '작업의 하기 어려움', '작업절차의 부적절' 등의 관리 면의 원인도 있지만, 많은 불안전행동의 원인은 작업자 자신의 태도의 기반이 되는 가치의식이 룰을 무시한 자기류의 판단기준(내적 규율)을 우선시키는 것에 있다.

6. 안전의식 체감의 법칙과 최소 노력의 원리

'안전의식 체감의 법칙'이란, 재해를 체험하거나 안전교육을 받아 안전의식은 향상되지만, 시간이 지남에 따라 안전의식은 저하되는 경향을 보인다는 것을 의미한다. 이것은 다음과 같은 4가지 법칙으로 구분된다.

---

21) 무의식 또는 무지보다 심각한 문제는 알려고 하는 것을 거부하거나 확실히 알고 있다고 착각하는 것이다. "진짜 무지는 지식의 결여가 아니라 학습의 거부이다."(Karl Popper), "당신을 곤경에 빠뜨리는 건 뭔가를 모르는 것이 아니라 뭔가를 확실히 안다는 착각이다."(Mark Twain)는 말도 이 점을 강조하는 주장이다.

- 제1법칙: 안전의식은 재해(재해에 유사한 사고)가 발생하지 않는 한 감소하는 경향이 있다.[22)]
- 제2법칙: 안전의식을 가장 쉽게 상승시키는 것은 재해의 체험이다.
- 제3법칙: 안전의식의 상승도는 재해의 중대성의 크기에 비례한다.
- 제4법칙: 안전의식의 상승도는 재해와 자신의 근접도에 비례한다.

이 법칙은 주로 '사고는 좀처럼 발생하지 않는다'와 '최소노력의 원리'는 2가지 전제에서 도출된다.

'최소 노력의 원리'란, 일정한 목표에 도달하기 위하여 가능한 방법, 경로가 여러 개가 있는 경우, 인간은 그중에서 가장 편한 것을 선택하는 경향이 있다는 것을 의미한다.[23)] 이 법칙은 다음 4가지 법칙으로 나누어 생각할 수 있다.

- 제1법칙: 처음은 기본대로 업무를 하지만, 익숙해짐에 따라 점차로 '지름길형(편법)'이 되어 간다. 그리고 재해는 편법을 쓴다고 해도 좀처럼 일어나지 않기 때문에 에스컬레이션되

22) 무재해 기간이 지속되면 두려움을 잃어버리게 만든다. 물론 무재해는 좋은 일이다. 그런데 아차사고는 발생하지만 재해가 오랫동안 발생하지 않을 때는 더욱 경계하고 긴장해야 한다. 왜냐하면 지속되는 무재해는 종업원들로 하여금 자신 또는 조직에 대해 과신하거나 자만하게 만들기 때문이다.

23) 최소 노력의 원리는 심리학에서 이야기하는 '인지적 구두쇠(cognitive miser) 이론'과 일맥상통한다. 인지적 구두쇠 이론은 사람들이 생각하거나 문제를 해결할 때 지능에 관계없이 복잡하고 노력이 요구되는 방법보다 최대한 간단하고 노력이 덜 드는(두뇌 에너지를 아끼는) 방법을 선택하는 경향이 있다는 이론으로서, 1984년 미국 프린스턴대학 피스크(Susan T. Fiske) 교수와 UCLA 테일러(Shelley E. Taylor) 교수가 개발한 이론이다(S. T. Fiske and S. E. Taylor, *Social cognition*, 2nd ed., McGraw-Hill, 1991).

어 '생략형'에 근접해 간다. 안전의식은 계속 저감되어 가고 위험성은 높아져 간다.

- 제2법칙: 자신이 체험한 재해로 동일인이 동종재해를 반복하는 일은 거의 없다. 재해체험자는 그 고통과 반성·대책을 잊어버리는 경우가 거의 없지만, 타인에게는 좀처럼 전달되지 않는다.
- 제3법칙: '아차사고, 경미한 재해'에 대해서는 진지한 반성과 대책이 일반적으로 곤란하다. 특히 아차사고보고(발굴)활동이 좀처럼 정착되지 않는 이유이다. 아차사고보고(발굴)활동을 활성화하거나 경미한 재해가 교훈으로 작용하도록 하기 위해서는 많은 준비와 노력이 필요한 이유이기도 하다.
- 제4법칙: 자신이 체험한 재해는 맹성하고 앞으로의 행동에 활용되지만, 타인의 재해에 대해서는 "나라면 저런 바보스러운 짓은 하지 않는다"고 생각하는 경향이 있다. 환언하면, 재해를 유발한 상태는 따져보지 않고 재해 발생을 현장 관계자 개개인의 성격이나 기질 탓으로만 돌리는 경향에 빠지기 쉽다. 타산지석의 활용이 곤란한 이유이다.

관리감독자는 조직의 모든 프로세스에 안전의식 체감의 법칙과 최소 노력의 원리가 적용될 수 있다는 것을 전제로 안전문화 조성활동을 하는 것이 필요하다.

7. 안전의 기본 방정식

개개인의 노력의 중요성은 '100－1＝0'이라는 표현이 가장 적합하다. 100명 중 99명이 기본대로 작업하더라도 1명이 그렇지 않으면 재해를 발생시킨다는 의미이다. 그리고 한 사람의 작업에서 99회 동작을 잘 준수하면서 올바르게 작업을 하더라도 단 1회 규칙위반 동작을 하여 재해를 일으킬 수 있다는 의미이다.

한 사람, 한 번의 실수 또는 규칙위반이 조직, 회사를 뒤흔들 정도의 대형사고·재해로 발전할 가능성이 있다는 위기의식을 가질 필요가 있다. 평상시 한 사람 한 사람이 하나하나의 기본동작을 철저히 하는 것의 중요성을 일깨워주는 가르침이다.

8. 자율안전활동의 추진

사고·재해를 방지하려고 하면 안전관리의 철저에 추가하여 관리와 일체적인 것으로서 자율적 안전활동을 추진하는 것이 필요하다. 아차사고보고(발굴)활동, 위험예지훈련(활동) 등의 위험감수성을 높이는 활동을 다양하게 전개할 필요가 있다. 위험성평가 또한 안전관리의 초석에 해당하는 안전관리기법이자 위험감수성을 높이는 데 매우 효과적인 활동이다.

위험성평가의 내실 있는 실시를 위해서는 위험성평가의 준비를 충실히 할 필요가 있고, 준비의 충실성 여부가 위험성평가의 성공적 운영을 좌우한다. "준비가 8할, 업무가 2할"이라는 말은 위험성평가에도 그대로 적용된다.

자율적 안전활동은 통상의 관리시스템으로는 지배·강제할 수 없는 '사람의 마음'에 관련되는 활동을 말한다. 일방적으로 관리·강제하는 방식으로는 '알고 있는데, 할 수 있는데, 하지 않는' 문제, 특히 '의욕이 없어 하지 않는' 문제를 본질적으로 해결할 수 없다.

위험예지훈련(활동), 지적호칭, 아차사고발굴(보고)활동, 4S(5S) 등이 관리의 수단으로서 작업자에게 강제될 때 그것은 결코 직장에 뿌리를 내리지 못하고, '알고 있는데, 할 수 있는데, 하지 않는' 것이 될 가능성이 높다.

상명하달식(top down) 관리를 통해 '하게 하는' 것은 가능하지만, 한 사람 한 사람이 참여하여 마음을 담아 의욕을 가지고 하지 않으면 효과가 오르지 않는다. 작업자 자신의 머리로 생각하려고 하지 않는 소위 '지시 대기'족(族)이 되게 해서는 안 된다.

의욕, 진심, 궁리, 팀워크 등을 이끌어내는 '관리수법'이 필요하지만, 상명하달식 관리만으로는 사람의 마음을 쉽게 조종할 수 없는 '관리의 한계'가 있다. 즉, 상명하달식 관리를 강화하여 인간의 도구력을 이끌어내는 것은 가능하더라도 본질적으로 인간력을 이끌어내는 것은 사실상 불가능하다.

따라서 작업장의 안전문제에 작업자가 자율적·적극적으로 참여할 수 있도록 하고 작업자의 의욕, 진심, 팀워크 등을 이끌어낼 수 있는 방식(bottom up)의 자율적 안전활동을 활성화할 필요가 있다.

9. 안전관리의 포인트 - 개인관리

드러커(Peter Drucker)는 "간부가 유능한지 아닌지의 차이는 사람에 대한 관심과 태도의 차이이다."라고 말하고 있다. 안전에 대한 의식이 희박한 자는 관리능력이 부족한 것이다.

재해를 일으키는 사람은 학력, 지식, IQ, 직위, 연령, 신체장해자, 건강한 사람과 전혀 관계없다. 안전의식(위험감수성)이 낮은 사람이 재해를 일으키는 경향이 있다. 즉, 재해는 안전의식(위험감수성)이 낮은 사람에게서 발생하기 쉽다. 안전의식(위험감수성)이 낮은 사람이 누구인지는 동일한 직장에서 일상적으로 접촉하고 있는 그룹이라면 뭇사람의 견해가 대체로 일치한다.

재해가 날 우려가 있는 사람에 대해 리스트업하여 중점적으로 지도관리에 활용할 필요가 있다. 이와 같은 사람이 나쁘다는 의미는 아니고, 관리자는 사고를 일으킬 것 같은 사람을 선제적으로 파악하여 미연에 재해로부터 지켜 나가야 한다는 것이다.

대상자를 파악하고 나면 다음으로 개인마다 구체적으로 follow up하여 재해를 일으키지 않도록 하는 것이 관리감독자의 책무이다. 안전패트롤, 작업에 대한 입회를 늘리거나 특별교육을 실시하거나 임시개인면접 등을 하여 주의를 촉구하고 개선지도를 행할 필요가 있다.

안전확보를 위해서는 안전교육, 안전활동 등 필요한 것은 많이 있지만, 가장 중요한 것은 각 개인별 안전의식(위험감수성)을 높이는 것이다. 각 작업에 대하여 관리감독자와 작업자가 체크리스트에 기초하여 본심으로 이야기를 나누는 활동을 통해 커뮤니케이션이 심화되고 안전의식(위험감수성)도 심화될 수 있다. 실속 없는 겉치레로는 안전을 확보할 수 없다.

안전은 한 사람 한 사람에 대한 세심한 라인관리의 철저와 정착이 중요하다. 상사의 자세가 안전성과에 많은 영향을 미친다. 안전에 특효약은 없다. 눈을 떼면 바로 매너리즘에 빠지게 된다.

작업자들의 안전의식(위험감수성)을 높이기 위해서는 관리감독자와 작업자 간의 개별면담을 철저히 하고 의논을 통해 한 사람 한 사람의 의식 중에 강한 안전을 침투시키는 것이 필요하다. 안전은 개인 한 사람 한 사람의 레벨까지 파고들지 않으면 향상되지 않는다. 안전은 개인관리가 매우 중요하다. 작업자가 마음 깊이 안전제일로 노력하도록 하기 위해서는 한 사람 한 사람의 마음속을 알아야 한다.

따라서 안전은 수학, 물리를 가르치는 것보다 어려운 일이라고 할 수 있다. 수학, 물리는 모르는 것을 가르치는 것이고 지식을 늘리는 것이지만, 안전은 알고 있는 것을 반복하여 가르쳐 행동으로 옮기도록 하지 않으면 의식이 바뀌었다고 할 수 없다. 한 사람 한 사람의 안전인간 만들기가 안전교육이고, 지향하는 것은 항상 100점이어야 한다.

10. 기본의 철저로 안전의식을 변화시켜야

"의식이 변하면 행동이 변하고, 행동이 변하면 습관이 변하고, 습관이 변하면 개인의 가치관이 변하고, 안전문화 조성이 진척된다."[24)]

재해사례 한 건 한 건을 보면, 무확인, 규칙(룰) 무시, 무지(메커니즘을 모름) 등 안전에 관한 기본의 경시가 눈에 띈다. 즉, 기본의 경시가 재해를 일으키고 있다. '안전의 기본'을 한 사람 한 사람이 머리와 가슴으로 이해할 필요가 있다. 한 사람 한 사람의 잠재의식으로 자리 잡지 않으면 의식은 변하지 않는다. 그렇게 하게 하는 것이 안전교육이다.

인간은 각각 성격이 다르듯이, 사물에 대한 의식도 감수성도 다른 것은 당연하다. 아이를 가지고 있는 부모로서, 부하를 데리고 있는 상사로서 안전에 대한 의식과 감수성을 높이는 것은 중요한 것을 넘어 의무라고 할 수 있다.

"그는 둔감하다.", "상당히 민첩하다.", "요령이 좋다." 등은 안전과는 직접 관계가 없다. 중요한 것은 "위험에 대한 감수성이 높은지?", "정해진 것을 철저히 지키는지?", "숙달하기 위하여 노력하고 있는지?" 등이다. 안전인간은 이렇게 하여 만들어지는 것이다.

11. 무재해 추진의 기본

물건 만들기, 사람 만들기의 기본은 '인사', '정리정돈', '청소'라고 하는데, 이것은 '무재해 추진의 기본'이기도 하다.

---

24) "개인이 의식하고 실천하면 습관이 되고, 조직이 의식하고 실천하면 문화가 된다."는 말로 요약할 수 있다.

인사는 '사람과 사람 간의 연결의 시작'이자 '사람의 마음을 여는 열쇠'이다. 한마디 하는 것으로 커뮤니케이션이 좋아지고 의욕이 싹트며 작은 문제도 잘 보고·전달되는 풍토가 조성된다. 인사는 인간관계를 좋게 하기 위한 윤활유이고 인간관계의 기본이다. 좋은 인간관계는 안전수준의 향상으로 이어지기 마련이다. 따라서 인사는 작업장의 안전을 확보하는 데 있어서도 중요한 요소라고 할 수 있다.

정리정돈은 모든 관리의 기본이다. 정리란 필요한 것만을 두는 것, 정돈은 언제라도 누구라도 용이하게 꺼낼 수 상태에 두는 것이다. 정리정돈이 엉성하게 이루어지면 판단을 잘못한 가정, 기억의 망각(lapse)이 일어날 가능성이 높아진다. 정리정돈은 단순히 편의를 도모하는 효과뿐만 아니라, 정확한 상황판단을 할 수 있도록 하고, 에러의 발생가능성을 줄이는 효과도 아울러 가지고 있다.

청소는 개선의 기본이다. "청소는 점검이고, 점검은 적출이고, 적출은 개선이고 개선은 성과이다."라는 말이 있듯이, 청소는 개선을 위한 중요한 기법의 하나이다.

따라서 관리감독자는 작업자들에게 다음과 같이 접근할 필요가 있다. "자신들의 작업장의 정리정돈과 청소만큼은 끝내고 돌아가길 바랍니다. 그것이 10분 걸린다면 10분 빨리 일을 끝내도 괜찮습니다. 그리고 내일 바로 일에 착수할 수 있도록 도구류는 깔끔히 상자 속에 넣고 와이어로프 등도 정리해 주길 바랍니다."

인사, 정리정돈 및 청소는 식상한 말 같지만, 어느 시대에도 변하지 않는 중요한 일이다.

한편, "능률을 올려라."라는 말을 자주 하지 않는 것도 무재해 추진의 기본이다. 생산을 맡고 있는 자는 아무래도 생산을 걱정한다. 그런 상황에서 "능률을 올려라"를 연발하면 안전은 소홀하게 되고 경시될 가능성이 높다. 목구멍까지 나오고 있는 "능률을 올려라."라는 말은 가급적 억제하고 안전에 대한 말을 훨씬 많이 해야 안전이 능률만큼 현장에 침투될 수 있다.

12. 상냥함과 엄격함의 구분 사용

안전문화를 높이는 요건으로 사람을 배려하는 마음, 상호계발 등의 '상냥함'이 강조되는 나머지, 상냥함이 '선'이고, 그 반대인 엄격함은 '악'인 것처럼 여기는 선입관을 가지는 경향이 있다. 그러나 상냥함과 함께, 해서는 안 되는 것은 '안 된다'고 말하는 엄격한 자세가 필요하다. 안전을 위한 엄격함은 애정이고 결코 나쁜 것이 아니다. 필요에 따라 '상냥함'과 '엄격함'을 잘 구분하여 사용하는 것이 요구된다.

특히 리스크가 높은 작업을 담당하는 현업 종업원에 대해서는 규칙위반, 고의의 불안전행동이 사고, 재해로 직결되기 때문에, 그 작업장, 팀의 감독자가 해서는 안 되는 것은 '안 된다'고 말하지 않으면 직장의 직무규율이 문란해지고 사고·재해를 방지할 수 없게 된다.

안전문화의 중요한 요건이라고 말할 수 있는 직장의 높은 직무규율은 관리감독자의 사람을 배려하는 상냥함과 해서는 안 되는 것은 '안 된다'고 하는 엄격함이 근저에 있어 비로소 현장에 뿌리를 내려가는 것이다.

이 상냥함과 엄격함을 임기응변으로 잘 구사하는 관리감독자는 부하의 잘못을 냉정하게 지적하는 측면과 부하를 잘 돌봐주는 측면을 아울러 가지는 작업장의 허리에 해당한다. 실은 이와 같은 관리감독자가 부하를 잘 동기부여하는 것에 의해 강한 현장력을 만들어 낼 수 있다.

관리력은 보다 안전한 작업설비, 작업환경, 안전한 작업방법을 현장에 계속적으로 제공하여 작업의 안전성을 높이는 것인데, 그것에는 한계가 있다. 현장의 한 사람 한 사람이 안전에 대한 높은 직무규율과 함께 사람이 보고 있지 않아도 안전하게 행동을 한다고 하는 생동감 넘치는 작업장이 되지 않고는 높은 수준의 안전문화는 불가능하다. 그 기본에 있는 것이 '상냥함'과 '엄격함'이라고 할 수 있다.

13. 꾸짖는 것과 화내는 것의 차이

안전과 건강을 위해서는 엄격함이 불가결하다. 그저 좋은 사람인 것만으로는 바람직하지 않다. 지도·교육을 행하는 중에 잘못을 고치도록 하기 위하여 꾸짖는 일이 발생한다. 우수한 작업자를 육성하기 위해서는 꾸짖는 것에도 효과적인 방법이 필요하다.

① 꾸짖는 것과 화내는 것은 차이가 있다는 점에 유의해야 한다.
- 꾸짖는 것: 상대방의 성장을 위하여 애정을 담아 엄격하게 주의를 주는 것
- 화내는 것: 자신의 치미는 화 때문에 미움을 담아 말하는 것

② 먼저 칭찬하고 나서 꾸짖는다. 2번 칭찬하고 1번 꾸짖는 기분으로 꾸짖는다. 칭찬할 때는 모두가 있는 데에서 한다(예: 슬로건 모집, 아차사고보고, 제안 등에서의 안전표창 등).

③ 꾸짖을 때는 본인에게 직접적으로 한다. 그리고 꾸짖을 때는 많은 사람이 있는 곳에서 하는 것은 바람직하지 않다. 많은 사람 앞에서 꾸지람을 들을 경우, 당사자는 수치스러운 마음을 강하게 느끼게 되고, 이것은 상호불신의 씨앗이 될 수 있다.

참고문헌 •••

- ACSNI, Organizing for Safety, 1993.
- A. Degani and E. L. Wiener, "Philosophy, policies, procedures and practice : The four 'P's of flight deck operations", in N. Johnston, N. Mcdonald and R. Fuller(eds.), *Aviation Psychology in Practice*, Routledge, 1994.
- A. E. Reichers and B. Schneider, "Climate and culture: An evolution of constructs," in B. Schneider(ed.), *Organizational Climate and Culture*, Pfeiffer, 1990.
- A. Hale and T. Heijer, "Defining Resilience", in E. Hollnagel, D. D. Woods and N. Leveson(eds.), *Resilience Engineering: Concepts and Precepts*, Ashgate, 2006.
- A. Jones & J. Wreathall, "Leading indicators of human performance–the story so far", *6th Annual Human Performance/ Root Cause/Trending Conference,* 2000.
- A. Wildavsky, *Searching for Safety*, Transaction, 1988.
- B. A. Turner and N. F. Pidgeon, *Man-Made Disasters*, 2nd ed., Butterworth-Heinemann, 1997.
- C. Clappr, J. Merlino and C. Stockmeier(eds.). *Zero Harm - How to Achieve Patient and Workforce Safety in Healthcare*, McGraw-Hill, 2019.
- C. O'Reilly, "Corporations, Culture, and Commitment: Motivation and Social Control in Organizations", *California Management Review* 31, 1989, pp. 9-25.
- C. Perin, *Shouldering Risks: The Culture of Control in the Nuclear Power Industry*, Princeton Univ Pr, 2004.

- C. P. Nemeth and E. Hollnagel(ed.), *Resilience Engineering in Practice, Volume 2: Becoming Resilient*, 2014.
- D. D. Woods and E. Hollnagel, *Joint Cognitive Systems: Pattens in Cognitive Systems Engineering*, Taylor & Francis, 2006.
- D. D. Woods, "Essential Characteristics of Resilience", in E. Hollnagel, D. D. Woods and N. Leveson(eds.), *Resilience Engineering: Concepts and Precepts*, Ashgate, 2006.
- D. Petersen, *Safety by Objectives: What Gets Measured and Rewarded Gets Done*, 2nd ed., Van Nostrand Reinhold, 1996.
- D. Vaughan, *The Challenger Launch Decision: Risky Technology, Culture, and Deviance at NASA*, University of Chicago Press, 1996.
- D. Winter, "Bye, Bye, Theory, Goodbye", review of *Elegy for Theory, by D. N. Rodowick, Los Angeles Review of Books*, January 16, 2004, http://lareviewofbooks.org/review/bye-bye-bye-theory-goodbye/.
- E. Hollnagel, D. D. Woods and N. Leveson(eds.), *Resilience Engineering: Concepts and Precepts*, Ashgate, 2006.
- E. Hollnagel, *Human Reliability Analysis: Context and Control, academic Press*, 1993, pp. 8-11; G. J. S. Wilde, "The theory of risk homeostasis: implication for safety and health", *Risk Analysis*, 2, 1982.
- E. Hollnagel, J. Paries, D. D. Woods and J. Wreathall(eds.), *Resilience Engineering in Practice: A Guidebook*, Ashgate, 2011.
- E. Hollnagel, "Resilience: The Challenge of the Unstable", in E. Hollnagel, D. D. Woods and N. Leveson(eds.), *Resilience Engineering: Concepts and Precepts*, Ashgate, 2006.
- E. Hollnagel, *Safety I and Safety II: The Past and Futuer of Safety Management*, Ashgate, 2014.
- E. H. Schein, *Organizational Culture and Leadership*, John Wiley & Sons, 5th ed., 2017.
- G. Hofstede, *Cultures and Organization: Intercultural Cooperation and its Importance for Survival*, Harper Collins, 1994.

- G. Klein, *Sources of Power: How People Make Decisions*, MIT Press, 1998, p. 54.
- G. L. Bergen and W. V. Haney, *Organizational Relations and Management Action*, McGraw-Hill, 1966, p. 3.
- H. A. Simon, Administrative Behavior, 4th ed., The Free Press, 1997.
- H. Mintzberg, *Mintzberg on Management : Inside Our Strange World of Organizations,* The Free Press, 1989.
- H. Mintzberg, *The Rise and Fall of Strategic Planning*, Free Press, 1994, ch. 5.
- IAEA, Application of the Management System for Facilities and Activities, IAEA Safety Standards, Safety Guide, No. GS-G-3.1, 2006.
- IAEA, General Safety Requirements No. GSR Part 1-Governmental, Legal and Regulatory Framework for Safety, 2016.
- IAEA, Safety culture in nuclear installations-Guidance for use in the enhancement of safety culture(IAEA-TECDOC-1329), 2002.
- IAEA, Safety Reports(Series No. 11), 1998.
- IEC 61508 : 2010(Functional safety of electrical/electronic/programmable electronic safety-related systems), 2nd ed.
- INPO, Principle for a Strong Nuclear Safety Culture, 2004.
- INPO, Traits of a Healthy Nuclear Safety Culture, Pocket Guide to INPO 12-012, 2012.
- INSAG, Safety Culture(Safety Series No. 75-INSAG-1), IAEA, 1986.
- INSAG, Safety Culture(Safety Series No. 75-INSAG-3), IAEA, 1988.
- INSAG, Safety Culture(Safety Series No. 75-INSAG-4), IAEA, 1991.
- ISO 45001 : 2018(Occupational health and safety management systems - Requirements with guidance for use).
- ISO 45002 : 2023(Occupational health and safety management systems – General guidelines for the implementation of ISO 45001 : 2018).
- ISO/IEC Guide 51 : 2014(Safety aspects – Guidelines for their inclusion in standards), 3rd ed.

- J. A. Passmore, “Air Safety report form”, *Flight Deck*, Spring 1995, pp. 3-4.
- J. Chapman, System Failure: Why Governments Must Learn To Think Differently, 2nd ed., Demos, 2004.
- J. C. Smith and B. Hogan, *Criminal Law*, 3rd ed., Butterworths, 1975.
- J. E. Roughton and J. J. Mercurio, *Developing an effective Culture*, Butterworth-Heinemann, 2002.
- J. Rasmussen and J. Svedung, *Proactive risk management in dynamic society*, Swedish Rescue Service Agency, 2000.
- J. Reason, “Achieving a safe culture: Theory and practice”, Work & Stress, 12:3, 1998.
- J. Reason, “Human error: Model and management”, *British medical Journal,* 220, 2000.
- J. Reason, *Managing Maintenance Error*, Ashgate, 2003.
- J. Reason, *Managing the Risks of Organizational Accidents*, Ashgate, 1997.
- J. Reason, *The Human Contribution – Unsafe Acts, Accidents and Heroic Recoveries*, Routledge, 2008.
- J. S. Carroll, J. W. Rudolph and S. Hatakenaka, “Organizational learning from experience in high-hazard industries: Problem investigations as off-line reflective practice”, *Research in Organizational Behavior*, 2002.
- J. Westhuyzen(Dupont), “Relative Culture Strength: A Key to Sustainable World-Class Safety Performance”, Dupont, 2010.
- J. Wreathall, “Leading, Lagging? Whatever!”, *Safety Science*, 47(4), 2009.
- K. E. Weick, “Organizational Culture as a Source of High Reliability”, *California Management Review*, 29, 1987.
- K. E. Weick, “Organizing and Failures of Imagination,” *International Public management Journal*, 8, 2005.
- K. E. Weick, “Sensemaking in Organizations: Small Structures with Large Consequences”, in J. K. Murnighan(ed.), *Social Psy-*

chology in Organizations: Advances in Theory and Research, Prentice Hall, 1993.
- K. E. Weick and K. M. Sutcliffe, *Managing the Unexpected: Resilient Performance in an Age of Uncertainty*, 2nd ed., John Wiley & Sons, 2007.
- K. E. Weick, K. M. Sutcliffe and D. Obstfeld, "Organizing for High Reliability: Processes of Collective Mindfulness,", *Research in Organizational Behavior*, 21, pp. 81-123.
- K. H. Roberts, "Some Characteristics of High Reliability Organizations, Organization," *Science*, 1, 1990.
- K. H. Roberts, S. K. Stout and J. J. Halpern, "Decision Dynamics in Two High Reliability Military Organizations", *Management Science 40*, 1994.
- M. O'Leary and S. L. Chappell, "Confidential incident reporting systems reporting systems create vital awareness of safety problems", *ICAO journal*, 51, 1996.
- NRC, Safety Culture Policy Statement, 2011.
- OECD/NEA, State-of-the-Art Report on Systematic Approaches to Safety Management, 2006.
- Offshore Helicoper Safety Inquiry, "Overview of best practice in Organizational & Safety Culture", Aerosafe Risk Management, 2010.
- OHSAS Project Group, OHSAS 18002(Occupational health and safety management systems-Guidelines for the implementation of OHSAS 18001) : 2008.
- P. Bate, "The impact of organizational culture on approaches to organizational problem-solving", in G. Salaman(ed.), *Human Resource Strategies*, Sage, 1992.
- P. H. Hersey, K. H. Blanchard and D. E. Johnson, *Management of Organizational Behavior*, 10th ed., Pearson, 2012.
- P. Hudson, "Implementing a safety culture in a major multinational", *Safety Science,* 45, 2007.

- P. Hudson, "Safety management and safety culture: The long, hard and winding road", in W. Pearse, C. Gallagher & L. Bluff(eds.), *Occupational Health & Safety Management Systems: Proceedings of the First National Conference,* 2001.
- P. Lagadec, *Preventing Chaos in Crisis: Strategies for Prevention, Control, and Damage Limitation*, McGraw-Hill International, 1993.
- P. M. Senge, *The Fifth Discipline: The Art and Practice of the Learning Organization*, Century Business, 1990.
- P. Shrivastava, *Bophal: Anatomy of a Crisis*, 2nd ed., Chapman, 1992.
- R. Amalberti, "Optimum System Safety and Optimum System Resilience: Agonistic or Antagonistic Conceps?", in E. Hollnagel, D. D. Woods and N. Leveson(eds.), *Resilience Engineering: Concepts and Precepts*, Ashgate, 2006.
- R. Booth, "Safety culture: concept, measurement and training implications", *Proceedings of British and Safety Society Spring Conference: Safety Culture and the Management of Risk*, 19-20 April, 1993.
- R. E. Kelly, *The Power of Followership*, Doubleday Business, 1992.
- R. M. Henig, *A Dancing Matrix: How Science Confronts Emerging Viruses*, Vintage Books, 1993.
- R. Westrum, "A Typology of Resilience Situations", In E. Hollnagel, D. D. Woods and N. Leveson(eds.), *Resilience Engineering: Concepts and Precepts*, Ashgate, 2006.
- R. Westrum, "Cultures with requisite imagination", in J. Wise, D. Hopkin and P. Stager(eds.), *Verification and Validation of Complex Systems: Human Factors Issues*, Springer-Verlag, 1992.
- S. Cox and R. Flin, "Safety Culture:] Philosopher's stone or man of straw?", *Work Stress*, 12, 1998.
- S. Dekker, Just Culture: Restoring Trust and Accountability in Your Organization, 3rd ed., CRC Press, 2017.
- S. Dekker, *The Field Guide to Understanding Human Error*, Ashgate, 2006.

- S. Kurata, et al., "Detection of the Symptoms of Weakening Safety Culture(ICONE20-POWER2012-54767)", ASME, 2012.
- S. L. Chappell, "Aviation Safety Reporting System: program overview", in *Report of the Seventh ICAO Flight Safety and Human Factors Regional Seminar*, Addis Ababa, Ethiopia, 18-21 October 1994.
- S. T. Fiske and S. E. Taylor, *Social Cognition*, 2nd ed., McGraw-Hill, 1991.
- *The Report of the Public Inquiry into Children's Heart Surgery at the Bristol Royal Infirmary, 1984-1995: Learning from Bristol*, Document no. CM 5207, Stationery Office, 2001.
- T. J. Peters and R. H. Waterman Jr., *In Search of Excellence: Lessons from America's Best-Run Companies*, HarperCollins, 1982.
- T. R. La Porte and P. M. Consolini, "Working in practice but not in theory: theoretical challengers of 'high-reliability' organizations", *Journal of Public Administration Research and Theory*, 1, 1991.
- US NRC, Safety Culture Policy Statement, 2011.
- W. A. Wagenaar "Risk-taking and accident causation" in F. Yates(ed.), *Risk-Taking Behaviour*, Wiley, 1992.
- W. H. Starbuck and F. J. Milliken, "Challenger: Fine-Tuning the Odds until Something Breaks," *Journal of Management Studies*, 25, 1988.

- 大木恵史,『原子力安全文化の実装』, エネルギーフォーラム, 2017.
- 原子力安全委員会, ウラン加工工場臨界事故調査委員会報告, 1999. 12. 24.
- 原子力安全システム研究所 社会システム研究所,『安全文化をつくる-新たな行動の実践』, 日本電気協会新聞部, 2019.
- 倉田聡,『安全文化―その本質と実践』, 日本規格協会, 2014.
- 西坂明比古,『創り育てる安全文化―安全行動が自然にできる職場を目指す』, 中央労働災害防止協会, 2017.

- 日本経済産業省, 安全文化を考慮した産業保安のあり方に関する調査研究, 2007.
- 芳賀繁,『事故がなくならない理由: 安全対策の落とし穴』, PHP研究所, 2012, p. 78.

- http://www.genanshin.jp/news/data/docu_20140422.pdf.
- http://anzeninfo.mhlw.go.jp/yougo/yougo43_1.html.
- http://easa.europa.eu/essi/ecast/main-page-2/sms.
- http://www.genanshin.jp/news/data/docu_20140422.pdf.
- Wikipedia

찾아보기 •••

ㄱ

간파력 313
감마분포 324
강인력 44, 103
개념화능력 262
개인적 모델 61
건강문화 29
결과책임 247, 250, 372
경계심 59
경험칙 183
계산적 212
고무밴드 모델 332
고속승진코스 343
고전적 제어이론 모델 356
공학적 대책 284, 291, 296, 415
과신 104
과실 172, 177, 182, 295
관료적 70, 189, 201, 210
관리기반대책 283, 413
관리시스템 46, 97, 208, 268, 287, 288, 364, 456, 472
관리의 한계 219, 473
관리적 대책 283, 291, 297, 419
국제민간항공기구 65
국제원자력안전자문그룹 63
규제기관 72, 82, 88, 96, 164
규제당국 97, 365, 388
규제자 24, 88, 96, 211, 228, 361
그룹안전규격 257
근본원인분석(RCA) 88, 381, 383, 457
기능교육 260, 261, 437, 440
기본안전규격 257
기술적 접근 47
기업문화 44, 48, 77

ㄴ

납기관리 244
내재적 저항력 79, 317, 324, 337

ㄷ

다중원인성 457
다학제적 접근 422
단속형 215, 275, 445
단순화 103, 120, 127, 137, 143, 361
단일루프학습 200
당근 61
당근(carrot) 다이어그램 289
당근과 채찍 61, 178

대인능력 262
대체수단 194, 331, 385
대화패트롤 272, 276, 445
데커 53, 152, 364
데커(Sidney Drkker) 152
도급인 277, 405, 420, 438
독립적 단계 208
동기부여 37, 57, 61, 149, 254, 267, 277, 411, 419, 435
동시성 원리 333
동적인 비사건 115, 319, 332
듀폰(DuPont) 208, 380
드러커(Peter Drucker) 473

ㄹ

라스무센(Jens Rasmussen) 307, 353
라인조직 267, 373, 437
라인직제 247
랭거(Ellen Ranger) 39
레빈(Kurt Lewin) 422
리더십 233, 240, 244, 431
리스크 관리 67
리스크 모델 363
리스크 보상 26
리스크 예측 67
리스크 항상성 26
리스크(위험) 보상 26
리스크(위험) 항상성 26
리즌(James Reason) 39, 67, 79, 105, 153, 166, 169, 188, 317

ㅁ

마음가짐(mind-set) 41, 135, 141
마일스톤 390
망각 33, 114, 174, 476
매너리즘화 223, 228, 404
매핑 341
메신저 212
면역력 30, 316
면책 157, 344
명분론 223
무관용 92, 187
무력감 50, 375
무료교훈 155, 322, 326
무모함(recklessness) 169, 172, 179, 183
무모한 사람 180
무실패 188
무언의 지시 52
무지 38, 124, 469, 475
문화의 에센스 41
문화적 요인 32, 33, 93, 319, 341
문화적 인식 85

ㅂ

반응적 단계 208
발주자 238, 279, 420
방호(barrier) 327
방호수단(defence) 22, 23, 26, 54, 117, 318, 325, 343
병적 210, 212, 329
보상시스템 37

보수요원 181
보호적 안전 367
복원력 316
본(Diane Vaughan) 110
본질안전화 284, 293, 300, 415, 463
불안 회피 49
브레인스토밍 122, 213, 343
블랙 157
블랙홀 157
비공개 인적요인 보고 프로그램 162
비난가능성 169, 174, 177, 182, 184
비난 사이클 49
비난이 없는(blame-free) 문화 214
비난하지 않는 문화 69, 180, 408
비대칭고장모드 296
비밀성 69, 159, 164
비식별화 164
비용관리 244, 245, 467
비정상작업 258, 298, 438, 459

ㅅ

사고보고시스템 34, 326
사고의 싹 363
사보타주 176
사시(社是) 93, 342
사전결정의 오류 129
사전적인 과정평가 319
사전지표 326
사전평가 326, 327, 331, 341
사풍 98
사회공학 202
사회기술시스템 350, 362
사후대응적 212, 367, 370, 431
사후적인 부정적 결과데이터 319
사후지표 326
사후평가 326, 328, 331
사후행동형 206
사후확신편향 117, 360
상명하달 397, 400
상명하달식(top down) 473
상위원인가설 359
상정 외 조건 304
상정된 조건 304
상호 간 주의 208, 272, 417, 452
상호의존적 단계 208
상황판단미스 60
생산적 안전 367
생존 불안 37
생활양식 46, 148
샤인(Edgar H. Schein) 40, 90, 93
선견 112, 124, 132, 134, 140
선견테스트 183
선행지표 269, 328, 387
선행형 387
설정오류 112, 117, 143
성공사례 311, 312

소극적 지표 393
소집단활동 206, 217, 225
속인적 조직 99, 227
수급인 277, 420
스위스 치즈 모델 117
시몬(Herbert A. Simon) 352
시스템 기인 결함 177
시스템 기인 에러 177
시스템 모델 200
시스템 기인 결함 177
시스템 기인 에러 177
시스템 기인 위반 177
시행착오적 학습 165, 190
신봉되는 가치 41, 90, 91
신봉되는 신조와 가치 40
실패사례 312, 362, 458
실행책임 247, 250, 373
심리 테스트 184
심리적 안전 37

ㅇ

아차사고보고(발굴) 269, 447
아차사고보고(발굴)활동 218, 447, 450
안전관리학 404
안전마인드 61, 100, 236
안전보건관리시스템 91, 97, 276, 282, 414, 430, 450, 456
안전보건관리책임자 265, 266
안전보건관리체제 247, 265, 279
안전보건총괄책임자 265, 266
안전불감증 426
안전심리학 404
안전 엔진 240, 329
안전운영영역 339
안전의식 체감의 법칙 469
(안전)작업절차서 181, 334
안전정보시스템 67, 71, 158, 326, 330, 338
안전제일 31, 92, 399, 474
안전최우선 73, 76, 149, 244, 378, 406, 467
안전패트롤 215, 275, 276, 445
안전풍토 52, 169, 184
엄격책임 180
연방항공규제법 160
열화 징후 87, 223, 382
예견하기 307
예방규범 144
용장성 123, 330
용장화 296
운영영역 23
웨스트럼(Ron Westrum) 210
웨익(Karl E. Weick) 193, 334
위기일발 126, 320, 322, 327
위험감수성 419, 424, 468, 472
위험감행성 426
위험관리 320, 343, 457

위험성평가 77, 249, 258, 269, 272, 274, 284, 291, 300, 378, 388, 435, 458, 472
위험예지활동 218, 270, 364, 456
위험예지훈련 402, 461, 472
위험으로의 표류 307, 353
유지보수작업 169, 183, 184, 420, 438
유책성 164, 174
유해위험요인 22, 33, 55, 69, 269, 439, 458, 462
의존적 단계 208
이중루프학습 200, 213
이중화 296
익명성 156, 162, 376
인간공학 341, 404, 447
인공의 산물 40, 91
인과 사슬 119
인지적 지름길 143
임계사고 66, 442
임계상태 66
임기응변 70, 130, 137, 305, 313, 363, 477
임시돌발작업 460, 461
임시변통 134, 345

ㅈ

자기과신 365
자기만족 59, 88, 89, 104, 118, 124, 128, 149, 222, 365
자기진단 296
자동감시 296
자율안전활동 472
자율통제 196
자율행동형 206
작업절차 74, 116, 216, 242, 258, 273, 282, 297, 301, 414, 438, 455, 462
작업절차서 207, 216, 251, 255, 258, 283, 291, 297, 301, 417, 460
작업지시 위험예지훈련 461
작업지휘자 251, 270, 302
작업표준 189, 201, 242, 256, 287, 297, 419
잔류리스크 283, 292
잘못된 이해 117, 143
잠재적 위험 22, 128, 191
저항력 50, 79, 316, 322, 337
적극성 329
적극적 지표 393
전례주의 230, 231
전제인식 36, 37, 90, 100, 459
절대책임 180
정보에 입각한 문화 56, 68, 180, 198
정보전달 155, 270, 332, 337
정보활용도 213
정상작량 183
조건만족 해결책 352
조건 설정 258, 298
조작미스 60, 463
조직사고 32, 168, 174, 197
조직적 안전 202
조직적 학습 416

주의 깊음 55, 103, 111, 123, 131, 141, 210
주인의식 208, 235, 409
중과실 70
중대재해 267, 274, 300
중앙집권화 193
지능적인 경계심 190, 202, 318, 330
지도원리 341
지속적인 불안감 89, 311
지수분포 324
지시행동형 206
지식교육 260, 261, 437, 440, 446
지적호칭 218
지적확인(호칭) 218
지적확인(호칭)활동 463
지표가 있는 제어 이론 모델 358
직무규율 253, 292
직장자율활동 217
집단적 무지 38
징벌적 문화 214
징벌적 조치 200

ㅊ

착각 60, 126, 129, 175, 469
창의적 발상 217
창조적 135, 210, 212, 329, 401
책임추궁형 215
챌린저호 사고 126
챌린저호 폭발사고 110, 118, 126
체르노빌 원자력발전소 사고 63
최소 노력의 원리 469
최소노력의 법칙 470
최적운영영역 336
최적의 해결책 352
추정오류 112, 117, 143
치환(대체)테스트 173, 184

ㅋ

커뮤니케이션 31, 64, 76, 83, 149, 207, 215, 225, 263, 270, 279, 345, 368, 378, 405, 417, 433, 465, 476
콴타스항공 396

ㅌ

타산적 212
태도교육 260, 261
태도변용 437, 451
태만 59, 179, 255, 446
터너(Barry Turner) 38
퇴행적 해결 200
특이사건 발굴 및 중요분석 162

ㅍ

파트너십 234
판단미스 60, 463
팔로워십 231, 233
평가시스템 37
평가지표 355, 371, 376, 385
평형영역 23

표준작업(운영)절차 189
푸아송(Poisson)분포 324
품질관리 244, 437, 467
풍화 67, 408, 455
프로세스 모델 356
피규제자 228
필요한 위반 177

ㅎ

하드웨어 216, 274, 296, 332
하드웨어적 431
하위문화 197
하위문화들 197
하의상달(bottom up) 397, 400
학습된 무력감 49, 182
학습하기 307
한정된 합리성 352
항행장치 319, 326, 338, 341
핵심가치 43
행동과학 321, 447
행동규범 44
행동기반대책 254, 283, 413, 418
행동변용 437
행동양식 46, 65, 76, 206, 418
행동의 가변성 350, 354
행위착오 174
허드슨(Patrick Hudson) 33, 213
현장력 195, 253, 283, 287, 315, 415, 417
현재형 387
협조행동형 206, 418
홀나겔(EriK Hollnagel) 71, 307, 348, 359, 362
활동결과의 평가 267, 402
활력 징후 338, 343
회복탄력성 103, 107, 113, 122, 129, 132, 140, 143
회의적인 태도(skepticism) 155
효율성-완전성의 역관계 351, 363
후유장해 300
후지혜 117
후행형 387
휴먼에러 200, 274, 282, 300, 305, 377, 457
휴먼웨어 216, 218
희미한 징조 358
희생을 수반하는 판단 311, 353
희생을 수반하는 해결책 352

A

ACSNI 75
AIChE CCPS 65
ALARP 32, 289, 292, 419
ASR 161
ASSIB 32

B

BASIS 161
bottom up 397, 473

Bradley Curve 208

C
CDC 106, 133

E
ECAST 77
EDF 231

F
FAA 160
Fail Safe 216, 293, 296
Felt Leadership 432
Fool Proof 216, 293
FTA 273

H
HSE 64, 389

I
IAEA 36, 63, 72, 82, 86, 92, 97, 149, 288, 398
ICAO 65
IEC 61508 290
INPO 75, 149
INSAG 63, 72
ISO 12100 257
ISO 45001 : 2018 247, 291, 446
ISO/IEC Guide 51 257

J
JANSI 76
JCO 66, 442
JOC 임계사고 442

K
Know Why 441, 468

L
LOTO 299
LTIF 389

M
M-SHELL법 273

N
NASA 121, 126, 157, 160, 274
NRC 74, 149

O
Off-JT 440
OHSAS 18001 247
OHSAS 18002 247
OJT 260, 407, 437, 440, 443

P
PDCA 85, 228, 288

R
RCA 88, 381

S
safe operating(operation) procedure 181

shortcut 25, 143
SOP 189, 201
standard operating(operation)
procedure 189
STAR 409

T

Tag Out 299
TBM 270
top down 284, 397, 400
TRIF 389

U

UKCAA 65

V

visual management 431

기타

(상황)판단미스 60
1인 위험예지훈련 461
3면 등가의 원칙 247
4M기법 273, 274
4S 218
4S(5S) 218, 472
5S 218
5W1H 267
5Why분석법 273

4판
안전문화
이론과 실천

2020년 7월 31일 초판 발행 | 2021년 6월 2일 2판 발행

2023년 2월 15일 3판 발행 | 2024년 1월 19일 4판 발행

지은이 정진우 | **펴낸이** 류원식 | **펴낸곳** 교문사

편집팀장 성혜진 | **표지디자인** 김도희 | **본문디자인** 디자인이투이

주소 (10881) 경기도 파주시 문발로 116
전화 031-955-6111(代) | **팩스** 031-955-0955
등록 1968. 10. 28. 제406-2006-000035호
홈페이지 www.gyomoon.com | **이메일** genie@gyomoon.com
ISBN 978-89-363-2540-4 (93530)

값 31,000원